U0879867

21世纪本科院校土木建筑类创新型应用人才培养规划教材

工程造价管理

主　编　周国恩　陈　华
副主编　贾长麟　王艳艳
主　审　佘跃心

内 容 简 介

本书依据国家住房和城乡建设部于2008年7月9日发布，并于2008年12月1日起施行的《建设工程工程量清单计价规范》(GB 50500—2008)，完整系统地介绍工程造价管理知识，工程造价的构成，工程造价计价模式，工程造价计价依据，工程量计算规则，以及工程投资决策、设计、招标投标、施工、竣工验收及后评估阶段的全生命周期的工程造价管理等内容。

本书通俗易懂、图表丰富、可操作性强，可作为高等院校土木工程和工程管理专业的教材，也可作为在职工程造价管理和概算预算人员的培训教材、工程技术员的自学用书，还可以作为各类执业资格考试人员的参考用书。

图书在版编目(CIP)数据

工程造价管理/周国恩，陈华主编. —北京：北京大学出版社，2011.1
(21世纪本科院校土木建筑类创新型应用人才培养规划教材)
ISBN 978-7-301-17979-6

Ⅰ.①工… Ⅱ.①周… ②陈… Ⅲ.①建筑造价管理—高等学校—教材 Ⅳ.①TU723.3

中国版本图书馆CIP数据核字(2010)第205628号

书　　名：工程造价管理
著作责任者：周国恩　陈　华　主编
策 划 编 辑：吴　迪
责 任 编 辑：卢　东
标 准 书 号：ISBN 978-7-301-17979-6/TU·0144
出　版　者：北京大学出版社
地　　址：北京市海淀区成府路205号　100871
网　　址：http://www.pup.cn　http://www.pup6.com
电　　话：邮购部010-62752015　发行部010-62750672　编辑部010-62750667
电 子 邮 箱：编辑部pup6@pup.cn　总编室zpup@pup.cn
印　刷　者：北京虎彩文化传播有限公司
发　行　者：北京大学出版社
经　销　者：新华书店
787毫米×1092毫米　16开本　24印张　560千字
2011年1月第1版　2025年12月第18次印刷
定　　价：52.00元

前　言

工程造价管理是土建类专业的一门重要的技能专业课，工程造价、工程管理专业的职业技能的核心课程，对学生关键能力的培养起到非常重要的作用，同时也加强学生经济理念和增强就业能力。

本书以土木工程施工、施工技术、建筑材料、建筑构造、工程制图与识图等课程为基础，同时又为施工组织与管理、工程项目管理、工程招投标与合同管理等后继专业课程提供必要的基础知识，它在专业课中起着承前启后的重要作用。

随着我国对市场化的推进和工程造价管理改革的不断深化，特别是国家标准《建设工程工程量清单计价规范》(GB 50500—2008)的实施，标志着我国建设工程计价模式发生了质的变化。这一从计划经济时代的定额预算向市场经济时代的工程量清单计价的变革，将把企业竞争及工程造价管理推进到一个更为科学、公平的层面上。为此，本书以《建设工程工程量清单计价规范》为基础，根据土木、工程管理、工程造价等专业培养目标和要求，全面系统地介绍工程造价知识及全生命周期的投资决策、设计、招标投标、施工、竣工验收及后评估各阶段的造价管理。其主要特点是内容与时俱进，实用性、通用性强，尽可能追求较强的可读性和易引导性，做到好读易教，使学生专业技能不断提高。编者结合多年的工程造价管理的教学经验与工作实践，编写了本书，旨在满足新形势下工程造价管理教学的需要。

本书由周国恩、陈华任主编，贾长麟、王艳艳任副主编。具体编写分工为：广西工学院周国恩编写第 1、4、5、6、7 章，陈华编写第 2、3 章；福建工程学院贾长麟编写第 8、9 章；山东建筑大学王艳艳编写第 10、11 章；全书由周国恩副教授统稿。

淮阴工学院余跃心担任本书主审，提出了许多宝贵意见和建议，在此表示衷心的感谢！

本书在编写过程中，参考了许多专家的文献资料及教材，并得到北京大学出版社吴迪主任和卢东编辑的大力支持与帮助，在此致以衷心的感谢！

由于编者水平有限，书中难免存在缺点和不足之处，恳请使用本书的读者批评指正，提出宝贵意见。

编　者

2010 年 10 月

目　录

第1章 工程造价管理概论

教学目标

(1) 掌握建设项目概念、特点，建设项目的组成与我国工程建设程序。
(2) 熟悉工程造价和工程造价管理的基本概念。
(3) 熟悉工程造价咨询与造价工程师的有关管理制度。

教学要求

知识要点	能力要求	相关知识
建设项目和工程建设程序	掌握建设项目概念、特点、组成，工程建设程序	工程识图，建筑材料，工程测量，建筑施工技术
工程造价和工程造价管理	熟悉工程造价及其管理的有关概念、特点、内容	工程经济，工程估价
国内外工程造价管理的现状与发展	了解我国工程造价管理的现状与发展前沿；借鉴国外先进的工程造价管理方法	建筑经济与企业管理
工程造价咨询和造价工程师	熟悉工程造价咨询与注册造价工程师的有关管理制度、法律法规	建筑法律、法规，造价工程师管理办法

基本概念

建设项目，工程建设程序，工程造价，工程造价管理，造价工程师。

引例

建筑物是以满足人们正常工作、学习和生活需要为目的的，人的一生都希望能住上几百平方米的楼房，可是现在的房价涨得越来越高，小城市每平方米都涨到了5 000～6 000元了，而房子的实际成本是多少呢？怎样确定这些房子的工程造价呢？

"工程要开工了，如何控制工程造价，小周，你拟一下控制方案。"

"小雨，施工单位送过来的造价资料，从造价控制角度你给审核一下。"

"小芳，施工单位发来支付申请，该付给他吗？"

……

工作中你是不是经常遇到这些事呢？你是否能从容应对？

这些就是工程造价管理，要有效地进行工程造价管理，首先，要熟悉工程建设的特点、规律和工作程序，使自己的认识符合客观实际；其次，分析国内外工程造价管理现状以及我国工程造价工程师执业资格制度的相关内容，有助于工程造价计价及工程造价管理改革的不断深入。而造价工程师是工程造价管理的关键管理人员，其必须掌握工程造价计价及工程造价管理的基本技能。本章对有关工程造价及管理内容作了详细介绍之后，其他各章将陆续介绍工程造价的构成、计价依据、计价模式、工程量计量规则以及建设项目生命周期的投资决策、设计、招投标、施工、竣工及后评估阶段工程造价管理。

1.1 建设项目与工程建设程序

1.1.1 建设项目

1. 建设项目的概念和特点

建设项目是指按照一个总体设计或初步设计进行施工的一个或几个单项工程的总体。比如一所学校、一所医院、一座工厂均为一个建设项目。建设项目一般具有以下特点。

(1) 具有明确的建设目标。

(2) 目标的实现受众多约束条件的限制。

(3) 具有一次性和不可逆性。

(4) 投资额巨大，建设周期较长。

(5) 风险大(由于具有一次性和不可逆性、投资额巨大，建设周期较长，因此，建设过程中各种不确定的因素多)。

(6) 建设项目内部存在许多结合部，是项目管理的薄弱环节，给参加建设的各单位之间的沟通与协调造成许多困难。

在我国，通常把建设一个企业、事业单位或独立工程项目作为一个建设项目。凡属于一个总体设计中分期分批建设的主体工程、水电气供应工程、附属配套或综合利用工程都应合归作为一个建设项目。分期建设的工程，如果分为几个总体设计，则就有几个建设项目。不能把不属于一个总体设计内的工程，按各种方式归算为一个建设项目；也不能把同一个总体设计内的工程，按地区或施工单位分为几个建设项目。建设项目的工程量是指建设的全部工程量，其造价一般指投资估算、设计总概算和竣工总决算的造价。

2. 建设项目的组成

为确定工程造价与项目管理的需要，通常把建设项目分解为若干独立单元和若干层次。建设项目一般可以进一步划分为单项工程、单位工程、分部工程和分项工程，如图 1.1 所示。分项工程是最基本的计价单元，工程量和工程造价是由局部到整体的分步骤、分层次的组合计算过程。认识建设项目的组成，对研究工程计量与工程造价管理具有重要作用。

1) 单项工程

单项工程又叫工程项目，是指具有独立的设计文件，竣工后可以独立发挥生产能力或生产效益的工程。

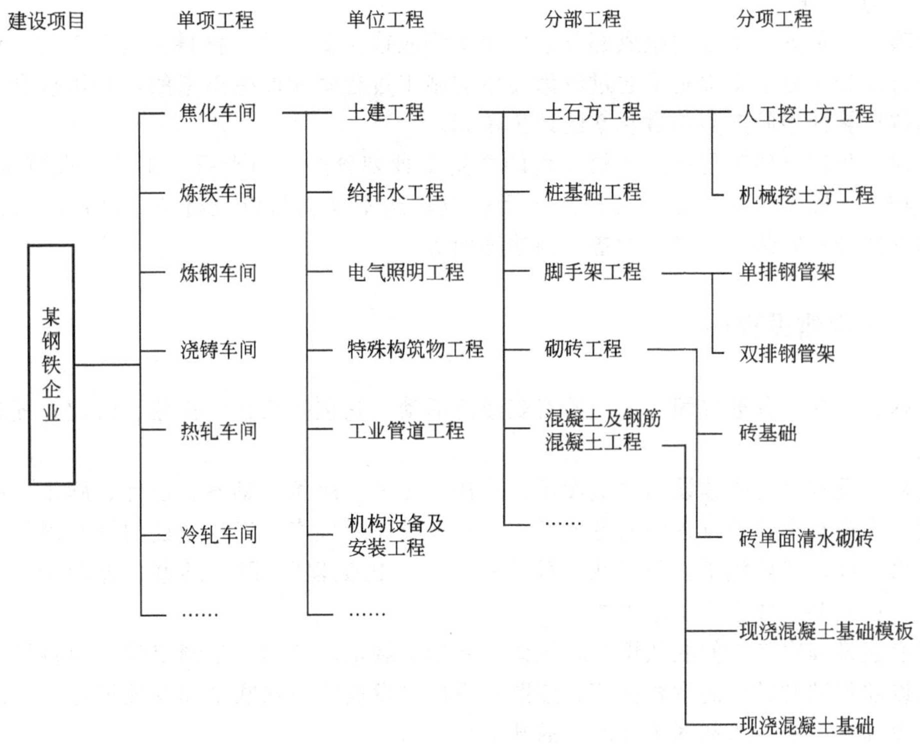

图 1.1　建设项目分解示意图

一个建设项目可由一个单项工程组成，也可以由若干个单项工程组成，同时任何一项单项工程都是由若干个单位工程组成的。如一所学校的教学楼、办公楼、图书馆等，一座工厂中的各个车间、办公楼等。单项工程的工程量与工程造价，分别由构成该单项工程的各单位工程的工程量与工程造价组成。

2）单位工程

单位工程是单项工程的组成部分。单位工程是单项工程中具有独立的设计图纸和具备独立的施工条件，可以独立组织施工，但竣工后不能独立发挥生产能力或生产效益的工程。

任何一项单项工程都是由若干个不同专业的单位工程组成的，同时任何一个单位工程都是由若干个分部工程组成的。比如一个车间是一个单项工程，该车间的土建工程、室内电气工程、给排水工程、机械安装工程等，均属于单位工程。

3）分部工程

分部工程是按照单位工程(如建筑物)的工程部位、专业性质划分的，是单位工程的进一步分解。

土建工程的分部工程是按建筑工程的主要部位划分的，如基础工程、主体工程、装饰工程、屋面工程等。安装工程的分部工程是按工程的专业和部位划分的，如管道工程、电气工程、通风工程以及设备安装工程等。

当分部工程较大或较复杂时，可按材料种类、施工特点、施工程序、专业系统及类别等划分为若干子分部工程。

4）分项工程

分项工程是分部工程的组成部分，分项工程应按主要工种、材料、施工工艺、设备类别等进行划分。分项工程是指通过较为简单的施工过程就能产生出来的，并可以利用某种计量单位计算的中间产品与最基本的计价单元。

土建工程的分项工程是按建筑工程的主要工种划分的，如土石方工程、混凝土工程、抹灰工程等，安装工程的分项工程是按用途或输送不同物料以及材料、设备的组别划分的，如安装管、安装线、安装设备、刷油漆面等。

1.1.2 工程建设程序

工程建设是一种形成固定资产的宏观经济活动。它包括新建、扩建、改建、迁建等多种形式。

工程建设程序是指建设项目从设想、选择、评估、决策、勘察、设计、施工、竣工验收到投入生产整个建设过程中的各项工作过程及其先后次序。工程建设的核心思想是：先勘察，再设计，然后施工。与其相对而言的是“三边工程”，即边勘察、边设计、边施工的工程，这极易导致重大工程事故。

工程建设程序是人们在认识客观规律的基础上制定出来的，是制定建设项目科学决策和使建设项目顺利进行的重要保证。按照建设项目发展的内在联系和发展过程，一般我国工程建设程序可划分为如图 1.2 所示的几部分。

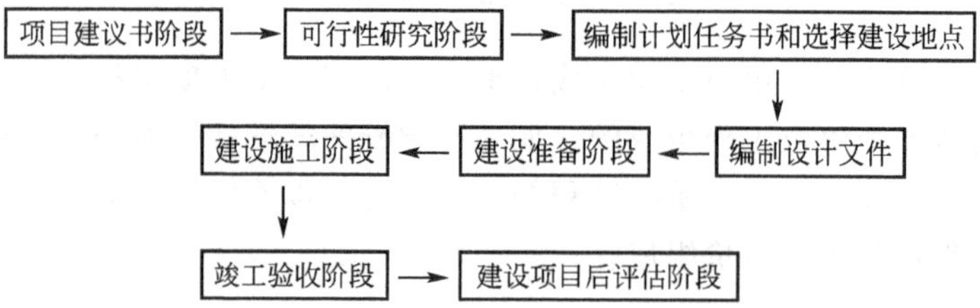

图 1.2 工程建设程序

1. 项目建议书阶段

编写项目建议书是工程建设程序中最初阶段的工作。它是根据各部门的规划要求，结合自然资源、生产力布局状况和市场预测，向国家提出要求建设某一具体项目的建议文件。项目建议书应论证拟建项目的必要性、条件的可行性和获利的可能性，供建设主管部门选择并确定是否进行下一步的工作。

项目建议书一般包括以下几个方面的内容。

(1) 提出项目建设的必要性、可行性和建设依据。

(2) 建设项目的用途、产品方案、拟建规模和建设地点的初步设想。

(3) 项目所需资源情况、建设条件、协作关系的初步分析。

(4) 投资估算和资金筹措。

(5) 项目的进度安排并对建设期限进行估测。

(6) 经济效益、社会效益、环境效益的初步估算。

2. 可行性研究阶段

项目建议书一经批准，即可着手进行可行性研究，其实质就是根据国民经济发展规划和已经批准的项目建议书，运用多种科学研究方法对建设项目投资决策前进行进一步的技术经济论证，并得出可行与否的结论即可行性研究报告。其主要任务是研究建设项目的必要性、可行性和合理性。

可行性研究批准后，如果投资额度、建设规模、建设地区、产品方案、主要协作机关有变动，应经过原审批机关同意。

3. 编制计划任务书和选择建设地点

(1) 编制计划任务书。建设单位可根据可行性研究报告的结论和报告中提出的内容来编制计划任务书。计划任务书是确定建设项目和建设方案的基本文件，是可行性研究报告的深化和细化，必须报上级主管部门审核。

(2) 选择建设地点。建设地点选择前，应征得有关部门的同意，选址时应考虑以下几个方面。

① 工程地质、水文地质等自然条件是否可靠。

② 水、电、运输条件是否落实。

③ 投产后原材料、燃料等是否具备。

④ 是否满足环保要求。

⑤ 项目生产人员的生活条件、生产环境是否安全。

4. 编制设计文件(设计图纸、设计说明、设计概算等)

可行性研究报告、计划任务书及选址报告获批准后，设计文件一般由建设单位委托或招标选择设计单位编制。一般建设项目设计分两阶段进行，即初步设计和施工图设计；技术上比较复杂而又缺乏设计经验的建设项目，可进行三阶段设计，即初步设计（编制初步设计概算)、技术设计（编制修正设计概算）和施工图设计（编制施工图预算)。设计文件是组织工程施工的主要依据。

5. 建设准备阶段

项目在开工建设之前要切实做好各项准备工作，主要内容包括以下几点。

(1) 组织图纸会审，协调解决图纸和技术资料的有关问题。

(2) 完善征地、拆迁工作和场地平整，领取“建设工程施工许可证”。

(3) 完成施工用水、用电、用路等工程。

(4) 组织设备、材料订货。

(5) 组织招标投标，择优选定监理单位与施工单位。

(6) 编制项目建设计划和年度建设投资计划。

项目在报批开工之前，应由审计机关对项目的有关内容进行审计证明。审计机关主要是对项目资金来源是否正当、落实，项目开工前的各项支出是否符合国家的有关规定，资金是否存入规定的银行等方面进行审计。以上工作主要是由项目法人负责。

6. 建设施工阶段

建设项目经批准开工建设，项目即进入了施工阶段。项目开工是指建设项目设计文件中规定的任何一项永久性工程第一次破土、正式打桩。建设工期则是从开工时算起。施工阶段一般包括土建、装饰、给排水、采暖通风、电气照明、工业管道以及设备安装等工程项目。

本阶段的中心任务是做好质量、进度、成本控制。任务能否顺利完成取决于项目参与的各方，但主要取决于建设单位与承包单位是否能按照合同执行。

建设单位的主要任务：根据已批准的年度计划和与项目实施的其他单位(主要是施工单位)签订的合同，做好项目资金的落实，设备与材料的选型、采购及组织实施工作(如对前期拆迁工作的完善等)。

施工单位的主要任务：认真做好图纸会审，参与设计交底，了解设计意图，明确质量要求，做好人员培训，选择材料供应商，做好施工机械的准备，按照单位工程施工组织设计与施工程序组织施工，做好施工原始记录，使整个施工过程处于良好的受控状态。

7. 竣工验收阶段

当建设项目完成建设合同规定的全部施工任务后，按照规定的竣工验收标准与程序进行竣工验收，并办理固定资产交付使用的转账手续。竣工验收是全面考核建设成果、检验设计和工程质量的重要步骤，也是项目建设转入生产和使用的标志。

竣工验收一般由施工单位提出，由建设单位组织有关单位共同进行验收。

负责竣工验收的单位，根据工程规模和技术复杂程度，组成验收委员会或验收组。验收委员会或验收组应由银行、物资、环保、劳动、统计及其他有关部门的专家组成。建设、勘察设计、监理、施工单位参加验收工作。

验收委员会或验收组负责审查工程建设的各个环节，审阅工程档案并实地查验建筑工程和设备安装工程质量，并对工程做出全面评价，不合格的工程不予验收。对遗留问题提出具体意见，限期落实完成。

竣工项目正式验收前，建设单位要组织设计、监理、施工等单位进行初验，初验通过后，再向项目主管部门提出竣工验收报告，并整理好技术资料 、竣工图纸，竣工验收后移交使用单位保存。

建设工程在办理完竣工验收后，如果因为勘察设计、施工、材料等原因造成的质量缺陷，应由施工单位及时进行返修，费用由责任方负责。项目的保修期限是从竣工验收交付使用日起对出现质量缺陷承担保修和赔偿责任的年限，保修期按照合同执行，但合同规定的保修期不得小于根据建筑法与相关法规规定的保修期。

8. 建设项目后评估阶段

建设项目后评估是指项目竣工投产运营一段时间后，再对项目的立项决策、勘察、设计、施工、竣工投产、生产运营等全过程进行系统评价的一种技术经济活动，是固定资产投资管理的一项重要内容，也是固定资产投资管理的最后一个环节。通过建设项目后评估，可以达到肯定成绩，总结经验，研究问题，吸取教训，提出建议，改进工作，不断提高项目决策水平和达到投资效果的目的。

上述程序中，以可行性研究报告得以批准作为一个重要的里程碑，此前可视为建设项目的决策立项阶段，此后可视为建设项目的实施阶段。

1.2 工程造价与工程造价管理

1.2.1 工程造价

1. 工程造价的含义

工程造价是指建设工程产品的建造价格，本质上属于价格范畴，在市场经济条件下，工程造价有两种含义。

(1) 第一种含义是从投资者的角度来定义的，建设项目工程造价是指建设项目的建设成本，即预期开支或实际开支的项目的全部费用，包括建筑工程、安装工程、设备及相关费用。从这个意义上说，工程造价就是工程投资费用，是建设项目固定资产投资。

这一含义是针对投资方、业主、项目法人而言的，表明投资者选定一个投资项目，为了获得预期的效益，就要通过项目评估进行决策，然后进行设计招标、工程监理招标，直至工程竣工验收，在整个过程中，要支付与工程建造有关的费用，因此工程造价就是工程投资费用。生产性建设项目的工程造价是项目的固定资产投资和铺垫流动资金投资的总和，非生产性投资项目工程造价就是项目固定资产投资的总和。

(2) 第二种含义是指建设工程的承包价格，即工程价格，即为建成一项工程，预计或实际在土地市场、设备市场、技术劳务市场、承包市场等交易活动中，所形成的工程承包合同价和建设工程总造价。显然，工程造价的第二种含义是以社会主义商品经济和市场经济为前提的。

这一含义是针对承包方、发包方而言的。人们将工程造价的第二种含义认定为工程承发包价格。承发包价格是工程造价中一种重要的，也是最典型的价格形式。它是以市场经济为前提，以工程、设备、技术等特定商品作为交易对象，通过招标投标或其他交易方式，由承、发包双方在进行反复测算的基础上，最终由市场形成及共同认可的价格。

工程造价的两种含义是以不同角度把握同一事物的本质。从建设工程的投资者来说，工程造价是“购买”项目要付出的价格。对于承包商、供应商和规划、设计等机构来说，工程造价是他们出售商品和劳务价格的总和。

区别工程造价的两种含义，其理论意义在于为投资者和以承包商为代表的供应商的市场行为提供理论依据。区别二重含义的现实意义在于，为实现不同的管理目标，不断充实工程造价的管理内容，完善管理方法，更好地为实现各自的目标服务，为提高工程效益而降低工程造价是投资者始终如一的追求；为了得到利润和高额利润而追求较高的工程造价，是承包商的目标。

2. 工程造价的特点

(1) 大额性。任何一个建设项目或一个单项工程，不仅实物形体庞大，而且造价昂贵，可以是数百万、数千万、数亿、数十亿，特大的建设项目造价可达百亿、千亿人民币。由于工程造价的大额性，消耗的资源多，与各方面有很大的利益关系，同时也对宏观经济产生重大影响。这就决定了工程造价的特殊地位，也说明了造价管理的重要意义。

（2）个别性和差异性。建筑产品及其生产的单件性决定了工程造价的个别性和差异性。任何一项工程都有特定的用途、功能、规模，其内部的结构、造型、空间分割设备设置和内外装修都有不同的要求，这种差异决定了工程造价的个别性。同时，同一个工程项目处于不同的区域或不同的地段，工程造价也会有所差别，因而存在差异性。

（3）动态性。建筑产品生产周期长、涉及的范围广决定了工程造价的动态性。一项工程从决策到竣工投产，少则数月，多达数年，甚至十几年，由于不可预测因素的影响，存在许多影响工程造价的因素，如工程变更、设备和材料价格的涨跌、工资标准以及费率、利率、汇率等的变化，因此工程造价具有动态性。

（4）广泛性。由于构成工程造价的因素复杂，涉及土地使用、人工、材料、施工机械等多个方面，需要社会的各个方面协同配合，所以具有广泛性的特点。

（5）层次性。工程造价的层次性取决于工程的层次性。建设项目往往由多个单项工程组成，一个单项工程由多个单位工程组成，一个单位工程由多个分部工程组成，一个分部工程由多个分项工程组成。这些划分决定了构成工程造价的五个层次：最基本的造价单位（分项工程造价）、分部工程造价、单位工程造价、单项工程造价和建设项目造价。

（6）阶段性。对同一工程的造价，在不同的建设阶段，有不同的名称和内容，如图1.3所示。

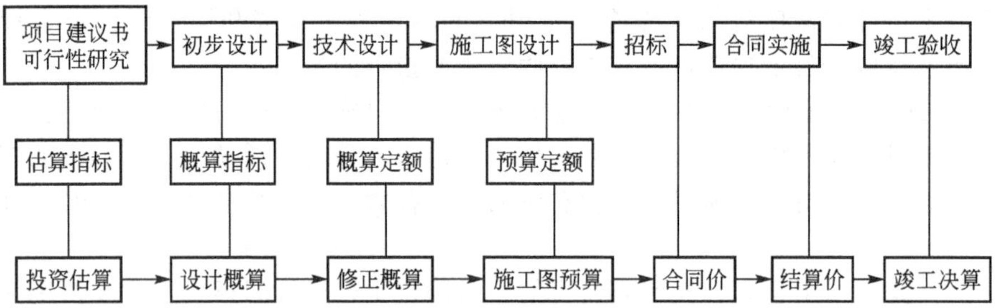

图1.3 工程造价计价的阶段性

3. 工程造价的职能

工程造价除了具有一般商品的价格职能外，还具有其特殊的职能。

（1）预测职能。由于工程造价具有大额性和动态性的特点，无论是投资者还是建筑商都要对拟建工程造价进行预先测算。投资者预先测算工程造价，不仅可作为项目决策依据，同时也是筹集资金、控制造价的需要。承包商对工程造价的测算，既为投资决策提供依据，又为投标报价和成本管理提供依据。

（2）控制职能。工程造价一方面可以对投资进行控制，在投资的各个阶段，根据对造价的多次性预估，对造价进行全过程、多层次的控制；另一方面可以对以承包商为代表的商品和劳务供应企业的成本进行控制，在价格一定的条件下，企业实际成本开支决定企业的盈利水平，成本越低盈利越高。

（3）评价职能。工程造价既是评价投资合理性和投资效益的主要依据，也是评价土地价格、建筑安装工程产品和设备价格的合理性的依据，同时也是评价建设项目偿还贷款能力、获利能力和宏观效益的重要依据。

（4）调控职能。由于工程建设直接关系到经济增长、资源分配和资金流向，对国计民生都产生重大影响，所以国家对建设规模、结构进行宏观调控，这些调控都要以工程造价作为经济杠杆，对工程建设中的物质消耗水平、建设规模、投资方向等进行调控和管理。

4. 工程造价的作用

工程造价的作用范围和影响程度都很大，其中作用主要有以下几点。

(1) 工程造价是项目决策的工具。建设工程投资大、生产和使用周期长等特点决定了项目决策的重要性。工程造价决定了项目的一次投资费用。投资者是否有足够的财务能力支付这笔费用，是否认为值得支付这项费用，是项目决策中要考虑的主要问题。

(2) 工程造价是制定投资计划和控制投资的有效手段。投资计划是按照建设工期、工程进度和建设工程价格等逐年分月加以制定的。正确的投资计划有助于合理和有效地使用资金。

(3) 工程造价是评价投资效果的重要指标。建设工程造价是一个包含着多层次工程造价的体系，就一个建设项目来说，它既是建设项目的总造价，又包含单项工程的造价和单位工程的造价，同时也包含单位生产能力的造价等。这使工程造价自身形成了一个指标体系，所以它能够为评价投资效果提供多种评价指标，并能够形成新的价格信息，为今后类似项目的投资提供参照。

(4) 工程造价是筹集建设资金的依据。投资体制的改革和市场经济的建立，要求项目的投资者必须有很强的筹资能力，以保证工程建设有充足的资金供应。

(5) 工程造价是调节产业结构和合理分配利益的手段。工程造价的高低，影响到国民经济各部门和企业间的利益分配。在计划经济体制下，政府为了用有限的财政资金建成更多的工程项目，总是趋向压低建设工程造价，使建设中的劳动消耗得不到完全补偿，价值不能得到完全实现。而未被实现的部分价值则被重新分配到各个投资部门，为项目投资者所占有。这种利益的再分配有利于各产业部门按照政府的投资导向加速发展，也有利于按宏观经济的要求调整产业结构。

5. 工程造价计价的特点

建设工程造价的计价，除具有一般商品计价的共同特点外，由于建设产品及其生产的特殊性决定了工程造价的计价具有以下不同于一般商品计价的特点。

1) 单件性计价

建筑产品的单件性决定了每项工程都必须单独计算造价。

建设工程的实物形态千差万别，尽管采用相同或相似的设计图纸，在不同地区、不同时间建造的产品，其构成投资费用的各种价值要素仍然存在差别，最终导致工程造价千差万别。建设工程的计价不能像一般工业产品那样按品种、规格、质量等成批定价，只能是单件计价，即按照各个建设项目或其局部工程，通过一定程序，执行计价依据和规定，计算其工程造价。

2) 分部组合计价

工程造价计价的组合性由建设项目的组合性决定。

建设项目是一个工程综合体，可以依次分解为单项工程、单位工程、分部工程、分项工程，建设项目的这种组合性决定了计价的过程是一个逐步组合的过程，分部组合计价程序如图 1.4 所示。其中分项工程是最基本的计价单元，是能通过较简单的施工过程生产出来、可以用适当的计量单位计算并便于测定或计算其消耗的工程基本构成要素。在工程造价管理中，分项工程可作为一种“假想的”建筑安装工程产品。例如计算一个建设项目的设计总概算时，应先计算各单位工程的概算，再计算构成这个建设项目的各单项工程的综合概算，最后汇总成概算。在计算一个单位工程的施工图预算时，也是从各分项工程的工程量计算开始，再考虑各分部工程，直至计算出单位工程的工程费，随后按规定计算间接费、利润、税金等，最后汇总成该单位工程的施工图预算的工程造价。

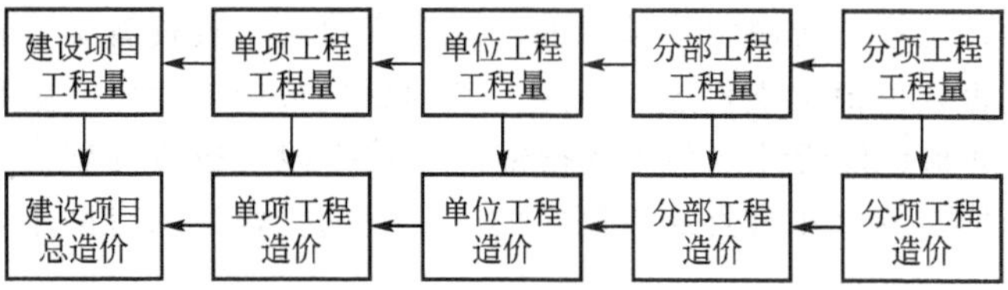

图 1.4　分部组合计算工程造价

3）多次性计价

工程造价计价的多次性由基本建设程序决定。

建设项目周期长、资源消耗数量大、造价高，因此，其建设必须按照基本建设程序进行，相应的在不同的建设阶段多次计价，以保证工程造价管理的准确性和有效性。随着工程的进展与逐步详化，工程造价也逐步深化、逐步细化、逐步接近实际工程造价。在不同的建设阶段，工程造价有着不同的名称，包含着不同的内容，起着不同的作用。对于大型基本建设项目，其造价计算过程如图 1.5 所示。

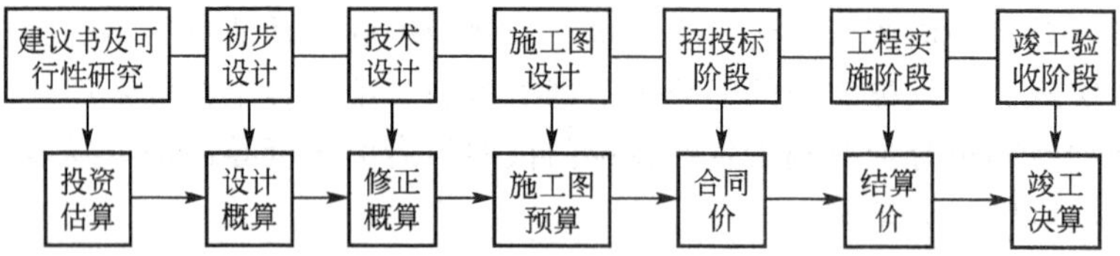

图 1.5　工程造价计价的多次性

(1) 投资估算。投资估算，一般是指在基本建设前期工作(项目建议书和设计任务书)阶段，建设单位向国家申请拟立建设项目或国家对拟立项目进行决策时，确定建设项目在项目建议书、设计任务书等不同阶段的相应投资总额而编制的经济文件。

可行性研究报告被批准后，投资估算就作为控制设计任务书下达的投资限额，对初步设计概算编制起控制作用，也可作为资金筹措及建设资金贷款的计划依据。

(2) 设计概算。设计概算是指在初步设计阶段，由设计单位根据初步设计或扩大初步设计图纸，概算定额或概算指标，各项费用定额或取费标准，建设地区的自然、技术经济条件和设备预算价格等资料，预先计算和确定建设项目从筹建到竣工验收、交付使用的全部建设费用的文件。

设计概算较投资估算准确性有所提高，同时，设计概算受投资估算的控制。设计概算可分为单位工程概算、单项工程综合概算、建设项目总概算三级，根据设计总概算确定的投资数额，经主管部门审批后，就成为该项工程基本投资的最高限额。

(3) 修正设计概算。修正设计概算是指采用三阶段设计形式，在技术设计阶段，随着设计内容的深化，可能会发现建设规模、结构性质、设备类型和数量等内容与初步设计内容相比有出入，为此，设计单位根据技术设计图纸，概算指标或概算定额，各项费用取费标准，建设地区自然、技术经济和设备预算价格等资料，对初步设计总概算进行修正而形成的经济文件。修正设计概算比设计概算更准确，但受设计概算的控制。

(4) 施工图预算。施工图预算是指根据施工图设计成果、施工组织设计和国家规定的现行工程预算定额、单位估价表及各项费用的取费标准、建筑材料预算价格、建设地区的自然和技术经济条件等资料，进行计算和确定单位工程或单项工程建设费用的经济文件。

施工图预算比设计概算或修正设计概算更为详尽和准确，但同样要受前一阶段所确定的工程造价的控制。

(5) 合同价。合同价是指在工程招投标阶段通过签订工程合同、设备材料采购合同，以及技术和咨询服务合同确定的价格。合同价属于市场价格的性质，它是由承发包双方根据市场行情共同议定和认可的成交价格，它不同于最终决算实际工程造价，仍属于工程概预算的范畴。

现行有关规定的 3 种合同价格形式是：固定合同价、可调合同价和工程成本加酬金合同价。

(6) 工程结算。工程结算是指一个单项工程、单位工程、分部工程或分项工程完工，并经建设单位及有关部门验收后，施工企业根据施工过程中现场实际情况的记录、设计变更通知书、现场工程更改签证、预算定额、材料预算价格和各项费用标准等资料，在概算范围内和施工图预算的基础上，按规定编制的向建设单位办理结算工程价款，取得收入，用以补偿施工过程中的资金耗费，确定施工盈亏的经济文件。结算价属于该结算工程的实际造价。

(7) 竣工决算。竣工决算是指在竣工验收阶段，当建设项目完工后，由建设单位通过编制的建设项目从筹建到建成投产或使用的全部实际成本的技术经济文件(竣工决算)，最终确定的实际工程造价。

4) 方法多样性

工程造价计价方法的产生，取决于研究对象的客观情况，当建设项目处于可行性研究阶段时，一般采用估算指标进行投资估算，当完成初步设计时，可采用概算定额编制设计概算，当施工图设计完成后，一般采用单价法和实物法来编制施工图预算。不管采用哪种工程造价计价方法，都是以研究对象的特征、生产能力、工程数量、技术含量、工作内容等为前提的，计算的准确与否取决于工程量和单价是否准确、适用、可靠。

1.2.2 工程造价管理

1. 工程造价管理的含义

工程造价管理是以工程项目为研究对象，以工程技术、经济、管理为手段，以效益为目标，与技术、经济、管理相结合的一门交叉的、新兴的边缘学科。

工程造价有两种含义，与之相应工程造价管理也有两种含义：一是工程投资费用管理；二是工程价格管理。

1) 工程投资费用管理

工程投资费用管理属于投资管理范畴，是为了实现一定的预期目标，在拟定规划、设计方案的条件下，预测、计算、确定和监控工程造价及其变动的系统活动。这一含义涵盖了微观层次的项目投资费用的管理，也涵盖了宏观层次的投资费用管理。

它包括了合理确定和有效控制工程造价的一系列工作。合理确定工程造价，即在建设程序的各个阶段，采用科学的、切合实际的计价依据，合理确定投资估算、设计概算、施工图预算、承包合同价、竣工结算价和竣工决算价。有效控制工程造价，即在投资决策阶段、设计阶段、建设项目发包阶段和实施阶段，把建设工程的造价控制在批准的造价限额以内，随时纠正发生的偏差，以保证项目投资控制目标的实现。

2）工程价格管理

工程价格管理属于价格管理范畴。价格管理可以分为微观层次和宏观层次两方面。微观层次是指企业在掌握市场价格信息的基础上，为实现管理目标而进行的成本控制、计价、定价和竞争的系统活动，反映微观主体按支配价格运动的经济规律。宏观层次是政府根据经济发展的需要，利用法律手段、经济手段和行政手段对价格进行管理和调控以及通过市场管理，规范市场主体价格行为的系统活动。

2. 工程造价管理的目标与特点

工程造价管理的对象分为主体和客体。主体是业主或投资人(建设单位)、承包商或承建商(设计单位、施工企业)以及监理、咨询等机构及其工作人员；客体是工程建设项目。不同的工程造价管理工作，其管理的范围、内容以及作用各不相同。

1）工程造价管理的目标

从根本上说，工程造价管理服务于建设项目的投资效益，因此工程造价管理的目标一是造价本身(投入产出比)合理；二是使工程投资始终处于受控状态。因为只有保证这两个目标，建设项目才能按照计划顺利进行并实现建设项目的核心目标。在具体管理过程中遵循市场经济规律，健全价格调控机制，实现资源优化配置，培育和规范建筑市场中劳动力、技术、信息等市场要素，利用科学的管理方法和先进的管理手段，合理确定工程造价、合理使用投资、有效控制工程造价，以提高建设项目的投资效益和建筑企业的经营效益。

2）工程造价管理的特点

工程造价管理的特点主要表现在以下几个方面。

(1) 时效性。反映的是某一时期内的价格特性，即随时间的变化而不断变化。

(2) 公正性。既要维护业主(投资人)的合法权益，也要维护承包商的利益，站在公正的立场上一手托两家。

(3) 规范性。由于工程项目千差万别，构成造价的基本要素可分解为便于可比与便于计量的假定产品，因而要求标准客观、工作程序规范。

(4) 准确性。即运用科学、技术原理及法律手段进行科学管理，使计量、计价、计费有理有据，有法可依。

3. 工程造价管理的基本内容

工程造价管理的基本内容就是合理确定和有效控制工程造价。

合理确定和有效控制工程造价，两者相互依存，相互制约。首先，工程造价的确定是工程造价控制的前提和先决条件，没有造价的确定就没有造价的控制；其次，造价的控制贯穿于造价确定的全过程，造价的确定过程也就是造价的控制过程，通过逐项控制、层层控制才能最终合理地确定造价，确定造价和控制造价的最终目标是一致的，两者相辅相成。

1）工程造价的合理确定

所谓工程造价的合理确定，就是在建设程序的各个阶段，采用科学的计算方法和切合实际的计价依据，合理确定投资估算、设计概算、施工图预算、承包合同价、工程结算价、施工预算价、竣工决算价。

（1）投资决策阶段。在项目建议书中按照有关规定，应编制初步投资估算，经有关部门批准，作为拟建项目列入国家中长期计划和开展前期工作的控制造价。可行性研究报告批准后，按照有关规定编制的投资估算，经有关部门批准，即为该项目控制工程造价。

（2）设计阶段。在初步设计或技术设计时按照有关规定编制的设计概算，经有关部门批准，即作为拟建项目工程造价的最高限额。实行建设项目招标承包制签订承包合同协议的，也应该在最高限价相应的范围以内。在施工图设计时应规定编制施工图预算，用以核实施工图预算造价是否超过批准的设计概算。对以施工图预算为基础的招标投标工程，合同价也是以合同形式确定的建筑安装工程造价。

（3）招投标阶段。招投标是市场经济中的一种竞争形式，对缩短建设工期，确保工程质量，降低工程造价，提高投资经济效益均具有重要的作用。该阶段工程造价的确定主要是投标单位中标后，以其中标价为基础，双方签订工程施工合同所确定的合同价。

（4）工程实施阶段。在开工报告和建设年度计划获批准后，即可组织施工。该阶段要按照承包方实际完成的工作量，以合同价为基础，同时考虑物价所引起的造价提高，考虑到设计中难以预计的实施阶段实际发生的工程和费用，合理确定工程结算价。

（5）竣工验收及后评估阶段。全面汇集工程建设过程中的实际的全部费用，编制竣工决算，确定建设工程的实际造价。并在建设项目投入生产或使用后进行总结性评价。

2）工程造价的有效控制

所谓工程造价的有效控制，就是在优化建设方案、设计方案和施工方案的基础上，在投资决策阶段、设计阶段、招投标阶段、工程实施阶段、竣工及后评估阶段采用一定的科学有效的方法和措施，把工程造价所发生的费用控制在合理范围和核定的造价限额以内，随时纠正其发生的偏差，以保证项目管理目标的实现，以求在各个建设项目中能合理使用人力、物力、财力，取得较好的投资效益和社会效益。

工程造价的有效控制应遵循如下原则。

（1）合理设置工程造价控制目标。

（2）以设计阶段为重点进行全过程工程造价控制。虽然工程造价控制贯穿于项目建设全过程，但是必须突出重点。工程造价控制的关键在于施工前的投资决策和设计阶段，在项目投资决策后，控制工程造价的关键在于设计。资料统计，在初步设计阶段，影响项目造价的可能性为75％～95％；在技术设计阶段，影响项目造价的可能性为35％～75％；在施工图设计阶段，影响项目造价的可能性为5％～35％，由此可见，设计质量对整个工程建设的效益至关重要。

（3）采取主动控制措施。人们只把工程造价控制理解为目标值与实际值的比较，以及在实际值与目标值偏离时，分析产生偏离的原因，并确定下一步的策略。这种立足于结果反馈，对比分析，建立在纠偏措施基础上的偏离、纠偏、再偏离、再纠偏的控制方法，只能先发现偏离，再进行调整，不能预防可能发生的偏离，因而只能说是被动控制。工程造价控制更需要将控制立足于事先主动地采取措施，尽可能减少目标值与实际值的偏离，这就是主动控制。工程造价控制，不仅需要反映投资决策，反映设计、发包和施工的被动工程造价控制，更需要能事前影响投资决策，影响设计、发包和施工的主动工程造价控制。

目前，我国工程造价的控制是被动控制。根据设计图纸上的工程量，套用概预算定额计算工程造价，这样计算的造价是静态造价。如果采用的定额过时，算出的造价与实际造价有较大的差别，就起不到控制造价的作用。因此工程造价必须实行主动控制，对建设项目的建设工期、工程造价和工程质量进行有效控制。

(4) 技术与经济相结合是控制工程造价的最有效的手段。有效地控制工程造价，应从组织、技术、经济、合同与信息管理等多方面采取措施，从组织上明确项目结构，明确管理职能分工。从技术上重视设计方案的选择，严格审查监督初步设计、技术设计、施工图设计、施工组织设计。从经济上要动态地比较造价的计划值和实际值，严格审查各项费用的支出，采取对节约投资有利的措施。

1.3 工程造价咨询与造价工程师

1.3.1 工程造价咨询

1. 工程造价咨询的概念

工程造价咨询是指面向社会接受委托，承担建设项目的可行性研究、投资估算、项目经济评价、工程概预算、结算、竣工决算、工程招标标底、投标报价的编制和审核，对工程造价进行监控以及提供有关工程造价信息资料等业务工作。

2. 工程造价咨询企业

2006年3月22日公布，并自2006年7月1日起施行的《工程造价咨询企业管理办法》(中华人民共和国建设部令第149号)中对工程造价咨询企业及其管理制度作出了明确规定。工程造价咨询企业是指接受委托，对建设项目投资、工程造价的确定与控制提供专业咨询服务的企业。工程造价咨询企业应当依法取得工程造价咨询企业资质，资质等级分为甲级、乙级，并在其资质等级许可的范围内从事工程造价咨询活动。同时还明确指出了工程造价咨询企业从事工程造价咨询活动，应当遵循独立、客观、公正、诚实信用的原则，不得损害社会公共利益和他人的合法权益。任何单位和个人不得非法干预依法进行的工程造价咨询活动。不允许任何单位和个人分割、封锁和垄断工程造价咨询市场。

国务院建设主管部门负责全国工程造价咨询企业的统一监督管理工作。省、自治区、直辖市人民政府建设主管部门负责本行政区域内工程造价咨询企业的监督管理工作。有关专业部门负责对本专业工程造价咨询企业实施监督管理。

1.3.2 造价工程师

1. 我国造价工程师执业资格制度

造价工程师是指经全国统一考试合格，取得造价工程师执业资格证书，并经注册取得造价工程师注册证书，从事建设工程造价活动的人员。考试合格但未经注册的人员，不得以造价工程师的名义从事建设工程造价活动。凡从事工程建设活动的建设、设计、施工、工程造价咨询、工程造价管理等单位，必须在计价、评估、审查(核)、控制及管理等岗位配备有造价工程师执业资格的专业技术人员。

造价工程师执业资格制度是工程造价管理的一项基本制度。为了加强对工程造价的管理，提高工程造价管理人员的素质，确保工程造价管理工作质量的提高，维护国家和社会公共利益，人事部和建设部于1996年颁布了《造价工程师执业资格制度暂行规定》，这是我国造价工程师执业资格制度建立的标志。1997年，人事部和建设部在全国部分省市设立了造价工程师考试试点，并在总结试点经验的基础上，于1998年开始在全国组织造价工程师统一考试。

1) 申请报考条件

凡中华人民共和国公民，遵纪守法并具备以下条件之一者，均可申请参加造价工程师执业资格考试。

(1) 工程造价专业大专毕业后，从事工程造价业务工作满5年，工程或工程经济类大专毕业后，从事工程造价业务工作满6年。

(2) 工程造价专业本科毕业后，从事工程造价业务工作满4年，工程或工程经济类本科毕业后，从事工程造价业务工作满5年。

(3) 获上述专业第二学士学位或研究生毕业和获硕士学位后，从事工程造价业务工作满3年。

(4) 获上述专业博士学位后，从事工程造价业务工作满2年。

申请参加造价工程师执业资格考试，需提供下列证明文件。

① 造价工程师执业资格考试报名申请表。

② 学历证明。

③ 工作实践经历证明。

2) 考试内容

造价工程师应该是既懂工程技术又懂经济、管理和法律，并具有实践经验和良好职业道德的复合型人才。因此，造价工程师注册考试内容主要包括以下几项。

(1) 工程造价的相关知识，如投资经济理论、经济法与合同管理、项目管理等知识。

(2) 工程造价的计价与控制，除掌握基本概念外，主要掌握造价、计价与控制的理论方法。

(3) 工程技术与工程计量，这一部分分两个专业考试，即建筑工程与安装工程，主要掌握两项专业基本技术知识与计量方法。

(4) 工程造价案例分析，考查考生实际操作的能力。含计算或审查专业工程的工程量，编制或审查专业工程投资估算、概算、预算、标底价、决算、结算，投标报价评价分析，设计或施工方案技术经济分析，编制补充定额的技能等。

3）注册

造价工程师执业资格实行注册登记制度，以加强对造价工程师的管理。建设部及各省、自治区、直辖市和国务院有关部门的建设行政主管部门为造价工程师的注册管理机构。注册登记制度规定：考试合格人员在取得证书3个月内，到当地省级或部级造价工程师注册管理机构办理注册登记手续。造价工程师注册有效期为3年，有效期满前3个月，持证者应当到原注册机构重新办理注册手续，再次注册者应经单位考核合格并有继续教育、参加业务培训的证明。

遇下列情况之一者，应由所在单位到注册机构办理注销手续。

(1) 不具有完全民事能力。

(2) 刑事处罚执行完毕至申请注册之日不满5年。

(3) 行政处罚自决定之日至申请注册不满3年。

(4) 吊销造价工程师注册证自处罚决定之日至申请注册不满5年。

(5) 在两个以上单位以造价工程师名义执业的。

(6) 有关法律、法规规定不予注册的其他情况。

2. 造价工程师

1）造价工程师的执业范围

造价工程师是注册执业资格，造价工程师的执业必须依托所注册的工作单位，为了保护其所注册单位的合法权益并加强对造价工程师执业行为的监督和管理，我国规定，造价工程师只能在一个单位注册和执业。

造价工程师的执业范围包括以下几点。

(1) 建设项目投资估算的编制、审核及项目经济评价。

(2) 工程概算、预算、结算、竣工决算、工程招标标底价、投标报价的编制、审核。

(3) 工程变更及合同价款的调整和索赔费用的计算。

(4) 建设项目各阶段的工程造价控制与管理。

(5) 工程经济纠纷的鉴定。

(6) 工程造价计价依据的编制、审核。

(7) 与工程造价有关的其他事项。

2）造价工程师的权利与义务

经造价工程师签字的工程造价成果文件，应当作为办理审批、报建、拨付工程款和工程结算的依据。

(1) 造价工程师的权利。造价工程师享有的权利主要有以下几项。

① 称谓权。使用造价工程师名称。

② 执业权。依法独立执行业务。

③ 签章权。签署工程造价文件、加盖执业专用章。

④ 立业权。申请设立工程造价咨询单位。

⑤ 举报权。对违反国家法律、法规的不正当计价行为，有权向有关部门举报。

(2) 造价工程师的义务。造价工程师应履行下列义务。

① 遵守法律、法规，恪守职业道德。

② 接受继续教育，提高业务技术水平。

③ 在执业中保守技术和经济秘密。

④ 不允许他人以本人名义执业。

⑤ 按照有关规定提供工程造价资料。

3）造价工程师的素质要求

造价工程师的工作关系到国家和社会公众的利益，技术性很强，因此，对造价工程师的素质有特殊要求。造价工程师的素质包括以下几个方面。

(1) 思想品德方面的素质。造价工程师在执业过程中，往往要接触许多工程项目，有些项目的工程造价高达数千万、数亿人民币，甚至更多。造价确定是否准确，造价控制是否合理，不仅关系到国民经济发展的速度和规模，而且关系到多方面的经济利益。这就要求造价工程师具有良好的思想修养和职业道德，既能维护国家利益，又能以公正的态度维护有关各方合理的经济利益，绝不能以权谋私。

(2) 专业方面的素质。造价工程师专业方面的素质集中表现在以专业知识和技能为基础的工程造价管理方面的实际工作能力。造价工程师应掌握和了解的专业知识主要包括以下几点。

① 相关的经济理论与项目投资管理和融资。

② 相关法律、法规和政策与工程造价管理。

③ 建筑经济与企业管理。

④ 财政税收与金融实务。

⑤ 市场、价格与现行各类计价依据(定额)。

⑥ 招投标、工程概预算与合同管理。

⑦ 综合工业技术、建筑施工技术与施工组织。

⑧ 工作方法与工作研究。

⑨ 建筑制图与识图。

⑩ 计算机应用和信息管理。

(3) 身体方面的素质。造价工程师要有健康的身体，以适应紧张而繁忙的工作，同时应具有勇于钻研和积极进取的精神面貌。

以上各项素质只是造价工程师工作能力的基础。造价工程师在实际岗位上应能独立完成建设方案、设计方案的经济比较工作，项目可行性研究的投资估算、设计概算和施工图预算、招标标底和投标报价、补充定额和造价指数等编制与管理工作，应能进行合同价结算和竣工决算的管理，以及对造价变动规律和趋势应具有分析和预测能力。

4）造价工程师的技能结构

造价工程师是建设领域工程造价的管理者，其执业范围和担负的重要任务，要求造价工程师必须具备现代管理人员的技能。

按照行为科学的观点，作为管理人员应具有 3 种技能，即技术技能、人文技能和观念技能。技术技能是指能使用由经验、教育及训练上的知识、方法、技能及设备，来达到特定任务的能力。人文技能是指与人共事的能力和判断力。观念技能是指了解整个组织及自己在组织中地位的能力，使自己不仅能按本身所属的群体目标行事，而且能按整个组织的目标行事。但是，不同层次的管理人员所需具备的 3 种技能的结构并不相同，造价工程师应同时具备这 3 种技能，特别是观念技能和技术技能。但也不能忽视人文技能，忽视与人共事能力的培养，忽视激励的作用。

5）法律责任

2007年3月1日起施行的《注册造价工程师管理办法》第三十一条至第三十八条规定了有关造价工程师的以下法律责任。

(1) 隐瞒有关情况或者提供虚假材料申请造价工程师注册的，不予受理或者不予注册，并给予警告，申请人在1年内不得再次申请造价工程师注册。

(2) 聘用单位为申请人提供虚假注册材料的，由县级以上地方人民政府建设主管部门或者其他有关部门给予警告，并可处以1万元以上3万元以下的罚款。

(3) 以欺骗、贿赂等不正当手段取得造价工程师注册的，由注册机关撤销其注册，3年内不得再次申请注册，并由县级以上地方人民政府建设主管部门处以罚款。其中，没有违法所得的，处以1万元以下罚款；有违法所得的，处以违法所得3倍以下且不超过3万元的罚款。

(4) 违反本办法规定，未经注册而以注册造价工程师的名义从事工程造价活动的，所签署的工程造价成果文件无效，由县级以上地方人民政府建设主管部门或者其他有关部门给予警告，责令停止违法活动，并可处以1万元以上3万元以下的罚款。

(5) 违反本办法规定，未办理变更注册而继续执业的，由县级以上人民政府建设主管部门或者其他有关部门责令限期改正；逾期不改的，可处以5 000元以下的罚款。

(6) 注册造价工程师有本办法第二十条规定行为之一的，由县级以上地方人民政府建设主管部门或者其他有关部门给予警告，责令改正，没有违法所得的，处以1万元以下罚款，有违法所得的，处以违法所得3倍以下且不超过3万元的罚款。

(7) 违反本办法规定，注册造价工程师或者其聘用单位未按照要求提供造价工程师信用档案信息的，由县级以上地方人民政府建设主管部门或者其他有关部门责令限期改正；逾期未改正的，可处以1 000元以上1万元以下的罚款。

(8) 县级以上人民政府建设主管部门和其他有关部门工作人员，在注册造价工程师管理工作中，有下列情形之一的，依法给予处分；构成犯罪的，依法追究刑事责任。

① 对不符合注册条件的申请人准予注册许可或者超越法定职权作出注册许可决定。

② 对符合注册条件的申请人不予注册许可或者不在法定期限内作出注册许可决定。

③ 对符合法定条件的申请不予受理或者未在法定期限内初审完毕。

④ 利用职务之便，收取他人财物或者其他好处。

⑤ 不依法履行监督管理职责，或者发现违法行为不予查处。

本章小结

本章首先分析了建设项目的基本概念及特点，建设项目可以划分为单项工程、单位工程、分部工程、分项工程；并介绍了工程建设的程序。

工程造价具有两种含义，一种含义是从投资者的角度来定义，建设项目工程造价是指建设项目的建设成本，即预期开支或实际开支的项目的全部费用；另一种含义是指建设工程的承包价格，即工程价格，为建设某项工程，预计或实际在土地市场、设备市场、技术劳务市场、承包市场等交易活动中，所形成的工程承包合同价和建设工程总造价。

工程造价具有大额性、个别性、差异性、广泛性、复杂性、动态性、阶段性的特点，这些特点决定了工程造价计价具有单体性计价、分部组合计价、多次性计价、计价方法的多样性的特性。

由于工程造价有两种含义，工程造价管理也有两种管理。一种是建设工程投资费用管理，另一种是工程价格管理。工程造价管理具有时效性、公正性、规范性、准确性的特点，工程造价管理的基本内容就是合理确定和有效控制工程造价，两者相互依存、相互制约。

最后，为了更好地进行工程造价管理，对工程造价咨询和造价工程师作了介绍，特别是要明确造价工程师的权利与义务，执业的素质要求。

思考题与习题

思考题

1-1 什么是建设项目？它具有什么特点？

1-2 什么是单位工程？什么是分部工程？什么是分项工程？

1-3 工程建设程序包括哪几个阶段？

1-4 简述工程造价与工程造价管理的概念。

1-5 简述工程造价计价的特点。

1-6 简述工程造价管理的基本内容。

1-7 造价工程师的权利与义务是什么？

1-8 在工程造价管理中，造价工程师的权利与义务是什么？对造价工程师的素质有什么要求？

单项选择题

1-9 工程建设程序是指(　　)在整个建设过程中，各项工作(　　)的先后顺序。

A. 建设项目；可能遵循　　B. 建设工程；必须遵循

C. 建设项目；必须遵循　　D. 建设工程；可能遵循

1-10 一栋教学办公综合楼属于(　　)。

A. 单项工程　　B. 建设工程

C. 建设项目　　D. 单位工程

1-11 工程造价的两种管理是指(　　)。

A. 建设工程投资费用管理和工程造价计价依据管理

B. 建设工程投资费用管理和工程价格管理

C. 工程价格管理和工程造价专业队伍建设管理

D. 工程造价管理和工程造价计价依据管理

多项选择题

1-12 建设工程项目按照由整体到局部，由大到小，可以划分为(　　)。

A. 单项工程　　B. 单位工程

C. 分部工程　　D. 分项工程

E. 子项工程

1-13　以下属于单位工程的是(　　)。

A. 教学楼的主体工程
B. 办公楼的土建工程
C. 住宅楼±0.000 以下的工程
D. 汽车组装车间的工艺设备安装工程
E. 某教学楼的桩基工程

1-14　工程造价的特点有(　　)。

A. 大额性
B. 个别性、差异性
C. 静态性
D. 层次性
E. 兼容性

1-15　工程造价计价特征有(　　)。

A. 单件性
B. 批量性
C. 多次性
D. 一次性
E. 组合性

第2章 工程造价的构成

教学目标

(1) 熟悉我国现行建设工程造价的内容及工程造价的构成。

(2) 熟悉设备及工、器具购置费的构成。

(3) 掌握建筑安装工程造价的构成。

(4) 熟悉工程建设其他费用、预备费、建设期贷款利息的构成。

(5) 了解固定资产投资方向调节税。

教学要求

知识要点	能力要求	相关知识
建设工程造价的内容和构成	熟悉工程造价的内容和构成	财务管理，建设项目管理
设备及工、器具购置费的构成	熟悉设备及工、器具购置费的构成	建筑设备知识，工程合同管理
建筑安装工程造价的构成	掌握建筑安装工程造价的构成及其计算方法	建筑施工技术，工程识图，工程估价
工程建设其他费用	熟悉工程建设其他费用的内容	土地管理，建筑企业管理
预备费、建设期贷款利息、固定资产投资方向调节税	熟悉预备费、建设期贷款利息的构成；了解固定资产投资方向调节税有关政策	财务管理，时间价值理论，建设项目管理

基本概念

建设项目费用，建筑安装工程费，预备费，利息，固定资产投资方向调节税。

引例

有一个单机容量为30万千瓦的火力发电厂工程项目，业主与施工单位签订了施工合同。在施工过程中，施工单位向业主的常驻工地代表提出下列费用应由建设单位另行支付。

(1) 职工教育经费：因该工程项目的电机等是采用国外进口的设备，在安装前，需要对安装操作人员进行培训，培训经费为2万元。

(2) 研究实验费：本工程项目要对铁路专用线的一座跨公路预应力拱桥的模型进行破坏性试验，需要用 9 万元；改进混凝土泵送工艺试验费 3 万元，合计 12 万元。

(3) 临时设施费：为该工程项目的施工搭建的民工临时用房 15 间；为业主和监理搭建的临时办公室 4 间，分别为 3 万元和 1 万元，合计 4 万元。

(4) 根据施工组织设计，部分项目安排在雨季施工，由于采取防雨措施，加费用 2 万元。

问题：

你作为业主的项目造价工程师，试分析以上各项费用业主是否应支付？为什么？如果支付，那么应支付多少？

2.1 建设工程造价的内容与构成

建设项目费用是指建设项目从筹建到竣工验收全过程所需的全部建设费用。根据费用性质不同，一般包括项目建设期用于项目的建设投资、建设期贷款利息、固定资产投资方向调节税和流动资金。通常把建设投资、建设期贷款利息、固定资产投资方向调节税的总和称为建设项目工程造价。建设项目工程造价费用构成如图 2.1 所示。

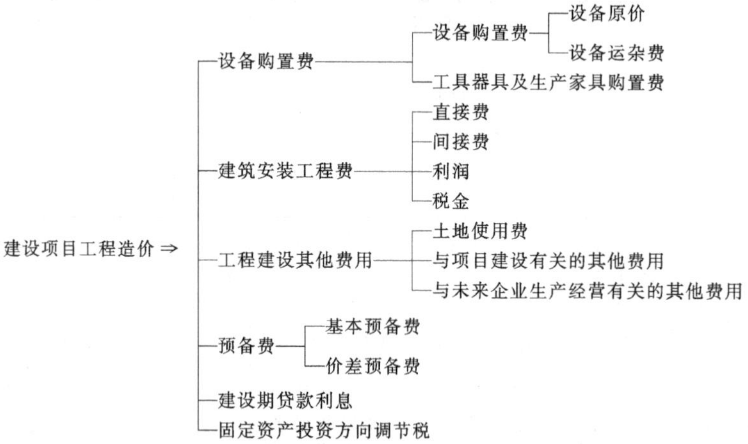

图 2.1 建设项目工程造价构成示意图

1. 建设投资

建设投资由工程费用(设备购置费、建筑工程费、安装工程费)、工程建设其他费用和预备费(基本预备费和价差预备费)组成。其中建筑工程费和安装工程费有时又通称为建筑安装工程费。

2. 建设期贷款利息

建设期贷款利息包括支付金融机构的贷款利息和为筹集资金而发生的融资费用。

3. 固定资产投资方向调节税

固定资产投资方向调节税是指国家为贯彻产业政策、引导投资方向、调整投资结构而征收的投资方向调整税金。

4. 流动资金

流动资金指生产经营性项目投产后，用于购买原材料、燃料、备品备件，保证生产经营和产品销售所需要的周转资金。

2.2 设备及工器具购置费的构成

设备及工器具费由设备购置费和工器具及生产家具购置费组成。它是固定资产投资中的组成部分。在生产性工程建设中，设备、工器具费用与资本的有机构成相联系。设备、工器具费用占工程造价比重的增大，意味着生产技术的进步和资本有机构成的提高。

2.2.1 设备购置费的构成

设备购置费是指为建设项目购置或自制的达到固定资产标准的各种国产或进口设备、工具、器具的购置费用。由设备原价和设备运杂费构成。

设备购置费＝设备原价＋设备运杂费　(2-1)

式(2-1)中，设备原价指国产或进口设备的原价；设备运杂费指除设备原价之外的关于设备采购、运输、途中包装及仓库保管等方面支出费用的总和。

1. 国产设备原价的构成及计算

国产设备原价一般指的是设备制造厂的交货价，或订货合同价。它一般根据生产厂或供应商的询价、报价、合同价确定，或采用一定的方法计算确定。国产设备原价分为国产标准设备原价和国产非标准设备原价。

1) 国产标准设备原价

国产标准设备是指按照主管部门颁布的标准图纸和技术要求，由我国设备生产厂批量生产的，符合国家质量检测标准的设备。国产标准设备原价有两种，即带有备件的原价和不带有备件的原价。在计算时，一般采用带有备件的原价。

2) 国产非标准设备原价

国产非标准设备是指国家尚无定型标准，各设备生产厂不可能在工艺过程中采用批量生产，只能按一次订货，并根据具体的设计图纸制造的设备。国产非标准设备原价有多种不同的计算方法，如成本计算估价法、系列设备插入估价法、分部组合估价法、定额估价法等。但无论采用哪种方法都应该使国产非标准设备计价接近实际出厂价，并且计算方法要简便。按成本计算估价法，国产非标准设备的原价由以下各项组成。

(1) 材料费。其计算公式如下：

材料费＝材料净重×(1＋加工损耗系数)×每吨材料综合价　(2-2)

(2) 加工费。加工费包括生产工人工资和工资附加费、燃料动力费、设备折旧费、车间经费等。其计算公式如下：

加工费＝设备总重量(吨)×设备每吨加工费　(2-3)

(3) 辅助材料费(简称辅材费)。辅助材料费包括焊条、焊丝、氧气、氩气、氮气、油漆、电石等费用。其计算公式如下：

$$辅助材料费=设备总重量\times辅助材料费指标 \tag{2-4}$$

(4) 专用工具费。按(1)～(3)项之和乘以一定百分比计算。

(5) 废品损失费。按(1)～(4)项之和乘以一定百分比计算。

(6) 外购配套件费。按设备设计图纸所列的外购配套件的名称、型号、规格、数量、重量，根据相应的价格加运杂费计算。

(7) 包装费。按以上(1)～(6)项之和乘以一定百分比计算。

(8) 利润。可按(1)～(5)项加第(7)项之和乘以一定利润率计算。

(9) 税金。税金主要指增值税。计算公式为：

$$增值税=当期销项税额-进项税额 \tag{2-5}$$

式中：当期销项税额=销售额×适用增值税率；

销售额=(1)～(8)项之和。

(10) 国产非标准设备设计费。按国家规定的设计费收费标准计算。

综上所述，单台国产非标准设备原价可用下面的公式表达。

$$\begin{aligned}单台国产非标准设备原价=&\{[(材料费+加工费+辅助材料费)\times(1+专用工具费率)\\&\times(1+废品损失费率)+外购配套件费]\times(1+包装费率)\\&-外购配套件费\}\times(1+利润率)+销项税金\\&+非标准设备设计费+外购配套件费\end{aligned} \tag{2-6}$$

2. 进口设备原价的构成及计算

进口设备的原价是指进口设备的抵岸价，即抵达买方边境港口或边境车站，且交完关税等税费后形成的价格。进口设备抵岸价的构成与进口设备的交货类别有关。

1) 进口设备的交货类别

进口设备的交货类别可分为内陆交货类、目的地交货类、装运港交货类。

(1) 内陆交货类。即卖方在出口国内陆的某个地点交货。在交货地点，卖方及时提交合同规定的货物和有关凭证，并负担交货前的一切费用和风险；买方按时接收货物，交付货款，负担接货后的一切费用和风险，并自行办理出口手续和装运出口。货物的所有权也在交货后由卖方转移给买方。

(2) 目的地交货类。即卖方在进口国的港口或内地交货，有目的港船上交货价、目的港船边交货价(FOS)和目的港码头交货价(关税已付)及完税后交货价(进口国的指定地点)等几种交货价。它们的特点是：买卖双方承担的责任、费用和风险是以目的地约定交货点为分界线，只有当卖方在交货点将货物置于买方控制下才算交货，才能向买方收取货款。这种交货类别对卖方来说承担的风险较大，在国际贸易中卖方一般不愿意采用。

(3) 装运港交货类。即卖方在出口国装运港交货，主要有装运港船上交货价(FOB)，习惯称离岸价格，运费在内价(C&F)和运费、保险费在内价(CIF)，习惯称到岸价格。它们的特点是：卖方按照约定的时间在装运港交货，只要卖方把合同规定的货物装船后提供货运单据便完成交货任务，可凭单据收回货款。

装运港船上交货价(FOB)是我国进口设备采用最多的一种货价。采用船上交货价时卖方的责任是：在规定的期限内，负责在合同规定的装运港口将货物装上买方指定的船只，并及时通知买方；负担货物装船前的一切费用和风险，负责办理出口手续；提供出口国政府或有关方面签发的证件；负责提供有关装运单据。买方的责任是：负责租船或订舱，支付运费，并将船期、船名通知卖方；负担货物装船后的一切费用和风险；负责办理保险及支付保险费，办理在目的港的进口和收货手续；接收卖方提供的有关装运单据，并按合同规定支付货款。

2）进口设备抵岸价的构成及计算

进口设备采用最多的是装运港船上交货价(FOB)，其抵岸价的构成可概括为：

$$\text{进口设备抵岸价}=\text{货价}+\text{国际运费}+\text{运输保险费}+\text{银行财务费}+\text{外贸手续费}+\text{关税}+\text{增值税}+\text{消费税}+\text{车辆购置附加费} \tag{2-7}$$

(1) 货价。一般指装运港船上交货价(FOB)。货价分为原币货价和人民币货价，原币货价一律折算为美元表示，人民币货价按原币货价乘以外汇市场美元兑换人民币中间价确定。进口设备货价按有关生产厂商询价、报价、订货合同价计算。

(2) 国际运费。即从装运港(站)到达我国抵达港(站)的运费。我国进口设备大部分采用海洋运输，小部分采用铁路运输，个别采用航空运输。进口设备国际运费计算公式为：

$$\text{国际运费(海、陆、空)}=\text{原币货价(FOB)}\times\text{运费率} \tag{2-8}$$

或

$$\text{国际运费(海、陆、空)}=\text{运量}\times\text{单位运价} \tag{2-9}$$

式中：运费率或单位运价参照有关部门或进出口公司的规定执行。

(3) 运输保险费。对外贸易货物运输保险是由保险人(保险公司)与被保险人(出口人或进口人)订立保险契约，在被保险人交付议定的保险费后，保险人根据保险契约的规定对货物在运输过程中发生的承保责任范围内的损失给予经济上的补偿。这是一种财产保险。计算公式为：

$$\text{运输保险费}=\frac{\text{原币货价(FOB)}+\text{国外运费}}{1-\text{保险费率}}\times\text{保险费率} \tag{2-10}$$

其中，保险费率按保险公司规定的进口货物保险费率计算。

(4) 银行财务费。一般是指中国银行手续费，可按下式简化计算。

$$\text{银行财务费}=\text{人民币货价(FOB)}\times\text{银行财务费率} \tag{2-11}$$

(5) 外贸手续费。外贸手续费指委托具有外贸经营权的经贸公司采购而发生的外贸手续费率计取的费用，外贸手续费率一般取1.5%。计算公式为：

$$\text{外贸手续费}=[\text{装运港船上交货价(FOB)}+\text{国际运费}+\text{运输保险费}]\times\text{外贸手续费率} \tag{2-12}$$

(6) 关税。由海关对进出国境或关境的货物和物品征收的一种税。计算公式为：

$$\text{关税}=\text{到岸价格(CIF)}\times\text{进口关税税率} \tag{2-13}$$

其中，到岸价格(CIF)包括离岸价格(FOB)、国际运费、运输保险费，它作为关税完税价格。进口关税税率分为优惠和普通两种。优惠税率适用于与我国签订关税互惠条款的贸易条约或协定的国家的进口设备。普通税率适用于与我国未签订关税互惠条款的贸易条约或协定的国家的进口设备。进口关税税率按我国海关总署发布的进口关税税率计算。

(7) 增值税。是对从事进口贸易的单位和个人，在进口商品报关进口后征收的税种。我国增值税条例规定，进口应税产品均按组成计税价格和增值税税率直接计算应纳税额。即：

$$增值税额=组成计税价格\times增值税税率 \tag{2-14}$$

式中：组成计税价格=关税完税价格+关税+消费税；

增值税税率根据规定的税率计算。

(8) 消费税。对部分进口设备(如轿车、摩托车等)征收，一般计算公式为：

$$消费税=\frac{到岸价格(CIF)+关税}{1-消费税税率}\times消费税税率 \tag{2-15}$$

其中，消费税税率根据规定的税率计算。

(9) 车辆购置附加费。进口车辆需缴进口车辆购置附加费。其计算公式如下：

$$进口车辆购置附加费=(到岸价格+关税+消费税+增值税)\times进口车辆购置附加费 \tag{2-16}$$

3. 设备运杂费的构成及计算

1) 设备运杂费的构成

设备运杂费通常由下列各项构成。

(1) 运费和装卸费。对于国产设备运费和装卸费指由设备制造厂交货地点起至工地仓库(或施工组织设计指定的需要安装设备的堆放地点)止所发生的运费和装卸费；对于进口设备运费和装卸费指由我国到岸港口或边境车站起至工地仓库(或施工组织设计指定的需要安装设备的堆放地点)止所发生的运费和装卸费。

(2) 包装费。在设备原价中没有包含的，为运输而进行的包装支出的各种费用。

(3) 设备供销部门的手续费。按有关部门规定的统一费率计算。

(4) 采购与仓库保管费。指采购、验收、保管和收发设备所发生的各种费用，包括设备采购人员、保管人员和管理人员的工资、工资附加费、办公费、差旅交通费，设备供应部门办公和仓库所占固定资产使用费、工具用具使用费、劳动保护费、检验试验费等。这些费用可按主管部门规定的采购与保管费费率计算。

2) 设备运杂费的计算

设备运杂费按设备原价乘以设备运杂费率计算，其公式为：

$$设备运杂费=设备原价\times设备运杂费率 \tag{2-17}$$

2.2.2 工器具及生产家具购置费的构成

工器具及生产家具购置费是指新建或扩建项目初步设计规定的，保证初期正常生产必须购置的没有达到固定资产标准的设备、仪器、工卡模具、器具、生产家具和备品备件等的购置费用。一般以设备费为计算基数，按照部门或行业规定的工具、器具及生产家具费率计算。计算公式为：

$$工器具及生产家具购置费=设备购置费\times定额费率 \tag{2-18}$$

2.3 建筑安装工程造价的构成

为了加强工程建设的管理和适应建筑业的发展，有利于合理确定工程造价，提高基本建设投资效益，国家统一了建筑、安装工程造价划分的口径。这一做法，使得工程建设的各方，在编制工程概预算、工程结算、工程招投标、计划统计、工程成本核算等方面的工作有了统一的标准。

按照建设部、财政部《关于印发〈建筑安装工程费用项目组成〉的通知》（建标［2003］206号）规定：建筑安装工程费用项目由直接费、间接费、利润和税金四大部分组成，如图2.2所示。

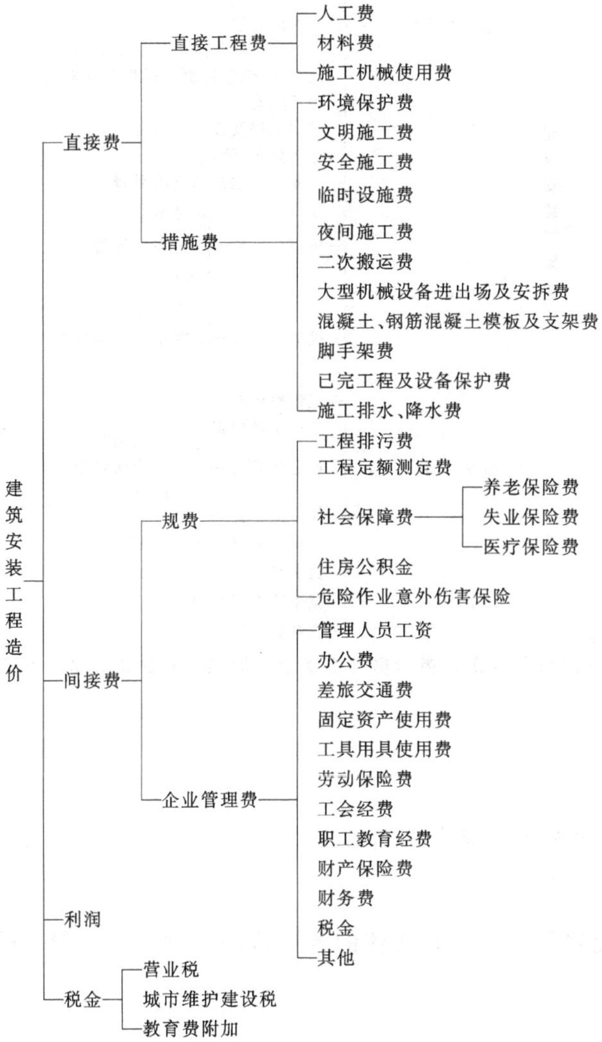

图2.2 建筑安装工程造价组成示意图

按照2003年7月1日施行的国家标准《建设工程工程量清单计价规范》GB 50500—2003的有关规定，实行工程量清单计价，建筑安装工程造价则由分部分项工程费、措施项目费、其他项目费、规费和税金五部分组成，如图2.3所示。

《建筑安装工程费用项目组成》（建标［2003］206号）主要表述的是建筑安装工程费用的组成，而《建设工程工程量清单计价规范》的建筑安装工程造价要求的是建筑安装工程在工程交易和工程实施阶段工程造价的组价要求。二者在计算建筑安装工程造价的角度上存在差异，应用时应引起注意。

- 建筑安装工程造价
  - 分部分项工程费
    - 人工费
    - 材料费
    - 施工机械使用费
    - 企业管理费
    - 利润
  - 措施项目费
    - 环境保护费
    - 文明施工费
    - 安全施工费
    - 临时设施费
    - 夜间施工费
    - 二次搬运费
    - 大型机械设备进出场及安拆费
    - 混凝土、钢筋混凝土模板及支架费
    - 脚手架费
    - 已完工程及设备保护费
    - 施工排水、降水费
    - 各专业工程的措施项目费
  - 其他项目费
    - 招标人部分
      - 预留金
      - 材料购置费
      - 其他
    - 投标人部分
      - 总承包服务费
      - 零星工作项目费
      - 其他
  - 规费
    - 工程排污费
    - 工程定额测定费
    - 社会保障费
      - 养老保险费
      - 失业保险费
      - 医疗保险费
    - 住房公积金
    - 危险作业意外伤害保险
  - 税金
    - 营业税
    - 城市维护建设税
    - 教育费附加

图 2.3 《建设工程工程量清单计价规范》的建筑安装工程造价组成示意图

2.3.1 直接费

直接费由直接工程费和措施费组成。

1. 直接工程费

指施工过程中耗费的构成工程实体的各项费用。包括人工费、材料费、施工机械使用费。

1) 人工费

人工费是指直接从事建筑安装工程施工的生产工人开支的各项费用，包括以下内容。

(1) 基本工资：是指发放给生产工人的基本工资。

(2) 工资性补贴：是指按规定标准发放的物价补贴，煤、燃气补贴，交通补贴，住房补贴，流动施工津贴等。

(3) 生产工人辅助工资：是指生产工人年有效施工天数以外非作业天数的工资，包括职工学习、培训期间的工资，调动工作、探亲、休假期间的工资，因气候影响的停工工资，女工哺乳时间的工资，病假在 6 个月以内的工资及产、婚、丧假期的工资。

(4) 职工福利费：是指按规定标准计提的职工福利费。

(5) 生产工人劳动保护费：是指按规定标准发放的劳动保护用品的购置费及修理费，徒工服装补贴，防暑降温费，在有碍身体健康环境中施工的保健费用等。

2) 材料费

材料费是指施工过程中耗费的构成工程实体的原材料、辅助材料、构配件、零件、半成品的费用，包括以下内容。

(1) 材料原价(或供应价格)。

(2) 材料运杂费：是指材料自来源地运至工地仓库或指定推放地点所发生的全部费用。

(3) 运输损耗费：是指材料在运输装卸过程中不可避免的损耗。

(4) 采购及保管费：是指为组织采购、供应和保管材料工程中所需要的各项费用。包括：采购费、仓储费、工地保管费、仓储损耗。

(5) 检验试验费：是指对建筑材料、构件和建筑安装物进行一般鉴定、检查所发生的费用，包括自设试验室进行试验所耗用的材料和化学药品等费用。不包括新结构、新材料的试验费和建设单位对具有出厂合格证明的材料进行检验，对构件做破坏性试验及其他特殊要求检验试验的费用。

3) 施工机械使用费

施工机械使用费是指施工机械作业所发生的机械使用费以及机械安拆费和场外运输费。施工机械台班单价应由下列费用组成。

(1) 折旧费：指施工机械在规定的使用年限内，陆续收回其原值及购置资金的时间价值。

(2) 大修理费：指施工机械按规定的大修理间隔台班进行必要的大修理，以恢复其正常功能所需的费用。

(3) 经常修理费：指施工机械除大修理以外的各级保养和临时故障排除所需要的费用。包括为保障机械正常运转所需替换设备与随机配备工具附件的摊销和维护费用，机械运转中日常保养所需润滑与擦拭的材料费用及机械停滞期间的维护和保养费用等。

(4) 安拆费及场外运费：安拆费指施工机械在进行安装与拆卸所需的人工、材料、机械和试运转费用及机械辅助设施的折旧、搭设、拆除等费用；场外运费指施工机械整体或分体自停放地点至施工现场或由一施工地点运至另一施工地点的运输、装卸、辅助材料及架线等费用。

(5) 人工费：指机上司机(司炉)和其他操作人员的工作日人工费及上述人员在施工机械规定的年工作台班以外的人工费。

(6) 燃料动力费：指施工机械在运转作业中所消耗的固体燃料(煤、木柴)、液体燃料(汽油、柴油)及水、电等。

(7) 养路费及车船使用税：指施工机械按照国家规定和有关部门规定缴纳的养路费、车船使用税、保险费及年检费等。

2. 措施费

指为完成工程项目施工，发生于该工程施工前和施工过程中非工程实体项目的费用。包括环境保护费、文明施工费、安全施工费、临时设施费、夜间施工费、二次搬运费、大型机械设备进出场及安拆费、混凝土和钢筋混凝土模板及支架费、脚手架费、已完工程及设备保护费、施工排水、降水费等。

（1）环境保护费：是指施工现场为达到环保部门要求所需要的各项费用。

$$环境保护费=直接工程费\times 环境保护费费率(\%) \tag{2-19}$$

$$环境保护费费率(\%)=\frac{本项费用年度平均支出}{全年建安产值\times 直接工程费占总造价比例(\%)}$$

（2）文明施工费：是指施工现场文明施工所需要的各项费用。

$$文明施工费=直接工程费\times 文明施工费费率(\%) \tag{2-20}$$

$$文明施工费费率(\%)=\frac{本项费用年度平均支出}{全年建安产值\times 直接工程费占总造价比例(\%)}$$

（3）安全施工费：是指施工企业现场安全施工所需要的各项费用。

$$安全施工费=直接工程费\times 安全施工费费率(\%) \tag{2-21}$$

$$安全施工费费率(\%)=\frac{本项费用年度平均支出}{全年建安产值\times 直接工程费占总造价比例(\%)}$$

（4）临时设施费：是指施工企业为进行建筑工程施工所必须搭设的生活和生产用的临时建筑物、构筑物和其他临时设施费用等。

临时设施包括：临时宿舍、文化福利及公用事业房屋与构筑物、仓库、办公室、加工厂以及规定范围内的道路、水、电、管线等临时设施和小型临时设施。

临时设施费由以下三部分组成。

① 周转使用临建(如活动房屋)。

② 一次性使用临建(如简易建筑)。

③ 其他临时设施(如临时管线)。

$$临时设施费=(周转使用临建费+一次性使用临建费)\times[1+其他临时设施所占比例(\%)] \tag{2-22}$$

$$周转使用临建费=\sum\left[\frac{临建面积\times 每平方米造价}{使用年限\times 365\times 利用率(\%)}\times 工期(天)\right]+一次性拆除费$$

$$一次性使用临建费=\sum\{临建面积\times 每平方米造价\times[1-残值率(\%)]\}+一次性拆除费$$

其他临时设施在临时设施费中所占比例，可由各地区造价管理部门依据典型施工企业的成本资料经分析后综合测定。

（5）夜间施工费：是指因夜间施工所发生的夜班补助费、夜间施工降效、夜间施工照明设备摊销及照明用电等费用。

$$夜间施工增加费=\left(1-\frac{合同工期}{定额工期}\right)\times\frac{直接工程费中的人工费合计}{平均日工资单价}\times 每日夜间施工费开支 \tag{2-23}$$

（6）二次搬运费：是指因施工场地狭小等特殊情况而发生的二次搬运费用。

$$二次搬运费=直接工程费\times 二次搬运费费率(\%) \tag{2-24}$$

$$二次搬运费费率(\%)=\frac{年平均二次搬运费开支额}{全年建安产值\times 直接工程费占总造价的比例(\%)}$$

（7）大型机械设备进出场及安拆费：是指机械整体或分体自停放场地运至施工现场或由一个施工地点运至另一个施工地点，所发生的机械进出场运输转移费用及机械在施工现场进行安装、拆卸所需人工费、材料费、机械费、试运转费和安装所需的辅助设施的费用。

$$大型机械进出场及安拆费=\frac{一次进出场及安拆费\times年平均安拆次数}{年工作台班} \quad (2-25)$$

(8) 混凝土、钢筋混凝土模板及支架费：是指混凝土施工过程中所需要的各种钢模板、木模板、支架等的支、拆、运输费用及模板、支架的摊销(或租赁)费用。

模板及支架费＝模板摊销量×模板价格＋支、拆、运输费用 (2－26)

摊销量＝一次使用量×(1＋施工损耗)×[1＋(周转次数－1)×补损率/周转次数－(1－补损率)×50%/周转次数]

租赁费＝模板使用量×使用日期×租赁价格＋支、拆、运输费用 (2－27)

(9) 脚手架费：是指施工需要的各种脚手架搭、拆、运输费用及脚手架的摊销(或租赁)费用。

① 自有脚手架费的计算如下。

脚手架搭拆费＝脚手架摊销量×脚手架价格＋搭、拆、运输费 (2－28)

脚手架摊销量＝单位一次使用量×(1－残值率)/(耐用期/一次使用期)

② 租赁脚手架费的计算如下。

租赁费＝脚手架每日租金×搭设周期＋搭、拆、运输费 (2－29)

(10) 已完工程及设备保护费：是指竣工验收前，对已完工程及设备进行保护所需费用。

已完工程及设备保护费＝成品保护所需机械费＋材料费＋人工费 (2－30)

(11) 施工排水、降水费：是指为确保工程在正常条件下施工，采取各种排水、降水措施所发生的各种费用。

排水降水费＝∑排水降水机械台班费×排水降水周期＋排水降水使用材料费＋人工费 (2－31)

2.3.2 间接费

间接费由规费和企业管理费组成。

1. 规费

规费指政府和有关权力部门规定必须缴纳的费用。包括工程排污费、工程定额测定费、养老保险费、失业保险费、医疗保险费、住房公积金、危险作业意外伤害保险。

(1) 工程排污费：是指施工现场按规定缴纳的工程排污费。

(2) 工程定额测定费：是指按规定支付工程造价(定额)管理部门的定额测定费。

(3) 社会保障费。

① 养老保险费：是指企业按规定标准为职工缴纳的基本养老保险费。

② 失业保险费：是指企业按照国家规定标准为职工缴纳的失业保险费。

③ 医疗保险费：是指企业按照规定标准为职工缴纳的基本医疗保险费。

(4) 住房公积金：是指企业按规定标准为职工缴纳的住房公积金。

(5) 危险作业意外伤害保险：是指按照建筑法规定，企业为从事危险作业的建筑安装施工人员支付的意外伤害保险费。

2. 企业管理费

企业管理费指施工企业为组织施工生产经营活动所发生的管理费用。包括管理人员工资、办公费、差旅交通费、固定资产使用费、工具用具使用费、劳动保险费、工会经费、职工教育经费、财产保险费、财务费、税金及其他。

(1) 管理人员工资：是指管理人员的基本工资、工资性补贴、职工福利费、劳动保护费等。

(2) 办公费：是指企业管理办公用的文具、纸张、账表、印刷、邮电、书报、会议、水电、烧水和集体取暖(包括现场临时宿舍取暖)用煤等费用。

(3) 差旅交通费：是指职工因公出差、调动工作的差旅费、住勤补助费，市内交通费和误餐补助费，职工探亲路费，劳动力招募费，职工离退休、退职一次性路费，工伤人员就医路费，工地转移费以及管理部门使用的交通工具油料、燃料、养路费及牌照费。

(4) 固定资产使用费：是指管理和试验部门及附属生产单位使用的属于固定资产的房屋、设备仪器等的折旧、大修、维修或租赁费。

(5) 工具用具使用费：是指管理使用的不属于固定资产的生产工具、器具、家具、交通工具和检验、试验、测绘、消防用具等的购置、维修和摊销费。

(6) 劳动保险费：是指由企业支付离退休职工的易地安家补助费、职工退职金、6个月以上的病假人员工资、职工死亡丧葬补助费、抚恤费、按规定支付给离休干部的各项经费。

(7) 工会经费：是指企业按职工工资总额计提的工会经费。

(8) 职工教育经费：是指企业为职工学习先进技术和提高文化水平，按职工工资总额计提的费用。

(9) 财产保险费：是指施工管理用财产、车辆保险。

(10) 财务费：是指企业为筹集资金而发生的各种费用。

(11) 税金：是指企业按照规定缴纳的房产税、车船使用税、土地使用税、印花税等。

(12) 其他：包括技术转让费、技术开发费、业务招待费、绿化费、广告费、公证费、法律顾问费、审计费、咨询费等。

2.3.3 利润

利润是指施工企业完成所承包工程获得的盈利。利润的计算公式如下。

利润＝(直接工程费＋措施费＋间接费)×相应利润率(%)

2.3.4 税金

建筑安装工程的税金是指国家税法规定的应计入建筑安装工程造价内的营业税、城乡维护建设税及教育费附加。其中，营业税按营业额乘以营业税税率确定；城乡维护建设税是国家为了加强城乡的维护建设而征收的一种税，它是以应纳营业税额乘以相应税率确定；教育费附加是以应纳营业税额乘以相应税率确定。在我国，建筑安装企业营业税税率为3%，城乡维护建设税税率有市区为7%、县镇为5%、农村为1%，教育费附加税率为3%。

税金＝(税前造价＋利润)×税率(%)

2.4 工程建设其他费用的构成

工程建设其他费用是指从工程筹建起到工程竣工验收交付生产或使用止的整个建设期间，除建筑安装工程费用和设备及工器具购置费用以外的，为保证工程建设顺利完成和交付使用后能够正常发挥效益或效能而发生的各项费用。工程建设其他费用按资产属性分别形成固定资产、无形资产和其他资产(递延资产)。

2.4.1 固定资产其他费用

1. 建设管理费

建设管理费是指建设单位从项目筹建开始直至工程竣工验收合格或交付使用为止发生的项目建设管理费用。费用内容包括以下几项。

(1) 建设单位管理费是指建设单位发生的管理性质的开支。包括：工作人员工资、工资性补贴、施工现场津贴、职工福利费、住房基金、基本养老保险费、基本医疗保险费、失业保险费、工伤保险费、办公费、差旅交通费、劳动保护费、工具用具使用费、固定资产使用费、必要的办公及生活用品购置费、必要的通讯设备及交通工具购置费、零星固定资产购置费、招募生产工人费、技术图书资料费、业务招待费、设计审查费、工程招标费、合同契约公证费、法律顾问费、咨询费、完工清理费、竣工验收费、印花税和其他管理性质开支。

(2) 工程监理费是指建设单位委托工程监理单位实施工程监理的费用。

(3) 工程质量监督费是指工程质量监督检验部门检验工程质量而收取的费用。

(4) 招标代理费是指建设单位委托招标代理单位进行工程、设备材料和服务招标交付的服务费用。

(5) 工程造价咨询费是建设单位委托具有相应资质的工程造价咨询企业代为进行工程建设项目的投资估算、设计概算、施工图预算、标底、工程结算等或进行工程建设全过程造价控制与管理所发生的费用。

2. 建设用地费

建设用地费是指按照《中华人民共和国土地管理法》等规定，建设项目征用土地或租用土地应支付的费用。费用内容包括以下几项。

(1) 土地征用及补偿费。经营性建设项目通过出让方式购置的土地使用权(或建设项目通过划拨方式取得无限期的土地使用权)而支付的土地补偿费、安置补偿费、地上附着物和青苗补偿费、余物迁建补偿费、土地登记管理费等；行政事业单位的建设项目通过出让方式取得土地使用权而支付的出让金；建设单位在建设过程中发生的土地复垦费用和土地损失补偿费用；建设期间临时占地补偿费。

(2) 征用耕地按规定一次性缴纳的耕地占用税。征用城镇土地在建设期间按规定每年缴纳的城镇土地使用税；征用城市郊区菜地按规定缴纳的新菜地开发建设基金。

(3) 建设单位租用建设项目土地使用权在建设期支付的租地费用。

3. 可行性研究费

可行性研究费是指在建设项目前期工作中，编制和评估项目建议书(或预可行性研究报告)、可行性研究报告所需的费用。

4. 研究试验费

研究试验费是指为本建设项目提供或验证设计数据、资料等进行必要的研究试验及按照设计规定在建设过程中必须进行试验、验证所需的费用。

5. 勘察设计费

勘察设计费是指委托勘察设计单位进行工程水文地质勘察、工程设计所发生的各项费用。包括工程勘察费、初步设计费(基础设计费)、施工图设计费(详细设计费)、设计模型制作费。

6. 环境影响评价费

环境影响评价费是指按照《中华人民共和国环境保护法》、《中华人民共和国环境影响评价法》等规定，全面、详细评价本建设项目对环境可能产生的污染或造成的重大影响所需的费用。包括编制环境影响报告书(含大纲)、环境影响报告表和评估环境影响报告书(含大纲)、评估环境影响报告表等所需的费用。

7. 劳动安全卫生评价费

劳动安全卫生评价费是指按照劳动部《建设项目(工程)劳动安全卫生监察规定》和《建设项目(工程)劳动安全卫生预评价管理办法》的规定，为预测和分析建设项目存在的职业危险、危害因素的种类和危害程度，并提出先进、科学、合理可行的劳动安全卫生技术和管理对策所需的费用。包括编制建设项目劳动安全卫生预评价大纲和劳动安全卫生预评价报告书，以及为编制上述文件所进行的工程分析和环境现状调查等所需费用。

8. 场地准备及临时设施费

场地准备及临时设施费是指建设场地准备费和建设单位临时设施费。

(1) 场地准备费是指建设项目为达到工程开工条件所发生的场地平整和对建设场地余留的有碍于施工建设的设施进行拆除清理的费用。

(2) 临时设施费是指为满足施工建设需要而供应到场地界区的、未列入工程费用的临时水、电、路、通信、气等其他工程费用和建设单位的现场临时建(构)筑物的搭设、维修、拆除、摊销或建设期间租赁费用，以及施工期间专用公路养护费、维修费。

9. 引进技术和引进设备其他费用

引进技术和引进设备其他费用是指引进技术和设备发生的未计入设备费的费用，包括以下内容。

(1) 引进项目图纸资料翻译复制费、备品备件测绘费。

(2) 出国人员费用。包括买方人员出国设计联络、出国考察、联合设计、监造、培训等所发生的旅费、生活费等。

(3) 来华人员费用。包括卖方来华工程技术人员的现场办公费用、往返现场交通费用、接待费用等。

(4) 银行担保及承诺费指引进项目由国内外金融机构出面承担风险和责任担保所发生的费用，以及支付贷款机构的承诺费用。

10. 工程保险费

工程保险费是指建设项目在建设期间根据需要对建筑工程、安装工程、机器设备和人身安全进行投保而发生的保险费用。包括建筑安装工程一切保险、引进设备财产保险和人身意外伤害险等。

11. 联合试运转费

联合试运转费是指新建项目或新增加生产能力时，在交付生产前按照批准的设计文件所规定的工程质量标准和技术要求，进行整个生产线或装置的负荷联合试运转或局部联动试车所发生的费用净支出(试运转支出大于收入的差额部分费用)。试运转支出包括试运转所需原材料、燃料及动力消耗、低值易耗品、其他物料消耗、工具用具使用费、机械使用费、保险金、施工单位参加试运转人员以及专家指导费等；试运转收入包括试运转期间的产品销售收入和其他收入。

12. 特殊设备安全监督检验费

特殊设备安全监督检验费是指在施工现场组装的锅炉及压力容器、压力管道、消防设备、燃气设备、电梯等特殊设备和施工，由安全监察部门按照有关安全监察条例和实施细则以及设计技术要求进行安全检验，应由建设项目支付的、向安全监察部门缴纳的费用。

13. 市政公用设施费

市政公用设施费是指使用市政公用设施的建设项目，按照项目所在地省一级人民政府有关规定建设或缴纳的市政公用设施建设配套费用，以及绿化工程补偿费用。

2.4.2 无形资产费用

形成无形资产费用的有专利及专有技术使用费。费用内容包括以下几项。

(1) 国外设计及技术资料费、引进有效专利、专有技术使用费和技术保密费。

(2) 国内有效专利、专有技术使用费用。

(3) 商标权、商誉和特许经营权费等。

2.4.3 其他资产费用(递延资产)

形成其他资产费用(递延资产是指不能全部计入当年损益，应当在以后年度内分期摊销的各项费用，包括生产准备及开办费、以经营租赁方式租入的固定资产的改良支出等)，是指建设项目为保证正常生产(或营业、使用)而发生的人员培训费、提前进厂费以及投产使用必备的生产办公、生活家具用具及工器具等购置费用，包括以下几项。

(1) 人员培训费及提前进厂费。自行组织培训或委托其他单位培训的人员工资、工资性补贴、职工福利费、差旅交通费、劳动保护费、学习资料费等。

(2) 为保证初期正常生产(或营业、使用)所必需的生产办公、生活家具用具购置费。

(3) 为保证初期正常生产(或营业、使用)所必需的第一套不够固定资产标准的生产工具、器具、用具购置费，不包括备品备件费。

一般建设项目很少发生或一些具有明显行业特征的工程建设其他费用项目，如移民安置费、水资源费、水土保持评价费、地震安全性评价法、地质灾害危险性评价费、河道占用补偿费、超限设备运输措施费、航道维护费、植被恢复费、种植检测费、引种测试费等，各省(市、自治区)、各部门有补充规定或具体项目发生时依据有关政策规定列入。

2.5 预备费、建设期贷款利息

除建筑安装工程费用、工程建设其他费用以外，在编制建设项目投资估算、设计总概算时，应计算预备费、建设期贷款利息。

2.5.1 预备费

按我国现行规定，预备费包括基本预备费和价差预备费两种。

1. 基本预备费

基本预备费是指在投资估算或设计概算内难以预料的工程费用，费用内容包括以下几点。

(1) 在批准的初步设计范围内，技术设计、施工图设计及施工过程中所增加的工程费用；设计变更、局部地基处理等增加的费用。

(2) 一般自然灾害造成的损失和预防自然灾害所采取的措施费用。实行工程保险的工程项目费用应适当地降低。

(3) 竣工验收时为鉴定工程质量，对隐蔽工程进行必要的挖掘和修复费用。

(4) 超长、超宽、超重引起的运输增加费用等。

基本预备费估算，一般是以建设项目的工程费用和工程建设其他费用之和为基础，乘以基本预备费率进行计算。基本预备费率的大小，应根据建设项目的设计阶段和具体的设计深度，以及在估算中所采用的各项估算指标与设计内容的贴近度、项目所属行业主管部门的具体规定确定。

2. 价差预备费(涨价预备费)

价差预备费是指建设项目在建设期间，由于价格等变化的预测预留费用。费用内容包括：人工、设备、材料、施工机械的价差费，建筑安装工程费及工程建设其他费用调整，利率、汇率调整等增加的费用。

价差预备费的测算方法，一般根据国家规定的投资综合价格指数，以估算年份价格水平投资额为基数，根据价格变动趋势，预测价格上涨率，采用复利方法计算。

计算公式为：

$$PF = \sum_{t=1}^{n} I_t[(1+f)^t - 1] \tag{2-32}$$

式中：PF——价差预备费；

n——建设期年份数；

I_t——建设期中第 t 年的投资计划额，包括设备及工具、器具购置费，建筑安装工程费，工程建设其他费用及基本预备费；

f——年均投资价格上涨率。

2.5.2 建设期贷款利息

建设期贷款利息指在项目建设期发生的支付银行贷款、出口信贷、债券等的借款利息和融资费用。大多数的建设项目都会利用贷款来解决自有资金的不足，以完成项目的建设，从而达到项目运行获取利润的目的。利用贷款必须支付利息和各种融资费用，所以，在建设期支付的贷款利息，也构成了项目投资的一部分。

建设期贷款利息的估算，根据建设期资金用款计划，可按当年借款在当年年中支用考虑，即当年借款按半年计息，上年借款按全年计息。按照国外贷款的利息计算，年利率应综合考虑贷款协议中向贷款方加收的手续费、管理费、承诺费以及国内代理机构向贷款方收取的转贷费、担保费和管理费等。

2.6 固定资产投资方向调节税

为了贯彻国家产业政策，控制投资规模，引导投资方向，调整投资结构，加强重点建设，促进国民经济持续、稳定、协调发展，对在我国境内进行固定资产投资的单位和个人(不含中外合资经营企业、中外合作经营企业和外商独资企业)征收固定资产投资方向调节税(简称投资方向调节税。自 2000 年 1 月 1 日起，新发生的投资额，暂停征收固定资产投资方向调节税。但该税种并未取消)。

2.6.1 税率

投资方向调节税根据国家产业政策和项目经济规模实行差别税率，税率分别为 0、5%、10%、15%、30%。差别税率按两大类设计：一是基本建设项目投资；二是更新改造项目投资。对前者设计了四档税率，即 0、5%、15%、30%；对后者设计了两档税率，即 0、10%。

1. 基本建设项目投资适用的税率

(1) 国家急需发展的项目投资，如农业、林业、水利、能源、交通、通信、原材料、科教、地质、勘探、矿山开采等基础产业和薄弱环节的部门项目投资，适用零税率。

(2) 对国家鼓励发展但受能源、交通等制约的项目投资，如钢铁、化工、石油、水泥等部分重要原材料项目，以及一些重要机械、电子、轻工业和新型建材的项目，实行 5% 的税率。

(3) 为配合住房制度改革，对城乡个人修建、购买住宅的投资实行零税率；对单位修建、购买一般性住宅投资，实行 5%低税率；对单位用公款修建、购买高标准独门独院、别墅式住宅投资，实行30%的高税率。

(4) 对楼堂馆所以及国家严格限制发展的项目投资，课以重税，税率为30%。

(5) 对不属于上述四类的其他项目投资，实行中等税负政策，税率为15%。

2. 更新改造项目投资适用的税率

(1) 为了鼓励企事业单位进行设备更新和技术改造，促进技术进步，对国家急需发展的项目投资，予以扶持，适用零税率；对单纯工艺改造和设备更新的项目投资，适用零税率。

(2) 对不属于上述提到的其他更新改造项目投资，一律适用10%的税率。

2.6.2 计税依据

投资方向调节税以固定资产投资项目实际完成投资额为计税依据。实际完成投资额包括：设备及工具、器具购置费、建筑安装工程费、工程建设其他费用及预备费。更新改造项目也是以建筑工程实际完成的投资额为计税依据的。

2.6.3 计税方法

首先，确定单位工程应税投资完成额；其次，根据工程的性质及划分单位工程情况，确定单位工程的适用税率；最后计算各个单位工程应纳的投资方向调节税税额，并且将各个单位工程应纳的税额汇总，即得出整个项目的应纳税额。

2.6.4 缴纳方法

投资方向调节税按固定资产投资项目的单位工程年度计划投资额预缴，年度终了时，按年度实际完成投资额结算，多退少补。项目竣工后，按应征收投资方向调节税的项目及其单位工程的实际完成投资额进行清算，多退少补。

工 程 案 例

某精细化工项目进口设备价格确定

【背景材料】由美国某公司引进年产6万吨全套工艺设备和技术的某精细化工项目，在我国某港口城市建设。该项目占地10公顷，绿化覆盖率为36%。建设期为两年，固定资产投资11 800万元，流动资产投资为3 600万元。引进部分的合同总价为682万美元，用于主要生产工艺装置的外购费用。厂房、辅助生产装置、公用工程、服务项目、生活福利及厂外配套工程等均由国内设计配套。引进合同价款的细项如下。

(1) 硬件费620万美元，其中工艺设备购置费460万美元、仪表60万美元，电气设备56万美元，工艺管道36万美元，特种材料8万美元。

(2) 软件费62万美元，其中计算关税的项目有：设计费、非专利技术及技术秘密费用48万美元；不计算关税的有：技术服务及资料费14万美元(不计海关监管手续费)。

现人民币兑换美元的外汇牌价均按1美元兑换6.828元人民币计算。

(3) 中国远洋公司的现行海运费率6%，海运保险费率3.5%，现行外贸手续费率、中国银行财务手续费率、增值税率和关税税率分别按1.5%、5%、17%、17%计取。

(4) 国内供销手续费率0.4%，运输、装卸和包装费率0.1%，采购保管费率1%。

【问题】

(1) 该工程项目工程造价应包括哪些投资内容？

(2) 对于引进工程项目中的引进部分硬、软件从属费用有哪些？应如何计算？

(3) 本项目引进部分购置投资的估算价格是多少？

(4) 该引进工程项目中，有关引进技术和进口设备的其他费用应包括哪些内容？

【分析要点】

本案例主要考核引进工程项目工程造价构成、从属费用的计算内容和计算方法、引进设备国内运杂费和设备购置费的计算方法、有关引进技术和进口设备的其他费用等内容。本案例应解决以下几个主要概念性问题。

(1) 编制一个引进工程项目的工程造价与编制一个国内工程项目的工程造价在编制内容上是一样的，所不同的只是增加了一些由于引进而引起的费用和特定的计算规则。所以编制时应考虑这方面的投资费用，先将引进部分和国内配套部分的投资内容分别编制再进行汇总。

(2) 引进项目减免关税的技术资料、技术服务等软件部分不计国外运输费、国外运输保险费、外贸手续费和增值税。

外贸手续费、关税计算依据是硬件到岸价和应计关税软件的货价之和；银行财务费计算依据是全部硬、软件的货价；本例是引进工艺设备，故增值税的计算依据是关税完税价与关税之和，不考虑消费税。

硬件到岸价＝硬件货价＋国外运输费＋国外运输保险费

关税完税价＝硬件到岸价＋应计关税软件的货价

(3) 引进部分的购置投资计算公式为：

引进部分的购置投资＝引进部分的原价＋国内运杂费

式中：引进部分的原价＝货价＋国外运输费＋外贸手续费＋银行财务费＋关税＋增值税(不考虑进口车辆的消费税和附加费)。

引进部分的国内运杂费包括：供销手续费、运输装卸费和包装费(设备原价中未包括的，而运输过程中需要的包装费)以及采购保管费等内容，并按以下公式计算。

引进设备国内运杂费＝引进设备原价×国内运杂费率

【参考答案】

问题(1)

解：该引进工程项目的工程造价应包括以下投资内容。

(1) 引进国外技术、设备和材料的投资费用(含相应的从属费用)。

(2) 引进国外设备和材料在国内的安装费用。

(3) 国内配套设备的制造及安装费用。

(4) 厂房等国内所有配套工程的建造费用。

(5) 与工程项目建设有关的其他费用(含引进部分的其他费用)。

(6) 工程项目的预备费、建设期贷款利息和投资方向调节税等。

问题(2)

解：本案例引进部分为工艺设备的硬、软件，其价格组成除货价外的从属费用包括：国外运输费、国外运输保险费、外贸手续费、银行财务费、关税和增值税等费用。各项费用的计算方法见表2-1。

表2-1 引进项目硬、软件货价从属费用计算表

费用名称	计算公式	备注
货价	货价=合同中硬、软件的离岸价外币金额×外汇牌价	合同生效，第一次付款日期的兑汇牌价
国外运输费	国外运输费=合同中硬件货价×国外运输费费率	海运费率通常取6% 空运费率通常取8.5% 铁路运输费率通常取1%
国外运输保险费	国外运输保险费=(合同中硬件货价+海运费)×运输保险费率÷(1-运输保险费率)	海运保险费率通常取3.5‰ 空运保险费率通常取4.55‰ 陆运保险费率通常取2.66‰
关税	硬件关税=(合同中硬件货价+运费+运输保险费)×关税税率=合同中硬件到岸价×关税税率 软件税=合同中应计关税软件的货价×关税税率	计关税的软件指设计费、技术秘密、专利许可证、专利技术等
消费税(价内税)	消费税=[(到岸价+关税)÷(1-消费税率)]×消费税率(进口车辆才有此税)	越野车、小汽车取5%；小轿车取8%；轮胎取10%
增值税	增值税=(硬件到岸价+完关税软件货价+关税)×增值税率	增值税率取17%
银行财务费	合同中硬、软件的货价×银行财务费率	银行财务费率取4‰~5‰
外贸手续费	(合同中硬件到岸价+完关税软件货价)×外贸手续费率	外贸手续费取15‰
海关监管手续费	减免关税部分的到岸价×海关监管手续费率	海关监管手续费取3‰

问题(3)

解：本项目引进部分购置投资=引进部分的原价+国内运杂费

式中：引进部分的价格(抵岸价)是指引进部分的货价和从属费用之和，见表2-2。

表2-2 引进设备硬、软件原价计算表 万元

序号	费用名称	计算公式	费用
(1)	货价	货价=620×6.828+62×6.828=4 233.36+423.34=4 656.70	4 656.70
(2)	国外运输费	国外运输费=4 233.36×6%=254.00	254.00

续表

序号	费用名称	计算公式	费用
(3)	国外运输保险费	国外运输保险费＝(4 233.36＋254.00)×3.5‰÷(1－3.5‰)＝15.77	15.77
(4)	关税	硬件关税＝(4 233.36＋254.00＋15.77)×17％＝4 503.13×17％＝765.53 软件税＝48×6.828×17％＝327.74×17％＝55.72	821.25
(5)	增值税	增值税＝(4 503.13＋327.74＋821.25)×17％＝960.86	960.86
(6)	银行财务费	银行财务费＝4 656.70×5‰＝23.28	23.28
(7)	外贸手续费	外贸手续费＝(4 233.36＋254.00＋15.77＋48×6.828)×1.5％＝72.46	72.46
(8)	引进设备价格(抵岸价)	(1)＋(2)＋(3)＋(4)＋(5)＋(6)＋(7)	6 804.32

由表得知，引进部分的原价为6 804.32万元。

国内运杂费＝6 804.32万元×(0.4％＋0.1％＋1％)＝102.07万元

引进设备购置投资＝(6 804.32＋102.07)万元＝6 906.39万元

问题(4)

解：该引进工程项目中，有关引进技术和进口设备的其他费用应包括以下内容。

(1) 国外工程技术人员来华费用(差旅费、生活费、接待费和办公费等)。

(2) 出国人员费用。

(3) 技术引进费以及引进设备、材料的检验鉴定费。

(4) 延期或分期付款利息等。

本章小结

本章着重阐述了建设工程造价由设备及工器具购置费用、建筑安装工程费用、工程建设其他费用、预备费、建设期贷款利息、固定资产投资方向调节税构成。

设备及工、器具购置费是指为工程建设项目的购置或自制达到固定资产标准的设备、工器具及家具的费用。设备购置费由设备原价和设备运杂费组成。设备原价指国产标准设备、国产非标准设备、进口设备的原价。设备运杂费指除设备原价之外的关于设备采购、运输、途中包装及合库保管等方面支出的费用。工器具及生产家具购置费是指新建项目或扩建项目初步设计规定所必须购置的符合固定资产标准的设备、仪器工具、生产家具和备品备件等的费用。

建筑安装工程费包括建筑工程费和安装工程费。建筑工程费是指各类房屋建筑、一般建筑安装工程、室内外装饰装修、各类设备基础、室外构筑物、道路、绿化、铁路专用线、码头、围护等工程费。安装工程费包括专业设备安装工程费和管线安装工程费。我国现行建筑安装工程费用由直接费、间接费、利润和税金四部分构成。

工程建设其他费用是指从工程筹建起到工程竣工验收交付使用止的整个建设期间，除建筑安装工程费用和设备及工器具购置费用以外的，为保证工程建设顺利完成和交付使用后能够正常发挥效用而发生的各项费用。工程建设其他费用包括土地使用费、与工程建设有关的其他费用、与未来企业生产经营有关的其他费用。

预备费、建设期贷款利息、固定资产投资方向调节税都是工程造价的重要组成部分。

思考题与习题

思考题

2-1 我国现行建设工程造价由哪些部分构成？

2-2 设备及工、器具购置费用由哪些部分构成？

2-3 建筑安装工程造价的构成有哪些？

2-4 工程建设其他费用的构成有哪些？

2-5 什么是价差预备费(涨价预备费)？怎样计算？

2-6 什么是建设期贷款利息？

2-7 固定资产投资方向调节税实行什么样的税率？

单项选择题

2-8 某建设项目投资构成中，设备购置费 1 000 万元，工具、器具及生产家具购置费 200 万元，建筑工程费 800 万元，安装工程费 500 万元，工程建设其他费用 400 万元，基本预备费 150 万元，涨价预备费 350 万元，建设期贷款 2 000 万元，应计利息 120 万元，流动资金 400 万元，则该建设项目的工程造价为(　　)万元。

A. 3 520　　B. 3 920　　C. 5 520　　D. 5 920

2-9 某工程为了验证设计参数，按设计规定施工过程中必须对一新型结构进行测试，该项费用由建设单位支出，应计入(　　)。

A. 建设单位管理费　　B. 勘察设计费

C. 施工单位的检验试验费　　D. 研究试验费

2-10 竣工验收时为鉴定工程质量对隐蔽工程进行必要的挖掘和修复所产生的费用，应计入(　　)。

A. 现场经费　　B. 施工企业管理费

C. 涨价预备费　　D. 基本预备费

2-11 某项目建设期 2 年，各年计划投资额如下：第一年静态投资 10 000 万元，第二年 20 000 万元，年均投资价格上涨率为 5%，则该项目的涨价预备费为(　　)万元。

A. 1 000　　B. 1 500　　C. 2 050　　D. 2 550

多项选择题

2-12 当计算进口设备的消费税时，计算基础中应该包括(　　)。

A. 货价　　B. 国际运费

C. 关税　　D. 增值税

E. 消费税

2-13 按照《建筑安装工程费用项目组成》(建标［2003］206 号)的规定，直接工程费中人工费包括生产工人(　　)的工资。

A. 修建临时设施　　B. 因气候影响停工期间

C. 病假 6 个月以内　　D. 调动工作期间

E. 休假期间

2-14　按照《建筑安装工程费用项目组成》(建标［2003］206 号)的规定，下列各项中属于直接工程费中材料费的有(　　)。

A. 原价　　B. 运杂费

C. 检验试验费　　D. 二次搬运费

E. 不可避免的运输损耗费

2-15　下列属于建筑安装工程费用的有(　　)。

A. 直接费　　B. 间接费

C. 设备购置费　　D. 土地使用费

E. 联合试运转费

2-16　下列属于规费的有(　　)。

A. 住房公积金　　B. 工程定额测定费

C. 财产保险费　　D. 环境保护费

E. 社会保障费

案例计算题

2-17　有一个单机容量为 30 万 kW 的火力发电厂工程项目，业主与施工单位签订了施工合同。在施工过程中，施工单位向业主的常驻工地代表提出下列费用应由建设单位另行支付。

(1) 职工教育经费：因该工程项目的电机等是采用国外进口的设备，在安装前，需要对安装操作人员进行培训，培训经费为 2 万元。

(2) 研究实验费：本工程项目要对铁路专用线的一座跨公路预应力拱桥的模型进行破坏性试验，需要用 9 万元；改进混凝土泵送工艺试验费 3 万元，合计 12 万元。

(3) 临时设施费：为该工程项目的施工搭建的民工临时用房 15 间；为业主和监理搭建的临时办公室 4 间，分别为 3 万元和 1 万元，合计 4 万元。

(4) 根据施工组织设计，部分项目安排在雨季施工，由于采取防雨措施，加费用 2 万元。

问题：

你作为业主的项目造价工程师，试分析以上各项费用业主是否应支付？为什么？如果支付，那么支付多少？

2-18　某工业建设项目，需要进口材料和设备 800t，FOB 价为 120 万美元。国际运费率是 350 美元/t，国内运杂费率是 2.5%，保险公司的海运水渍险费是货价的 0.266%，银行财务费为材料与设备离岸价的 0.5%，外贸手续费率是 1.5%，关税税率为 22%，增值税税率为 17%，2010 年 4 月 20 日人民币对美元汇率为 1 美元兑换 6.828 人民币，试计算该材料与设备的估价。

第3章 工程造价计价模式

教学目标

(1) 掌握定额计价的原理与方法。
(2) 掌握工程量清单计价规范及工程量清单计价的方法。
(3) 熟悉比较定额计价和工程量清单计价的不同点。
(4) 熟悉实施工程量清单计价后对工程造价管理的影响。

教学要求

知识要点	能力要求	相关知识
工程造价定额计价	掌握单位工程施工图预算的步骤与方法	建筑施工工艺，工程识图，预算定额
工程量清单计价	掌握编制工程量清单和工程量清单计价方法	建设工程工程量清单计价规范
定额计价与工程量清单计价的比较	熟悉分析两种计价模式计价理论的差别与联系	全国统一建筑工程基础定额，工程量清单规范，工程估价
清单计价对造价管理的影响	熟悉实施工程量清单计价后对工程造价管理的影响，会采取应对措施	企业管理，招标投标

基本概念

工程预算定额，工程量，工程量清单。

引例

在计划经济时代，我国一直以预算定额为依据来确定工程造价，这种方法就是施工图预算。定额计价方法从产生到完善的数十年中，对国内的工程造价管理发挥了巨大作用，为政府进行工程项目的投资控制提供了很好的工具。但是随着国内市场经济体制改革的深度和广度不断增加，传统的定额计价方法受到了冲击，自20世纪80年代末，建设要素市场放开，各种建筑材料不再统购统销，人工、材料、机械台班的价格随市场供求的变化而变化，按照统一定额计算出的工程造价已经不能实现投资控制的目的了。为此，国家实施《建设工程工程量清单计价规范》，推行了工程量清单计价制度。目前的工程造价计价模式又不可避免地出现了双轨并行的局面，即定额计价和工程量清单计价方式。随着我国工程造价管理体制改革的不断深入和对国际管理的进一步深入了解，市场自主定价模式将逐渐占主导地位——工程量清单计价。

3.1 工程造价定额计价模式

建设工程定额计价是我国长期以来在工程价格形成中采用的计价模式，是国家通过颁布统一的估价指标、概算指标、概算定额、预算定额和相应的费用定额，对建筑产品价格进行有计划管理的一种方式。在计价中以定额为依据，按定额规定的分部分项子目，逐项计算工程量，套用定额单价或单位估价表(基价)确定直接费(定额直接费)，然后按规定取费标准确定构成工程价格的其他费用和利税，获得建筑安装工程造价。建设工程概预算书就是根据不同设计阶段设计图纸和国家规定的定额、指标及各项费用取费标准等资料，预先计算的新建、扩建、改建工程的投资额的技术经济文件。由建设工程概预算书所确定的每一个建设项目、单项工程或单位工程的建设费用，实质上就是相应工程的计划价格。

长期以来，我国发承包计价以工程概预算定额为主要依据。因为工程概预算定额是我国几十年计价实践的总结，具有一定的科学性和实践性，所以用这种方法计算和确定工程造价过程简单、快速、比较准确，也有利于工程造价管理部门的管理。但概预算定额是按照计划经济的要求制定、发布、贯彻执行的，定额中工、料、机的消耗量是根据“社会平均水平”综合测定的，费用标准是根据不同地区平均测算的，因此企业采用这种模式报价就会表现为平均主义，企业不能结合项目具体情况、自身技术优势、管理水平和材料采购渠道价格进行自主报价，不能充分调动企业加强管理的积极性，也不能充分体现公平竞争的基本原则，体现不出企业的竞争优势。

3.1.1 工程造价定额计价的基本原理与特点

工程造价定额计价模式是以假定的建筑安装产品为对象，制定统一的概算和预算定额及单位估价表，计算出每一单元子项(分项工程或结构构件)的费用后，再综合形成整个工程的造价。定额计价的基本原理如图3.1所示。

从上述定额计价模式的计价原理示意图可以看出，编制建设工程造价最基本的过程有两个：工程量计算和工程计价。即按照预算定额规定的分部分项子目工程量计算规则逐项计算工程量，工程量确定以后，就可以套用概预算定额单价或单位估价表(基价)确定直接工程费，然后按照一定的计费程序和取费标准确定措施费、间接费、利润和税金，最终计算出工程预算造价(或投标报价)。工程造价定额计价方法的特点就是量、价合一。概预算的单位价格(基价)形成过程，是依据概预算定额所确定的人工、材料、机械消耗量乘以定额规定的单价或市场价，经过不同层次的计算达到“量”与“价”相结合的过程。

用公式进一步表明按工程造价定额计价的基本方法和程序，如下所述。

每一计量单位假定建筑产品的预算定额单价(基价)为：

$$\text{预算定额单价(基价)}=\text{人工费}+\text{材料费}+\text{机械使用费} \tag{3-1}$$

式中：人工费$=\sum$(单位人工工日消耗量×人工工日单价)；

材料费$=\sum$(单位材料消耗量×材料预算价格)；

机械使用费$=\sum$(单位机械台班消耗量×机械台班单价)。

单位工程直接工程费$=\sum$(假定建筑产品工程量×预算定额单价)

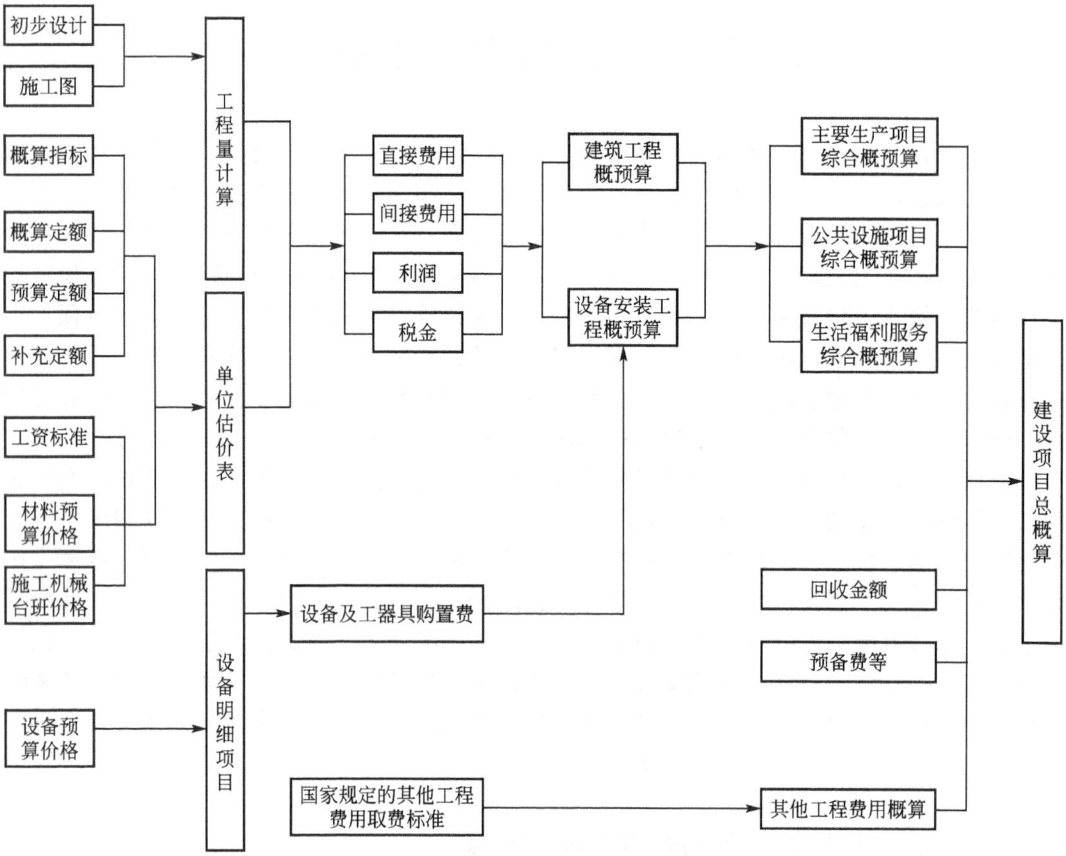

图 3.1 工程造价定额计价原理示意图

单位工程直接费＝∑(假定建筑产品工程量×预算定额单价)＋措施费
单位工程间接费＝单位工程直接费×间接费费率
单位工程利润＝(单位工程直接费＋单位工程间接费)×利润率
单位工程税金＝(单位工程直接费＋间接费＋利润)×税率
单位工程概预算造价＝单位工程直接费＋间接费＋利润＋税金
单项工程概预算造价＝∑单位工程概预算造价
建设项目总概预算造价＝∑单项工程概预算造价＋设备、工器具购置费
＋工程建设其他费用＋预备费＋建设期贷款利息
＋固定资产投资方向调节税(2000 年 1 月 1 日起暂停征收)

3.1.2 定额计价模式下施工图预算的编制程序

1. 收集资料，准备各种编制依据资料

要收集的资料包括施工图纸、已经批准的初步设计概算书、现行预算定额及单位估价表、取费标准(费用定额)、统一的工程量计算规则 、预算工作手册和工程所在地的人工、材料和机械台班预算价格、施工组织设计方案、招标文件、工程预算软件等。

2. 熟悉施工图纸、定额和施工组织设计及现场情况

看图计量是编制预算的基本工作，编制施工图预算前，应熟悉并检查施工图纸是否齐全、尺寸是否清楚，了解设计意图，掌握工程全貌，同时，针对要编制预算的工程内容搜集有关资料，包括熟悉并掌握预算定额的使用范围、工程内容及工程量计算规则等。

另外，还应了解施工组织设计中影响工程造价的有关因素及施工现场的实际情况。例如，各分部分项工程的施工方法，土方工程中土壤类别、余土外运使用的工具、运距，施工平面图对建筑材料、构件等堆放点到施工操作地点距离，设备构件的吊装方法，现场有无障碍需要拆除和清理等，以便能正确计算工程量和正确套用或确定某些分项工程的基价。这对于正确计算工程造价，提高施工图预算质量，有重要意义。

3. 计算工程量

工程量的计算在整个预算过程中是最重要、最繁琐的环节，不仅影响预算编制的及时性，更重要的是影响预算造价的准确性。因此，在工程量计算上要投入较大精力，同时，要注意以下两点。

(1) 正确划分预算分项子目，按照定额顺序从下到上，先框架后细部的顺序排列工程预算分项子目，这样可避免工程量计算中出现盲目、零乱的状况，使工程量计算工作能够有条不紊地进行，也可避免漏项和重项。

(2) 准确计算各分部分项工程量，计算工程量一般可以按照下列步骤进行。

① 根据施工图示的工程内容和计算规则，列出计算工程量的分部分项工程。

② 根据一定的计算顺序和计算规则，列出计算式。

③ 根据施工图示尺寸及有关数据，代入计算式进行数学计算。

④ 按照定额中的分部分项工程的计量单位，对相应计算结果的计量单位进行调整，使之与预算定额相一致。

4. 汇总工程量、套用预算定额单价(基价)

各分项工程量计算完毕，并经复核无误后，按预算定额手册规定的分部分项工程顺序逐项汇总，然后将汇总后的工程量抄入工程预算表内，并把计算项目的相应定额编号、计量单位、预算定额基价以及其中的人工费、材料费、机械台班使用费填入工程预算表内。各分项工程工程量与定额单价(基价)相乘后相加汇总，便可求出单位工程的直接工程费(定额直接费)。套用单价时需注意以下几点。

(1) 分项工程量的名称、规格、计量单位必须与预算定额或单位估价表所列内容完全一致。重套、错套、漏套都会引起定额直接费的偏差，从而导致施工图预算造价的偏差。

(2) 定额换算。当施工图纸的某些设计要求与定额单价的特征不完全符合时，必须根据定额使用说明，对定额单价进行调整。

(3) 补充定额编制。当施工图纸的某些设计要求与定额单价特征相差甚远时，既不能直接套用也不能换算和调整时，必须编制补充单位估价表或补充定额。

5. 进行工料分析

根据各分部分项工程的实物工程量和相应定额中的项目所列的用工工日及材料消耗数量，计算出各分部分项工程所需的人工及材料数量，相加汇总便可得出该单位工程所需要

的各类人工和材料的数量。它是工程预算、决算中人工、材料和机械使用费用调差及计算其他各种费用的基础，又是企业进行经济核算、加强企业管理的重要依据。

这一步骤通常与套用定额单价同时进行，以免二次翻阅定额。

6. 计算其他各项工程费用，汇总工程造价

在分部分项子目、工程量、单价经复查无误后，即可按照建筑安装工程造价构成中费用项目的费率和计费基础，分别计算出措施费、间接费、利润和税金，并汇总得出单位工程造价，同时计算出如单方造价等相关技术经济指标。

7. 复核

单位建筑工程预算编制完成后，有关人员应对单位工程预算进行复核，以便及时发现差错，提高预算编制质量，复核时应对工程量计算公式和结果、套用定额单价、各项费用的取费费率、计算基础和计算结果、材料和人工预算价格及其价格调整等方面是否正确进行全面复核。

8. 编制说明

编制说明是编制者向审核者交待编制方面的有关情况，编制说明一般包括以下几项内容。

(1) 工程概况。包括工程性质、内容范围、施工地点等。

(2) 编制依据。包括编制预算时所采用的施工图纸名称、工程编号、标准图集以及设计变更情况等图纸会审纪要资料、招标文件等。

(3) 所用预算定额编制年份、有关部门发布的动态调价文件号、套用单价或补充单位估价表方面的情况。

(4) 其他有关说明。通常是指在施工图预算中无法表示而需要用文字补充说明的。例如，分项工程定额中需要的材料无货，用其他材料代替，其材料代换价格待结算时另行调整等，就需用文字补充说明。

9. 填写封面、装订成册、签字盖章

施工图预算书封面通常需填写的内容有：工程编号及名称、建筑结构形式、建筑面积、层数、工程造价、技术经济指标、编制单位、编制人、审核人及编制日期等。最后，按照封面、编制说明、预算费用汇总表、费用计算表、工程预算表、工料分析表和工程量计算表等顺序编排并装订成册，编制人员签字盖章，请有关单位审阅、签字并加盖单位公章后，一般建筑工程施工图预算计价便完成了编制工作。

3.2 工程造价工程量清单计价模式

3.2.1 工程量清单计价模式概述

1. 工程量清单计价的相关概念

1) 工程量清单的概念

工程量清单是表现拟建工程的分部分项工程项目、措施项目、其他项目名称和相应数

量的明细清单，是由招标人按照招标文件和施工设计图纸要求，依据《建设工程工程量清单计价规范》规定将拟建招标工程的全部项目和内容，依据统一的项目编码、项目名称、计量单位和工程量计算规则进行编制，计算出的反映拟建招标工程的分部分项工程项目清单、措施项目清单、其他项目清单的表格；是招标投标活动中，对招标人和投标人都具有约束力的重要文件，是招标投标活动的依据。

2）工程量清单计价模式

工程量清单计价模式是在建设工程招标投标中，招标人按照国家统一的工程量计算规则提供工程数量，由投标人依据招标人提供的工程量清单自主报价，并按照经评审低价中标的工程造价计价模式。

3）工程量清单计价的概念

工程量清单计价是指投标人计算和确定完成由招标人提供的工程量清单项目所需全部费用的过程，包括计算和确定分部分项工程费、措施项目费、其他项目费、规费和税金。

4）综合单价

综合单价是指完成工程量清单中一个规定计量单位项目所需的人工费、材料费、机械使用费、管理费和利润，并考虑风险因素。综合单价不但适用于分部分项工程量清单，也适用于措施项目清单及其他项目清单等。

2. 工程量清单计价的作用

工程量清单计价的根本作用在于改变原来定额计价模式中政府定价的性质，让工程造价通过招投标在市场竞争中形成。工程量清单计价的好处有以下几点。

1）有利于实现从政府定价到市场定价过渡，从消极自我保护向积极公平竞争的转变

工程量清单计价有利于实现从政府定价到市场定价过渡，从消极自我保护向积极公平竞争的转变，对计价依据改革具有推动作用。特别是对施工企业，通过采用工程量清单计价，有利于施工企业编制自己的企业定额，从而改变了过去企业过分依赖国家发布定额的状况，通过市场竞争自主报价。

2）有利于公平竞争．避免暗箱操作

工程量清单计价，由招标人提供工程量，所有的投标人在同一工程量基础上自主报价，充分体现了公平竞争的原则。工程量清单作为招标文件的一部分，从原来的事后算账转为事前算账，可以有效改变建设单位在招标中盲目压价和结算无依据的状况，同时可以避免工程招标中的弄虚作假、暗箱操作等不规范的招标行为。

3）有利于实现风险合理分担

工程量清单计价，将改变以往招标人不承担经济风险的状况，以推动工程担保和工程保险为核心的工程风险管理制度的发展。投标单位只对自己所报的成本、单价的合理性等负责，而对工程量的变更或计算错误等不负责任；相应的这一部分风险则应由招标单位承担，这种格局符合风险合理分担与责权利关系对等的一般原则，同时也必将促进各方面管理水平的提高。

4）有利于工程款拨付和工程造价的最终确定

工程招投标中标后，建设单位与中标的施工企业签订合同，工程量清单报价基础上的中标价就成为合同价的基础。投标清单上的单价是拨付工程款的依据，建设单位根据施工

企业完成的工程量可以确定进度款的拨付额。工程竣工后，依据设计变更、工程量的增减和相应的单价，确定工程的最终造价。

5）有利于标底的管理和控制

在传统的招标投标方法中，标底一直是个关键因素，标底的正确与否、保密程度如何一直是人们关注的焦点。而采用工程量清单计价方法，工程量是公开的，是招标文件内容的一部分，标底只起到一定的控制作用(即控制报价不能突破工程概算的约束)，仅仅是工程招标的参考价格，不是评标的关键因素，且与评标过程无关，标底的作用将逐步弱化。这就从根本上消除了标底准确性和标底泄漏所带来的负面影响。

6）有利于提高施工企业的技术和管理水平

中标企业可以根据中标价及投标文件中的承诺，通过对单位工程成本、利润进行分析，统筹考虑、精心选择施工方案，合理确定人工、材料、施工机械要素的投入与配置，优化组合，合理控制现场费用和施工技术措施费用等，以便更好地履行承诺，保证工程质量和工期，促进技术进步，提高经营管理水平和劳动生产率。

7）有利于工程索赔的控制与合同价的管理

采用工程量清单计价进行招标，由于清单项目的综合单价不因施工数量变化、施工难易程度、施工技术措施差异、取费等变化而调整，从而减少了施工单位在施工过程中因现场签证、技术措施费用和价格变化等因素引起的不合理索赔；同时也便于建设单位(业主)随时掌握由于设计变更、工程量增减引起的工程造价变化，进而便于根据投资情况决定是否变更方案或对方案进行比较，能够有效地降低工程造价。

8）有利于建设单位合理控制投资，提高资金使用效益

投标单位不必在工程量计算上煞费苦心，可以减少投标标底的偶然性技术误差，让投标企业有足够的余地选择合理标价的下浮幅度；同时，也增加了综合实力强、社会信誉好的企业的中标机会，更能体现招标投标的宗旨。此外，通过竞争，按照工程量招标确定的中标价格，在不提高设计标准情况下与最终结算价是基本一致的，这样可为建设单位的工程成本控制提供准确、可靠的依据，科学合理地控制投资，提高资金使用效益。

9）有利于招标投标节省时间，避免重复劳动

以往投标报价，各个投标人需计算工程量，计算工程量约占投标报价工作量的70%～80%。采用工程量清单计价则可以简化投标报价计算过程，有了招标人提供的工程量清单，投标人只需填报单价和计算合价，缩短投标单位投标报价时间，更有利于招投标工作的公开公平、科学合理；同时，避免了所有的投标人按照同一图纸计算工程数量的重复劳动，节省大量的社会财富和时间。

10）有利于工程造价计价人员素质的提高

推行工程量清单计价后，要求工程造价计价人员不仅能看懂施工图、会计算工程量和套定额子目，而且要既懂经济、精通技术又熟悉政策法规，向全面发展的复合型人才转变。

3.2.2 《建设工程工程量清单计价规范》简介

《建设工程工程量清单计价规范》是根据《中华人民共和国招标投标法》、建设部部令

第107号《建筑工程施工发包与承包计价管理办法》，并遵照国家宏观调控、市场竞争形成价格的原则，参照国际惯例，结合我国当前的实际情况制定的。它是统一工程量清单编制，规范工程量清单计价的国家标准，是调整建设工程工程量清单计价活动中发包人与承包人各种关系的规范性文件，简称“计价规范”。

1.《建设工程工程量清单计价规范》基本内容

《建设工程工程量清单计价规范》(GB 50500—2003)是在2003年2月17日建设部以第119号公告批准颁布的，同年7月1日实施。修订版于2008年7月9日中华人民共和国住房和城乡建设部以第63号公告批准《建设工程工程量清单计价规范》为国家标准，编号为GB 50500—2008，自2008年12月1日起实施。其中，第1.0.3、3.1.2、3.2.1、3.2.2、3.2.3、3.2.4、3.2.5、3.2.6、3.2.7、4.1.2、4.1.3、4.1.5、4.1.8、4.3.2、4.8.1条为强制性条文，必须严格执行。原《建设工程工程量清单计价规范》GB 50500—2003同时废止。《计价规范》由正文和附录两大部分组成，二者具有同等效力。

第一部分为正文，共五章。包括总则、术语、工程量清单编制、工程量清单计价、工程量清单及其计价格式等内容，正文分别就《计价规范》的适用范围、编制工程量清单应遵循的原则、工程量清单计价活动的规则、工程量清单及其计价格式等作了明确规定。

第二部分为附录，共有6个部分，包括以下内容。

附录A　建筑工程工程量清单项目及计算规则。

附录B　装饰工程工程量清单项目及计算规则。

附录C　安装工程工程量清单项目及计算规则。

附录D　市政工程工程量清单项目及计算规则。

附录E　园林工程工程量清单项目及计算规则。

附录F　矿山工程工程量清单项目及计算规则。

以上每一个附录中包括了对应专业工程的清单项目名称、项目编码、项目特征、计量单位、工程量计算规则和工程内容，其中项目编码、项目名称、计量单位、工程量计算规则作为4个统一的内容，要求招标人在编制工程量清单时必须执行。

附录是编制工程量清单的依据，主要体现在工程量清单的12位编码中，其中的前9位应按附录中的编码确定，工程量清单中的项目名称、计量单位、工程数量应依据附录中的相应的项目名称和项目特征、计量单位、计算规则来设置和确定。

表3-1为《计价规范》附录A第一章土石方工程中第一节土方工程清单项目的基本格式，其他附录中的形式与其类似。

表3-1　A.1.1土方工程(编码：010101)

项目编码	项目名称	项目特征	计量单位	工程量计算规则	工程内容
010101001	平整场地	1. 土壤类别 2. 弃土运距 3. 取土运距	m^2	按设计图示尺寸以建筑物首层面积计算	1. 土方挖填 2. 场地平整 3. 运输

续表

项目编码	项目名称	项目特征	计量单位	工程量计算规则	工程内容
010101002	挖土方	1. 土壤类别 2. 挖土平均厚度 3. 弃土运距	m^3	按设计图示尺寸以体积计算	1. 排地表水 2. 土方开挖 3. 挡土板支拆 4. 截桩头 5. 基底钎探 6. 运输
010101003	挖基础土方	1. 土壤类别 2. 基础类型 3. 垫层底宽、底面积 4. 挖土深度 5. 弃土运距		按设计图示尺寸以基础垫层底面积乘以挖土深度计算	
010101004	冻土开挖	1. 冻土厚度 2. 弃土运距		按设计图示尺寸以开挖面积乘以厚度以体积计算	1. 打眼、装药、爆破 2. 开挖 3. 清理 4. 运输
010101005	挖淤泥、流沙	1. 挖掘深度 2. 弃淤泥、流沙距离		按设计图示位置、界限以体积计算	1. 挖淤泥、流沙 2. 弃淤泥、流沙
010101006	管沟土方	1. 土壤类别 2. 管外径 3. 挖沟平均深度 4. 弃土石运距 5. 回填要求	m	按设计图示以管道中心线长度计算	1. 排地表水 2. 土方开挖 3. 挡土板支拆 4. 运输 5. 回填

《计价规范》的编制，是以现行的全国统一工程预算定额为基础，特别是项目划分、计量单位、工程量计算规则等方面，尽可能多地与现行定额的相关规定衔接，并且借鉴了世界银行、FIDIC、英联邦国家等的一些好的做法和思路，结合我国现阶段的具体情况加以确定的。

《计价规范》适用于建设工程工程量清单计价活动，并且规定全部使用国有资金投资或国有资金投资为主的大中型建设工程应执行该规范，附录 A、附录 B、附录 C、附录 D、附录 E、附录 F 应作为编制工程量清单的依据。

工程量清单计价模式的基本操作过程为：招标人在统一的工程量清单计算规则的基础上，按照统一的工程量清单标准格式、统一的工程量清单项目设置规则，根据具体工程的施工图纸计算各个清单项目的工程量，编制出工程量清单，此清单作为招标文件的组成部分。招标人如设标底，标底编制应根据招标文件中工程量清单和有关要求，结合施工现场实际情况及合理的施工方法，按照省、自治区、直辖市建设行政主管部门制定的有关工程造价计价办法，参照社会平均消耗量定额进行编制；投标人根据招标文件中的工程量清单和有关要求、施工现场实际情况及拟定的施工方案或施工组织设计，依据自己的企业定额和各种渠道获得的工程造价信息及经验数据编制投标报价。所以，工程量清单计价模式的操作过程分为两个阶段：工程量清单编制和工程量清单计价编制。

2.《建设工程工程量清单计价规范》的特点

1）强制性

主要表现在两方面，一是由建设主管部门按照强制性国家标准的要求批准颁布，规定全部使用国有资金或国有资金投资为主的大中型建设工程应按计价规范规定执行；二是明确工程量清单是招标文件的组成部分，并规定了招标人在编制工程量清单时必须遵守的规则，做到“四个统一”，即统一项目编码，统一项目名称，统一计量单位，统一工程量计算规则。

2）实用性

规范附录中工程量清单项目及计算规则的项目名称表现的是工程实体项目，项目名称明确清晰，工程量计算规则简洁明了；特别还列有项目特征和工程内容，易于编制工程量清单时确定具体项目名称和投标报价。

3）竞争性

一是《计价规范》中的措施项目，在工程量清单中只列“措施项目”一栏，具体采用什么措施，如模板、脚手架、临时设施、施工排水等详细内容由投标人根据企业的施工组织设计，视具体情况报价。因为这些项目在各个企业间各有不同，是企业的竞争项目，是企业施展才华的空间；二是《计价规范》中人工、材料和施工机械没有具体的消耗量，投标企业可以依据企业的定额和市场价格信息，也可以参照建设行政主管部门发布的社会平均消耗量定额进行报价，将报价权交给了企业。

4）通用性

采用工程量清单计价将与国际惯例接轨，符合工程量计算方法标准化、工程量计算规则统一化、工程造价确定市场化的要求。

3.2.3 工程量清单的编制

1. 工程量清单编制概述

1）一般规定

（1）工程量清单应由具有编制招标文件能力的招标人，或受其委托具有相应资质的中介机构进行编制，并承担相应的风险。

（2）工程量清单应作为招标文件的组成部分。完整、严谨的工程量清单，直接影响招标的质量，也是招标成败的关键。

（3）工程量清单应由分部分项工程量清单、措施项目清单、其他项目清单组成。

2）工程量清单的基本作用

工程量清单最基本的功能是作为信息的载体，以便投标人能对工程有全面充分的了解。除此以外，还具有以下作用。

（1）工程量清单为投标者提供了一个公开、公平、公正的竞争环境。工程量清单由招标人统一提供，统一的工程量避免了由于计算不准确、项目不一致等人为因素造成的不公正影响，使投标者站在同一起跑线上，营造出一个公平的竞争环境。

（2）工程量清单是计价和询标、评标的基础。工程量清单由招标人提供，无论是标底的编制还是企业投标报价，都必须在工程量清单的基础上进行。同时为今后的询标、评标奠定了基础。当然，如果工程量清单有计算错误或漏项，也可按招标文件或《计价规范》的有关规定在中标后进行修正。

（3）工程量清单是施工过程中支付工程进度款的依据。

（4）工程量清单是办理工程结算、竣工结算及工程索赔的重要依据。

(5) 工程量清单是编制招标标底(控制价)和投标报价的依据。

2. 工程量清单的编制依据

工程量清单的编制依据主要包括以下几项。

(1)《计价规范》中项目编码、项目名称、项目特征、工程内容、计量单位、工程量计算规则等的有关规定。

(2) 招标文件规定的相关内容。

(3) 建筑工程施工图等设计文件。

(4) 施工组织设计。

3. 工程量清单的编制方法

工程量清单是由招标方提供的一种技术文件，是招标文件的组成部分，一经中标签订合同，即成为合同的组成部分。工程量清单的描述对象是拟建工程，体现招标人需要投标人完成的工程项目及其相应的工程数量，是投标人进行报价的依据，是招标文件不可缺少的组成部分，以表格为主要表现形式。

1) 分部分项工程量清单的编制

编制分部分项工程量清单关键是列出工程量清单项目，在清单项目中明确需要体现的项目特征和项目包含的工程内容，然后确定工程量清单项目的项目编码、计量单位和工程数量，并且按《计价规范》要求做到“四个统一”，即项目编码统一、项目名称统一、计量单位统一和工程量计算规则统一。分部分项工程量清单是以表格形式表现的，其表格形式见表 3-2。

表 3-2 分部分项工程量清单的基本格式

项目编码	项目名称	计量单位	工程数量

(1) 项目编码。项目编码设置 5 级编码，用 12 位阿拉伯数字表示，前 9 位为全国统一编码，编制分部分项工程量清单时应按附录中的相应编码设置，不得变动。一、二位为附录顺序码，其中：建筑工程为 01，装饰装修工程为 02，安装工程为 03，市政工程为 04，园林绿化工程为 05，矿山工程为 06；三、四位为专业工程顺序码，五、六位为分部工程顺序码，七到九位为分项工程项目名称顺序码，后 3 位为清单项目名称顺序编码，由编制人根据设置的清单项目编制。编码中不能出现任何字符，如“—”等，以建筑工程为例，工程量清单项目编码结构如图 3.2 所示。

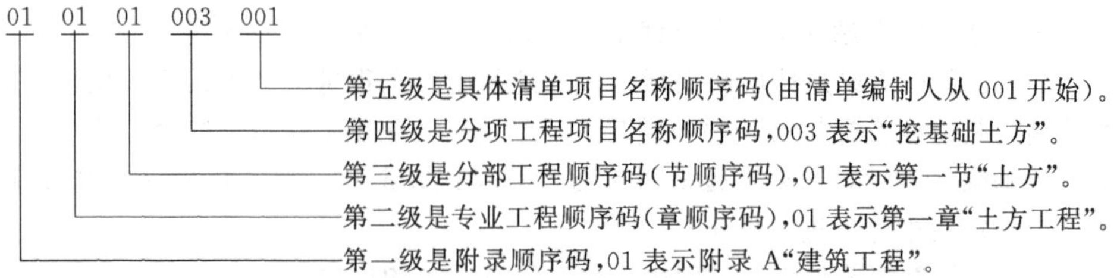

图 3.2 工程量清单项目编码结构图

(2) 项目名称。项目名称原则上以工程实体命名。项目名称如有缺项，招标人可按相应的原则进行补充，并报当地工程造价部门备案。

项目名称应严格按照《计价规范》的规定，不得随意更改。由于分部分项工程量清单的项目特征、工程内容会直接影响工程量清单综合单价的确定，因此，清单编制人必须严格按照《计价规范》列出的每个工程量清单项目的项目特征、工程内容，结合拟建工程的实际情况，详细描述工程量清单的项目名称。

项目特征是对项目的准确描述，是影响价格的因素和设置具体清单项目的基础和依据。项目特征按不同的工程部位、施工工艺或材料品种、规格等分别列项。凡项目特征中未描述到的独有特征，由清单编制人视项目具体情况确定，以准确描述清单项目为准。

由于清单项目原则上是按工程实体设置的，而实体是由多个项目综合而成的，所以清单项目的表现形式，是由主体项目和辅助项目(或称组合项目)构成(主体项目即《计价规范》中的项目名称，辅助项目即《计价规范》中的工程内容)的。《计价规范》对各清单项目可能发生的辅助项目均作了提示，列在“工程内容”一栏内。

工程内容是指为完成该清单项目可能发生的具体的辅助项目工程，可为招标人确定清单项目和投标人投标报价提供参考。凡《计价规范》工程内容中未列全的其他具体内容，由投标人按招标文件或图纸要求编制，以完成清单项目为准，综合考虑到报价中。

(3) 计量单位。《计价规范》对工程量清单的计量单位规定主要是统一执行该规范附录表中相应清单项目的计量单位，同时采用基本单位计量，如 m、m^2、m^3、kg、t、樘、项、宗等，不允许出现 $100m^2$、$10m^3$ 等计量单位。在《计价规范》中，计量单位均为基本计量单位，不得使用扩大单位(如 10m、100kg 等)，这一点与传统的定额计价有很大的区别。

规范附录中如有两种计量单位供选择时，清单编制人应按工程具体情况确定一种计量单位，并统一计量单位供投标人报价使用。

(4) 工程数量。工程数量的计算应严格按照《计价规范》附录中相应的工程量计算规则进行。《计价规范》的工程量计算规则与消耗量定额的工程量计算规则有着原则上的区别：《计价规范》的计量原则是以实体安装就位的设计图示尺寸计算，这与 FIDIC 一致；而消耗量定额的工程量计算是在设计图示尺寸的基础上，加上施工操作(或定额)规定的预留量，这个量随施工方法、措施的不同而变化，即按“施工尺寸”计算。因此，工程量清单的工程量计算规则与消耗量定额或地方性定额的计算规则不同，应加以区分。

2) 措施项目清单的编制

措施项目指完成工程施工，发生于该工程施工前和施工过程中技术、生活、安全等方面的非工程实体项目。措施项目清单的编制应考虑多种因素，除工程本身的因素外，还涉及水文、气象、环境、安全和施工企业的实际情况，可参考《计价规范》提供的“措施项目一览表”(见表 3-3)中所列项，包括各专业工程均可列的通用项目和建筑工程、装饰装修工程、安装工程和市政工程分别所列的措施项目，措施项目以“项”为计量单位，相应数量为“1”。因实际情况不同，出现表中未列的措施项目，工程量清单编制者可以补充，补充项目应列在清单项目最后，并在“序号”栏中以“补”示之。

表 3-3　措施项目一览表

序号	项 目 名 称
	1. 通用项目
1.1	环境保护
1.2	文明施工
1.3	安全施工
1.4	临时设施
1.5	夜间施工
1.6	二次搬运
1.7	大型机械设备进出场及安拆
1.8	混凝土、钢筋混凝土模板及支架
1.9	脚手架
1.10	已完工程及设备保护
1.11	施工排水降水
	2. 建筑工程
2.1	垂直运输机械
	3. 装饰装修工程
3.1	垂直运输机械
3.2	室内空气污染测试
	4. 安装工程
4.1	组装平台
4.2	设备、管道施工的安全、防冻和焊接保护措施
4.3	压力容器和高压管道的检验
4.4	焦炉施工大棚
4.5	焦炉烘炉、热态工程
4.6	管道安装后的充气保护措施
4.7	隧道内施工的通风、供水、供气、供电及通讯设施
4.8	现场施工围栏
4.9	长输管道临时水工保护措施
4.10	长输管道施工便道
4.11	长输管道跨越穿越施工措施
4.12	长输管道地下穿越建筑物的保护措施
4.13	长输管道工程施工队伍调遣
4.14	格架式抱杆

续表

序号	项 目 名 称
5. 市政工程	
5.1	围堰
5.2	筑岛
5.3	现场施工围栏
5.4	便道
5.5	便桥
5.6	洞内施工的通风、供水、供气、供电、照明及通讯设施
5.7	驳岸块石清理
6. 矿山工程	
6.1	特殊安全技术措施
6.2	前期上山道路
6.3	作业平台
6.4	防洪措施
6.5	凿井措施
6.6	临时支护措施

3）其他项目清单的编制

其他项目清单应根据拟建工程的具体情况，区别招标人和投标人的内容列项。《计价规范》提供了两部分四项内容作为列项参考，不足部分可补充。

(1) 招标人部分。招标人部分包括预留金、材料购置费等，其中预留金是指招标人认为可能发生的工程量变更而预留的金额。

(2) 投标人部分。投标人部分包括总承包服务费、零星工作项目费等。其中总承包服务费是指为配合协调招标人进行的工程分包和材料采购所需的费用；零星工作项目费是指完成招标人提出的不能以实物计量的零星工作所需的费用。

项目建设标准的高低、工程的复杂程度、工期长短等直接影响其他项目清单中的具体内容。其他项目清单中的预留金、材料购置费、零星工作项目费，由招标人根据拟建工程实际情况提出估算或预测数量。零星工作项目费由招标人根据拟建工程实际情况，列出人工、材料、机械的名称、计量单位和相应的数量。人工应按工种列项，材料和机械应按规格、型号列项，并随工程量清单发至投标人。在工程招标时，工程量由招标人估算后提出。工程结算时，工程量按承包人实际完成计算，但单价保持承包人中标时的报价不变。

4. 工程量清单的基本格式

工程量清单按照单位工程的不同可分为建筑工程工程量清单、装饰装修工程工程量清单、水暖通风工程工程量清单、电气工程工程量清单等。每个单位工程的工程量清单应采用统一格式。

1）工程量清单格式应由下列内容组成

(1) 封面(见表 3-4)。

表 3-4 封　面

__________工程

工程量清单

招　标　人：________________(单位盖章)

法定代表人：________________(签字或盖章)

编 制 单 位：________________(单位盖章)

法定代表人：________________(签字并盖章)

编　制　人：________________(签字并加盖执业专用章)

技术负责人：________________(签字并加盖执业专用章)

编 制 时 间：________________

(2) 填表须知(见表 3-5)。

表 3-5 填 表 须 知

填表须知除《计价规范》规定内容外，招标人可根据具体情况进行补充。

填 表 须 知

(1) 工程量清单及其计价格式中所有要求签字、盖章的地方，必须由规定的单位和人员签字、盖章

(2) 工程量清单及其计价格式中的任何内容不得随意删除或涂改

(3) 工程量清单计价格式中列明的所有需要填报的单价和合价，投标人均应填报，未填报的单价和合价，视为此项费用已包含在工程量清单的其他单价和合价中

(4) 金额(价格)均应以人民币表示

(3) 总说明(见表 3-6)。

表 3-6 总　说　明

工程名称　　　　　　　　　　　　　　　　　　　　　　第　页　共　页

(1) 工程概况：建设规模、工程特征、计划工期、施工现场实际情况、自然地理条件、环境保护要求等。

(2) 工程招标和指定分包范围。

(3) 工程量清单编制依据。

(4) 工程质量、材料、施工等的特殊要求。

(5) 其他需要说明的问题。

(4) 分部分项工程量清单(见表 3-7)。

表 3-7 分部分项工程量清单

工程名称：　　　　　　　　　　　　　　　　　　　　　第　页　共　页

序号	项目编码	项目名称	项目特征及工程内容	计量单位	工程数量

注：需评审项目综合单价在该项目编码的后面加注“P”号。

(5) 措施项目清单(见表 3-8)。

表 3-8 措施项目清单

工程名称: 第 页 共 页

序 号	项目名称
	一、技术措施项目清单
1	脚手架使用
2	模板工程
3	建筑物超高增加费
4	垂直运输
5	
6	
7	
8	…
	二、其他措施项目清单
9	环境保护
10	文明施工
11	安全施工
12	临时设施
13	…

注:措施项目清单以“项”为计量单位的,相应数量为“1”。

(6) 其他项目清单(见表 3-9)。

表 3-9 其他项目清单

工程名称: 第 页 共 页

序 号	项目名称
一	招标人部分
1	预留金
2	材料购置费
	…
二	投标人部分
1	总承包服务费
	…

(7) 招标人材料购置费清单(见表 3-10)。

表 3-10　招标人材料购置费清单

工程名称：　　　　　　　　　　　　　　　　　　　　　　　　第　页　共　页

序号	编码	材料名称	规格型号	单位	数量	单价/元	合价/元
	本页小计						
	合　　计						

(8) 零星工作项目表(见表 3-11)。

表 3-11　零星工作项目表

工程名称：　　　　　　　　　　　　　　　　　　　　　　　　第　页　共　页

序号	编码	项 目 名 称	计量单位	数量
1		人工(按各消耗量定额相应类别用工列项)		
2		其他用工(根据实际施工情况确定)		
3		材料(按名称、规格型号列项)		
4		机械(按名称、规格型号列项)		
5		其他零星工作		

(9) 主要材料表(见表 3-12)。

表 3-12　主要材料表

工程名称：　　　　　　　　　　　　　　　　　　　　　　　　第　页　共　页

序号	材料编码	材料名称及规格、型号等特殊要求	单位
1			
2			
3			

(10) 大型设备表(见表 3-13)。

表 3-13　大型设备表

工程名称：　　　　　　　　　　第　页　共　页

序号	设备名称及规格、型号等特殊要求	单位

续表

序号	设备名称及规格、型号等特殊要求	单位

2）工程量清单格式的填写应符合下列规定

（1）工程量清单应由具备自行招标能力的发包人编制，也可以由该工程的招标代理机构或具有相应资质的工程造价咨询单位进行编制填写。

（2）工程量清单表中所有要求签字、盖章的地方，必须由规定的单位和人员签字、盖章。

（3）总说明应按下列内容填写。

① 工程概况：建设规模、工程特征、计划工期、施工现场实际情况、交通运输情况、自然地理条件、环境保护要求等。

② 工程招标和指定分包范围。

③ 工程量清单编制依据。

④ 工程质量、材料、施工等的特殊要求。

⑤ 预留金、自行采购材料的金额。

⑥ 其他需要说明的问题。

（4）在编制分部分项工程量清单时，需评审的主要清单项目在该项目编码的后面加注“P”号。

3.2.4 工程量清单计价

1. 工程量清单计价的基本原理

以招标人提供的工程量清单为平台，投标人根据自身的技术、财务、管理能力进行投标报价，招标人根据具体的评标细则进行优选，这种计价方式是市场定价体系的具体表现形式。

1）工程量清单计价的过程

工程量清单计价的过程可以描述为：在统一的工程量计算规则的基础上，设置工程量清单项目名称，根据具体工程的施工图纸计算出各个清单项目的工程量，再根据各种渠道所获得的工程造价信息和经验数据进行计算得到工程造价。工程量清单计价过程如图 3.3 所示。

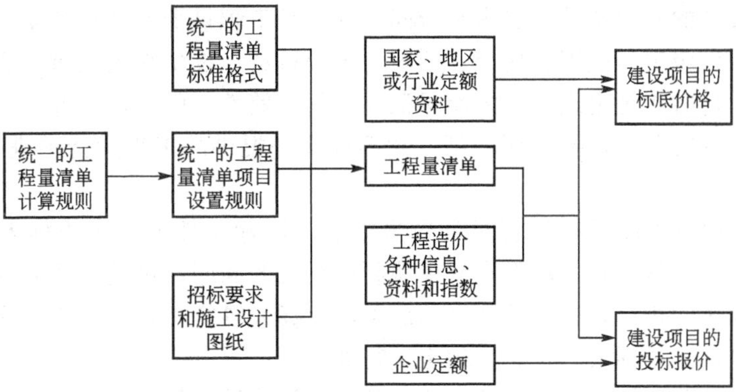

图 3.3 工程造价工程量清单计价过程示意图

从工程量清单计价过程的示意图中可以看出，其编制过程可以分为两个阶段：工程量清单的编制阶段和利用工程量清单投标报价阶段。投标报价是在业主提供的工程量清单的基础上，企业根据自身所掌握的各种信息、资料，结合企业定额进行报价。

2）工程量清单计价的计算原理

(1) 计算分部分项工程费用。计算公式如下：

$$分部分项工程费用=\sum(分部分项工程量清单数量\times分部分项工程综合单价) \quad (3-2)$$

式中：分部分项工程综合单价是由人工费、材料费、机械费、管理费、利润等组成，并考虑风险费用。

(2) 计算措施项目费用。计算公式如下：

$$措施项目费=\sum(措施项目工程量\times措施项目综合单价) \quad (3-3)$$

式中：措施项目包括通用措施项目和与其相对应的单位工程的专用措施项目，措施项目综合单价的构成与分部分项工程综合单价的构成类似。

(3) 计算其他项目费用。其他项目费按招标文件规定计算。

(4) 规费。规费是指按国家或省、自治区、直辖市人民政府规定，允许计入工程造价的各项税费总和。主要包括工程排污费、工程定额测定费、社会保障费(养老保险费、失业保险费、医疗保险费)、住房公积金和危险作业意外伤害保险5项费用。

(5) 税金。税金是指国家税法规定的应计入工程造价的营业税、城乡维护建设税及教育费附加等。

(6) 计算单位工程造价。计算公式如下：

$$单位工程造价=分部分项工程费+措施项目费+其他项目费+规费+税金 \quad (3-4)$$

(7) 计算单项工程造价。计算公式如下：

$$单项工程造价=\sum单位工程造价 \quad (3-5)$$

(8) 计算建设项目总造价。计算公式如下：

$$建设项目总造价=\sum单项工程费 \quad (3-6)$$

2. 工程量清单计价步骤

1）熟悉工程量清单

工程量清单是计算工程造价最重要的依据，在计价时必须全面了解每一个清单项目的特征描述，熟悉其所包括的工程内容，以便在计价时不漏项，不重复计算。

2）研究招标文件

工程招标文件的有关条款、要求和合同条件，是工程量清单计价的重要依据。在招标文件中对有关承发包工程范围、内容、期限、工程材料、设备采购及供应方法等都有具体规定，只有在计价时按规定进行，才能保证计价的有效性。因此，投标单位拿到招标文件后，根据招标文件的要求，要对照图纸，对招标文件提供的工程量清单进行复查或复核，其内容主要包括以下几项。

(1) 分专业对施工图进行工程量的数量审查。招标文件上要求投标人审核工程量清单，如果投标人不审核，则不能发现清单编制中存在的问题，也就不能充分利用招标人给予投标人澄清问题的机会，则由此产生的后果由投标人自行负责。如投标人发现由招标人提供的工程量有误，招标人可按合同约定进行处理。

(2) 根据图纸说明和各种选用规范对工程量清单项目进行审查。这主要是指根据规范和技术要求，审查清单项目是否有漏项。

(3) 根据技术要求和招标文件的具体要求，对工程需要增加的内容进行审查。认真研究招标文件是投标人争取中标的第一要素。表面上看，各招标文件基本相同，但每个项目都有自己的特殊要求，这些要求一定会在招标文件中反映出来，这需要投标人仔细研究。有的工程量清单要求增加的内容、技术要求，如与招标文件不一致，只有通过审查和澄清才能统一起来。

3) 熟悉施工图纸

全面、系统地阅读图纸，是准确计算工程造价的重要基础。阅读图纸时应注意以下几点。

(1) 按设计要求，收集图纸选用的标准图、大样图。

(2) 认真阅读设计说明，掌握安装构件的部位和尺寸，安装施工要求及特点。

(3) 了解本专业施工与其他专业施工工序之间的关系。

(4) 对图纸中的错误、漏洞以及表示不清楚的地方予以记录，以便在招标答疑会上询问解决。

4) 熟悉工程量计算规则

当采用消耗量定额分析分部分项工程的综合单价时，对消耗量定额的工程量计算规则的熟悉和深入掌握，是快速、准确地分析综合单价的重要保证。

5) 了解施工组织设计

施工组织的设计或施工方案是施工单位的技术部门针对具体工程编制的施工作业的指导性文件，其中对施工技术措施、安全措施、施工机械配置、是否增加辅助项目等，在工程计价的过程中都应予以注意。施工组织设计所涉及的费用主要属于措施项目费。

6) 熟悉加工订货的有关情况

明确建设、施工单位双方在加工订货方面的分工。对需要进行委托加工订货的设备、材料、零件等，提出委托加工计划，并落实加工单位及加工产品的价格。

7) 明确主材和设备的来源情况

主材和设备的型号、规格、数量、材质、品牌等对工程计价影响很大，因此要求招标人应对主材和设备的采购范围及有关内容予以明确，必要时注明产地和厂家。

8) 计算工程量

清单计价的工程量主要有两部分内容，一是核算工程量清单所提供清单项目工程量是否准确，二是计算每一个清单主体项目所组合的辅助项目工程量，以便分析综合单价。

9) 确定措施项目清单内容

措施项目清单是完成项目施工必须采取的措施所需的工作内容，该内容必须结合项目的施工方案或施工组织设计的具体情况填写。因此，在确定措施项目清单内容时，一定要根据自己的施工方案或施工组织设计加以修改。

10) 计算综合单价

将工程量清单主体项目及其组合的辅助项目汇总，填入分部分项综合单价计算表中。如采用消耗量定额分析综合单价的，则应按照定额的计量单位，选套相应定额，计算出各项的管理费和利润，汇总为清单项目费合价，分析出综合单价。综合单价是报价和调价的主要依据。

投标人可以用企业定额，也可以用建设行政主管部门的消耗量定额，甚至可以根据本企业的技术水平调整消耗量的定额来计价。

11）计算措施项目费、其他项目费、规费、税金等

12）汇总计算单位工程造价

将分部分项工程项目费、措施项目费、其他项目费和规费、税金汇总计算出单位工程造价，将各个单位工程造价汇总计算出单项工程造价。

3．工程量清单计价的基本格式

工程量清单计价应采用统一格式。工程量清单计价格式应随招标文件发至投标人。工程量清单计价格式应由下列内容组成。

（1）封面(见表 3－14)。

表 3－14　封　面

＿＿＿＿＿＿＿＿工程

工程量清单报价表

招标人：(略)(单位签字盖章)

法定代表人：(略)(签字盖章)

造价工程师及注册证号：(略)(签字盖执业专用章)

编制时间：××××年×月×日

（2）投标总价(见表 3－15)。

表 3－15　投标总价

建设单位：＿＿＿＿＿＿

工程名称：＿＿＿＿＿＿

投标总价(小写)：＿＿＿＿＿＿

(大写)：＿＿＿＿＿＿＿＿＿＿

投标人：(略)　　　　(单位签字盖章)

法定代表人：(略)　　　　(签字盖章)

编制时间：××××年×月×日

（3）工程项目总价表(见表 3－16)。

表 3－16　工程项目总价表

工程名称：

序　　号	单项工程名称	金额/元
1		
2		
	…	
	合　　计	

（4）单项工程费汇总表(见表 3－17)。

表 3-17 单项工程费汇总表

工程名称：

序　　号	单项工程名称	金额/元
1	建筑工程	
2	装饰装修工程	
3	安装工程	
	其他：电气设备安装工程	
	给排水、采暖、燃气工程	
	合　　计	

(5) 单位工程费汇总表(见表 3-18)。

表 3-18 单位工程费汇总表

工程名称：

序　　号	单项工程名称	金额/元
1	分部分项工程量清单计价合价	
2	措施项目清单计价合价	
3	其他项目清单计价合价	
4	规费	
5	税金	
	合　　计	

(6) 分部分项工程量清单计价表(见表 3-19)。

表 3-19 分部分项工程量清单计价表

工程名称：

序号	项目编码	项目名称	计量单位	工程数量	金额/元	
					综合单价	合价
		土石方工程				
1	010101003001	挖带形基槽，二类土，槽宽 0.6m，深 0.80m，弃土运距 150.00m	m^3	300.00	30.00	9 000.00
2	010101003002	挖带形基槽，二类土，槽宽 1.00m，深 2.10m，弃土运距 150.00m	m^3	500.00	70.00	35 000.00

续表

序号	项目编码	项目名称	计量单位	工程数量	金额/元	
					综合单价	合价
3		(略)				
		小计				
		(其他略)				
		本页小计				
		合计				

(7) 措施项目清单计价表(见表3－20)。

表3－20　措施项目清单计价表

工程名称:

序　　号	项 目 名 称	金额/元
1	临时设施	
2	大型机械设备进出场及安拆	
3	垂直运输机械	
4	施工排水	
5	(其他略)	

(8) 其他项目清单计价表(见表3－21)。

表3－21　其他项目清单计价表

工程名称:

序　　号	项 目 名 称	金额/元
1	招标人部分 预留金	
	小计	
2	投标人部分 零星工作项目费	
	小计	
	合计	

(9) 零星工作项目计价表(见表3－22)。

表 3－22　零星工作项目计价表

工程名称：

序号	名　　称	计量单位	数量	金额(元)	
				综合单价	合价
1	人工 (1) 木工 (2) 搬运工 (3) (以下略)	 工日 工日	 20 30	 40.00 30.00	 800.00 900.00
	小计				
2	材料 (1)茶色玻璃 5mm (2)镀锌铁皮 20 号	 m^2 m^2	 100 10	 28.00 40.00	 2 800.00 400.00
	小计				
3	机械 (1) 载重汽车 (2) 点焊机 100kV·A (3) (以下略)	 台班 台班	 10 5	 250.00 170.00	 2 500.00 850.00
	小计				3 350.00
	合计				8 250.00

(10) 分部分项工程量清单综合单价分析表(见表 3－23)。

表 3－23　分部分项工程量清单综合单价分析表

工程名称：

序号	项目编码	项目名称	工程内容	综合单价组成/元					综合单价/元/m^3
				人工费	材料费	机械费	管理费	利润	
1	010101003001	挖带形基槽，二类土，槽宽 0.6m，深 0.8m，弃土运距 150.00m	合价	23.00	0.06	0.03	5.30	1.61	30.00
			挖土	16.00		0.03	4.00	1.21	
			基底钎探	1.00	0.06		0.30	0.10	
			运土	6.00			1.00	0.30	
		(其他略)							

(11) 措施项目费分析表(见表 3－24)。

表 3-24　措施项目费分析表

工程名称：

序号	措施项目名称	单位	数量	金额/元					
				人工费	材料费	机械费	管理费	利润	小计
1	临时设施	项	1	300.00	28 000.00	500.00	5 500.00	1 700.00	36 000.00
2	大型机械设备进出场及安拆	项	1	700.00	300.00	2 000.00	600.00	200.00	3 800.00
3	垂直运输机械	项	1			80 000.00	16 000.00	4 000.00	100 000.00
4	环境保护	项	1	500.00	4 400.00		800.00	300.00	6 000.00
5	施工排水	项	1	300.00	400.00	2 500.0	600.00	200.00	4 000.00
	合计			1 800.00	33 100.00	85 000.00	23 500.00	6 400.00	149 800.00

(12) 主要材料价格表(见表 3-25)。

表 3-25　主要材料价格表

工程名称：

序号	材料编码	材料名称	规格、型号等特殊要求	单位	单价/元
1	均按统一编码填写	低碳盘条	$\phi 8$	t	3 400.00
2		圆钢	$\phi 10$	t	3 800.00
3		矿渣水泥(以下略)	32.5 级	t	240.00

3.3 工程造价工程量清单计价与定额计价模式的比较

自《建设工程工程量清单计价规范》颁布后，我国建设工程计价逐渐转向以工程量清单计价为主、定额计价为辅的模式。由于我国地域辽阔，各地的经济发展状况不一致，市场经济的程度存在差异，将定额计价立即转变为清单计价还存在一定困难，定额计价模式在一定时期内还有其发挥作用的市场。清单计价在我国需要有一个适应和完善的过程。清单计价和定额计价两种计价模式的比较见表 3-26。

表 3-26　两种计价模式的比较

内容	定额计价模式	工程量清单计价模式
项目设置	《综合定额》的项目一般是按施工工序、工艺进行设置的，定额项目包括的工程内容一般是单一的	工程量清单项目的设置是以一个“综合实体”考虑的，“综合项目”一般包括多个子目工程内容

续表

内容	定额计价模式	工程量清单计价模式
定价原则	按工程造价管理机构发布的有关规定及定额中的基价计价	按清单的要求，企业自主报价，市场决定价格
计价价款构成	定额计价价款包括：直接工程费、措施项目费、间接费、利润和税金。而直接工程费中的子目基价是指完成《综合定额》分部分项工程项目所需的人工费、材料费、机械费。子目单价是定额基价，它没有反映企业的真正水平，没有考虑风险的因素	工程量清单计价价款是指完成招标文件规定的工程量清单项目所需的全部费用。即包括：分部分项工程费、措施项目费、其他项目费、规费和税金；包含完成每分项工程所含全部工程内容的费用；包含工程量清单中没有体现的，施工中又必须发生的工程内容所需的费用；考虑了风险因素而增加的费用
单价构成	定额计价采用定额子目基价，定额子目基价只包括定额编制时期的人工费、材料费、机械费，并不包括利润和各种风险因素带来的影响	工程量清单采用综合单价。综合单价包括人工费、材料费、机械费、管理费和利润，且各项费用均由投标人根据企业自身情况并考虑各种风险因素自行编制
价差调整	按工程承发包双方约定的价格与定额价对比，调整价差	按工程承发包双方约定的价格直接计算，除招标文件规定外，不存在价差调整的问题
计价过程	招标方只负责编写招标文件，不设置工程项目内容，也不计算工程量。工程计价的子目和相应的工程量是由投标方根据设计文件确定。项目设置、工程量计算、工程计价等工作在一个阶段内完成	招标方必须设置清单项目并计算清单工程量，同时在清单中对清单项目的特征和包括的工程内容必须清晰、完整地告诉投标人，以便投标人报价，故清单计价模式由两个阶段组成：一是由招标方编制工程量清单；二是投标方拿到工程量清单后根据清单报价
人工、材料、机械消耗量	定额计价的人工、材料、机械消耗量按《综合定额》标准计算，《综合定额》标准是按社会平均水平编制的	工程量清单计价的人工、材料、机械消耗量由投标人根据企业的自身情况或《企业定额》自定。它真正反映企业的自身水平
工程量计算规则	按定额工程量计算规则	按清单工程量计算规则
计价方法	根据施工工序计价，即将相同施工工序的工程量相加汇总，选套定额，计算出一个子项的定额分部分项工程费，每一个项目独立计价	按一个综合实体计价，即子项目随主体项目计价，由于主体项目与组合项目是不同的施工工序，所以往往要计算多个子项才能完成一个清单项目的分部分项综合单价，每一个项目组合计价
价格表现形式	只表示工程造价，分部分项工程费不具有单独存在的意义	主要为分部分项工程综合单价，是投标、评标、结算的依据，单价一般不调整

续表

内容	定额计价模式	工程量清单计价模式
适用范围	编审标底，设计概算，工程造价鉴定	全部使用国有资金投资或国有资金投资为主的大中型建设工程和需招标的小型工程
工程风险	工程量由投标人计算和确定，价差一般可调整，故投标人一般只承担工程量计算风险，不承担材料价格风险	招标人编制工程量清单，计算工程量，数量不准会被投标人发现并利用，招标人要承担差量的风险。投标人报价应考虑多种因素，由于单价通常不调整，故投标人要承担组成价格的全部因素风险

3.4 工程量清单计价制度的推广对工程造价管理制度的影响

3.4.1 工程量清单计价规范的实施对市场的影响

《建设工程工程量清单计价规范》的出台是适应市场定价机制，深化工程造价管理改革的重要措施，也是规范建设市场秩序的治本措施之一。实行“计价规范”以后，给工程造价管理带来最大、最直接的变化就是：工程定价由市场说了算。

具体的变化主要体现在下列几方面。

(1) 计价依据发生了根本性的变化。在定额模式下，依据各地造价站统一制定预算定额及基价表，通过汇总计算得到定额直接费，再按统一的费用定额形成工程造价。这个价基本属于社会平均价格，没有把企业的技术水平及施工工艺水平综合进去，事实上是政府定价。

在清单模式下，完全形成了量价分离，业主计算清单工程量，施工单位审核清单工程量还要计算施工措施工程量，并按每一个工程量清单自由组价。计价依据由定额预算基价及调价系数变为企业通过市场询价自主确定价格。企业必须在实际施工中积累能反映企业实际成本的基本数据，用于投标报价，并能以此为依据进行风险预测。

(2) 施工管理及合同结算形式发生了变化。在定额模式下，合同确定的中标价反映的是社会平均水平，企业的施工管理水平只要能超过社会平均水平就可以盈利，利润是以工程直接费乘以固定比例体现的。结算形式是总价结算，合同属于总价合同。

在清单模式下，合同确定的中标价反映的是企业的个别成本，利润水平是由企业自行确定的，价格是以综合单价的形式进行承包，合同本质上属于单价合同。企业要获得更大的利润只有进一步提高施工水平，改进施工方案，采用先进的施工技术。结算按每一工程清单综合单价控制并作为支付的依据。

(3) 价格来源发生了变化。在定额模式下，价格来源是固定的。就是由造价站制定统一的预算定额基价，再考虑各个地区不同时期的调差系数，价格反映的是当时市场上的平均价格。

在清单模式下，价格来源是多样的，政府不再做任何参与，由企业自主确定。国家采取的是“全部放开，自由询价、预测风险、宏观管理”的原则。“全部放开”就是凡与组价有关的价格全部放开，政府不进行任何限制。“自由询价”是指企业在组价过程中采用什么方式得到的价格都有效，对价格来源的途径不作限制。“预测风险”是指企业在确定价格时必须是完成该清单项的完全价格，由于各种原因造成的风险必须在投标时就能预测到，并包括在报价内。由于预测不准而造成的风险由投标人承担。“宏观控制”是指政府从微观上不再管理，但国家从总体上还得进行宏观调控。政府造价管理部门还应定期或不定期地发布信息价，还得编制反映社会平均水平的消耗量定额，用于指导企业快速组价及确定企业自身的技术水平。

(4) 鼓励合理低价中标，淡化标底的作用。定额作为指导性依据不再是指令性标准，标底则起参考性作用。由于实现了量价分离，风险分担。招标方确定量，承担工程量误差的风险；投标方确定价，承担报价的风险，完全可以不设标底。国务院在 2004 年 7 月 12 日《国务院办公厅关于进一步规范招投标活动的若干意见》中指出：“鼓励推行合理低价中标和无标底招标”。这样就避免了泄露和探听标底等不良现象的发生，从程序上规范了招标动作和建筑市场秩序。所有投标企业均在统一清单量的基础上，结合工程具体情况和企业实力，充分考虑各种市场风险因素，自主进行报价，是企业综合实力和管理水平的真正较量。

应该看到，《建设工程工程量清单计价规范》是按照市场经济要求建立起来的一种造价管理和招标方式，它对规范建设市场秩序和对招投标机制的完善和发展，将起到积极的推动作用。随着《建设工程工程量清单计价规范》在全国的逐步实施，它对建设市场的深远影响将进一步显现出来。

3.4.2 工程量清单计价规范的实施对建设单位的影响

在定额模式下建设单位招标时只需在招标文件中附上设计图纸，施工单位在投标时根据图纸计算工程量及报价。建设单位不承担什么风险。有的建设单位事先编制标底，即便标底编制得有误差，但标底是保密的，只在评标时起参考作用，对建设单位影响也不大。

实行工程量清单计价后，建设单位在招标文件中除了图纸外还必须附有工程量清单。工程量清单是招标投标活动中，对招标人和投标人都具有约束力的重要文件，是招标投标活动的依据。专业性强，内容复杂，对编制人的业务技术水平要求高。能否编制出完整、严谨的工程量清单，直接影响招标的质量，也是招标成败的关键。具体来说，对建设单位的影响主要表现在以下几方面。

(1) 对建设单位要求高。《建设工程工程量清单计价规范》规定：“工程量清单应由具有编制招标文件能力的招标人，或受其委托具有相应资质的中介机构进行编制。”建设单位要自行编制工程量清单，必须要有相应的专业人员及业务技术水平、否则只能委托中介机构进行编制。

(2) 建设单位要承担工程量清单计算不准确的风险。工程量清单应反映拟建工程的全部工程内容及为实现这些工程内容而进行的其他工作。工程量清单必须与施工图纸相符合。编制时，工程量数量应准确，应避免错项、漏项。投标人依据工程量清单进行报价。如中标后或工程竣工时发现工程量清单数量有误或出现漏项，这时的索赔权属于中标企业。建设单位要承担由此引起的一切风险。

(3) 能促使建设单位提高社会责任感和工程管理水平。由于工程量清单具有公开性特征，对避免工程招标中弄虚作假、暗箱操作等起着节制作用。也为投标企业提供了一个公开、公平、公正的竞争环境。工程量清单又是工程合同的重要文件之一，是施工过程中的进度款支付、工程结算、索赔及竣工结算的重要依据，它对从招投标开始的全过程工程造价管理起着重要的作用。从而促使建设单位只有努力提高社会责任感和工程管理水平才能适应计价改革的需要。

3.4.3 工程量清单计价规范的实施对施工企业的影响

我国实行了几十年的计划经济，在计划经济体制下，施工企业不是真正意义上的独立核算的企业。政府对企业的微观干预很多，传统的定额计价方式具有强烈的行政性和法令性色彩，在这种背景下施工企业养成了依赖政府的“习惯”：定额采用国家的，无论是劳动定额、消耗量定额，还是取费定额都是国家统一制定的，没有企业自己的定额；价格采用各地定额站统一制定的基价及调价系数，不用进行市场询价；施工工法采用国家《施工与验收规范》中统一规定的工法施工，不用总结企业自己的工法；企业在实际施工过程中积累的成本数据，只用来进行两算(施工图预算与实际施工成本)对比，用来分析盈亏，从不会用来报价。

工程量清单计价方法是市场经济的产物，工程计价要变成清单下的“政府宏观调控、企业自主报价、市场竞争形成价格”的体系。政府把建筑产品的定价权力还给了企业。但正如一个被束缚久了的人一下子被放开手脚，反倒不会走路了一样，施工企业对“计价规范”的实施，还有许多的不适应，同时也带来了极大的挑战和机遇。在这些影响下，企业应采取的措施如下。

(1) 加强学习，转变观念。由于工程量清单计价规范在工程造价的计价程序、项目的划分、报价的组成和具体的计算工程量规则上与传统的定额计价方式有较大的区别，因此施工企业应加强学习，及时转变观念，积极适应这一新的变化。

(2) 抓紧建立企业内部定额。企业定额是根据本企业施工技术和管理及有关造价资料制定的，是供本企业使用的人工、材料和机械台班消耗量的标准。通过制定企业定额，施工企业可以清楚地计算出完成项目所需的人、材、机的消耗量，从而确定出企业的个别成本。企业必须对本企业施工的基础数据加强积累和收集，必要时借鉴国家的消耗量定额，尽快建立企业定额。

(3) 建立企业的询价体系。施工企业要通过生产厂家调查、市场询价、网站信息等多种手段，建立起企业自己的人工、材料、机械的询价体系。这个体系要动态、灵活、应变力强、能适应不同工程、不同地点、不同来源的报价需求。应注意充分利用当地造价站的价格网站。

(4) 加强企业“施工工法”的制定。应根据企业自己的技术力量、装备水平和施工工艺，制定出先进的适应企业实际情况的施工工法。精心编制和优化施工方案，合理确定人工、材料、机械和方法等要素的投入与配置，合理控制现场和施工技术措施费用等因素，提高企业整体素质。

(5) 加强清单项目“综合单价”的积累，为快速报价打下基础。企业要适应清单下的计价必须要对本企业的基础数据进行积累，形成反映企业施工工艺水平，用以快速报价的企业定额和材料询价库，对每个清单项目报价要能快速测算出企业的零利润成本，并且与实际施工的成本进行对比。将这些数据积累下来，再根据市场竞争情况确定企业应该分摊的管理费用和利润，就形成了企业清单项目“综合单价”的积累，从而可以快速报价，并确定出企业的个别成本。

综上所述，清单计价是工程造价领域里的一场革命。企业如果不形成反映自身施工工艺水平的企业定额，不进行人工、材料、机械台班用量及价格信息的积累，完全依靠政府定额是无法竞争的。工程量清单计价的实施在给企业带来挑战的同时也带来了机遇，那些积极适应“计价规范”的实施，技术水平、管理水平都较高的企业，必将在这次挑战中不断扩大市场份额，逐步成长壮大起来，在激烈的市场竞争中立于不败之地。

3.4.4 工程量清单计价规范的实施对招投标阶段工程造价管理的影响

招投标阶段工程造价控制的目标：确定合理的合同价和严密的工程合同价得以稳妥实现。

合同价的形成方式使工程造价更接近工程实际价值。准确确定合同价的重要因素——投标报价以实物法编制，采用的消耗量、价格、费率都是市场波动值。因此使合同价能更好地反映工程造价性质和特点，更接近市场价值，易于对工程造价进行动态控制。

在合同条款的约定上，双方的风险和责任意识会有所加强。工程量清单计价模式下，招投标双方对合同价的确定共同承担责任。招标人提供工程量，承担工程量变更或计算错误的责任，投标单位只对自己所报的成本、单价负责。工程量结算时，根据实际完成的工程量，按约定的办法调整。双方对工程情况的理解以不同的方式体现在合同价中，招标方以工程量清单表现，投标方体现在报价中。另外，工程一般项目造价已通过清单报价明确下来，施工企业为获取最大的利益，会利用工程变更和索赔手段追求额外的费用。因此，双方对合同管理的意识会大大加强，合同条款的约定会更加周密。

招投标阶段工程造价控制体现在 3 个方面：获得竞争性投标报价、有效评价最合理报价、签订合同预先控制造价变更。工程量清单计价模式赋予 3 个方面造价控制工作的新内容和新的侧重点。

3.4.5 工程量清单计价规范的实施对造价工程师的素质要求

传统定额计价模式下，造价工程师的任务相对简单：只要熟悉了定额，熟悉了工程量计算规则，主要任务是按照图纸计算工程量，计价有依据，取费有文件，照本子办事很容易。计价中固定的内容多，有变化的成分不多，属于静态的造价管理。即使工程竣工决算突破了预算，那也是由于市场价格变动等不可控制的因素造成的，与造价工程师关系不大。而在工程量清单计价规范实施后，对造价工程师也提出了更高的要求。

(1) 造价工程师要有自己的询价体系。造价工程师也要通过生产厂家调查、市场询价、网站信息查询等方式建立自己动态、快速、灵活应变的询价体系，并应预测到价格未来的走势，为准确报价做好准备。

(2) 要有风险意识。清单报价要考虑风险因素，因此造价工程师要有风险意识。要对工程可能遇到的各种风险进行风险辨识，风险评价，并确定风险对策。这才是体现造价工程师水平和素质的关键之处。

(3) 综合单价要包做到为止。工程量清单的综合单价包括人工费、材料费、机械费、管理费和利润，并考虑风险因素。造价工程师报出的综合单价要包做到为止，也即最后施工的实际成本不能突破综合单价，诸如涨价因素、不可预见的风险等都必须在报价时就预见到，这也是与定额预算价的最大区别之处。

(4) 动态控制造价，从设计阶段开始。做建设项目概算时，要随着初步设计逐步深化，概算也要跟着调整修改。初步设计改几稿，概算也要改几稿。因为概算要考虑到完成价，是投资的上限。概算批准后，要以概算控制施工图的设计，推行限额设计，施工图不是画完了再算，而是根据批准的初步设计，概算完了再画。把造价控制前伸到建设的前期阶段，推行全过程的动态造价控制。

(5) 要熟悉国际惯例。我国加入 WTO 后，全球经济一体化的进程加快，境外咨询业更多地进入我国建设市场。客观上要求每个造价工程师要了解和掌握国际上通行的工程量计算规则与报价理论、国际工程项目管理惯例、国际工程合同(FIDIC 合同条件)与招投标等。尽快掌握计算机与网络信息技术，极大地丰富自己的知识，以便在将来的国际竞争中处于优势地位。

工 程 案 例

某市银山小学教学综合楼工程造价计价

【背景资料】某市银山小学教学综合楼工程，位于柳南区航生路 11 号，结构类型为框架六层，建筑规模为 3 647m²，施工工期为 255 日历天。主要材料用量：钢材为 128.363t，水泥为 195.275t，砖渣砌块为 40 045.428 块。2007 年 2 月 14 日开标后，已知某公司计算的分部分项工程清单计价中建筑工程为 1 110 017.16 元，装饰工程为 1 170 298.32 元，安装工程为 353 280.44 元；措施项目清单表中建筑工程为 406 881.92 元，装饰工程为 45 237.54 元，安装工程为 7 651.86 元；安全防护、文明措施清单计价表合计 68 936.84 元；零星工作项目计价表合计 0 元；工料机清单价格表(略)。本工程的工程造价总价为 3 511 135.94 元，单方造价为 962.75 元/m²。

该工程项目的计价过程见表 3－27 和表 3－28。

1. 工程项目总价表

表 3－27　工程项目总价表

序号	单项/单位工程名称	工程总造价/元	预算控制价/元(不含劳动保险费、含安全防护、文明措施费)	劳动保险费/元	安全防护、文明措施费/元
一	柳州市银山小学教学综合楼	3 511 135.94	3 397 802.65	113 333.29	68 936.84

续表

序号	单项/单位工程名称	工程总造价/元	预算控制价/元（不含劳动保险费、含安全防护、文明措施费）	劳动保险费/元	安全防护、文明措施费/元
1	建筑部分	1 742 615.84	1 678 869.67	63 746.17	42 314.62
2	装饰部分	1 376 871.86	1 336 055.39	40 816.47	22 192.87
3	安装部分	391 648.24	382 877.59	8 770.65	4 429.35
…					
	工程项目总价：	3 511 135.94	3 397 802.65	113 333.29	68 936.84

2. 单项单位工程费汇总表

表3-28　某市银山小学教学综合楼工程

序号	项目名称	计算公式	金额/元	备注
	工程总造价	＜(一)＞	3 397 802.65	(扣劳保)
一	单项工程造价	＜(一)＞＋＜(二)＞＋＜(三)＞	3 397 802.65	(扣劳保)
(一)	建筑部分	＜7＞	1 678 869.67	(扣劳保)
1	分部分项工程量清单计价合计	Σ(分部分项工程量清单工程量×相应综合单价)	1 110 017.16	
1.1	其中：Σ(人工费＋材料费＋机械费)	Σ(分部分项工程量清单项目工程内容的工程量×相应消耗量定额人、材、机消耗量×人、材、机单价)	969 461.34	
2	措施项目清单计价合计	＜2.1＞＋＜2.2＞	406 881.92	
2.1	技术措施费用计价小计	Σ(技术措施项目清单工程量×相应综合单价)	358 155.99	
2.1.1	其中：Σ(人工费＋材料费＋机械费)	Σ(技术措施项目清单项目工程内容的工程量×相应消耗量定额人、材、机消耗量×人、材、机单价)	312 799.97	
2.2	其他措施费用计价小计	Σ(＜1.1＞＋＜2.1.1＞×100%)或按有关规定计算	48 725.93	
	其中：安全防护、文明施工措施费		42 314.62	
3	其他项目费计价合计	按有关规定计算	0	
4	规费	＜4.1＞＋＜4.2＞＋＜4.3＞	120 305.27	
4.1	养老保险费	(＜1＞＋＜2＞＋＜3＞)×4.08%	63 746.17	

续表

序号	项目名称	计算公式	金额/元	备注
4.2	工程定额测定费	(<1>+<2>+<3>)×0.13%	2 031.13	
4.3	其他	(<1>+<2>+<3>)×3.49%	54 527.97	
5	税金	(<1>+<2>+<3>+<4>)×3.56%	59 904.52	
6	工程总造价	<1>+<2>+<3>+<4>+<5>	1 742 615.84	
7	扣除养老保险费后的工程造价	<6>-<4.1>	1 678 869.67	
(二)	装饰部分	<7>	1 336 055.39	(扣劳保)
1	分部分项工程量清单计价合计	Σ(分部分项工程量清单工程量×相应综合单价)	1 170 298.32	
1.1	其中：Σ人工费用	Σ(分部分项工程量清单项目工程内容的工程量×相应消耗量定额人工消耗量×人工单价)	185 853.81	
2	措施项目清单计价合计	<2.1>+<2.2>	45 273.54	
2.1	技术措施费用计价小计	Σ(技术措施项目清单工程量×相应综合单价)	19 925.66	
2.1.1	其中：Σ人工费用	Σ(技术措施项目清单项目工程内容的工程量×相应消耗量定额人工消耗量×人工单价)	10 109.75	
2.2	其他措施费用计价小计	Σ(<1.1>+<2.1.1>×100%)或按有关规定计算	2 5347.88	
	其中：安全防护、文明施工措施费		22 192.87	
3	其他项目费计价合计	按有关规定计算	0	
4	规费	<4.1>+<4.2>+<4.3>	77 501.21	
4.1	养老保险费	(<1>+<2>+<3>)×3.26%	40 816.47	
4.2	工程定额测定费	(<1>+<2>+<3>)×0.13%	1 627.65	
4.3	其他	(<1>+<2>+<3>)×2.8%	35 057.09	
5	税金	(<1>+<2>+<3>+<4>)×3.56%	47 331.63	
6	工程总造价	<1>+<2>+<3>+<4>+<5>	1 376 871.86	
7	扣除养老保险费后的工程造价	<6>-<4.1>	1 336 055.39	
(三)	安装部分	<8>	382 877.59	(扣劳保)
1	分部分项工程量清单计价合计	353 280.44	353 280.44	

续表

序号	项目名称	计算公式	金额/元	备注
1.1	其中：∑人工费用	34 604.31	34 604.31	
2	措施项目清单计价合计	＜2.1＞＋＜2.2＞	7 651.86	
2.1	技术措施费用计价小计	1 492.29	1 492.29	
2.1.1	其中：∑人工费用	345.44	345.44	
2.2	其他措施费用计价小计	6 159.57	6 159.57	
	其中：安全防护、文明施工措施费	4 429.35	4 429.35	
3	其他项目费计价合计	按有关规定计算	0	
4	规费	＜4.1＞＋＜4.2＞＋＜4.3＞	17 252.56	
4.1	养老保险费	(＜1＞＋＜2＞＋＜3＞)×2.43%	8 770.65	
4.2	工程定额测定费	(＜1＞＋＜2＞＋＜3＞)×0.13%	469.21	
4.3	其他	(＜1＞＋＜2＞＋＜3＞)×2.22%	8 012.7	
5	税金	(＜1＞＋＜2＞＋＜3＞＋＜4＞)×3.56%	13 463.38	
6	设备费			
7	工程总造价	＜1＞＋＜2＞＋＜3＞＋＜4＞＋＜5＞	391 648.24	
8	扣除养老保险费后的工程造价	＜7＞－＜4.1＞	382 877.59	

3. 分部分项工程量清单计价表(略)
4. 措施项目清单计价表(略)
5. 安全防护、文明措施清单计价表(略)
6. 零星工作项目计价表(略)
7. 工料机清单价格表(略)

本章小结

过本章的学习，使读者能够熟悉我国现行工程造价计价模式有定额计价和工程量清单计价两种。目的是为工程计价打好理论基础。本章主要介绍定额计价的基本原理和特点，定额计价模式下的施工图预算价的编制程序和方法。工程量清单计价模式下的相关概念、清单计价的作用；《建设工程工程量清单计价规范》（GB 50500—2008）的基本内容和特点；要求掌握工程量清单编制的步骤和方法，熟悉工程量清单统一格式；掌握工程量清单计价的基本内容、程序、步骤和方法，熟悉工程量清单计价统一格式；熟悉工程清单项目工程量计算规则。熟悉工程量清单计价模式与定额计价模式的异同点，了解我国推广实施工程量清单计价制度之后，对工程造价管理带来的影响。

思考题与习题

思考题

3-1 简述定额计价的基本原理和特点。

3-2 试述定额计价模式下施工图预算价的编制程序和方法。

3-3 简述工程量清单计价的模式及其作用。

3-4 什么是工程量清单？它应包括哪些内容？

3-5 编制工程量清单时应做到的“四个统一”是什么？

3-6 什么是工程量清单计价？什么是综合单价？

3-7 《建设工程工程量清单规范》的主要内容有哪些？

3-8 简述工程量清单计价的步骤。

单项选择题

3-9 从工程费用计算角度分析，工程造价计价的顺序是(　　)。

A. 单位工程造价→分部分项工程单价→单项工程造价→建设项目总造价

B. 单位工程造价→单项工程造价→分部分项工程单价→建设项目总造价

C. 分部分项工程单价→单位工程造价→单项工程造价→建设项目总造价

D. 分部分项工程单价→单项工程造价→单位工程造价→建设项目总造价

3-10 我国目前实施的两种工程造价计价模式是(　　)。

A. 定额计价和实物量　　B. 单价法和实物量法

C. 工程量清单计价和实物量法　　D. 定额计价和工程量清单计价

多项选择题

3-11 工程造价计价的基本方法有(　　)。

A. 定额计价法　　B. 工程量清单计价法

C. 单价法　　D. 实物量法

E. 预算法

3-12 采用工程量清单报价，下列计算公式正确的是(　　)。

A. 分部分项工程费用＝$\sum$(分部分项工程量×分部分项工程项目综合单价)

B. 措施项目费用＝$\sum$(措施项目工程量×措施项目综合单价)

C. 单位工程报价＝$\sum$分部分项工程费

D. 单项工程报价＝$\sum$单位工程报价

E. 建设项目总报价＝$\sum$单项工程报价

第4章 工程造价的计价依据

教学目标

(1) 了解工程造价计价依据与定额的分类。
(2) 熟悉全国统一建筑工程基础定额。
(3) 熟悉全国统一建筑装饰装修工程消耗量定额。
(4) 熟悉全国统一安装工程预算定额。
(5) 熟悉建设工程工程量清单计价规范。
(6) 了解工程造价信息与工程造价指数。

教学要求

知识要点	能力要求	相关知识
工程造价计价依据与工程定额	了解工程造价计价依据与工程定额的概念、要求、分类	建筑有关法律法规，工程识图，施工图预算和施工预算
全国统一建筑工程基础定额	熟悉其适用范围及人工、材料、机械台班确定的方法	建筑施工技术，工程识图，工程估价
全国统一建筑装饰装修工程消耗量定额	熟悉其适用范围及人工、材料、机械台班消耗量确定的方法	建筑装饰施工技术，工程识图，工程估价
建设工程工程量清单计价规范	熟悉计价规范的产生、构成和特点	施工技术，工程识图，施工图预算
工程造价信息与工程造价指数	了解工程造价信息和造价指数的作用与应用	类似工程造价资料的积累

基本概念

工程造价计价依据，工程定额，消耗量，工程量清单，工程造价指数。

引例

在我们生活的居住建筑中，某框架结构填充墙，采用混凝土空心砌块砌筑，墙厚190mm，空心砌块尺寸 390mm×190mm×190mm，损耗率 1%；砌块墙的砂浆灰缝为 10mm，砂浆损耗率为 1.5%。现工程要开工了，你知道计算每 $1m^3$ 厚度为 190mm 的混凝土空心砌块墙的砌块净用量和消耗量吗？你知道计算每 $1m^3$ 厚度为 190mm 的混凝土空心砌块墙的砂浆消耗量吗？

4.1 工程造价的计价依据与定额分类

4.1.1 工程造价计价依据的要求与作用

工程造价计价依据是据以计算造价的各类基础资料的总称。由于影响工程造价的因素很多，每一项工程的造价都要根据工程的用途、类别、结构特征、建设标准、所在地区和坐落地点、市场价格信息，以及政府的产业政策、税收政策和金融政策等作具体计算。因此就需要以确定上述各项因素相关的各种量化的定额或指标等作为计价的基础。计价依据除国家或地方法律规定的以外，一般以合同形式加以确定。

工程造价计价依据必须满足以下要求。

(1) 准确可靠，符合实际。

(2) 可信度高，有权威性。

(3) 数据化表达，便于计算。

(4) 定性描述清晰，便于正确利用。

工程造价计价依据的作用如下。

(1) 计价依据是编制计划的基本依据。

(2) 计价依据是计算和确定工程造价的依据。

(3) 计价依据是编制计划的基本依据。

4.1.2 工程造价计价依据的分类

1. 按用途分类

工程造价的计价依据按用途分类，概括起来可以分为 7 大类 18 小类。

第一类，规范工程计价的依据。

(1) 国家标准《建设工程量清单计价规范》。

第二类，计算设备数量和工作量的依据。

(2) 可行性研究资料。

(3) 初步设计、扩大初步设计、施工图设计图纸和资料。

(4) 工程变更及施工现场签证。

第三类，计算分部分项工程人工、材料、机械台班消耗量及费用的依据。

(5) 概算指标、概算定额、预算定额。

(6) 人工单价。

(7) 材料预算单价。

(8) 机械台班单价。
(9) 工程造价信息。
第四类，计算建筑安装工程费用的依据。
(10) 间接费定额。
(11) 价格指数。
第五类，计算设备费的依据。
(12) 设备价格、运杂费率等。
第六类，计算工程建设其他费用的依据。
(13) 用地指标。
(14) 各项工程建设其他费用定额等。
第七类，和计算造价相关的法规和政策。
(15) 包含在工程造价内的税种、税率。
(16) 与产业政策、能源政策、环境政策、技术政策和土地等资源利用政策有关的取费标准。
(17) 利率和汇率。
(18) 其他计价依据。

2. 按使用对象分类

第一类，规范建设单位(业主)计价行为的依据：国家标准《建设工程工程量清单计价规范》。

第二类，规范建设单位(业主)和承包商双方计价行为的依据：包括国家标准《建设工程工程量清单计价规范》；初步设计、扩大初步设计、施工图设计图纸和资料；工程变更及施工现场签证；概算指标、概算定额、预算定额；人工单价；材料预算单价；机械台班单价；工程造价信息；间接费定额；设备价格、运杂费率等；包含在工程造价内的税种、税率；利率和汇率；其他计价依据。

4.1.3 现行工程计价依据体系

按照我国工程计价依据的编制和管理权限的规定，目前我国已经形成了由国家、各省、自治区、直辖市和行业部门的法律法规、部门规章相关政策文件以及标准、定额等相互支持、互为补充的工程计价依据体系(见表 4-1)。

表 4-1 现行工程计价依据体系一览表

序号	分类	计价依据名称	内容	批准文号	执行时间
1	标准类	《建设工程工程量清单计价规范》	建设工程	建设部公告第119号；住房和城乡建设部第63号公告	2003年7月；2008年12月
2	定额类	《全国统一建筑工程基础定额》	建筑工程	建标［1995］736号	1995年12月

续表

序号	分类	计价依据名称	内容	批准文号	执行时间
2	定额类	《全国统一安装工程基础定额》	安装工程	建设部公告第431号	2006年9月
		《全国统一建筑装饰装修工程消耗量定额》	装饰工程	建标〔2001〕271号	2002年1月
		《全国统一安装工程预算定额》	安装工程	建标〔2000〕60号	2000年3月
		《全国统一市政工程预算定额》	市政工程	建标〔1999〕221号	1999年10月
		《全国统一施工机械台班费用编制规则》	通用	建标〔2001〕196号	2001年9月
		《全国统一建筑安装工程工期定额》	建筑安装工程	建标〔2000〕38号	2000年2月
		各省、直辖市、自治区颁布的计价依据			
		各行业部门颁发的计价依据			
3	相关的法律、政策类	《中华人民共和国建筑法》	通用	中华人民共和国主席令第91号	1998年3月
		《中华人民共和国招标投标法》	通用	中华人民共和国主席令第21号	2000年1月
		《建筑工程施工发包与承包计价管理办法》	通用	建设部令第107号	2001年12月
		《房屋建筑和市政基础设施工程施工招标投标管理办法》	通用	建设部令第89号	2001年6月
		《建筑安装工程费用组成》	通用	建标〔2003〕206号	2004年1月

4.1.4 工程定额的概念与分类

1. 工程定额的概念

定额就是一种规定的额度，或称数量标准。工程定额就是国家颁发的用于规定完成某一工程产品所需消耗的人力、物力和财力的数量标准。定额是企业科学管理的产物，工程定额反映了在一定社会生产力水平条件下，建设工程施工的管理和技术水平。

2. 工程定额的分类

在建筑安装施工生产中，根据需要而采用不同的定额。例如，用于企业内部管理的有劳动定额、材料消耗定额和施工定额。又如为了计算工程造价，要使用估算指标、概算定额、预算定额(包括基础定额)、费用定额等。因此，工程定额可以从不同的角度进行分类。

(1) 按定额反映的生产要素消耗内容分类：劳动定额、材料消耗定额、机械台班消耗定额。

(2) 按定额的不同用途分类：施工定额、预算定额、概算定额、概算指标及投资估算指标。

(3) 按定额的编制单位和执行范围分类：全国统一定额、地区统一定额、行业定额、企业定额、补充定额。

(4) 按照投资的费用性质分类：建筑工程定额、设备安装工程定额、建筑安装工程费用定额、工程建设其他费用定额。

4.2 全国统一建筑工程基础定额

4.2.1 《全国统一建筑工程基础定额》的意义与适用范围

《全国统一建筑工程基础定额》(土建工程 GJD—101—1995)(以下简称基础定额)是完成规定计量单位分项工程计价的人工、材料、施工机械台班消耗量标准，是统一全国建筑工程预算工程量计算规则、项目划分、计量单位的依据；是编制建筑工程(土建部分)地区单位估价表确定工程造价、编制概算定额及投资估算指标的依据；也可作为制定招标工程标底、企业定额和投标报价的基础。

基础定额是以正常的施工条件，目前多数建筑企业的施工机械装备程度，合理的施工工期、施工工艺、劳动组织为基础编制的，反映了社会平均消耗水平；是依据现行有关国家产品标准、设计规范和施工验收规范、质量评定标准、安全操作规程编制的，并参考了行业、地方标准，以及有代表性的工程设计、施工资料和其他资料。基础定额适用于工业与民用建筑的新建、扩建、改建工程；适用于 2 000m 以下，地震烈度 7 度以下地区；对于超过上述情况的，可结合高原地区的特殊情况和地震烈度要求，由各省、自治区、直辖市或国务院有关部门制定调整办法。

基础定额除脚手架、垂直运输机械台班定额已注明其适用高度外，均按建筑物檐口高度 20m 以下编制；檐口高度超过 20m 时，另按建筑物的超高来计算增加的人工、机械台班定额项目。各种材料、构件及配件所需的检验试验费用应在建筑安装工程费用定额中的检验试验费项下列支，不计入《全国统一建筑工程基础定额》。

4.2.2 人工工日消耗量的确定

(1) 基础定额人工工日不分工种、技术等级，一律以综合工日表示。内容包括基本用工、超运距用工、人工幅度差、辅助用工。其中基本用工，以现行的《全国建筑安装工程统一劳动定额》为基础计算，缺项部分，参考地区现行定额及实际调查资料计算。凡依据劳动定额计算的，均按规定计入人工幅度差；根据施工实际需要计算的，未计入人工幅度差。

(2) 机械土、石方，桩基础，构件运输及安装等工程，人工随机械产量计算的，人工幅度差按机械幅度差计算。

(3) 现行劳动定额允许各省、自治区、直辖市调整的部分，定额内未予考虑。

4.2.3 材料消耗量的确定

(1) 定额中的材料消耗包括主要材料、辅助材料、零星材料等，凡能计量的材料、成品、半成品均按品种、规格逐一列出数量，并计入了相应损耗，其内容和范围包括：从工地仓库、现场集中堆放地点或现场加工地点至操作或安装地点的运输损耗、施工操作损耗、施工现场堆放损耗。其他材料费以该项目材料费之和的百分数表示。

(2) 混凝土、砌筑砂浆、抹灰砂浆及各种胶泥等均按半成品消耗量以体积(m^3)表示，其配合比是按现行规范规定计算的，各省、自治区、直辖市可按当地材料质量情况调整其配合比和材料用量。

(3) 施工措施性消耗部分，周转性材料按不同施工方法、不同材质分别列出一次使用量和一次摊销量。

(4) 施工工具用具性消耗材料，归入建筑安装工程费用定额中的工具用具使用费项下，不再列入定额消耗量之内。

4.2.4 施工机械台班消耗量的确定

(1) 挖掘机械、打桩机械、吊装机械、运输机械(包括推土机、铲运机及构件运输机械等)分别按机械、容量或性能及工作物对象，按单机或主机与配合辅助机械，分别以台班消耗量表示。

(2) 随工人班组配备的中小型机械，其台班消耗量列入相应的定额项目内。

(3) 定额中的机械类型、规格是按常用机械类型确定的，各省、自治区、直辖市、国务院有关部门如需重新选用机型、规格时，可按选用的机型、规格调整台班消耗量。

(4) 定额中均已包括将材料、成品、半成品从工地仓库、现场集中堆放地点或现场加工地点至操作安装地点的水平和垂直运输所需的人工和机械消耗量。如发生再次搬运时，应在建筑安装工程费用定额中二次搬运费项下列支。预制钢筋混凝土构件和钢构件安装是按机械回转半径15m以内运距考虑的。

4.3 全国统一建筑装饰装修工程消耗量定额

4.3.1 《全国统一建筑装饰装修工程消耗量定额》的意义与适用范围

《全国统一建筑装饰装修工程消耗量定额》(GYD—901—2002)(以下简称消耗量定额)

是完成规定计量单位装饰装修分项工程所需的人工、材料、施工机械台班消耗量的计量标准。可与《全国统一建筑装饰装修工程量清单计量规则》配合使用；是编制装饰装修工程单位估价表、招标工程标底、施工图预算、确定工程造价的依据；是编制装饰装修工程概算定额(指标)、估算指标的基础；是编制企业定额、投标报价的参考。

消耗量定额是依据国家有关现行产品标准、设计规范、施工及验收规范、技术操作规程、质量评定标准和安全操作规程编制的，并参考了有关地区标准和有代表性的工程设计、施工资料和其他资料；是按照正常施工条件、目前多数企业具备的机械装备程度、施工中常用的施工方法、施工工艺和劳动组织，以及合理工期进行编制的。

消耗量定额适用于新建、扩建和改建工程的建筑装饰装修。

定额所采用的材料、半成品、成品的品种、规格型号与设计不符时，可按各章规定调整。如定额中以饰面夹板、实木(以锯材取定)、装饰线条表示的，其材质包括榉木、橡木、柚木、枫木、核桃木、樱桃木、桦木、水曲柳等；部分列有榉木或者橡木、枫木的项目，如实际使用的材质与取定的不符时，可以换算，但其消耗量不变。

4.3.2 人工工日消耗量的确定

人工消耗量定额又称劳动消耗定额。它有两种表现形式，即时间定额和产量定额，两者互为倒数，可相换算。拟定出时间定额，也就得出了产量定额。时间定额是在拟定基本工作时间、辅助工作时间、不可避免中断时间、准备与结束的工作时间以及休息时间的基础上制定的。人工消耗量的确定：人工不分工种、技术等级，以综合工日表示。内容包括基本用工、超运距用工、人工幅度差、辅助用工。

4.3.3 材料消耗量的确定

(1) 定额采用的建筑装饰装修材料、半成品、成品均按符合国家质量标准和相应设计要求的合格产品考虑。

(2) 定额中的材料消耗量包括施工中消耗的主要材料、辅助材料和零星材料等，并计算了相应的施工场内运输及施工操作的损耗。

(3) 用量很少、占材料费比重很小的零星材料合并为其他材料费，以材料费的百分比表示。

(4) 施工工具用具性消耗材料，未列入定额消耗量，在建筑安装工程费用定额中工具用具使用费内考虑。

(5) 主要材料、半成品、成品损耗率见表 4-2。

表 4-2 材料、半成品、成品损耗率

序号	材料名称	适用范围	损耗率/%	序号	材料名称	适用范围	损耗率/%
1	普通水泥		2.0	3	砂		3.0
2	白水泥		3.0	4	白石子	干黏石	5.0

续表

序号	材料名称	适用范围	损耗率/%	序号	材料名称	适用范围	损耗率/%
5	水泥砂浆	天棚、梁、柱、零星	2.5	28	瓷质面砖周长2 400mm以内	柱、零星项目	6.0
6	水泥砂浆	墙面及墙裙	2.0	29	瓷质面砖周长2 400mm以外	地面	4.0
7	水泥砂浆	地面、屋面	1.0				
8	素水泥浆		1.0	30	广场砖	拼图案	6.0
9	混合砂浆	天棚	3.0	31	广场砖	不拼图案	1.5
10	混合砂浆	墙面及墙裙	2.0	32	缸砖	地面	1.5
11	石灰砂浆	天棚	1.5	33	缸砖	零星项目	6.0
12	石灰砂浆	墙面及墙裙	1.0	34	激光玻璃	墙、柱面	3.0
13	水泥石子浆	水刷石	3.0	35	激光玻璃	地面砖	2.0
14	水泥石子浆	水磨石	2.0	36	橡胶板		2.0
15	瓷片	墙、地、柱面	3.5	37	塑料板		2.0
				38	塑料卷材	包括搭接	10.0
16	瓷片	零星项目	6.0	39	地毯		3.0
17	石料块料	地面、墙面	2.0	40	地毯胶垫	包括搭接	10.0
18	石料块料	成品	1.0	41	木地板(企口制作)		22.0
19	石料块料	柱、零星项目	6.0				
20	石料块料	成品图案	2.0	42	木地板(平口制作)		4.4
21	石料块料	现场做图案	待定				
22	预制水磨石板		2.0	43	木地板安装	包括成品项目	5.0
23	瓷质面砖周长800mm以内	地面	2.0				
				44	木材		5.0
24	瓷质面砖周长800mm以内	墙面、墙裙	3.5	45	防静电地板		2.0
				46	金属型材、条、管板	需锯裁	6.0
25	瓷质面砖周长800mm以内	柱、零星项目	6.0				
				47	金属型材、条、管板	不需锯裁	2.0
26	瓷质面砖周长2 400mm以内	地面	2.0				
				48	玻璃	制作	18.0
27	瓷质面砖周长2 400mm以内	墙面、墙裙	4.0	49	玻璃	安装	3.0
				50	特种玻璃	成品安装	3.0

续表

序号	材料名称	适用范围	损耗率/%	序号	材料名称	适用范围	损耗率/%
51	陶瓷锦砖	墙、柱面	1.5	62	胶合板、饰面板	面层(锯裁)	10.0
52	陶瓷锦砖	零星项目	4.0	63	胶合板、饰面板	曲线型	15.0
53	玻璃马赛克	墙、柱面	1.50	64	胶合板、饰面板	弧线型	30.0
54	玻璃马赛克	零星项目	4.0	65	各种装饰线条		6.0
55	钢板网		5.0	66	各种水质涂料、油漆	手刷	5.0
56	石膏板		5.0				
57	竹片		5.0	67	各种水质涂料、油漆	机喷	10.0
58	人造革		10.0				
59	丝绒面料、墙纸	对花	12.0	68	各种五金配件	成品	2.0
60	胶合板、饰面板	基层	5.0	69	各种五金配件	需加工	5.0
61	胶合板、饰面板	面层(不锯裁)	5.0	70	各种辅助材料	以上未列的	5.0

注：按经验数据、产品介绍等计取的油漆、涂料等不计算损耗。

4.3.4 施工机械台班消耗量的确定

(1) 定额的机械台班消耗量是按正常合理的机械配备、机械施工工效测算确定的。

(2) 机械原值在2 000元以内、使用年限在2年以内的、不构成固定资产的低值易耗的小型机械未列入定额，作为工具用具在建筑安装工程费用定额中考虑。

(3) 定额均已综合了搭拆3.6m以内简易脚手架用工及脚手架摊销材料，3.6m以上需搭设的装饰装修脚手架的按装饰装修脚手架相应子目执行。

《全国统一建筑工程基础定额》的执行为实施《建设工程工程量清单计价规范》打下了良好的基础。

4.4 全国统一安装工程预算定额

4.4.1 《全国统一安装工程预算定额》的组成

《全国统一安装工程预算定额》(以下简称全统安装定额)是由国家计委组织编制的一套较完整、适用的标准定额，它适用于全国同类工程的新建、改建、扩建工程。它是编制安装工程预算的依据，也是编制概算定额、概算指标的基础。对于实行招标的工程，也是编制标底的依据。全统安装定额共分13册，具体介绍如下。

第一册　机械设备安装工程　GYD—201—2000。

第二册　电气设备安装工程　GYD—202—2000。

第三册　热力设备安装工程　GYD—203—2000。

第四册　炉窑砌筑工程　GYD—204—2000。

第五册　静置设备与工艺金属结构制作安装工程　GYD—205—2000。

第六册　工业管道工程　GYD—206—2000。

第七册　消防及安全防范设备安装工程　GYD—207—2000。

第八册　给排水、采暖、燃气工程　GYD—208—2000。

第九册　通风空调工程　GYD—209—2000。

第十册　自动化控制仪表安装工程　GYD—210—2000。

第十一册　刷油、防腐蚀、绝热工程　GYD—211—2000。

第十二册　通信设备及线路工程　GYD—212—2000。

第十三册　建筑智能化系统设备安装工程　GYD—213—2000。

但鉴于篇幅有限，本书只介绍电气设备安装工程、给排水、采暖、燃气工程、通风空调工程及建筑智能化系统设备安装工程。

4.4.2 《全国统一安装工程预算定额》分册内容组成

(1) 总说明。主要说明定额的内容、适用范围、编制依据、作用，定额中人工、材料、机械台班消耗量的确定及其有关规定。

(2) 册说明。主要介绍定额的适用范围、编制依据、定额包括的工作内容和不包括的工作内容、有关费用(如脚手架搭拆费、高层建筑增加费)的规定以及定额的使用方法和使用中应注意的事项和有关问题。

(3) 目录。开列定额组成项目名称和页次，以方便查找相关内容。

(4) 章说明。主要说明定额章中包括：①定额使用的范围；②界线的划分；③定额包括的内容和不包括的内容；④工程量计算规则和规定。

(5) 定额项目表。预算定额的主要内容，包括：①分项工程的工作内容(一般列入项目表的表头)；②一个计量单位的分项工程人工、材料、机械台班消耗量；③一个计量单位的分项工程人工、材料、机械台班单价；④分项工程人工、材料、机械台班基价。

(6) 附录。放在每册定额表之后，为使用定额提供参考数据，包括：①工程量计算方法及有关规定；②材料、构件、元件等重量表，配合比表，损耗率；③选用的材料价格表；④施工机械台班单价表；⑤仪器仪表台班单价表。

4.4.3 安装工程预算定额基价的确定

全国统一安装定额是完成规定计量单位分项工程计价所需要的人工、材料、施工机械台班、仪器表台班的消耗量标准，是统一全国安装工程预算工程量计算规则、项目划分、计量单位的依据；是编制安装工程地区单位估价表、施工图预算、招标工程标底、确定工程估价的依据；是编制概算定额(指标)、投资估算指标的基础；也可作为制订企业定额和投标报价的参考。

全国统一安装定额是依据国家有关现行产品标准、设计规范、施工及验收规范、技术操作规程、质量评定标准和安全操作规程编制的，也参考了行业、地方标准，以及有代表性的工程设计、施工资料和其他资料；是按目前国内大多数施工企业采用的施工方法、机械化装备程度、合理的工期、施工方法、施工工艺和劳动组织条件进行编制的。

1. 人工工日消耗量的确定

全国统一安装定额的人工工日不分列工种和技术等级，一律以综合工日表示，内容包括基本用工和人工幅度差。

2. 材料消耗量的确定

(1) 全国统一安装定额中的材料消耗量包括直接消耗在安装工程内容中的主要材料、辅助材料和零星材料等，并计入了相应损耗，其内容和范围包括：从工地仓库、现场集中堆放地点或现场加工地点到操作或安装地点的运输损耗、施工操作损耗、施工现场堆放损耗。

(2) 凡定额中材料数量内带有“(　)”的材料均为主材。

3. 施工机械台班消耗量的确定

(1) 全国统一安装定额机械台班消耗量是按正常合理的机械配备、机械施工工效测算确定的。

(2) 凡单位价值在2 000元以内、使用年限在2年以内的、不构成固定资产的低值易耗的小型机械未列入定额，应在建筑安装工程费用定额中考虑。

4. 施工仪器仪表台班消耗量的确定

(1) 全国统一安装定额的施工仪器仪表台班消耗量是按正常合理的仪器仪表配备、仪器仪表施工工效测算综合取定的。

(2) 凡单位价值在2 000元以内、使用年限在2年以内的、不构成固定资产的低值易耗的小型仪器仪表未列入定额，应在建筑安装工程费用定额中考虑。

5. 关于水平和垂直运输

(1) 设备：包括自安装现场指定堆放地点运至安装地点的水平和垂直运输。

(2) 材料、成品、半成品：包括自施工单位现场仓库或现场指定堆放地点运至安装地点的水平和垂直运输。

(3) 垂直运输基准面：室内以室内地平面为基准面，室外以安装现场地平面为基准面。

4.4.4 定额关于有费用的规定

1. 电气设备安装工程

(1) 脚手架搭拆费(10kV以下架空线路除外)按人工费的4%计算，其中人工工资占 25%。

(2) 工程超高增加费(已考虑了超高因素的定额项目除外)：操作物高度离地面 5m 以上、20m 以下的电气安装工程，按超高部分人工费的 33%计算。

(3) 高层建筑(指高度在 6 层或 20m 以上的工业与民用建筑)增加费按表 4-3 计算(全部为人工工资)。

表 4-3 电气设备安装工程的高层建筑增加费系数

层数	9 层以下(30m)	12 层以下(40m)	15 层以下(50m)	18 层以下(60m)	21 层以下(70m)	24 层以下(80m)
按人工费的百分数/%	1	2	4	6	8	10
层数	27 层以下(90m)	30 层以下(100m)	33 层以下(110m)	36 层以下(120m)	39 层以下(130m)	42 层以下(140m)
按人工费的百分数/%	13	16	19	22	25	28
层数	45 层以下(150m)	48 层以下(160m)	51 层以下(170m)	54 层以下(180m)	57 层以下(190m)	60 层以下(200m)
按人工费的百分数/%	31	34	37	40	43	46

注：为高层建筑供电的变电所和供水等动力工程，如装在高层建筑的底层或地下室的，均不计取高层建筑的增加费。装在 6 层以上的变配电工程和动力工程则同样计取高层建筑增加费。

(4) 安装与生产同时进行时，安装工程的总人工费增加 10%，全部为因降效而增加的人工费(不含其他费用)。

(5) 在有害人身健康的环境(包括高温、多尘、噪声超过标准和有害气体等有害环境)中施工时，安装工程的总人工增加 10%，全部为因降效而增加的人工费(不含其他费用)。

2. 给排水、采暖、燃气工程

(1) 脚手架搭拆费按人工费的 5%计算，其中人工工资占 25%。

(2) 高层建筑增加费(指高度在 6 层或 20m 以上的工业与民用建筑)按表 4-4 计算(其中全部为人工工资)。

表 4-4 给排水、采暖、燃气工程的高层建筑增加费系数

层数	9 层以下(30m)	12 层以下(40m)	15 层以下(50m)	18 层以下(60m)	21 层以下(70m)	24 层以下(80m)
按人工费的百分数/%	2	3	4	6	8	10
层数	27 层以下(90m)	30 层以下(100m)	33 层以下(110m)	36 层以下(120m)	39 层以下(130m)	42 层以下(140m)
按人工费的百分数/%	13	16	19	22	25	28

续表

层数	45层以下(150m)	48层以下(160m)	51层以下(170m)	54层以下(180m)	57层以下(190m)	60层以下(200m)
按人工费的百分数/%	31	34	37	40	43	46

(3) 超高增加费：定额中操作高度均以3.6m为界限，当超过3.6m时，其超过部分(指由3.6m至操作物高度)的定额人工费乘以表4-5的系数。

表4-5 超高层增加系数

高度/m	3.6～8	3.6～12	3.6～16	3.6～20
超高增加系数	1.10	1.15	1.20	1.25

(4) 采暖工程系统调整费按采暖工程人工费的15%计算，其中人工工资占20%。

(5) 设置于管道间、管廊内的管道、阀门、法兰、支架安装，人工乘以系数1.3。

(6) 主体结构为现场浇注采用钢模施工的工程，内外浇注的人工乘以系数1.05，内浇外砌的人工乘以系数1.03。

3. 通风空调工程

(1) 脚手架搭拆费按人工费的3%计算，其中人工工资占25%。

(2) 高层建筑增加费(指高度在6层或20m以上的工业与民用建筑)，按表4-6计算(其中全部为人工工资)。

表4-6 通风空调工程的高层建筑增加费

层数	9层以下(30m)	12层以下(40m)	15层以下(50m)	18层以下(60m)	21层以下(70m)	24层以下(80m)
按人工费的百分数/%	1	2	3	4	5	6
层数	27层以下(90m)	30层以下(100m)	33层以下(110m)	36层以下(120m)	39层以下(130m)	42层以下(140m)
按人工费的百分数/%	8	10	13	16	19	22
层数	45层以下(150m)	48层以下(160m)	51层以下(170m)	54层以下(180m)	57层以下(190m)	60层以下(200m)
按人工费的百分数/%	25	28	31	34	37	49

(3) 超高增加费(指操作物高度距离楼地面6m以上的工程)，按人工费的15%计算。

(4) 系统调整费按系统工程人工费的13%计算，其中人工工资占25%。

(5) 安装与生产同时进行增加的费用，按人工费的10%计算。

(6) 在有害身体健康的环境中施工增加的费用，按人工费的10%计算。

(7) 定额中人工、材料、机械，凡未按制作与安装分别列出的，其制作费与安装费的比例划分的可按表 4－7 划分。

表 4－7 通风空调工程制作费与安装费比例划分

项目	制作占比例/%			安装占比例/%		
	人工	材料	机械	人工	材料	机械
薄钢板通风管道制作安装	60	95	95	40	5	5
调节阀制作安装						
风口制作安装						
风帽制作安装	75	80	99	25	20	1
罩类制作安装	78	98	95	22	2	5
消声器制作安装	91	98	99	9	2	1
空调部件及设备支架制作安装	86	98	95	14	2	5
通风空调设备安装				100	100	100
净化通风管道及部件制作安装	60	85	95	40	15	5
不锈钢板通风管道及部件制作安装	72	95	95	28	5	5
铝板通风管道及部件制作安装	68	95	95	32	5	5
塑料通风管道及部件制作安装	85	95	95	15	5	5
玻璃钢板通风管道及部件安装				100	100	100
复合型风管制作安装	60		99	40	100	1

4．建筑智能化系统设备安装工程

(1) 高层建筑(指高度在 6 层或 20m 以上的民用建筑)增加的费用按表 4－8 计取(以人工费为基础)。

表 4－8 高层建筑施工增加的费用计取费率表

层数	9 层以下(30m)	12 层以下(40m)	15 层以下(50m)	18 层以下(60m)	21 层以下(70m)	24 层以下(80m)
按人工费的百分数/%	1	2	4	6	8	10
层数	27 层以下(90m)	30 层以下(100m)	33 层以下(110m)	36 层以下(120m)	39 层以下(130m)	42 层以下(140m)
按人工费的百分数/%	13	16	19	22	25	28
层数	45 层以下(150m)	48 层以下(160m)	51 层以下(170m)	54 层以下(180m)	57 层以下(190m)	60 层以下(200m)
按人工费的百分数/%	31	34	37	40	43	46

(2) 建筑智能化系统设备安装工程定额中的操作高度(指操作物高度距楼地面的距离),均按5m以下编制,当超过5m时,其部分的人工工日乘以下列系数(见表4-9)。

表4-9 操作高度超过5m部分的人工工日计算系数

操作高度	10m以下	20m以下	20m以上
超高系数	1.25	1.40	1.60

(3) 脚手架使用费按单位工程人工费的4%计算,其中人工工资占25%。

(4) 安装与生产同时进行增加的费用,按工程总人工费的10%计算。

(5) 在有害身体健康的环境中施工增加的费用,按工程总人工费的10%计算。

4.5 人工、材料、机械台班单价及定额基价和工程单价

预算定额人工、材料、机械台班消耗量确定后,就需要确定人工、材料、机械台班消耗量的单价。

1. 人工单价

按照建设部、财政部印发的《建筑安装工程费用项目组成》(建标[2003]206号)的方法计算。

$$人工费=\sum(工日消耗量\times日工资单价) \quad (4-1)$$

$$日工资单价(G)=G_1+G_2+G_3+G_4+G_5$$

1) 基本工资

$$基本工资(G_1)=\frac{生产工人平均月工资}{年平均每月法定工作日} \quad (4-2)$$

2) 工资性补贴

$$工资性补贴(G_2)=\frac{\sum年发放标准}{全年日历日-法定假日}+\frac{\sum月发放标准}{年平均每月法定工作日}+每工作日发放标准 \quad (4-3)$$

3) 生产工人辅助工资

$$生产工人辅助工资(G_3)=\frac{全年无效工作日\times(G_1+G_2)}{全年日历日-法定假日} \quad (4-4)$$

4) 职工福利费

$$职工福利费(G_4)=(G_1+G_2+G_3)\times福利费计提比例(\%) \quad (4-5)$$

5) 生产工人劳动保护费

$$生产工人劳动保护费(G_5)=\frac{生产工人年平均支出劳动保护费}{全年日历日-法定假日} \quad (4-6)$$

需要指出的是,随着我国改革的深入,社会主义市场经济体制的逐步建立,企业按劳分配自主权的扩大,建筑企业工资分配标准早已突破以前企业工资标准的规定,因此,为适应社会主义市场经济的需要,人工单价的确定应主要参考建筑劳务市场来确定。

2. 材料单价

材料单价一般称为材料预算价格,又称为材料基价。

1）材料预算价格的概念及其组成

（1）材料预算价格的概念。材料预算价格是指材料由其来源地（或交货地）运至工地仓库堆放场地后的出库价格。这里指的材料包括构件、半成品及成品。

（2）材料预算价格的组成。材料预算价格由下列费用组成。

① 材料原价（供应价格）。

② 包装费。

③ 材料运杂费。

④ 运输损耗费。

⑤ 采购及保管费。

⑥ 检验试验费。

2）材料预算价格中各项费用的确定

（1）材料原价（或供应价格）。材料原价是指材料的出厂价格、进口材料抵岸价或销售部门的批发价和市场采购价（或信息价）。

在确定材料原价时，如同一种材料，因来源地、供应单位或生产厂家不同，有几种价格时，要根据不同来源地的供应数量比例，采取加权平均的方法计算其材料的原价。

（2）包装费。包装费是为了便于材料运输和保护而进行包装所需的一切费用。包装费包括包装品的价值和包装费用。

凡由生产厂家负责包装的产品，其包装费已计入材料原价内，不再另行计算，但应扣回包装品的回收价值。

包装器材如有回收价值，应考虑回收价值。地区有规定者，按地区规定计算；地区无规定者，可根据实际情况确定。

（3）运杂费。材料运杂费是指材料由其来源地（交货地点）起（包括经中间仓库转运）运至施工地仓库或堆放场地止，全部运输过程中所支出的一切费用，包括车船等的运输费、调车费、出入仓库费、装卸费等。

（4）运输损耗费。材料运输损耗是指材料在运输和装卸搬运过程中不可避免的损耗。一般通过损耗率来规定损耗标准。

$$材料运输损耗=（材料原价+材料运杂费）\times 运输损耗率 \quad (4-7)$$

（5）采购及保管费。材料采购及保管费是指为组织采购、供应和保管材料过程中所需的各项费用。包括采购费、仓储费、工地保管费、仓储损耗。

$$材料采购及保管费=（材料原价+运杂费+运输损耗费）\times 采购及保管费率 \quad (4-8)$$

上述费用的计算可以综合成一个计算式：

$$材料预算价格=[（材料原价+运杂费）\times（1+运输损耗费）]\times（1+采购及保管费率） \quad (4-9)$$

（6）检验试验费。检验试验费是指对建筑材料、构件和建筑安装物进行一般鉴定、检查所发生的费用，包括自设实验室进行实验所耗用的材料和化学药品等费用。不包括新结构、新材料的实验费和建设单位对具有出厂合格证明的材料进行检验，对构件做破坏性试验及其他特殊要求检验试验的费用。

$$检验试验费=\sum（单位材料量检验试验费\times 材料消耗量） \quad (4-10)$$

当发生检验试验费时，材料费中还应加上此项费用。

3. 施工机械台班单价

1）施工机械台班单价的概念

施工机械台班单价亦称施工机械台班使用费，它是指单位工作台班中为使机械正常运转所分摊和支出的各项费用。

2）施工机械台班单价的组成

施工机械台班单价按有关规定由7项费用组成，这些费用按其性质分为第一类费用和第二类费用。

（1）第一类费用。第一类费用亦称不变费用，是指属于分摊性质的费用。包括折旧费、大修理费、经常修理费和机械安拆费等。

（2）第二类费用。第二类费用亦称可变费用，是指属于支出性质的费用。包括燃料动力费、人工费、其他费用（养路费及车船使用税、保险费及年检费）等。

3）第一类费用的计算

（1）折旧费。折旧费是指施工机械在规定的使用期限（即耐用总台数）内，陆续收回其原价值及购置资金的费用。

$$台班折旧费=\frac{机械价格\times(1-残值率)\times时间价值系数}{耐用总台班} \tag{4-11}$$

（2）大修理费。大修理费是指施工机械按规定的大修理间隔台班进行必要的大修理，以恢复其正常功能所需的费用。

$$台班大修理费=\frac{一次大修理费\times寿命周期大修理次数}{耐用总台班} \tag{4-12}$$

（3）经常修理费。经常修理费是指施工机械除大修理以外的各级保养及临时故障排除所需的费用。包括为保障机械正常运转所需替换设备与随机配备工具附具的摊销及维护费用，机械运转及日常保养所需润滑与擦拭的材料费用及机械停置期间的维护保养费用等。

$$台班经常修理费=\frac{\sum(各级保养一次费用\times寿命周期各级保养次数)+临时故障排除费+替用设备工具附具台班摊销费+例保辅料费}{耐用总台班} \tag{4-13}$$

（4）安拆费及场外运输费。安拆费是指施工机械在现场进行安装与拆卸所需的人工、材料、机械和试运费用以及机械辅助设施的折旧、搭设、拆除等费用。

场外运输费指施工机械整体或分体自停放地点运至施工现场或由一施工地点运至另一施工地点的运输、装卸、辅助材料以及架线费用。

$$台班安拆费及场外运输费=\frac{机械一次安拆费及场外运输费\times年平均安拆次数}{年工作台班} \tag{4-14}$$

4）第二类费用的计算

（1）燃料动力费。燃料动力费是指机械在运转施工作业中所耗用的固定燃料（煤炭、木材）、液体燃料（汽油、柴油）、电力、水和风力等费用。

$$台班燃料动力费=台班燃料动力消耗费\times相应单价 \tag{4-15}$$

(2) 人工费。人工费是指机上司机(司炉)和其他操作人员的工作日人工费及上述人员在机械规定的年工作台班以外的人工费。

$$台班人工费=人工消耗量\times[1+(年度工作日-年工作台班)/年工作台班]\times人工单价 \quad (4-16)$$

(3) 养路费及车船使用税。养路费及车船使用税是指机械按国家和有关部门规定应缴纳的养路费和车船使用税。

$$台班养路费及车船使用税=\frac{年养路费+车船使用税+年保险费+年检费用}{年工作台班} \quad (4-17)$$

4. 定额基价

定额基价，亦称分项工程单价，一般是指在一定使用期范围内建筑安装单位产品的不完全价格。

定额基价相对比较稳定，有利于简化概(预)算的编制工作。之所以是不完全价格，一是因为只包含了人工、材料、机械台班的费用，只能算出直接费。为了适应社会主义市场经济发展的需要，随着工程造价改革的进一步深化，按照《建设工程工程量清单计价规范》的要求，也可编出建筑安装产品的完全费用单价，这种单价除了包括人工、材料、机械台班三项费用外，还包括管理费、利润等费用，形成工程量清单项目的综合单价的基价，为发承包双方组成工程量清单项目综合单价构建了平台。目前，我国已有不少省、市采用此法，取得了成效。

定额基价是确定分项工程的基准价，对编制的全国定额基价以北京市价格为基价，各省、自治区编制的定额，采用省会(首府)所在地价格，使用时在基价的基础上，根据工程所在地的市场价进行调整。定额基价具有下列优点：一是定额基价相对比较稳定，有利于简化概(预)算的编制工作；二是有利于建立统一建筑市场，实行统一的预算定额，避免各地、市等都要编制单位估价表，最后还要调价差的繁琐。

1) 基价的编制依据

(1) 现行的预算定额。

(2) 现行的日工资标准，目前日工资标准通常采用建筑劳务市场的价格。

(3) 现行的地区材料预算价格。

(4) 现行的施工机械台班价格。

2) 基价的确定方法

定额基价是由若干个计算出的项目的单价构成，计算公式为：

$$定额项目基价=人工费+材料费+机械费 \quad (4-18)$$

式中：人工费=定额项目工日数×综合平均日工资标准；

材料费=$\sum$(定额项目材料用量×材料预算价格)；

机械费=$\sum$(定额项目台班量×台班单价)。

3) 确定定额项目基价的步骤

(1) 填写人工、材料、机械台班单价。

(2) 计算人工费、材料费、机械费和分项工程基价。

(3) 复核计算过程。

(4) 报送审批。

4）定额基价的套用

当施工图的设计要求与预算定额的项目内容一致时，可直接套用预算定额。

在编制单位工程施工图预算的过程中，大多数项目可以直接套用预算定额。套用时应注意以下几点。

(1) 根据施工图纸、设计说明和做法说明选择定额项目。

(2) 要从工程内容、技术特征和施工方法上仔细核对，才能准确地确定相对应的定额项目。

(3) 分项工程项目名称和计量单位要与预算定额相一致。

5）定额基价的换算

当施工图中的分项工程项目不能直接套用预算定额时，就产生了定额的换算。

(1) 换算类型。预算定额的换算类型有以下 3 种。

① 配合比材料不同时的换算。

② 乘系数的换算。按定额说明规定对定额中的人工费、材料费、机械费乘以各种系数的换算。

③ 其他换算。

(2) 换算的基本思路。根据某一相关定额，按定额规定换入增加的费用，减少扣除的费用。这一思路用下列表达式表述：

$$\text{换算后的定额基价}=\text{原定额基价}+\text{换入的费用}-\text{换出的费用} \tag{4-19}$$

(3) 适用范围。适用于砂浆强度等级、混凝土强度等级、抹灰砂浆及其他配合比材料与定额不同时的换算。

5. 工程单价

工程单价是指单位假定建筑安装产品的不完全价格。

1）基本直接费单价

概预算定额中的主要指标是以实物量形式表现的人工、材料、机械台班消耗量，但在编制概预算时，普遍采用的方法是单价法和扩大单价法，为了方便使用，定额中也普遍设有价值指标，这就是由人工费、材料费、机械使用费构成的工程单价，被称为基本直接费单价，包括预算定额基价和概算定额基价。其计算公式为：

$$\begin{aligned}\begin{matrix}\text{概预算定}\\\text{额基价}\end{matrix}&=\begin{matrix}\text{概预算定额}\\\text{单位材料费}\end{matrix}+\begin{matrix}\text{概预算定额}\\\text{单位人工费}\end{matrix}+\begin{matrix}\text{概预算定额单位}\\\text{施工机械使用费}\end{matrix}\\&=\sum\begin{pmatrix}\text{材料概预算定额消耗量}\\\times\text{材料预算价格}\end{pmatrix}+\sum\begin{pmatrix}\text{人工概预算定额消耗量}\\\times\text{人工工资单价}\end{pmatrix}\\&\quad+\sum\begin{pmatrix}\text{施工机械概预算额消耗量}\\\times\text{机械台班费用单价}\end{pmatrix}\end{aligned} \tag{4-20}$$

2）全费用单价

近年来，为了适应社会主义市场经济体制和建筑业改革的需要，在一些地区和部门出现了建筑安装产品的综合单价。这种单价不仅包括人工费、材料费和机械使用费，还包括其他直接费、现场经费和间接费等，因此又被称为全费用单价。但这种单价在各地区和部门的具体做法和实施情况存在较大差异，还未形成制度化。全费用单价的计算公式为：

$$\text{全费用单价}=\text{单位分部分项工程基本直接费}+\text{其他直接费}+\text{现场经费}+\text{间接费} \tag{4-21}$$

式(4-21)中单位分部分项工程基本直接费即指单位分部分项工程人工费、材料费和机械使用费之和。

3）完全单价（综合单价）

基本直接费单价和全费用单价均未包括价格的全部构成要素，都属于不完全单价。完全单价是指单价中既包括全部成本，也含利润和税金。在国外工程承发包报价中较为流行。我国《计价规范》中的综合单价是指完成一个规定计量单位的分部分项工程量清单项目或措施清单项目所需的人工费、材料费、施工机械使用费和企业管理费与利润，以及一定范围内的风险费用。

4.6 《建设工程工程量清单计价规范》简介

4.6.1 《建设工程工程量清单计价规范》的产生

国家制定《建设工程工程量清单计价规范》在全国范围推行工程量清单计价。工程量清单计价方法相对于传统的定额计价方法是一种新的计价模式，或者说，是一种市场定价模式，是由建设产品的买方和卖方在建设市场上根据供求状况、信息状况进行自由竞价，从而最终能够签订工程合同价格的方法。工程量清单计价是改革和完善工程价格的管理体制的一个重要的组成部分。在工程量清单的计价过程中，工程量清单为建设市场的交易双方提供了一个平等的平台，其内容和编制原则的确定是整个计价方式改革中的重要工作。

4.6.2 《建设工程工程量清单计价规范》的构成

《建设工程工程量清单计价规范》（以下简称“计价规范”）包括正文和附录两大部分，两者具有同等效力。

正文共5章，包括总则、术语、工程量清单编制、工程量清单计价、工程量清单及计价格式的内容，分别就“计价规范”的适应范围、遵循的原则、编制工程量清单应遵循的原则、工程量清单计价活动的规划、工程量清单及其计价格式作了明确确定。

附录包括：附录A 建筑工程工程量清单项目及计算规则；附录B 装饰装修工程工程量清单项目及计算规则；附录C 安装工程工程量清单项目及计算规则；附录D 市政工程工程量清单项目及计算规则；附录E 园林绿化工程工程量清单项目及计算规则；附录F 矿山工程工程量清单项目及计算规则。

附录中包括项目编码、项目名称、项目特征、计量单位、工程量计算规则和工程内容。其中项目编码、项目名称、计量单位、工程量计算规则作为四个统一的内容，要求招标人在编制工程量清单时必须执行。

4.6.3 《建设工程工程量清单计价规范》的特点

1. 强制性

通过制定统一的建设工程工程量清单计价方法，达到规范计价行为的目的。一般由建设行政主管部门按照强制性标准的要求批准颁发，规定全部使用国有资金或国有资金投资为主的大中型建设工程应按计价规范规定执行。

明确工程量清单是招标文件的组成部分，并规定了招标人在编制工程量清单时必须做到项目编码、项目名称、计量单位、工程量计算规则四个统一，并且要用规定的标准格式来表述。

在清单编码上，《建设工程工程量清单计价规范》规定，分部分项工程量清单编码以12位阿拉伯数字表示，前9位为全国统一编码，编制分部分项工程量清单时应按附录中的相应编码设置，不得变动，后3位是清单项目名称编码，由清单编制人根据设置的清单项目编制。

2. 实用性

计价规范附录中工程量清单项目及计算规则的项目名称表现的是工程实体项目，项目明确清晰，工程量计算规则简洁明了。另外还有项目特征和工程内容，易于编制工程量清单。

3. 竞争性

(1)《建设工程工程量清单计价规范》中的措施项目，在工程量清单中只列“措施项目”一栏，具体采用什么措施，如模板、脚手架、临时设施、施工排水等详细内容由投标人根据企业的施工组织设计，视具体情况报价，因为这些项目在各个企业间各有不同，是企业的竞争项目，留给企业竞争的空间。

(2)《建设工程工程量清单计价规范》中人工、材料和施工机械没有具体的消耗量，将工程消耗量定额中的工、料、机价格和利润、管理费全面放开，由市场的供求关系自行确定价格。投标企业可以依据企业的定额和市场价格信息，也可以参照建设行政主管部门发布的社会平均消耗量定额报价，《建设工程工程量清单计价规范》将报价权交给企业。

4. 通用性

采用工程量清单计价将与国际惯例接轨，符合工程量清单计算方法标准化、工程量计算规则统一化、工程造价确定市场化的规定。

4.7 工程造价信息与工程造价指数

4.7.1 工程造价信息

1. 工程造价信息的含义

工程造价信息是一切有关工程造价的特征、状态及变动的消息组合。在工程承发包市场和工程建设过程中，工程造价总是在不停地运动着、变化着，并呈现出种种不同特征。人们对工程承发包市场和工程建设过程中工程造价运动的变化，是通过工程造价信息来认识和掌握的。

在工程承发包市场和工程建设中，工程造价是最灵敏的调节器和指示器，无论是工程造价主管部门还是工程承发包者都要通过接收工程造价信息来了解工程建设市场动态，预测工程造价发展，决定政府的工程造价政策和工程承发包价格。因此，工程造价主管部门和工程承发包者都要接收、加工、传递和利用工程造价信息，工程造价信息作为一种新的计价依据在工程建设中的地位日趋明显，特别是随着我国开始推行工程量清单计价，以及工程招标制、工程合同制的深入推行，尤其在工程造价主要由市场定价的情况下，工程造价信息起着举足轻重的作用。

2. 工程造价信息的管理

为便于对工程造价信息的管理，有必要按一定的原则和方法进行区分和归集，并做到及时发布。因此应该对工程造价信息进行分类。

从广义上说，所有对工程造价的确定和控制过程起作用的资料都可以称为工程造价信息。例如，各种定额资料、标准规范、政策文件等。但最能体现工程造价信息变化特征，并且在工程造价的市场机制中起重要作用的工程造价信息主要包括以下几类。

(1) 人工价格。包括各类技术工人、普工的月工资、日工资、时工资标准，各工程实物量人工单价等。

(2) 材料、设备价格。包括各种建筑材料、装饰材料、安装材料和设备等市场价格。

(3) 机械台班价格。包括各种施工机械台班价格，或其租赁价格。

(4) 综合单价。包括各种分部分项工程清单项目中标的综合单价，这是实行工程量清单计价后出现的又一类新的造价信息。

(5) 其他。包括各种脚手架、模板等周转性材料的租赁价格等。

工程造价信息是当前工程造价最为重要的计价依据之一。因此，及时的、准确的收集、整理、发布工程造价信息，已成为工程造价管理机构日常工作中最重要的工作之一。

4.7.2 工程造价指数

工程造价指数是反映一定时间由于价格变化对工程造价影响程度的一种指标，它是调整工程造价价差的依据。工程造价指数反映了报告期与基期相比的价格变动趋势，利用它可以研究实际工作中的下列问题。

(1) 可以利用工程造价指数分析价格变动趋势及其原因。

(2) 可以利用工程造价指数估计工程造价变化对宏观经济的影响。

(3) 工程造价指数是工程承发包双方进行工程估价和结算的重要依据。

工程造价指数可分为以下几类。

1. 按照工程范围、类别、用途分类

(1) 单项价格指数。单项价格指数是分别反映各类工程的人工、材料、施工机械及主要设备报告期价格对基期价格的变化程度的指标。可利用它研究主要单项价格变化的情况及其变化的发展趋势，如人工费价格指数、主要材料价格指数、施工机械台班价格指数、主要设备价格指数等。

(2) 综合价格指数。综合价格指数是综合反映各类项目或单项工程人工费、材料费、施工机械使用费和设备费等报告期价格对基期价格变化而影响工程造价程度的指标，是研究造价总水平变动趋势和程度的主要依据，如建筑安装工程造价指数、建设项目或单项工程造价指数、建筑安装工程直接费造价指数、其他直接费及间接费造价指数、工程建设其他费用造价指数等。

2. 按造价资料限期长短分类

(1) 时点造价指数。时点造价指数是不同时点(例如2009年9月9日某时对上一年同一时点)价格对比计算的相对数。

(2) 月指数。月指数是不同月份价格对比计算的相对数。

(3) 季指数。季指数是不同季度价格对比计算的相对数。

(4) 年指数。年指数是不同年度价格对比计算的相对数。

3. 按不同基期分类

(1) 定期指数。定期指数是各时期价格与某固定时期价格对比后编制的指数。

(2) 环比指数。环比指数是各时期价格都以其前一期价格为基础计算的造价指数。例如，与上月对比计算的指数，为月环比指数。

工程案例

某工程柱下独立基础工料机合价、综合单价计算

【背景资料】某工程柱下独立基础如图4.1所示，共18个。已知：土壤类别为三类土；混凝土现场搅拌，混凝土强度等级：基础垫层C10，独立基础及独立柱C20；弃土运距200m；基础回填土夯填；土方挖、填均按天然密实土计算。

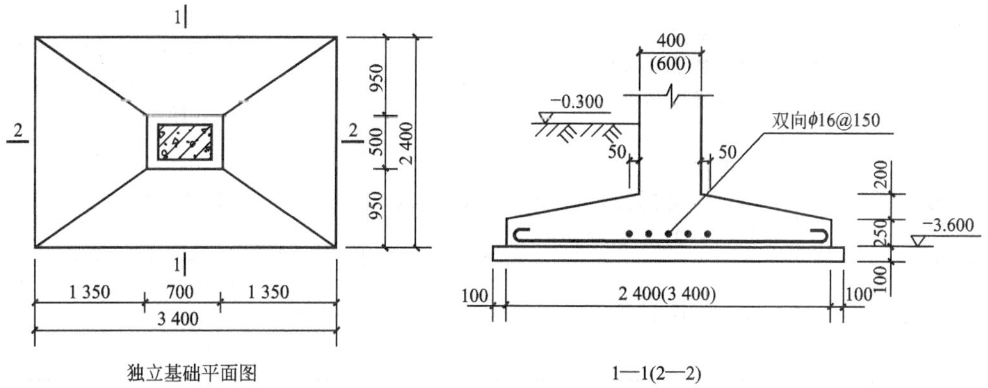

图4.1 柱下独立基础图

【问题】

(1) 根据图示内容和《建设工程工程量清单计价规范》的规定，根据表4-10所列清单项目编制±0.00以下的分部分项工程量清单，并将计算过程及结果填入“分部分项工程量清单”。有关分部分项工程量清单的统一项目编码见表4-10或表4-11。

(2) 某承包商拟投标该工程，根据地质资料，确定柱基础为人工放坡开挖，工作面每边增加0.3m；自垫层上表面开始放坡，放坡系数为0.33；基坑边可堆土490m^3；余土使

用翻斗车外运200m。

该承包商使用的消耗量定额如下：挖1m^{3}土方，用工0.48工日(已包括基底钎探用工)；装运(外运200m)1m^{3}土方，用工0.10工日，翻斗车0.069台班。已知：翻斗车台班单价为63.81元/台班，人工单价为22元/工日。

计算承包商挖独立基础土方的人工费、材料费、机械费合价。

(3) 假定管理费率为12%，利润率为7%，风险系数为0.01%。按《建设工程工程量清单规范》有关规定，计算承包商填报的挖独立基础工程量清单的综合单价。(风险费以工料机和管理费之和为基数计算。)

(注：问题2、3的计算结果要带计量单位。)

【要点分析】

问题(1)本案例主要考核运用《建设工程工程量清单计价规范》编制有关分部分项工程量清单的方法。

问题(2)计算出该独立基础的土方量，并计算工料机合价。

问题(3)考核运用《建设工程工程量清单计价规范》计算综合单价的方法。

【参考答案】

问题(1)分部分项工程量清单见表4-10或表4-11。

表4-10 分部分项工程量清单

序号	项目编号	项目名称	计量单位	工程数量	计算过程
1	010101003001	挖独立基础土方三类土，垫层底面积3.6m×2.6m，深3.4m，弃土运距200m	m^3	572.83	3.6×2.6×3.4×18
2	010401002001	独立基础 C20现场搅拌混凝土 素混凝土垫层C10，厚0.1m	m^3	48.96	3.4×2.4×0.25×18+[3.4×2.4+(3.4+0.7)×(2.4+0.5)+0.7×0.5]×0.2/6×18
3	010402001001	矩形柱 C20现场搅拌混凝土，截面0.6m×0.4m，柱高3.15m	m^3	13.61	0.4×0.6×(3.6−0.45)×18
4	010103001001	基础回填土	m^3	494.71	572.83−3.6×2.6×0.1×18−48.96−0.4×0.6×(3.6−0.3−0.45)×18

或

表4-11 分部分项工程量清单

序号	项目编号	项目名称	计量单位	工程数量	计算过程
1	010101003001	挖独立基础土方三类土，垫层底面积3.6m×2.6m，深3.4m，弃土运距200m	m^3	572.83	3.6×2.6×3.4×18

续表

序号	项目编号	项目名称	计量单位	工程数量	计算过程
2	010401002001	独立基础垫层 C10 现场搅拌混凝土，后 0.1m	m^3	16.85	3.6×2.6×0.1×18
3	010401002001	独立基础 C20 现场搅拌混凝土 素混凝土垫层 C10，厚 0.1m	m^3	48.96	3.4×2.4×0.25×18＋[3.4×2.4＋(3.4＋0.7)×(2.4＋0.5)＋0.7×0.5]×0.2/6×18
4	010402001001	矩形柱 C20 现场搅拌混凝土，截面 0.6m×0.4m，柱高 3.15m	m^3	13.61	0.4×0.6×(3.6－0.45)×18
5	010103001001	基础回填土	m^3	494.71	572.83－3.6×2.6×0.1×18－48.96－0.4×0.6×(3.6－0.3－0.45)×18

问题(2)

① 人工挖独立柱基：

$[(3.6+0.3\times2)\times(2.6+0.3\times2)\times0.1+(3.6+0.3\times2+3.3\times0.33)\times(2.6+0.3\times2+3.3\times0.33)\times3.3+(1/3)\times0.33^2\times3.3^3]\times18=1\,395.14\text{m}^3$

② 余土外运：

$$1\,395.14-490=905.14\text{m}^3$$

③ 工料机合价：

$$1\,395.14\times0.48\times22+905.14\times(0.1\times22+0.069\times63.81)=20\,709.22\text{ 元}$$

问题(3)

土方综合单价：

$$20\,709.22\times(1+12\%)(1+7\%+1\%)\div572.83=43.73\text{ 元/m}^3$$

或：

土方报价：

$$20\,709.22\times(1+12\%)(1+7\%+1\%)=25\,049.87\text{ 元}$$

土方综合单价：

$$25\,049.87\div572.83=43.73\text{ 元/m}^3$$

本章小结

工程造价计价依据包括全国统一建筑工程基础定额，装饰装修消耗量定额，工程单价，建设工程工程量清单计价规范，工程造价信息和工程造价指数等。

工程造价计价依据很多，包括国家法律、法规、办法、制度、标准，计价规定和定额，工程图纸及各种工程造价信息等。工程造价计价依据是工程造价管理中的主要依据，它是计算工程造价的基础资料的总称，分为工程定额、工程基础单价、工程量清单计价规范、工程造价信息和工程造价指数等。通过本章的学习应了解工程造价计价依据与工程定额分类，熟悉工程造价计价依据的应用。

思考题与习题

思考题

4-1 什么是工程造价计价依据？它有哪些要求和作用？

4-2 工程造价计价依据是怎样分类的？

4-3 什么是工程定额？工程定额是怎样分类的？

4-4 《全国统一安装工程预算定额》包括哪13分册？其分册由哪些内容组成？

4-5 《建设工程工程量清单计价规范》包括哪两大部分？其由哪些内容构成？它具有什么特点？

4-6 工程造价信息是什么？其主要包括哪几类？

4-7 工程造价指数是什么？其可以分为哪几类？

单项选择题

4-8 规定了在正常施工条件下某工种某等级的工人，生产单位合格产品所需消耗的时间或在单位时间内生产合格产品的数量，这种定额是(　　)。

A. 劳动定额　　B. 材料消耗定额

C. 机械台班消耗定额　　D. 企业定额

4-9 在现行工程计价依据体系中，以下属于标准类的工程造价计价依据的是(　　)。

A.《建设工程工程量清单计价规范》(GB 50500—2008)

B.《全国统一建筑工程基础定额》(建标［1995］736号)

C.《全国统一施工机械台班费用编制规则》(建标［2001］196号)

D.《建筑安装工程费用组成》(建标［2003］206号)

4-10 预算定额的编制应反映(　　)。

A. 社会平均水平　　B. 社会平均先进水平

C. 社会先进水平　　D. 企业实际水平

4-11 已知水泥消耗量是41 200t，损耗率是3%，那么水泥的净用量是(　　)t。

A. 39 964　　B. 42 436　　C. 40 000　　D. 42 474

4-12 施工机械的操作司机(司炉)和其他操作人员的工资属于(　　)。

A. 第一类费用　　B. 机械费　　C. 管理费用　　D. 措施费

多项选择题

4-13 材料原价是指材料的(　　)。

A. 出厂价格　　B. 进口材料抵岸价

C. 销售部门的批发价　　D. 市场采购价

E. 材料预算价格

4-14 以下属于周转性材料的是(　　)。

A. 脚手架　　B. 模板　　C. 挡土板　　D. 预埋铁件

E. 临时设施

4－15 以下按照工程造价计价依据的使用对象分类的是(　　)。

A. 规范建设单位(业主)计价行为的依据

B. 规范建设单位(业主)和承包商双方计价行为的依据

C. 规范造价咨询单位计价行为的依据

D. 规范政府计价行为的依据

E. 规范设计单位计价行为的依据

案例计算题

4－16 某外墙面挂贴花岗岩工程，测定资料：每完成 $100m^2$ 挂贴花岗岩的用工为 87.9 工日；每挂贴 $100m^2$ 花岗岩需消耗水泥砂浆 $5.55m^3$，600mm×600mm 花岗岩板 $102m^2$，白水泥 15kg，铁件 34.87kg，塑料薄膜 $28.05m^2$，水 $1.53m^3$；每挂贴 $100m^2$ 花岗岩需 200L 灰浆搅拌机 0.93 台班；该地区人工工日单价：36 元/工日；花岗岩预算价格：300.00 元/m^2；白水泥预算价格 0.43 元/kg，铁件预算价格：5.33 元/kg；塑料薄膜预算价格：0.9 元/m^2；水预算价格：1.24 元/m^3；200L 砂浆搅拌机台班单价：42.84 元/台班；水泥砂浆单价：153.00 元/m^3。

问题：

(1) 确定该外墙面挂贴花岗岩分项工程的补充定额单价。

(2) 若设计变更为进口印度红花岗岩，若该花岗岩单价为 1 200 元/m^2，应如何换算定额单价，换算后的新定额单价是多少？

第5章 工程量计算规则

教学目标

(1) 熟悉工程量计算的基本原理。
(2) 熟悉建筑面积计算的有关规定。
(3) 熟悉定额计价模式下建筑工程各分部分项工程工程量计算规则。
(4) 掌握建筑工程工程量清单项目及其计算规则。
(5) 熟悉安装工程的工程计量基本知识。

教学要求

知识要点	能力要求	相关知识
工程量计算的基本原理	熟悉工程量的概念、计算依据、方法、原则	建筑施工工艺，工程识图，统筹法
建筑面积计算	熟悉建筑面积的概念、作用及有关计算规定，应会计算建筑面积	工程图纸的识图，数学计算知识
定额计价模式工程量计算	掌握各分部分项工程量计算规则，能正确计算分项工程的工程量	建筑施工技术，工程识图，数学计算知识
清单计价模式工程量计算	掌握各分部分项工程量计算规则，能正确计算各分项工程的工程量	建筑施工技术，工程识图，数学计算知识
安装工程的工程计量	了解安装工程的内容及工程计量依据；应会安装工程分项项目设置及其工程量计算	安装工艺，工程识图，设备知识，数学计算知识

基本概念

工程量的定义，“三线一面”，建筑面积，使用面积，结构面积。

引例

工程量计算是确定工程造价计价的最基本工作，是预算文件和工程量清单文件的重要组成部分。工程量计算是否准确，直接影响到整个工程的造价。例如，某砖混结构2层住宅楼工程，施工图纸的首层平面图、二层平面图、基础平面图、基础剖面图已满足施工需要。土质为二类土，室外地坪标高为−0.2m。钢筋混凝土屋面板顶高度为6m，每层高均为3m，内外墙厚均为240mm；屋面板顶标高+6.00m，外墙均有女儿墙，高600mm，厚240mm；预制钢筋混凝土楼板、屋面板厚度均为120mm。已知内墙砖基础为二步等高大放脚；外墙上的过梁、圈梁体积为2.5m^3，内墙上的过梁、圈梁体积为1.5m^3；门窗洞口尺寸：C1为1 500mm×1 200mm，M1为900mm×2 000mm，M2为1 000mm×2 100mm。楼梯井宽400mm，预制楼板厚度为120mm，内墙面为混合砂浆抹面，外墙面及女儿墙均为水泥砂浆抹面，混凝土地面垫层为C15，厚度为60mm，居室内墙做水泥踢脚线。试想，上述给出的这些资料，与工程量有什么联系呢？若想降低某分项工程直接费用，怎么做才合情合理？

5.1 工程量计算基本原理

5.1.1 正确计算工程量的意义

工程量是用物理计量单位或自然计量单位表示的各分项工程或构件的数量。物理计量单位是指物体的物理属性单位，是需度量的，如长度(m)、面积(m^2)、体积(m^3)、质量(t)等。自然计量单位是以物体本身的自然属性为计量单位，是不需度量的，如个、台、座、组等。

计算工程量是根据施工图、预算定额以及工程量计算规则，列出分项工程名称，列出计算式，最后计算出结果的过程。它是编制施工图预算的基础工作，是预算文件的重要组成部分。工程量计算的准确与否，将直接影响工程直接费，从而影响工程造价、材料数量、劳动力需求量以及机械台班消耗量。因此，正确计算工程量对建设单位、施工企业和管理部门加强管理，对正确确定工程造价都具有重要的现实意义。在计算工程量过程中，一定要做到认真细致。

5.1.2 工程量计算的依据

计算工程量，主要依据下列技术文件、资料及有关规定。

(1) 经审定的单位工程全套施工图纸(包括设计说明)及图纸会审纪要。施工图纸是计算工程量的基本资料，在取得施工图纸等资料后，必须认真、细致地熟悉图纸，并将会审纪要上的有关规定变更反映到图纸上，以此作为计算工程量的依据。

(2) 工程量清单计价规范。工程量的计算是计价的关键工作。工程量清单的工程量计算规则必须按照《建设工程工程量清单计价规范》附录中的工程量计算规则计算。

(3) 建筑工程预算定额。建筑工程预算定额系指《全国统一建筑工程基础定额》、《全国统一建筑工程预算工程量计算规则》，以及省、市、自治区颁发的地区性建筑工程预算定额。定额中详细地规定了各个分部、各个分项工程工程量计算规则。计算工程量时必须严格按照定额中规定的计算规则、方法、单位进行，它具有一定的权威性。

(4) 已批准的施工组织设计和施工方案。计算工程量仅依据施工图纸和定额是不够的，因为每个工程都有自身的具体情况，如土壤类别、土方施工方法、运距等。这些内容只有从施工组织设计和施工方案中才能体现出来，因此计算工程量之前，必须认真阅读施工组织设计及施工方案。

(5) 现场地质勘探报告。现场地质勘探报告主要影响土石方、人工降水、桩基础等工程的工程量计算。

(6) 标准图及有关计算手册。施工图中引用的有关标准图集，表明了建筑构件、结构构件的具体构造做法和细部尺寸，是编制预算必不可少的。另外，计算工程量时一些常用的技术数据，可直接从有关部门发行的手册中查出，从而可以减轻计算的工作量，提高计算工程量的效率，如五金手册、材料手册等。

5.1.3 工程量计算的方法

工程量计算一般采用统筹法进行计算。统筹法是一种科学的计划和管理方法，它主要分析研究事物内在的相互依赖关系和固有规律。根据此原理，在进行工程量计算时找出各分项工程自身的特点以及内在联系，运用统筹法合理安排工程量计算顺序，以达到简化计算，提高工作效率的目的。

例如，地面打夯工程量、地面防潮层工程量、地面垫层工程量、地面面层工程量、天棚工程量等，它们都与地面面积有关。地面面积是计算上述工程量的重要数据，“面”也是统筹法计算工程量的基数之一。

运用统筹法计算工程量的要点如下。

(1) 统筹顺序，合理安排。计算工程量的顺序是否合理，直接关系到计算速度。工程量计算一般是以施工顺序和定额顺序进行计算的，若没有充分利用项目之间的内在联系，将导致重复计算。

例如，在计算地面工程量时，按照施工顺序应为：室内回填夯实、地面垫层、地面面层。计算顺序如图 5.1 所示。

$$\frac{\text{室内回填夯实体积}}{\text{长}\times\text{宽}\times\text{填土厚度}}\rightarrow① \frac{\text{地面垫层体积}}{\text{长}\times\text{宽}\times\text{垫层厚度}}\rightarrow② \frac{\text{地面面层面积}}{\text{长}\times\text{宽}}\rightarrow③$$

图 5.1　地面工程量计算顺序

该种计算方法，重复计算了 3 次“长×宽”，影响了计算速度。

运用统筹法计算，就是把具有共性的地面面层工程量放在前面计算，利用地面面层工程量乘以垫层厚度，得出地面垫层的工程量，同样利用地面面层的工程量乘以室内回填土厚度得出室内回填夯实工程量，这样以地面面层面积为基数，避免了不必要的重复计算。计算顺序如图 5.2 所示。

$$\frac{\text{地面面层面积}}{\text{长}\times\text{宽}}\rightarrow① \frac{\text{地面垫层体积}}{\text{地面面层面积}\times\text{垫层厚度}}\rightarrow② \frac{\text{室内回填夯实体积}}{\text{地面面层面积}\times\text{填土厚度}}\rightarrow③$$

图 5.2　地面工程量统筹法计算顺序

(2) 利用基数，连续计算。基数是指工程量计算中可重复利用的数据。工程量计算的基数是“三线一面”，“三线”是指外墙中心线($L_{中}$)、外墙外边线($L_{外}$)、内墙净长线($L_{内}$)，“一面”是指底层建筑面积($S_{底}$)，这些数据计算一次，可多次使用。

上述基数由于基础及各层布局不同，常常有若干组，如基础中的 $L_{中}$ 和 $L_{内}$，各层墙体的 $L_{中}$、$L_{外}$、$L_{内}$、$S_{底}$。每一个基数又要划分为若干个，如内墙净长线的个数应根据不同墙厚、墙高、砂浆品种和强度等级，计算出若干个基数。因此应用时应灵活掌握，切不可生搬硬套。

5.1.4 工程量计算的顺序

每一幢建筑物分项工程繁多，少则几十项，多则上百项，且图纸内容上下、左右、内外交叉，如果计算时不讲顺序，很可能造成漏算或重复计算，并且给计算和审核工程量带来不便。因此，在计算工程量时必须按照一定的顺序进行。常用的计算顺序有以下几种。

1. 按施工顺序计算

此方法即按工程对象施工的先后顺序，如先地下，后地上；先底层，后上层；先结构，后装修；先主要，后次要来计算。按照这种顺序计算，要求工作人员必须熟悉施工过程，有扎实的建筑结构和建筑构造方面的知识，且利用此方法便于利用基数。

2. 按照定额项目的顺序计算

此方法即参照使用预算定额所列分部工程、分项工程顺序进行计算。此法适合于对不太熟悉的工程项目或初编预算时采用。

3. 按顺时针顺序计算

此方法即按顺时针顺序从平面图左上角开始环绕一周后再到左上方为止。如计算外墙基础、外墙、楼地面、天棚等都可按此法进行，此法适合于封闭式布局建筑，如图 5.3 所示。

4. 按先横后竖计算

该方法根据平面图，按先横后竖、先上后下、先左后右顺序计算。此法适合于内墙基础、内墙、隔墙等，如图 5.4 所示。

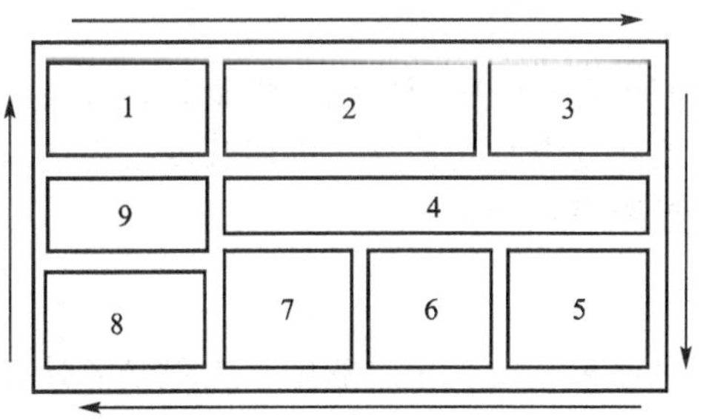

图 5.3 顺时针计算法

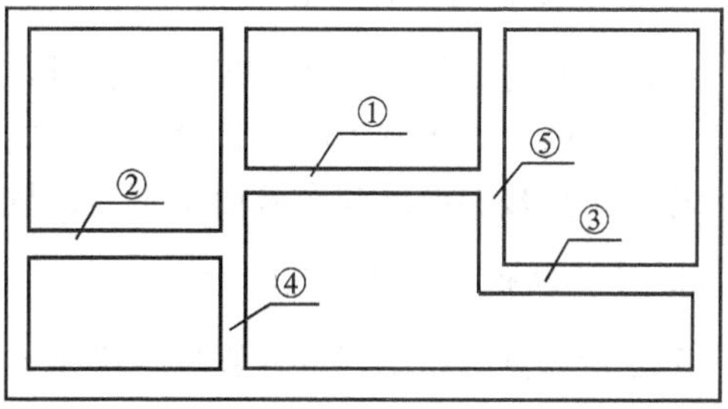

图 5.4 横竖计算法

5. 按编号顺序计算

该法是按照图纸上所标注的各种构件、配件符号顺序，先统计出构件、配件数量，然后逐一进行计算。此法适合于梁、板、柱、独立基础、门窗、预制构件、屋架等。例如，Z1，Z2，Z3，…；C1，C2，C3，…

6. 按定位轴线编号计算

对于比较复杂的工程，按照图纸上标注的定位轴线编号顺序计算，不易出现重复或漏算，并可将各分项所在位置标注出来，如图 5.5 所示。

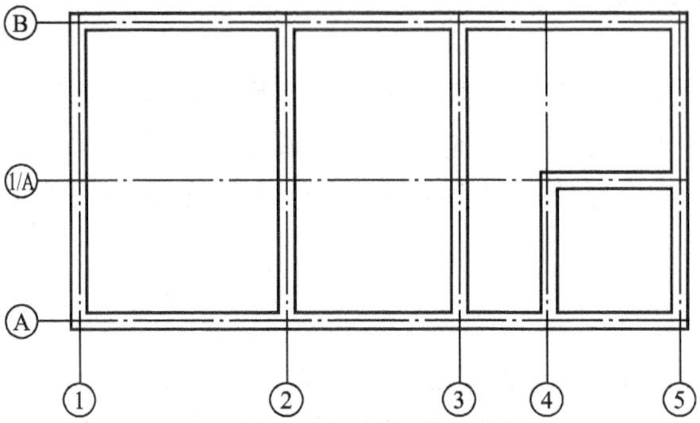

图 5.5 轴线顺序计算法

例如，计算图中 A 轴线上外墙，可标记为外墙 A 轴①→⑤；②轴线上内墙可标记为内墙②轴 A→B，其余以此类推。

5.1.5 工程量计算应遵循的原则

在进行工程量计算时应注意下列基本原则。

1. 计算口径与定额一致

计算工程量时，根据施工图纸所列出的工程子目的口径(指工程子目所包含的内容)，必须与定额中相应工程子目的口径一致，如镶贴面层项目，定额中除包括镶贴面层工料外，还包括了结合层的工料，即黏结层不得另行计算。这就要求预算人员必须熟悉定额组成及其所包含的内容。

2. 计算规则与定额一致

计算规则与定额一致即工程量计算时，必须遵循定额中所规定的工程量计算规则，否则将是错误的，如墙体工程量计算中，外墙长度按外墙中心线计算，内墙长度按内墙净长线计算；又如楼梯面层和台阶面层工程量按水平投影面积计算。

3. 计算单位与定额一致

工程量计算时，工程量计算单位必须与定额单位相一致。在定额中，工程量的计算单位规定如下。

(1) 以体积计算的单位为 m^3。

(2) 以面积计算的单位为 m^2。

(3) 以长度计算的单位为 m。

(4) 以质量计算的单位为 t 或 kg。

(5) 以件(个或组)计算的单位为件(个或组)。

建筑工程预算定额中大多数用扩大定额(按计算单位的倍数)的方法来计量，如“$10m^3$”、“$100m^2$”、“10m”等。比如木门窗工程量定额以“$100m^2$”来计量，门扇以“$10m^2$”来计量等。

4. 工程量计算所用原始数据与设计图纸一致

工程量是按每一分项工程，根据设计图纸计算的。计算时所采用的数据，都必须以施工图纸所示的尺寸为准进行计算，不得任意加大或缩小各部位尺寸。

5. 按图纸，结合建筑物的具体情况进行计算

一般应做到主体结构分层计算；内装修分层分房间计算，对外装修分立面计算；或按施工方案要求分段计算。不同的结构类型组成的建筑，按不同结构类型分别计算。

5.2 建筑面积计算规范

5.2.1 建筑面积的概念及其作用

1. 建筑面积的概念

建筑面积是指建筑物勒脚以上的外围水平面积。建筑面积包括建筑物的使用面积、辅助面积和结构面积三大部分。

(1) 使用面积是指建筑物各层布置中可直接为生产或生活使用的净面积总和。例如，住宅建筑中的卧室、起居室、客厅等(住宅建筑中的使用面积也称为居住面积)。

(2) 辅助面积是指建筑物各层平面布置中为辅助生产和生活所必需的净面积总和。例如，住宅建筑中的楼梯、走道、厕所、厨房等。

使用面积与辅助面积之和称为“有效面积”。

(3) 结构面积是指建筑物各层平面布置中的墙体、柱等结构所占面积的总和。

综上分析，建筑面积应是该建筑物使用面积、辅助面积、结构面积之和。

2. 建筑面积的作用

建筑面积具有以下重要作用。

(1) 建筑面积是国家对经济建设进行宏观调控的重要指标。在经济建设的中长期计划中，各类生产性和非生产性的建筑面积，城市和农村的建筑面积，沿海地区和内陆地区的建筑面积，国民人均居住面积，贫困人口的居住面积等，都具体、真实地反映着国家工农业生产发展、人民物质生活条件、文化福利设施发展等的状况。国家及其各级政府必须高度关注并依据这些指标安排与控制经济建设的各种有关中长期计划，以正确实施对经济建设的宏观调控。

(2) 建筑面积是计算、确定工程造价的重要依据。建筑面积是工程造价计算工作中使用的重要基础指标。在编制工程造价时，可利用建筑面积这个基数来计算地面抹灰、室内填土、地面垫层、平整场地、脚手架工程等项目的工程量及其价格；以建筑面积为基数乘以相应的取费指标计算中小型机械费、生产工具使用费、检验试验费、成品保护增加费等项目的费用额。当工程实施每平方米建筑面积单价包干时，建筑面积更是直接作为该项工程造价确定的重要指标。建筑面积计算上的任何错误、偏差都会直接影响工程造价的准确

性，造成人力、物力和国家建设资金的浪费及当事人经济利益的重大损失。

(3) 建筑面积是企业加强管理、提高投资效益的重要工具。合理利用建筑面积，科学进行平面布局，充分利用建筑空间，有利于不断促进设计部门、施工企业及建设单位加强管理，降低工程造价，提高投资经济效益。

(4) 建筑面积是一系列重要技术经济指标的计算基础。

单位工程每平方米建筑面积消耗指标(亦称单方消耗指标，包括单方实物消耗指标、单方造价指标)、相关的建筑平面系数指标、建筑密度指标等重要技术经济指标均须以建筑面积为计算基础进行计算。

5.2.2 计算建筑面积的规定

根据原建设部第326号公告，自2005年7月1日起实施《建筑工程建筑面积计算规范》(GB/T 50353—2005)，建筑面积必须按以下规定计算。

(1) 单层建筑物的建筑面积，应按其外墙勒脚以上结构外围水平面积计算，并应符合下列规定。

① 单层建筑物高度在2.20m及以上者应计算全面积；高度不足2.20m者应计算1/2面积。

② 利用坡屋顶内空间时净高超过2.10m的部位应计算全面积；净高在1.20m至2.10m的部位应计算1/2面积；净高不足1.20m的部位不应计算面积。

(2) 单层建筑物内设有局部楼层者，局部楼层的二层及以上楼层，有围护结构的应按其围护结构外围水平面积计算，无围护结构的应按其结构底板水平面积计算。层高在2.20m及以上者应计算全面积；层高不足2.20m者应计算1/2面积。

(3) 多层建筑物首层应按其外墙勒脚以上结构外围水平面积计算；二层及以上楼层应按其外墙结构外围水平面积计算。层高在2.20m及以上者应计算全面积；层高不足2.20m者应计算1.2倍面积。

(4) 多层建筑坡屋顶内和场馆看台下，当设计加以利用时净高超过2.10m的部位应计算全面积；净高在1.20m至2.10m的部位应计算1/2面积；当设计不利用或室内净高不足1.20m时不应计算面积。

(5) 地下室、半地下室(车间、商店、车站、车库、仓库等)，包括相应的有永久性顶盖的出入口，应按其外墙上口(不包括采光井、外墙防潮层及其保护墙)外边线所围水平面积计算。层高在2.20m及以上者应计算全面积；层高不足2.20m者应计算1/2面积。

(6) 坡地的建筑物吊脚架空层、探基础架空层，设计加以利用并有围护结构的，层高在2.20m及以上的部位应计算全面积；层高不足2.20m的部位应计算1/2面积。设计加以利用、无围护结构的建筑吊脚架空层，应按其利用部位水平面积的1/2计算；设计不利用的深基础架空层、坡地吊脚架空层、多层建筑坡屋顶内、场馆看台下的空间不应计算面积。

(7) 建筑物的门厅、大厅按一层计算建筑面积。门厅、大厅内设有回廊时，应按其结构底板水平面积计算。层高在2.20m及以上者应计算全面积；层高不足2.20m者应计算1/2面积。

(8) 建筑物间有围护结构的架空走廊，应按其围护结构外围水平面积计算。层高在

2.20m 及以上者应计算全面积；层高不足 2.20m 者应计算 1/2 面积。有永久性顶盖无围护结构的应按其结构底板水平面积的 1/2 计算。

(9) 立体书库、立体仓库、立体车库，无结构层的应按一层计算，有结构层的应按其结构层面积分别计算。层高在 2.20m 及以上者应计算全面积；层高不足 2.20m 者应计算 1/2 面积。

(10) 有围护结构的舞台灯光控制室，应按其围护结构外围水平面积计算。层高在 2.20m 及以上者应计算全面积；层高不足 2.20m 者应计算 1/2 面积。

(11) 建筑物外有围护结构的落地橱窗、门斗、挑廊、走廊、檐廊，应按其围护结构外围水平面积计算。层高在 2.20m 及以上者应计算全面积；层高不足 2.20m 者应计算 1/2 面积。有永久性顶盖无围护结构的应按其结构底板水平面积的 1/2 计算。

(12) 有永久性顶盖无围护结构的场馆看台应按其顶盖水平投影面积的 1/2 计算。

(13) 建筑物顶部有围护结构的楼梯间、水箱间、电梯机房等，层高在 2.20m 及以上者应计算全面积；层高不足 2.20m 者应计算 1/2 面积。

(14) 设有围护结构不垂直于水平面而超出底板外沿的建筑物，应按其底板面的外围水平面积计算。层高在 2.20m 及以上者应计算全面积；层高不足 2.20m 者应计算 1/2 面积。

(15) 建筑物内的室内楼梯间、电梯井、观光电梯井、提物井、管道井、通风排气竖井、垃圾道、附墙烟囱应按建筑物的自然层计算。

(16) 雨篷结构的外边线至外墙结构外边线的宽度超过 2.10m 者，应按雨篷结构板的水平投影面积的 1/2 计算。

(17) 有永久性顶盖的室外楼梯，应按建筑物自然层的水平投影面积的 1/2 计算。

(18) 建筑物的阳台均应按其水平投影面积的 1/2 计算。

(19) 有永久性顶盖无围护结构的车棚、货棚、站台、加油站、收费站等，应按其顶盖水平投影面积的 1/2 计算。

(20) 高低联跨的建筑物，应以高跨结构外边线为界分别计算建筑面积；当高低跨内部连通时，其变形缝应计算在低跨面积内。

(21) 以幕墙作为围护结构的建筑物，应按幕墙外边线计算建筑面积。

(22) 建筑物外墙外侧有保温隔热层的，应按保温隔热层外边线计算建筑面积。

(23) 建筑物内的变形缝，应按其自然层合并在建筑物面积内计算。

(24) 下列项目不应计算面积。

① 建筑物通道(骑楼、过街楼的底层)。

② 建筑物内的设备管道夹层。

③ 建筑物内分隔的单层房间，舞台及后台悬挂幕布、布景的天桥、挑台等。

④ 屋顶水箱、花架、凉棚、露台、露天游泳池。

⑤ 建筑物内的操作平台、上料平台、安装箱和罐体的平台。

⑥ 勒脚、附墙柱、垛、台阶、墙面抹灰、装饰面、镶贴块料面层、装饰性幕墙、空调机外机搁板(箱)、飘窗、构件、配件、宽度在 2.10m 及以内的雨篷以及与建筑物内不相连通的装饰性阳台、挑廊。

⑦ 无永久性顶盖的架空走廊、室外楼梯和用于检修、消防等的室外钢楼梯、爬梯。

⑧ 自动扶梯、自动人行道。

⑨ 独立烟囱、烟道、地沟、油(水)罐、气柜、水塔、贮油(水)池、贮仓、栈桥、地下人防通道、地铁隧道。

5.3 定额计价模式下的工程量计算

现以广西 2005 建筑工程消耗量定额为例说明，定额计价模式下的各个分部分项工程工程量计算规则及运用要点。定额模式的工程量计算准确与否，关系到工程投标报价的综合单价确定。

5.3.1 A.1 土(石)方工程

1. 土石方工程工程量计算规则及运用要点

(1) 土方体积，均以挖掘前的天然密实体积为准计算。

(2) 挖土方平均厚度应按自然地面测量标高至设计地坪标高间的平均厚度确定。基础土方、石方开挖深度应按基础垫层底表面至交付使用施工场地标高确定，无交付使用施工场地标高时，应按自然地面标高确定。

(3) 平整场地是指建筑场地厚度在±300mm 以内的挖、填、运、找平，挖、填土方厚度超过±300mm 时，按场地土方平衡竖向布置另行计算，套相应挖土方子目。平整场地工程量按建筑物外墙外边线每边各加 2m，以平方米计算。按竖向布置进行大型挖土或回填土时，不得再计算平整场地的工程量。

(4) 挖沟槽、基坑、土方划分：凡图示沟槽底宽在 3m 以内，且沟槽长大于槽宽 3 倍以上的，为沟槽。凡图示基坑面积在 $20m^2$ 以内的为基坑。凡图示沟槽底宽在 3m 以上，坑底面积在 $20m^2$ 以上，平整场地挖土方厚度在 300mm 以上者，均按挖土方计算。

(5) 挖沟槽、基坑需支挡土板时，其宽度按图示沟槽、基坑底宽，单面加 100mm，双面加 200mm 计算。

(6) 计算挖沟槽、基坑、土方工程量需放坡时，按施工组织设计规定计算；如无施工组织设计规定时，可按表 5－1 放坡系数计算。

表 5－1 放坡系数表

土壤类别	深度超过/m	人工挖土	机械挖土	
			在坑内作业	在坑上作业
一、二类土	1.20	1∶0.50	1∶0.33	1∶0.75
三类土	1.50	1∶0.33	1∶0.25	1∶0.67
四类土	2.00	1∶0.25	1∶0.10	1∶0.33

注：(1) 沟槽、基坑中土壤类别不同时，分别按其放坡起点、放坡系数、依不同土壤厚度加权平均计算。

(2) 计算放坡时，在交接处的重复工程量不予扣除，原槽、坑作基础垫层时，放坡自垫层上表面开始计算。

(7) 基础施工所需工作面，按施工组织设计规定计算(实际施工不留工作面者，不得计算)；如果无施工组织设计规定时，按表5-2规定计算。

表5-2 基础施工所需工作面宽度计算表

基础材料	每边各增加工作面宽度/mm
砖基础	200
浆砌毛石、条石基础	150
混凝土基础垫层支模板	300
混凝土基础支模板	300
基础垂直面做防水层	800(防水层面)

(8) 挖沟槽长度，外墙按图示中心线长度计算；内墙按地槽槽底净长度计算，内外凸出部分(垛、附墙烟囱等)体积并入沟槽土方工程量内计算。

(9) 挖管道沟槽按图示中心线长度计算，沟底宽度，设计有规定的，按设计规定尺寸计算，设计无规定的，可按表5-3规定宽度计算。

表5-3 管道地沟沟底宽度计算表

管径/mm	铸铁管、钢管、石棉水泥管/m	混凝土、钢筋混凝土、预应力混凝土管/m	陶土管/m
50～70	0.60	0.80	0.70
100～200	0.70	0.90	0.80
250～350	0.80	1.00	0.90
400～450	1.00	1.30	1.10
500～600	1.30	1.50	1.40
700～800	1.60	1.80	
900～1 000	1.80	2.00	
1 100～1 200	2.00	2.30	
1 300～1 400	2.20	2.60	

注：(1) 按表5-3计算管道沟土方工程量时，各种井类及管道(不含铸铁给排水管)接口等处需加宽增加的土方量不另行计算，底面积大于20m² 的井类，其增加工程量并入管沟土方内计算。

(2) 铺设铸铁给排水管道时其接口等处土方增加量，可按铸铁给排水管道地沟土方总量的2.5%计算。

(10) 基础土方大开挖后再挖地槽、地坑，其深度应以大开挖后土面至槽、坑底标高计算；其土方如需外运时，按相应定额规定计算。

(11) 石方工程的沟槽、基坑与平基的划分按土方工程的划分规定执行。岩石开凿及爆破工程量，因石质的不同按下列规定计算：人工凿岩石，按图示尺寸以立方米计算；爆破岩石按图示尺寸以立方米计算，其沟槽、基坑深度、宽度允许超挖量，次坚石、普坚石为200mm。特坚石为150mm。超挖部分岩石并入岩石挖方量之内计算。

(12) 土方回填工程，回填土区分夯填、松填按图示回填体积并依据下列规定，以立方米计算：场地回填土的体积，按回填面积乘以平均回填厚度计算。

沟槽、基坑回填土体积＝挖土体积－(设计室外地坪以下垫层＋基础＋管沟外形体积)。管径在500mm以下的不扣除管道所占体积，管径超过500mm以上时按表5-4规定扣除管道所占体积计算。

表5-4 每米管道扣除土方体积表

管道名称	管道直径/mm					
	501～600	601～800	801～1 000	1 001～1 200	1 201～1 400	1 401～1 600
钢管/m^3	0.21	0.44	0.71			
铸铁管/m^3	0.24	0.49	0.77			
混凝土管/m^3	0.33	0.60	0.92	1.15	1.35	1.55

(13) 室内回填土，按主墙(厚度在120mm以上的墙)之间的净面积乘以回填土厚度计算。

(14) 余土或取土工程量可按下式计算：

余土外运体积＝挖土总体积－回填土总体积

式中计算结果为正值时为余土外运体积，负值时为需取土体积。

(15) 建筑场地原土碾压以平方米计算，填土碾压按图示填土厚度以立方米计算。

(16) 土石方运输工程工程量按不同的运输方法和距离分别以天然密实体积计算。如果实际运输疏松的土石方时，应按本章计算规则中“一般规则”的规定换算成天然密实体积计算。采用机械挖土时，不应计算垂直运输工程量。

(17) 其他。挡土板面积，按槽、坑垂直支撑面积计算，支挡土板后，不得再计算放坡。桩头钢筋截断按钢筋根数计算。凿桩头按设计图示尺寸或施工规范规定应凿除的部分，以立方米计算。凿除人工挖孔桩护壁工程量按需凿除的实体体积计算，按凿截灌注桩定额乘以系数0.8计算。机械切割预制管桩，按桩头个数计算。基础钎插按钎插孔数计算。

2. 土石方工程工程量计算举例

【例5-1】 某单位传达室基础平面图及基础详图，如图5.6所示，土壤为三类土、干土，场内运土，计算其定额人工挖地槽工程量、土方运输工程量。

【相关知识】

(1) 挖土深度从设计室外地坪至垫层底面，三类土，挖土深度超过1.5m，按表5-1，1∶0.33放坡。

(2) 垫层需支模板，工作面从垫层边至槽边，按表5-2，300mm计算。

(3) 地槽长度：外墙按基础中心线长度计算，内墙按扣去基础宽和工作面后的净长线计算，放坡增加的宽度不扣。

【解】

定额模式下工程量计算如下。

(1) 挖土深度：

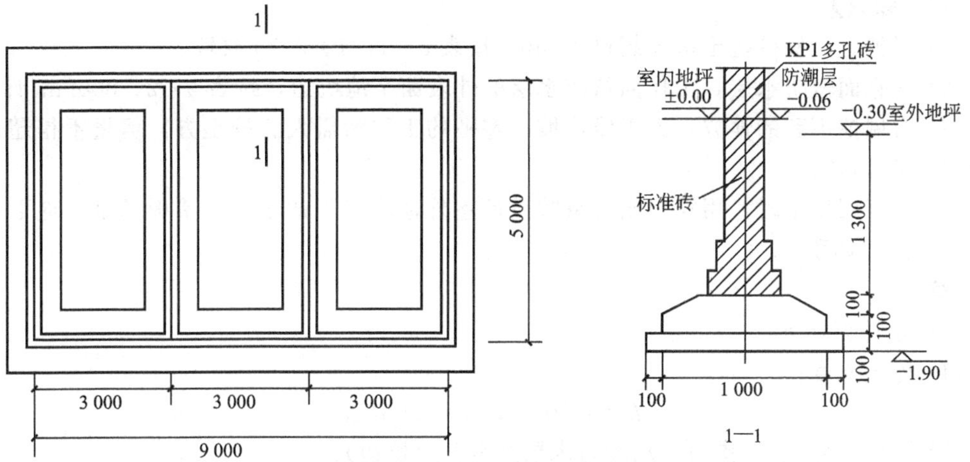

图 5.6 基础平面图及基础详图

$$1.90-0.30=1.60(\text{m})$$

(2) 槽底宽度(加工作面)：

$$1.20+0.30\times2=1.80(\text{m})$$

(3) 槽上口宽度(加放坡长度)：

$$\text{放坡长度}=1.60\times0.33=0.53(\text{m})$$

槽上口宽度(加放坡长度)$=1.80+0.53\times2=2.86(\text{m})$

(4) 地槽长度：

外：$(9.0+5.0)\times2=28.0(\text{m})$

内：$(5.0-1.80)\times2=6.40(\text{m})$

(5) 定额人工挖地槽工程量：

$$1.60\times(1.80+2.86)\times1/2\times(28.0+6.40)=128.24(\text{m}^3)$$

(6) 挖出土场内运输工程量：128.24m^3。

【例 5-2】 某建筑物地下室如图 5.7 所示，地下室墙外壁做涂料防水层，施工组织设计确定用反铲挖掘机挖土，土壤为三类土，机械挖土坑内作业，土方外运 1km，回填土已堆放在距场地 150m 处，计算其定额挖土方工程量及回填土工程量。

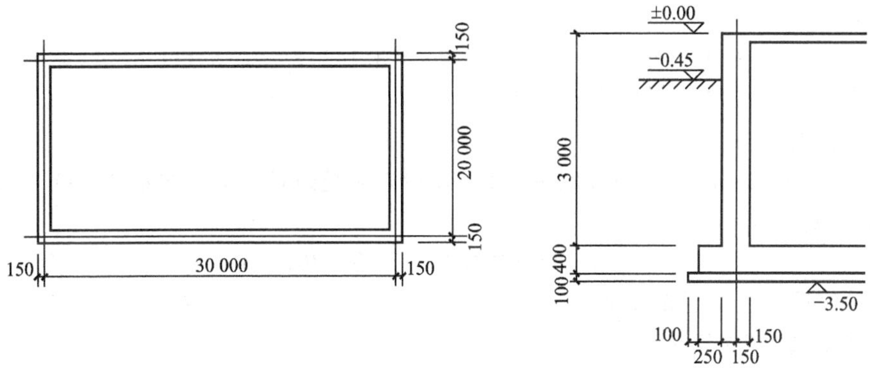

图 5.7 地下室示意图

【相关知识】

(1) 三类土、机械挖土深度超过 1.5m，按表 5-1，1∶0.25 放坡。

(2) 垂直面做防水层，工作面从防水层的外表面至地坑边，按表 5-2，800mm 计算。

(3) 机械挖不到的地方，人工修边坡，整平的工程量需人工挖土方，但量不得超过挖土方总量的 10%。

(4) 计算回填土时，用挖出土总量减设计室外地坪以下的垫层，整板基础，地下室墙及地下室净空体积。

【解】

工程量计算如下。

(1) 挖土深度：

$$h=3.50-0.45=3.05(\mathrm{m})$$

(2) 坑底尺寸(加工作面，从墙防水层外表面至坑边)：

$$a=30.30+0.80\times2=31.90(\mathrm{m})$$

$$b=20.30+0.80\times2=21.90(\mathrm{m})$$

(3) 坑顶尺寸(加放坡长度)：

$$放坡长度=h\times m=3.05\times0.25=0.76(\mathrm{m})$$

$$A=31.90+0.76\times2=33.42(\mathrm{m})$$

$$B=21.90+0.76\times2=23.42(\mathrm{m})$$

(4) 挖土方工程量：

$$V=\frac{h}{6}(S_{上}+4S_{中}+S_{下})$$

$$=(33.42\times23.42+65.32\times45.32+31.9\times21.9)\times3.05/6=2\ 257.82(\mathrm{m}^3)$$

或者 $V=(a+mh)\cdot(b+mh)\cdot h+\frac{1}{3}m^2h^3=2\ 257.82(\mathrm{m}^3)$

其中：

① 人工挖土方量的计算如下。

坑底整平：

$$0.20\times31.9\times21.9=139.72(\mathrm{m}^3)$$

修边坡：

$$0.10\times(31.9+33.42)\times1/2\times3.14\times2=20.51(\mathrm{m}^3)$$

$$0.10\times(21.9\times23.42)\times1/2\times3.14\times2=14.23(\mathrm{m}^3)$$

合计人工挖土方：

$$139.72+20.51+14.23=174.46(\mathrm{m}^3)(未超过挖土方总量的10\%)$$

② 机械挖土方：

$$2\ 257.82-174.46=2\ 083.36(\mathrm{m}^3)$$

(5) 计算回填土工程量如下。

挖土方总量：2 257.82m^3。

减垫层量：

$$0.10\times31.0\times21.3=65.10(\mathrm{m}^3)$$

减底板：

$$0.40\times30.80\times20.80=256.26(m^3)$$

减地下室：

$$2.55\times30.30\times20.30=1\ 568.48(m^3)$$

故回填土工程量为：

$$2\ 257.82-65.10-256.26-1\ 568.48=367.98(m^3)$$

5.3.2 A.2 桩与地基基础工程

1. 桩与地基基础工程工程量计算规则及运用要点

(1) 计算打桩(灌注桩)工程量前应确定下列事项：①确定土质级别：根据工程地质资料中的土层构造、土壤物理力学性能及每米沉桩时间鉴别适用定额土质级别。②确定施工方法、工艺流程，所需采用机型，以及桩、土壤泥浆运距。

(2) 打预制钢筋混凝土桩(含管桩)，按设计桩长(包括桩尖，不扣除桩尖虚体积)乘以桩截面面积以立方米计算。管桩的空心体积应扣除。

(3) 静力压桩机压桩：①静压方桩工程量分截面大小、按设计长度以立方米计算。②静压管桩工程量分管径大小、按设计长度以米计算；管桩的空心部分灌注砼，工程量按设计灌注长度乘以桩芯截面面积以立方米计算；预制钢筋砼管桩如需设置钢桩尖时，钢桩尖制作、安装按实际重量套用一般铁件定额计算。

(4) 接桩：电焊接桩按设计接头，以个计算；硫黄胶泥按桩断面以平方米计算。

(5) 送桩：按桩截面面积乘以送桩长度(即打桩架底至桩顶高度或自桩顶面至自然地平面另加 0.5m)以立方米计算。

(6) 打孔灌注桩：①混凝土桩、砂桩、碎石桩的体积，按［设计桩长(包括桩尖，不扣除桩尖虚体积)＋设计超灌长度］×设计桩径截面面积计算。②扩大(复打)桩的体积按单桩体积乘以次数计算。③打孔时，先埋入预制混凝土桩尖，再灌注混凝土者，桩尖的制作和运输按本分册 A.4 混凝土及钢筋混凝土工程相应子目以立方米体积计算，灌注桩体积按［设计长度(自桩尖顶面至桩顶面高度)＋设计超灌长度］×设计桩径截面积计算。

(7) 钻孔灌注桩的工程量计算：①钻孔灌注桩混凝土，按［设计桩长(包括桩尖，不扣除桩尖虚体积)＋设计超灌长度］×设计截面面积加上桩的扩大头增加的体积以立方米计算(如设计图纸未注明超灌长度，则超灌长度取 500mm 计算)。②钻(冲)孔桩入岩增加费按入岩部分体积套相应定额计算，此入岩增加费定额亦适用于计算长螺旋钻孔桩的入岩增加费。③泥浆运输工程量按钻孔实体积以立方米计算。

(8) 人工挖孔桩成孔按设计桩径(桩芯＋护壁)的截面积乘以挖桩孔的深度加上桩的扩大头增加的体积以立方米计算，定额内已综合考虑护壁混凝土的比例用量。灌注桩芯混凝土按设计桩芯的截面积乘以桩芯的深度(设计桩长＋设计超灌长度)加上桩的扩大头增加的体积以立方米计算，套相应定额。

(9) 灰土挤密桩、深层搅拌桩按设计截面面积乘以设计长度按立方米计算。

(10) 高压旋喷水泥桩按水泥桩体长度以米计算。

(11) 打拔钢板桩按钢板桩重量以吨计算。

(12) 打圆木桩的材积按设计桩长和稍径根据材积表计算。

(13) 压力灌浆微型桩根据不同直径按主杆桩体长度以米计算。

(14) 地下连续墙按设计图示墙中心线长度乘以厚度乘以槽深以立方米计算。

(15) 地基强夯按设计图强夯面积区分夯击能量、夯击遍数，以平方米计算。

(16) 锚杆钻孔灌浆、砂浆土钉按入土(岩)深度以米计算。锚筋按本分册 A.4 混凝土及钢筋混凝土工程相应子目计算。

(17) 喷射混凝土护坡按护坡面积以平方米计算。

(18) 高压定喷防渗墙按设计图示尺寸以平方米计算。

2. 桩与地基基础工程量计算举例

【例 5-3】 某工程桩基础为现场预制混凝土方桩(如图 5.8 所示)，C30 商品混凝土，室外地坪标高－0.30m，桩顶标高－1.80m，桩计 150 根，定额模式下计算与打桩有关的工程量。

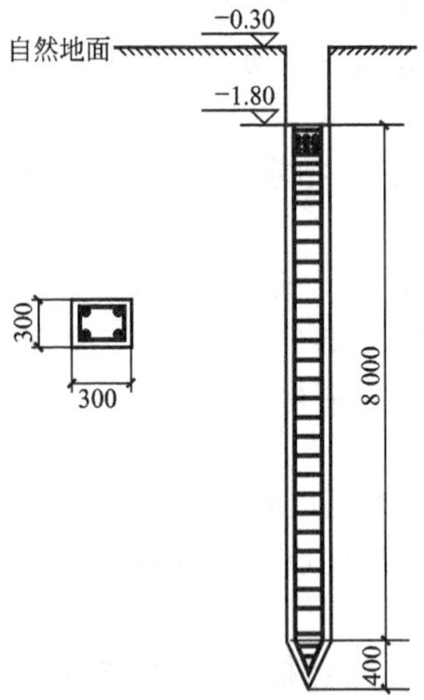

图 5.8 预制混凝土方桩

【相关知识】

(1) 设计桩长包括桩尖，不扣除桩尖虚体积。

(2) 送桩长度从桩顶面到自然地面另加 500mm。

(3) 桩的制作混凝土按设计桩长乘以桩身截面积计算，钢筋按设计图纸和规范要求计算在钢筋工程内，模板按接触面积计算在措施项目内。

【解】

工程量计算如下。

(1) 打桩：

桩长＝桩身＋桩尖＝8.0＋0.4＝8.40(m)

打桩工程量＝0.30×0.30×8.40×150＝113.40(m^3)

(2) 送桩：

长度＝1.50＋0.5＝2.0(m)

送桩工程量＝0.30×0.30×2.0×150＝27.0(m^3)

(3) 凿桩头工程量：150 根。

【例 5-4】 某工程桩基础是钻孔灌注混凝土桩(如图 5.9 所示)，C25 混凝土现场搅拌，土孔中混凝土充盈系数为 1.25，自然地面标高－0.45m，桩顶标高－3.00m，设计桩长 12.30m，桩进入岩层 1m，桩直径 600mm，计 100 根，泥浆外运 5km。定额模式下计算与桩有关的工程量。

【相关知识】

(1) 钻土孔与钻岩石孔分别计算。

(2) 钻土孔深度从自然地面至岩石表面，钻岩石孔深度为入岩深度。

(3) 土孔与岩石孔灌注混凝土的量分别计算。

(4) 灌注混凝土桩长是设计桩长(包括桩尖)，另加一个桩直径，如果设计有规定，则加设计要求长度。

(5) 砌泥浆池的工料费用在编制标底时暂按每立方米桩 1.0 元计算，结算时按实调整。

【解】

工程量计算如下。

(1) 钻土孔：

深度=15.30−0.45−1.0=13.85(m)

$0.30\times0.30\times3.14\times13.85\times100=391.40(m^3)$

(2) 钻岩石孔：

深度=1.0m

$0.30\times0.30\times3.14\times1.00\times100=28.26(m^3)$

(3) 灌注混凝土桩(土孔)：

桩长=12.30+0.60−1.0=11.90(m)

$0.30\times0.30\times3.14\times11.90\times100=336.29(m^3)$

(4) 灌注混凝土桩(岩石孔)：

桩长=1.0m

$0.30\times0.30\times3.14\times1.00\times100=28.26(m^3)$

(5) 泥浆外运=钻孔体积=391.40+28.26=419.66(m^3)

(6) 砖砌泥浆池=桩体积=336.29+28.26=364.55(m^3)。

(7) 凿桩头：

$0.30\times0.30\times3.14\times0.60\times100=16.96(m^3)$

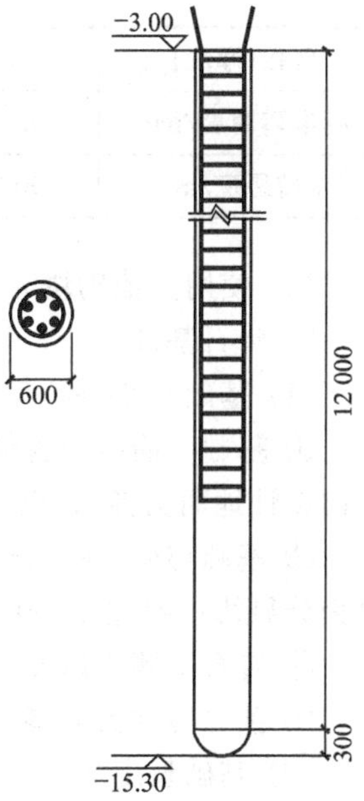

图 5.9 钻孔混凝土灌注桩

5.3.3 A.3 砌筑工程

1. *砌筑工程工程量计算规则及运用要点*

1) 砌筑工程量一般规则

(1) 墙体按设计图示尺寸以体积计算。扣除门窗洞口、过人洞、空圈、嵌入墙身的钢筋混凝土柱、梁、圈梁、挑梁、过梁、及凹进墙内的壁龛、管槽、暖气槽、消防栓箱所占体积，不扣除梁头、板头、檩头、垫木、木楞头、沿椽木、木砖、门窗走头、砖墙内加固钢筋、木筋、铁件、钢管及单个面积0.3m^2以下的孔洞所占体积。凸出墙面的窗台虎头砖、压顶线、山墙泛水、烟囱根、门窗套、三皮砖以内的腰线和挑檐的体积亦不增加。

(2) 附墙烟囱、通风道、垃圾道及房上烟囱按其外形体积(扣除单个横截面面积超过0.1 m^2孔洞的体积)，并入所依附的墙体积内计算。

(3) 砖垛、凸出墙面三皮砖以上的腰线和挑檐等体积，并入墙身体积内计算。

(4) 实心砖柱(砌块柱、石柱)(包括柱基、柱身)分方、圆柱按图示尺寸以立方米计算，扣除混凝土及钢筋混凝土梁垫、梁头、板头所占体积。附墙垛凸出墙面超过墙厚1.5倍时，应按砖柱计算。

(5) 砖砌女儿墙、栏杆、栏板按图示尺寸以立方米计算。

2) 砌体厚度

(1) 标准砖规格为240mm ×115mm×53mm、中砖规格为240mm ×115mm×90mm，其砌体计算厚度，按表5－5计算。

表 5-5 标准砖、中砖砌体计算厚度表

砖数(厚度)	1/4	1/2	3/4	1	1.5	2	2.5	3
标准砖厚度/mm	53	115	180	240	365	490	615	740
中砖厚度/mm	90	115	215	240	365	490	615	740

(2) 使用其他砌块时，其砌体厚度应按砌块实际规格和设计厚度计算。

3) 砖石基础

(1) 基础与墙(柱)身的划分。

① 基础与墙(柱)身使用同一种材料时，以设计室内地面为界(有地下室者，以地下室室内设计地面为界)，以下为基础，以上为墙(柱)身。

② 基础与墙(柱)身使用不同材料时，位于设计室内地面±300mm 以内时，以不同材料为分界线；超过±300mm 时，以设计室内地面为分界线。

③ 砖石围墙，以设计室外地坪为界线，以下为基础，以上为墙身。

④ 独立砖柱大放脚体积应并入砖柱工程量内计算。

(2) 基础长度的计算如下。

① 外墙墙基按外墙中心线长度计算。

② 内墙墙基按内墙基净长计算。

③ 砖石基础按设计图示尺寸以体积计算。扣除地梁(圈梁)、构造柱所占体积，不扣除基础大放脚 T 型接头处的重叠部分及嵌入基础内的钢筋、铁件、管道、基础砂浆防潮层和单个面积 0.3m^2 以内的孔洞所占体积。附墙垛基础宽出部分体积，并入其所依附的基础工程量内。

4) 砌体墙

(1) 墙身长度：外墙按外墙中心线长度，内墙按内墙净长线长度计算。

(2) 墙身高度按图示尺寸计算。当设计图纸无规定时，可按下列规定计算。

① 外墙：斜(坡)屋面无檐口天棚者算至屋面板底；有屋架且室内外均有天棚者算至屋架下弦底另加 200mm；无天棚者算屋架下弦另加 300mm，出檐宽度超过 600mm 时按实砌高度计算；平屋面算至钢筋混凝土板底。

② 内墙：位于屋架下弦者，算至屋架下弦底；无屋架者算至天棚底另加 100mm；有钢筋混凝土楼板隔层者算至楼板顶；有框架梁时算至梁底。

③ 女儿墙：从屋面板上表面算至女儿墙顶面(如有混凝土压顶时算至压顶下表面)。

④ 内外山墙：按其平均高度计算。

(3) 钢筋混凝土框架间砌砌体时，按框架间的净空面积乘以墙厚计算，框架外表镶贴砖部分亦并入框架间砌体工程量内计算。

(4) 多孔砖、空心砖墙按图示尺寸以立方米计算，不扣除砖孔、空心部分体积。

(5) 砖砌围墙工程量按围墙垂直投影面积(不含基础)以平方米计算，扣除单个面积 0.3m^2 以下的孔洞所占面积，围墙柱(垛)、围墙砖压顶已含在定额内，不另计算。如果围墙厚度与定额不同或压顶为混凝土压顶时，不能套用围墙子目，应按相应章节相应子目另列项计算。

(6) 空斗墙按设计图示尺寸以空斗墙外形体积计算，墙角、内外墙交接处，门窗洞口立边，窗台砖及屋檐处的实砌部分体积已包括在定额内，不另行计算，但窗间墙、窗台下、楼板下、梁头下等实砌部分，应另行计算，套零星砌体定额项目。

(7) 空花墙按设计图示尺寸以空花部分外形体积计算，空花部分不予扣除，其中实体部分以立方米另行计算。

(8) 填充墙体按设计尺寸以填充墙按外形体积计算。其中实砌部分已包括在定额内，不另计算。

(9) 小型空心砌块围墙按图示尺寸以立方米计算，高度算至压顶上表面(如有混凝土压顶时算至压顶下表面)，围墙柱并入围墙体积内。

(10) 砌体内填充料按填充空隙体积以立方米计算。

5) 砖烟囱

(1) 砖砌烟囱应按设计室外地坪为界，以下为基础，以上为筒身。

(2) 筒身，圆形、方形均按设计图示筒壁平均中心线周长乘以壁厚乘以高度以体积计算。扣除筒身各种孔洞、钢筋混凝土圈梁、过梁等体积。

(3) 烟道砌砖：烟道与炉体的划分以第一道闸门为界。炉体内的烟道部分列入炉体工程量计算。

(4) 烟道、烟囱内衬按不同内衬材料并扣除孔洞后，以图示实体积计算。

(5) 烟囱内壁表面隔热层，按筒身内壁并扣除各种孔洞后的面积以平方米计算；填料按烟囱内衬与筒身之间的中心线平均周长乘以图示宽度和筒高，并扣除各种孔洞所占体积(但不扣除连接横砖及防沉带的体积)后以立方米计算。

6) 砖砌水塔

(1) 水塔基础与塔身划分：以砖砌体的扩大部分顶面为界，以上为塔身，以下为基础，分别套相应基础砌体定额。

(2) 塔身以图示实砌体积计算，并扣除门窗洞口和混凝土构件所占的体积，砖平拱及砖出檐等并入塔身体积内计算，套水塔砌筑定额。

(3) 砖水池内外壁，不分壁厚，均以图示实砌体积计算，套相应的砖墙定额。

7) 其他砖砌体

(1) 砖砌锅台、炉灶，不分大小，均按图示尺寸以立方米计算，不扣除各种空洞体积。

(2) 砖砌台阶(不包括梯带)按水平投影面积以平方米计算。

(3) 厕所蹲台、水槽腿、灯箱、垃圾箱、台阶挡墙或梯带、花台、花池、地垄墙及支撑地楞的砖墩，房上烟囱及毛石墙的门窗立边、窗台虎头砖、砖平碹、砖弧形拱等实砌体积以立方米计算，套用零星砌体定额项目。

(4) 砖砌挖孔桩护壁工程量按实砌体积计算。

(5) 砖砌地沟不分墙基、墙身，二者合并以立方米计算。石砌地沟按其中心线长度以延长米计算。

(6) 标准化粪池按座计算。非标准检查井和化粪池不分壁厚均以立方米计算，洞口上的砖平拱等并入砌体体积内计算。

(7) 砖散水、地坪按设计图示尺寸以面积计算。

2. *砌筑工程工程量计算举例*

【例5-5】 某单位传达室基础平面图及基础详图，如图5.6所示，室内地坪

±0.00m，防潮层−0.06m，防潮层以下用M10水泥砂浆砌标准砖基础，防潮层以上为多孔砖墙身。定额模式下计算砖基础、防潮层的工程量。

【相关知识】

(1) 基础与墙身使用不同材料的分界线位于−60mm处，在设计室内地坪±300mm范围以内，因此−0.06m以下为基础，−0.06m以上为墙身；

(2) 墙的长度计算：外墙按中心线计算，内墙按净长线计算，大放脚T型接头处重叠部分不扣除。

【解】

工程量计算如下。

(1) 外墙基础长度外：

$$(9.0+5.0)\times 2=28.0(\text{m})$$

内墙基础长度内：

$$(5.0-0.24)\times 2=9.52(\text{m})$$

(2) 基础高度：

$$1.30+0.30-0.06=1.54(\text{m})$$

大放脚折加高度等高式，240厚墙，2层，双面，0.197m。

(3) 体积：

$$0.24\times(1.54+0.197)\times(28.0+9.52)=15.64(\text{m}^3)$$

(4) 防潮层面积：

$$0.24\times(28.0+9.52)=9.00(\text{m}^2)$$

【例5-6】 某单位传达室平面图、剖面图、墙身大样图，如图5.10所示，构造柱240mm×240mm，有马牙槎与墙嵌接，圈梁240mm×300mm，屋面板厚100mm，门窗上口无圈梁处设置过梁厚120mm，过梁长度为洞口尺寸两边各加250mm，窗台板厚60mm，长度为窗洞口尺寸两边各加60mm，窗两侧有60mm宽砖砌窗套，砌体材料为KP1多孔砖，女儿墙为标准砖，定额模式下计算墙体工程量。

【相关知识】

(1) 墙的长度计算：外墙按外墙中心线计算，内墙按内墙净长线计算；墙的高度计算：现浇平屋(楼)面板，算至板底，女儿墙自屋面板顶算至压顶底。

(2) 计算工程量时，要扣除嵌入墙身的柱、梁、门窗洞口，凸出墙面的窗套不增加。

(3) 扣构造柱要包括与墙嵌接的马牙槎，图5.10中构造柱与墙嵌接面有20个。

(4) 因定额中KP1多孔砖内、外墙为同一定额子目，若砌筑砂浆标号一致，可合并计算。

【解】

工程量计算如下。

1) 一砖墙

(1) 墙长度：

外：$(9.0+5.0)\times 2=28.0(\text{m})$

内：$(5.0-0.24)\times 2=9.52(\text{m})$

(2) 墙高度(扣圈梁、屋面板厚度，加防潮层至室内地坪高度)：

$$2.8-0.30+0.06=2.56(\text{m})$$

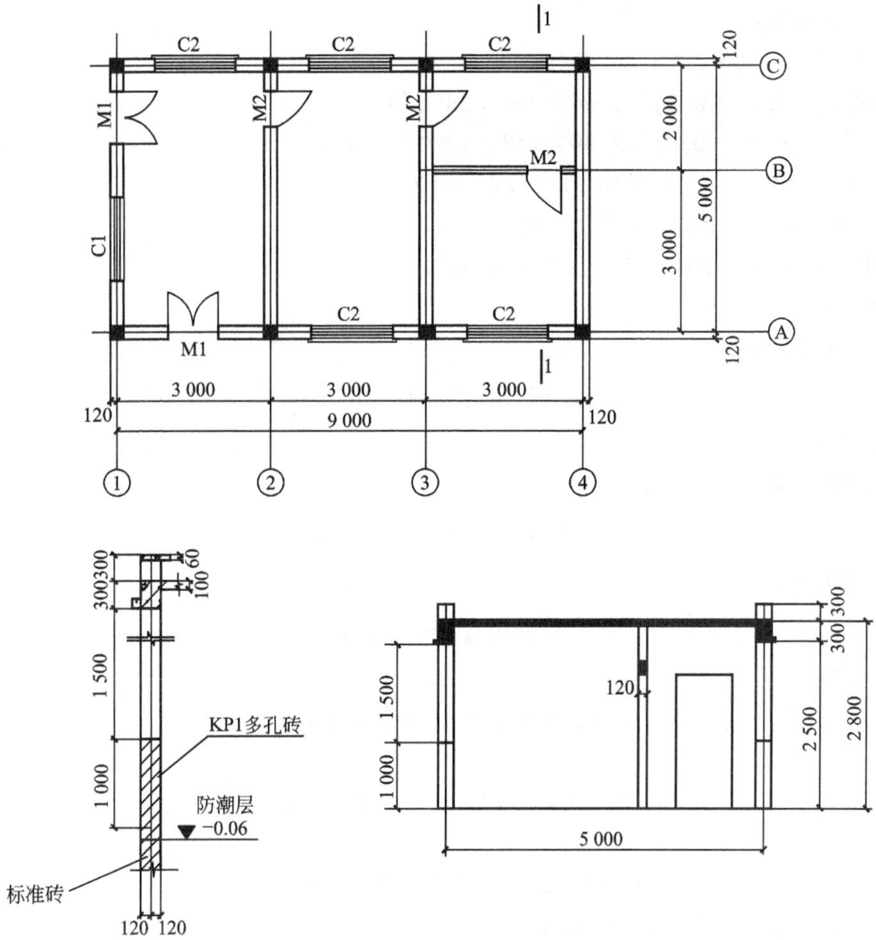

编号	宽	高	樘数
M1	1 200	2 500	2
M2	900	2 100	3
C1	1 500	1 500	1
C2	1 200	1 500	5

图 5.10 某传达室平面图、剖面图及门窗表

(3) 外墙体积：

外：0.24×2.56× 28.0＝17.20(m³)

减构造柱：0.24×0.24×2.56×8＝1.18(m³)

减马牙槎：0.24×0.06×2.56×1/2×16＝0.29(m³)

减 C1 窗台板：0.24×0.06×1.62×1＝0.02(m³)

减 C2 窗台板：0.24×0.06×1.32×5＝0.10(m³)

减 M1：0.24×1.20×2.50×2＝1.44(m³)

减 C1：0.24×1.50×1.50×1＝0.54(m³)

减 C2：0.24×1.20×1.50×5＝2.16(m³)

外墙体积＝11.47(m³)。

(4) 内墙体积：

内：0.24×2.56×9.52=5.85(m^3)

减构造柱：0.24×0.24×2.56×8=1.18(m^3)

减马牙槎：0.24×0.06×2.56×1/2×4=0.07(m^3)

减过梁：0.24×0.12×1.40×2=0.08(m^3)

减 C2 窗台板：0.24×0.06×1.32×5=0.10(m^3)

减 M2：0.24×0.90×2.10×2=0.91(m^3)

内墙体积=4.79(m^3)

(5) 一砖墙合计：

$$11.47+4.79=16.26(m^3)$$

2) 半砖墙

(1) 内墙长度：

$$3.0-0.24=2.76(m)$$

(2) 墙高度：

$$2.8-0.10=2.70(m)$$

(3) 体积：

$$0.115\times2.70\times2.76=0.86(m^3)$$

减过梁：

$$0.115\times0.12\times1.40=0.02(m^3)$$

减 M2：

$$0.115\times0.90\times2.10\times1=0.22(m^3)$$

(4) 半砖墙合计体积=0.62(m^3)。

3) 女儿墙

(1) 墙长度：

$$(9.0+5.0)\times2=28.0(m)$$

(2) 墙高度：

$$0.30-0.06=0.24(m)$$

(3) 体积：

$$0.24\times0.24\times28.0=1.61(m^3)$$

5.3.4 A.4 混凝土及钢筋混凝土工程

1. 混凝土及钢筋混凝土工程工程量计算规则及运用要点

1) 混凝土工程

(1) 现浇混凝土拌制工程量，按现浇混凝土浇捣相应子目的混凝土定额分析量计算，如发生相应的运输、泵送等损耗时均应增加相应损耗量。

(2) 现浇混凝土浇捣工程量除另有规定外，均按设计图示尺寸实体体积以立方米计算，不扣除构件内钢筋、预埋铁件及墙、板中单个面积 0.3m^2 以内的孔洞所占体积。

① 基础：基础垫层及各类基础按图示尺寸计算，不扣除嵌入承台基础的桩头所占体积。带形桩承台按带形基础定额项目计算，独立式桩承台按相应定额项目计算。箱式基础应分别按满堂基础、柱、墙及板的有关规定计算，套相应定额项目。墙与顶板、底板的划分以顶板面、底板面为界。边缘实体积部分按底板计算。设备基础除块体基础以外，其他类型设备基础分别按基础、梁、柱、板、墙等有关规定计算，套相应定额项目。

② 柱：按设计图示断面面积乘以柱高以立方米计算，柱高按下列规定确定：有梁板的柱高，应按柱基或楼板上表面至上一层楼板上表面之间的高度计算。无梁板的柱高，应按柱基或楼板上表面至柱帽下表面之间的高度计算。框架柱的柱高应自柱基上表面至柱顶高度计算。构造柱按全高计算，与砖墙嵌接部分的体积并入柱身体积内计算。依附柱上的牛腿，并入柱身体积内计算。

③ 梁：按设计图示断面面积乘以梁长以立方米计算。梁长按下列规定确定：梁与柱连接时，梁长算至柱侧面；主梁与次梁连接时，次梁长算至主梁侧面。伸入砌体内的梁头、梁垫并入梁体积内计算；伸入混凝土墙内的梁部分体积并入墙体积内计算。挑檐、天沟与梁连接时，以梁外边线为分界线。悬臂梁、挑梁嵌入墙内部分按圈梁计算。圈梁通过门窗洞口时，门窗洞口宽加 500mm 的长度作过梁计算，其余作圈梁计算。卫生间四周坑壁采用素混凝土时，套圈梁定额。

④ 墙：外墙按图示中心线长度，内墙按照图示净长乘以墙高(至板面)及墙厚以立方米计算，应扣除门窗洞口及单个面积 0.3m^2 以外孔洞的体积，暗柱、暗梁及墙面突出部分并入墙体积内计算。

附墙柱凸出墙面部分小于墙厚的 1.5 倍时，并入墙体积内计算；超过墙厚 1.5 倍时，按柱计算。

混凝土墙与钢筋混凝土矩形柱、T 型柱、L 型柱按照以下规则划分：以矩形柱、T 型柱、L 型柱长边(h)与短边(b)之比 r($r=h/b$)为基准进行划分，当 $r\leqslant4$ 时按柱计算；当 $r>4$ 时按墙计算。

⑤ 板：按图示面积乘以板厚以立方米计算。其中：有梁板包括主、次梁与板，按梁、板体积之和计算。无梁板按板和柱帽体积之和计算。平板是指无柱、无梁，四周直接搁置在墙(或圈梁、过梁)上的板，按板实体体积计算。不同形式的楼板相连时，以墙中心线或梁边为分界，分别计算工程量，套相应定额。板伸入砖墙内的板头并入板体积内计算，板与混凝土墙、柱相接部分，按柱或墙计算。薄壳板由平层和拱层两部分组成，平层、拱层合并套薄壳板定额项目计算。其中的预制支架套预制构件相应子目计算。栏板按图示面积乘以板厚以立方米计算。高度小于 1 200mm 时，按栏板计算，高度大于 1 200mm 时，按墙计算。现浇挑檐天沟，按图示尺寸以立方米计算。与板(包括屋面板、楼板)连接时，以外墙外边线为分界线，与梁连接时，以梁外边线为分界线。挑檐和雨篷的区分：悬挑伸出墙外 500mm 以内为挑檐，伸出墙外 500mm 以上为雨篷。悬挑板是指单独现浇的混凝土阳台、雨篷及类似相同的板。悬挑板包括伸出墙外的牛腿、挑梁，按图示尺寸以立方米计算，其嵌入墙内的梁，分别按过梁或圈梁计算。

如遇下列情况，另按相应子目执行：现浇混凝土阳台、雨篷与屋面板或楼板相连时，应并入屋面板或楼板计算。有主次梁结构的大雨篷，应按有梁板计算。

板边反檐：高度超出板面 600mm 以内的反檐并入板内计算；高度在 600mm 至 1 200mm的按栏板计算，高度超过 1 200mm 以上的按墙计算。

凸出墙面的钢筋混凝土窗套，窗上下侧挑出板套用悬挑板定额项目，窗左右侧挑出板按栏板计算。

⑥ 整体楼梯：包括休息平台、梁、斜梁及楼梯与楼板的连接梁，按设计图示尺寸以水平投影面积计算，不扣除宽度小于500mm的楼梯井，伸入墙内的体积已考虑在定额内，不得重复计算。楼梯基础、用以支撑楼梯的柱、墙及楼梯与地面相连的踏步，应另按相应项目计算。

⑦ 其他构件。扶手和压顶按设计图示尺寸实体体积以立方米计算。小型构件按设计图示实体体积以立方米计算。现浇钢筋混凝土墙、梁、挑檐带现浇混凝土装饰线时，凸出构件部分的装饰线套小型构件子目。屋顶水池中钢筋混凝土构件(如柱、圈梁等)应并入屋顶水池工程量中计算，屋顶水池脚(墩)的钢筋混凝土构件另按相应的构件规定计算。散水按设计图示尺寸以平方米计算，不扣除单个面积为0.3m^2以内的孔洞所占面积。混凝土明沟按设计图示中心线长度以米计算。混凝土明沟与散水的划分：明沟净空加两边壁厚的宽度为明沟，以外的为散水。

⑧ 后浇带：梁、板、墙工程量均应扣除后浇带体积，后浇带工程量按设计图示尺寸以立方米套相应定额子目计算。

(3) 构筑物混凝土工程量，按以下规定计算：构筑物混凝土除另规定者外，均按图示尺寸扣除门窗洞口及单个面积0.3m^2以外孔洞所占体积后的实体体积以立方米计算。

① 贮水(油)池的池底、池壁、池盖分别按相应定额项目计算。有壁基梁的，应以壁基梁底为界，以上为池壁，以下为池底；无壁基梁的，锥形坡底应算至其上口，池壁下部的八字靴脚应并入池底体积内。无梁池盖的柱高应从池底上表面算至池盖下表面，柱帽和柱座应并在柱体积内。肋形池盖应包括主、次梁体积；球形池盖应以池壁顶面为界，边侧梁应并入球形池盖体积内。

② 贮仓立壁和贮仓漏斗，应以相互交点的水平线为界，壁上圈梁应并入漏斗体积内。

③ 水塔：筒式塔身应以筒座上表面或基础底板上表面为界；柱式(框架式)塔身应以柱脚与基础底板或梁顶为界，与基础板连接的梁应并入基础体积内。塔身与水箱应以箱底相连接的圈梁下表面为界，以上为水箱，以下为塔身。依附于塔身的过梁、雨篷、挑檐等，应并入塔身体积内；柱式塔身应不分柱、梁合并计算。依附于水箱壁的柱、梁，应并入水箱壁体积内。

④ 钢筋混凝土烟囱基础与筒身以室外地面为界，地面以下的为基础，地面以上的为筒身。

⑤ 构筑物基础套用建筑物基础相应定额子目。

⑥ 混凝土标准化粪池按座计算，非标准化粪池及检查井不分壁厚套相应定额以立方米计算。

(4) 预制混凝土构件制作工程量，按以下规定计算。

① 预制混凝土构件制作工程量均按构件图示尺寸实体体积以立方米计算，不扣除构件内钢筋、铁件及单个面积小于300mm×300mm的孔洞所占体积。

② 预制混凝土构件制作子目未包括混凝土拌制，其混凝土拌制工程量按预制混凝土构件制作相应项目的定额混凝土含量(含损耗率)计算，套用现浇混凝土拌制定额子目。

③ 预制混凝土构件的制作废品率按表5-6的损耗率计算。

④ 桩：按桩全长(包括桩尖，不扣除桩尖虚体积)乘以桩断面(空心桩应扣除孔洞体

积)以立方米计算。预制桩尖按虚体积(不扣除桩尖虚体积部分)计算。

2) 预制混凝土构件安装及运输

(1) 预制混凝土构件安装均按构件图示尺寸以实体体积按立方米计算。

(2) 预制混凝土构件运输及安装损耗：以图示尺寸的安装工程量为基准，损耗率见表5-6。预制混凝土构件制作、运输及安装工程量可按表5-7中的系数计算。其中预制混凝土柱、梁、屋架、桁架及楼梯段不计算损耗率。

表5-6 预制钢筋混凝土构件损耗率表

名 称	制作废品率	运输堆放损耗	安装(打桩)损耗
各类预制构件	0.2%	0.8%	0.5%
预制钢筋混凝土桩	0.1%	0.4%	已包含在定额内
预制混凝土柱、梁、屋架、桁架及楼梯段	无	无	无

表5-7 预制钢筋混凝土构件制作、运输、安装工程量系数表

名称	安装（打桩）工程量	运输工程量	预制混凝土构件制作工程量
各类预制构件	1	1+0.5%+0.8%=1.013	1+0.5%+0.8%+0.2%=1.015
预制钢筋混凝土桩	1	1+0.4%=1.004	1+0.4%+0.1%=1.005

(3) 预制钢筋混凝土工字形柱、矩形柱、空腹柱、双肢柱、空心柱、管道支架等安装，均按柱安装计算。

(4) 吊车梁的安装，按梁相应的安装定额计算。

(5) 安装预制板时，预制板之间的板缝，缝宽在50mm以内的，已包含在预制板的安装定额内；缝宽在50mm以外时，按相应的混凝土平板计算。

(6) 预制混凝土构件的水平运输，可按加工厂或现场预制的成品堆置场中心至安装建筑物的中心点的距离计算。最大运输距离取20km以内，超过时另行计算。

3) 钢筋工程

(1) 钢筋工程，应区别现浇构件、预制构件、预应力构件和不同钢种及规格，分别按设计图纸、标准图集、施工规范规定的长度乘以单位质量以吨计算。

(2) 钢筋搭接按设计图纸和施工规范规定计算；施工损耗、设计图纸和施工规范未注明的钢筋接头、因钢筋加工综合开料和钢筋出厂长度定尺所引起的钢筋非设计接驳，定额已作考虑，不另计算。

(3) 钢筋电渣压力焊接、套筒锥形螺栓接头、套筒冷挤压接头以个计算。计算了接头后不得再计算该钢筋的搭接长度。

(4) 楼地面、屋面、墙面及护坡钢筋网制作安装，按钢筋设计图示尺寸以平方米计算。

(5) 先张法预应力钢筋，按构件外形尺寸计算长度，后张法预应力钢筋按设计图规定的预应力钢筋预留孔道长度，并区别不同的锚具类型，分别按下列规定计算。

① 低合金钢筋两端采用螺杆锚具时，预应力钢筋按预留孔道长度减0.35m计算，螺

杆另行计算。

② 低合金钢筋一端采用镦头插片，另一端采用螺杆锚具时，预应力钢筋长度按预留孔道长度计算，螺杆另行计算。

③ 低合金钢筋一端采用镦头插片，另一端采用帮条锚具时，预应力钢筋按预留孔长度增加 0.15m，两端均采用帮条锚具时预应力钢筋共增加 0.3m 计算。

④ 低合金钢筋采用后张混凝土自锚时，预应力钢筋长度按增加 0.35m 计算。

⑤ 低合金钢筋或钢绞线采用 JM、XM、QM 型锚具，孔道长度在 20m 以内时，预应力钢筋长度增加 1m；孔道长度在 20m 以上时预应力钢筋长度按增加 1.8m 计算。

⑥ 碳素钢丝采用锥形锚具，孔道长在 20m 以内时，预应力钢丝长度增加 1m；孔道长在 20m 以上时，预应力钢丝长度增加 1.8m。

⑦ 碳素钢丝两端采用镦粗头时，预应力钢丝长度按增加 0.35m 计算。

(6) 铁件按以下规定计算。

① 铁件质量不论何种型钢，均按其外接矩形面积乘以厚度，以千克计算，不扣除孔眼、切肢、切边质量。

② 用于固定预埋螺栓、铁件的支架，固定双层钢筋的铁马凳、垫铁件等，按审定的施工组织设计规定计算，分别套相应铁件或钢筋子目。

2. 混凝土及钢筋混凝土工程工程量计算举例

【例 5-7】 某混凝土工程为带形基础，基础长度为 10m，基础断面面积为 15m²，试计算该混凝土工程带形基础工程量。

【相关知识】

基础垫层及各类基础按图示尺寸计算，不扣除嵌入承台基础的桩头所占体积。

【解】 带形基础混凝土工程量：$10\times15=150(m^3)$。

【例 5-8】 计算如图 5.11 所示矩形梁的钢筋重量，混凝土强度等级为 C30。

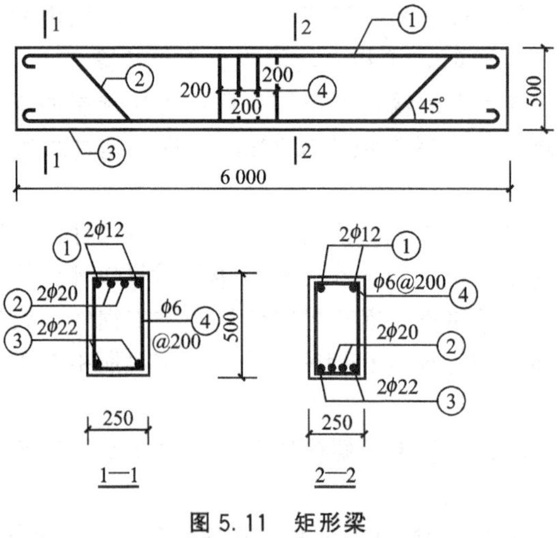

图 5.11 矩形梁

【相关知识】

(1) 钢筋工程，应区别现浇构件、预制构件、预应力构件和不同钢种及规格，分别按设计图纸、标准图集、施工规范规定的长度乘以单位质量以吨计算。

(2) 钢筋铁件的施工损耗。钢筋加工损耗按定额规定的损耗率计算：现浇 3%，预制 2%，铁件 1%。

(3) 计算钢筋净用量，按图示尺寸并区别钢筋的级别和规格，分别计算和汇总其净用量。

$$钢筋净用量=\sum(钢筋长度\times每延长米重量)$$

$$圆钢筋每米重量=0.006\ 165d^2$$

式中 d——钢筋直径，mm。

(4) 箍筋一般有闭口箍筋和开口箍筋两种形式。对于有抗震要求和受扭的结构，常用闭口箍筋，计算工程量时，通常一个弯钩长度为 $11.9d$，两个弯钩长度为 $23.8d$。

【解】

(1) 号钢筋为直筋：

钢筋总长度=(6 000−2×25+2×6.25×12)×2=11 600(mm)，即 11.6m。

(2) 号钢筋为弯起筋：

钢筋总长度=[6 000−2×25+2×6.25×20+2×0.414×(500−2×25)]×2=13 145(mm)，即 13.15m。

(3) 号钢筋为直筋：

钢筋总长度=(6 000−2×25+2×6.25×22)×2=12 450(mm)，即 12.45m。

(4) 号钢筋为闭口箍筋：

一根箍筋长=［2×(250+500)−8×25］+23.8×6.5=1 468(mm)，即 1.468m。

箍筋根数=(6 000−25×2)÷200+1≈31(根)。

箍筋总长度=1.468×31=45.51(m)。

每米长钢筋重量计算如下。

(1) 号钢筋直径 12mm，理论重量 $0.006\ 165\times12^2=0.888$(kg/m)。

(2) 号钢筋直径 20mm，理论重量 $0.006\ 165\times20^2=2.466$(kg/m)。

(3) 号钢筋直径 22mm，理论重量 $0.006\ 165\times22^2=2.984$(kg/m)。

(4) 号钢筋直径 6.5mm，理论重量 $0.006\ 165\times6.5^2=0.26$(kg/m)。

钢筋净用量=11.6×0.888+13.15×2.466+12.45×2.984+45.51×0.26=91.71(kg)；

钢筋实际用量=91.71×(1+3%)=94.46(kg)。

5.3.5 A.5 厂库房大门、特种门、木结构工程

1. 厂库房大门、特种门、木结构工程工程量计算规则及运用要点

(1) 厂库房大门、特种门、全板钢大门、围墙铁丝网门制作、安装工程量按门洞口面积以平方米计算。

(2) 铁栅门的制作、安装工程量按图示尺寸以吨计算。

(3) 木屋架的制作安装工程量，按以下规定计算。

① 木屋架制作、安装均按设计断面竣工木料以立方米计算，其后备长度及配制损耗均不另计算。

② 圆木屋架连接的挑檐木、支撑等为方木时，其方木部分应乘以系数 1.786 折合成

圆木并入屋架竣工木料内；单独的方木挑檐，按矩形檩木计算。

③ 方木屋架：附属于屋架的夹板、垫木等已并入相应的屋架制作项目中，不得另行计算；与屋架连接的挑檐木、支撑等，其工程量并入屋架竣工木料体积内计算。

④ 屋架的制作、安装应区别不同跨度，其跨度应以屋架上下弦杆的中心线交点之间的长度为准。带气楼的屋架并入依附屋架的体积内计算。

⑤ 屋架的马尾、折角和正交部分半屋架，应并入相连接屋架的体积内计算。

⑥ 钢木屋架区分圆、方木，按竣工木料以立方米计算。

(4) 檩木按竣工木料以立方米计算，简支檩长度按设计规定计算，如果设计无规定者，按屋架或山墙中距共增加 200mm 计算，比如两端出墙，檩条长度算至搏风板。连续檩条的长度按设计长度计算，其接头长度的体积按全部连续檩木总体积的 5%计算，檩条托木已考虑在相应的檩木制作、安装子目中，不另计算。

(5) 屋面木基层(除檩木、封檐板、搏风板)：按屋面的斜面积以平方米计算，天窗挑檐重叠部分按设计规定计算，屋面烟囱及斜沟部分所占面积不扣除。

(6) 封檐板按图示檐口外围长度以延长米计算，搏风板按斜长度计算，每个大刀头增加长度 500mm。

(7) 木柱、木梁、木楼梯按以下规定计算。

① 木柱、木梁应分方、圆按竣工木料以立方米计算，定额内已含刨光损耗。

② 木柱定额内不包括柱与梁、柱与柱基、柱、梁、屋架等连接的安装铁件，如果设计需要时可按设计规定计算，人工不变。

③ 木楼梯按水平投影面积计算，不扣除宽度小于 300mm 的楼梯井，其踢脚板、平台和伸入墙内部分均已包括在定额内，不另计算。

(8) 其他项目按以下规定计算。

① 披水条、盖口板、压缝条按实际长度以延长米计算。

② 玻璃黑板分活动式与固定式两种，按框外围面积计算，其粉笔槽及活式黑板的滑轮、溜槽及钢丝绳等，均包括在定额内，不另计算。

③ 木格栅(板)分条形格及方形格，按外围面积计算。

④ 检修孔木盖板以洞口面积计算。

⑤ 其他项目，按所示计量单位计算。

2. 厂库房大门、特种门、木结构工程工程量计算举例

【例 5－9】 某住宅楼工程，共 4 个单元，6 层，砖混结构，建筑面积 3 300m²，在楼梯间屋面板中需留有一个 600mm×600mm 的检修孔上至屋面，检修孔盖板为木盖板，试计算该工程检修孔木盖板的工程量。

【相关知识】 检修孔木盖板以洞口面积计算。

【解】 检修孔木盖板的工程量：0.6×0.6×4＝1.44(m²)。

5.3.6 A.6 金属结构工程

1. 金属结构工程工程量计算规则及运用要点

(1) 金属结构制作、安装、运输工程量，按设计图示尺寸以质量计算。不扣除孔眼、

切边、切肢的质量，焊条、铆钉、螺栓等不另增加质量。不规则或多边形钢板，按其外接矩形面积乘以厚度乘以单位理论质量计算。

(2) 焊接球节点钢网架工程量应按钢管、锥头钢板、钢球质量合并计算。

(3) 墙架制作工程量包括墙架柱、墙架梁及连接杆件质量。

(4) 实腹柱、吊车梁、H型钢制作工程量按图示尺寸计算，其中腹板及翼板宽度按每边增加25mm计算。

(5) 依附在钢柱上的牛腿及悬臂梁等并入钢柱工程量内。

(6) 钢管柱上的节点板、加强环、内衬管、牛腿等并入钢管柱工程量内。

(7) 制动梁的制作工程量包括制动梁、制动桁架、制动板质量。

(8) 压型钢板墙板按设计图示尺寸以铺挂面积计算。不扣除单个面积为0.3m^2以内的孔洞所占面积，包角、包边、窗台泛水等不另增加面积。

(9) 压型钢板楼板按设计图示尺寸以铺设水平投影面积计算。不扣除柱、垛及单个面积为0.3m^2以内的孔洞所占面积。

(10) 钢漏斗制作工程量，矩形按图示分片，圆形按图示展开尺寸，并依钢板宽度分段计算，每段均以其上口长度(圆形以分段展开上口长度)与钢板宽度，按矩形计算，依附漏斗的型钢并入漏斗工程量内。

(11) 金属围护网子目按围护网底面至顶面高度乘以设计图示长度以平方米计算。

(12) 紧固高强螺栓及剪力栓钉焊接按设计图示及施工组织设计规定以套计算。

(13) 钢屋架、钢托梁制作平台摊销工程量按相应制作工程量计算。

(14) 金属结构运输及安装工程量按金属结构制作工程量计算。

2. 金属结构工程工程量计算举例

【例5-10】 H型钢，规格为400mm×200mm×12mm×16mm，长度为8.37m，如图5.12所示，计算其工程量。

【相关知识】 实腹柱、吊车梁、H型钢制作工程量按图示尺寸计算，其中腹板及翼板宽度按每边增加25mm计算。

【解】 H型钢工程量：

G=[(0.368+0.05)×0.012+(0.200+0.05)×0.016×2]×7.85×8.3=0.484(t)。

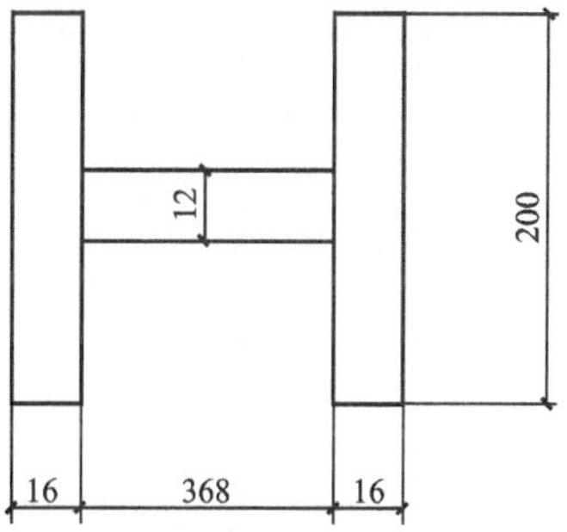

图5.12 H型钢

5.3.7 A.7 屋面及防水工程

1. 屋面及防水工程工程量计算规则及运用要点

1) 屋面工程

(1) 瓦屋面、型材屋面(彩钢板、波纹瓦)按图5.13中尺寸的水平投影面积乘以屋面坡度系数(见表5-8)，以平方米计算。不扣除房上烟囱、风帽底座、风道、屋面小气窗、斜沟等所占面积，屋面小气窗的出檐部分亦不增加。

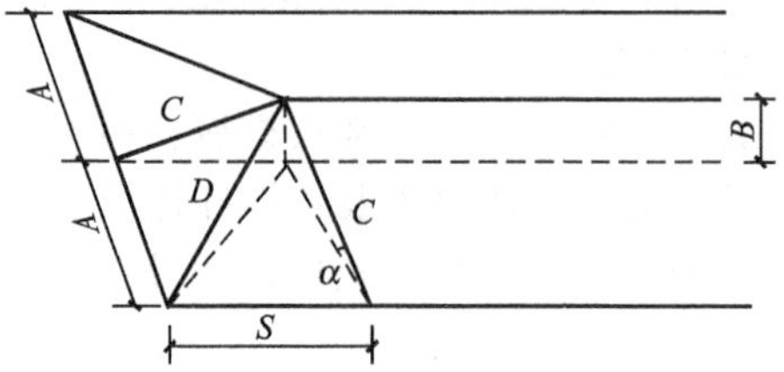

图 5.13　屋面坡度示意图

注：(1) 两坡排水屋面面积为屋面水平投影面积乘以延尺系数 c。

(2) 四坡排水屋面斜脊长度 $=A\times D$(当 $S=A$ 时)。

(3) 沿山墙泛水长度 $=A\times C$。

表 5-8　屋面坡度

坡度 B(A=1)	坡度 B/2A	坡度 角度(α)	延尺系数 C (A=1)	隅延尺系数 D(A=1)
1	1/2	45°	1.414 2	1.732 1
0.75		36°52′	1.250 0	1.600 8
0.70		35°	1.220 7	1.577 9
0.666	1/3	33°40′	1.201 5	1.562 0
0.65		33°01′	1.192 6	1.556 4
0.60		30°58′	1.166 2	1.536 2
0.577		30°	1.154 7	1.527 0
0.55		28°49′	1.141 3	1.517 0
0.50	1/4	26°34′	1.118 0	1.500 0
0.45		24°14′	1.096 6	1.483 9
0.40	1/5	21°48′	1.077 0	1.469 7
0.35		19°17′	1.059 4	1.456 9
0.30		16°42′	1.044 0	1.445 7
0.25		14°02′	1.030 8	1.436 2
0.20	1/10	11°19′	1.019 8	1.428 3
0.15		8°32′	1.011 2	1.422 1
0.125		7°8′	1.007 8	1.419 1
0.100	1/20	5°42′	1.005 0	1.417 7
0.083		4°45′	1.003	1.416 6
0.066	1/30	3°49′	1.002 2	1.415 7

(2) 铁皮屋面有滴水线时，应另加 70mm 的宽度计算。

(3) 铁皮屋面檐口处用的丁字铁未包括在定额内，如果设计需要时，可按实计算，但人工不另增加。

(4) 瓦脊按图示尺寸以延长米计算；围墙顶的琉璃瓦分单、双坡按图示尺寸以延长米计算。

2) 屋面防水工程

(1) 卷材屋面按设计图示尺寸的面积计算。斜屋顶(不包括平屋顶找坡)按斜面积计算，平屋顶按水平投影面积计算。不扣除房上烟囱、风帽底座、风道、屋面小气窗和斜沟所占的面积，屋面的女儿墙、伸缩缝和天窗等处的弯起部分，并入屋面工程量内。如果图纸无规定时，伸缩缝、女儿墙的弯起部分可按 250mm 计算，天窗、房上烟囱、屋顶楼间弯起部分可按 500mm 计算。

(2) 卷材屋面的附加层、接缝、收头、找平层的嵌缝已包含在定额内，不另计算；定额中如已含冷底子油，则不得重复计算。

(3) 涂膜屋面的工程量计算同卷材屋面。涂膜屋面的油膏嵌缝、玻璃布盖缝、屋面分格缝，长度按延长米计算。

(4) 屋面刚性防水按设计图示尺寸以平方米计算，不扣除房上烟囱、风帽底座及小于 $0.3m^2$ 以内孔洞等所占面积。

3) 屋面排水工程

(1) 铁皮排水按设计图示尺寸以展开面积计算，当图纸没有注明尺寸时，可按表 5－9 计算。咬口和搭接等已含在定额项目中，不另计算。

表 5－9　铁皮排水单体零件折算表

名称		单位	水落管/m	檐沟/m	水斗/个	漏斗/个	下水口/个		
铁皮排水	水落管、檐沟、水斗、漏斗、下水口	m^2	0.32	0.30	0.40	0.16	0.45		
	天沟、斜沟、天窗窗台泛水、天窗侧面泛水、烟囱泛水、通气管泛水、滴水檐头泛水、滴水	m^2	天沟/m	斜沟天窗窗台泛水/m	天窗侧面泛水/m	烟囱泛水/m	通气管泛水/m	滴水檐头泛水/m	滴水/m
			1.30	0.50	0.70	0.80	0.22	0.24	0.11

(2) 铸铁落水管区别不同直径按设计图示尺寸以延长米计算，当设计未标注尺寸，以檐口至设计室外散水上表面垂直距离计算。雨水口、水斗、弯头、短管以个计算。

4) 防水工程

(1) 防水工程按设计图示尺寸以平方米计算。

(2) 建筑物地面防水、防潮层，按主墙间净空面积计算，扣除凸出地面的构筑物、设备基础等所占的面积，不扣除间壁墙及单个面积为 $0.3m^2$ 以内的柱、垛、烟囱和孔洞所占面积。与墙面连接处上卷高度在 500mm 以内者按展开面积计算，并入平面工程量内，超过 500mm 时，按立面防水层计算。

(3) 建筑物墙基防水、防潮层：外墙长度按中心线计算，内墙按净长乘以宽度以平方米计算。

(4) 构筑物及建筑物地下室防水层，按设计图示尺寸以平方米计算，但不扣除面积为

0.3m² 以内的孔洞面积。平面与立面交接处的防水层，其上卷高度超过 500mm 时，按立面防水层计算。

(5) 防水卷材的附加层、接缝、收头和"油毡卷材防水"的冷底子油等人工材料均已计入定额内，不另计算。

(6) 各种变形缝按设计图示以延长米计算。

2. 屋面及防水工程工程量计算举例

【例 5-11】 某平屋面防水工程为卷材防水，女儿墙内净空为 50m×10.5m，计算其工程量。

【相关知识】 卷材屋面按设计图示尺寸的面积计算。如果图纸无规定时，伸缩缝、女儿墙的弯起部分可按 250mm 计算，天窗、房上烟囱、屋顶楼间弯起部分可按 500mm 计算。

【解】 该屋面防水工程量：$50\times10.5+[(50+0.25\times2)+10.5]\times2\times0.25=540.25(m^2)$。

5.3.8 A.8 防腐、隔热、保温工程

1. 防腐、隔热、保温工程工程量计算规则及运用要点

1) 防腐面层

(1) 防腐工程项目应区分不同防腐材料种类及其厚度，按设计图示尺寸以面积计算。平面防腐：扣除凸出地面的构筑物、设备基础等所占的面积；立面防腐：砖垛等突出部分按展开面积并入墙面面积内。

(2) 踢脚板按设计图示尺寸以面积计算，应扣除门洞所占面积并相应增加侧壁展开面积。

(3) 平面砌筑双层耐酸块料时，按单层面积乘以系数 2 计算。

(4) 防腐卷材接缝、附加层、收头等人工材料，已计入在定额中，不再另行计算。

(5) 烟囱表面涂抹隔绝层：烟囱内表面涂抹隔绝层，按筒身的内壁面积计算，并扣除面积为 0.3m² 以上的孔洞面积。

2) 隔热、保温

(1) 保温隔热层应区别不同保温隔热材料，除另有规定者外，均按设计实铺厚度以立方米计算。红阶砖架空、混凝土板铺设隔热层按实铺面积以平方米计算。

(2) 保温隔热层的厚度按隔热材料(不包括胶结材料)净厚度计算。

(3) 地面隔热层按围护结构墙体间净面积乘以设计厚度以立方米计算，不扣除柱、垛所占的体积。

(4) 墙体隔热层，外墙按隔热层中心线、内墙按隔热层净长乘以图示尺寸的高度及厚度以立方米计算。应扣除冷藏门洞口和管道穿墙洞口所占的体积。独立墙体和附墙铺贴的区分如图 5.14 所示。

(5) 柱包隔热层，按设计图示柱的隔热层中心线的展开长度乘以图示尺寸高度及厚度以立方米计算。

3) 其他

(1) 池槽隔热层按设计图示池槽保温隔热层的长、宽及其厚度以立方米计算。其中池

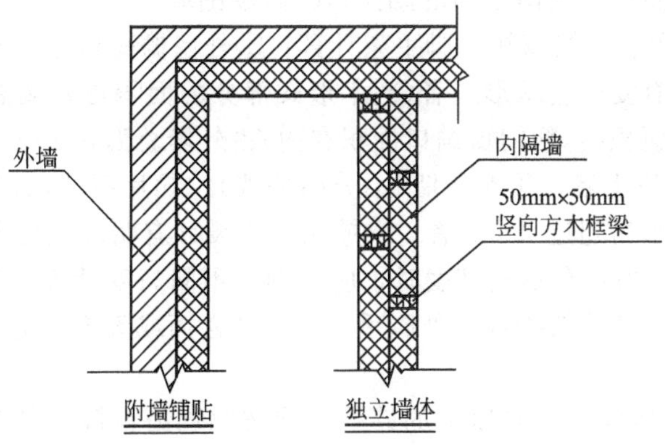

图 5.14 墙体隔热层

壁按墙面计算，池底按地面计算。

(2) 门洞口侧壁周围的隔热部分，按设计图示隔热层尺寸以立方米计算，并入墙面的保温隔热工程量内。

(3) 柱帽保温隔热层按设计图示保温隔热层体积并入天棚保温隔热层工程量内。

2. 防腐、隔热、保温工程工程量计算举例

【例 5-12】 某工程为红阶砖架空混凝土板隔热层，规格为 490mm×490mm×40mm，实铺面积为 $350m^2$，计算其工程量。

【相关知识】 保温隔热层应区别不同保温隔热材料，除另有规定者外，均按设计实铺厚度以立方米计算。红阶砖架空、混凝土板铺设隔热层按实铺面积以平方米计算。

【解】 根据工程量计算规则，红阶砖架空、混凝土板铺设隔热层按实铺面积以平方米计算。该屋面隔热工程量为：$350m^2$。

5.3.9 A.9 脚手架工程

脚手架工程工程量计算规则及运用要点如下。

1) 砌筑脚手架

(1) 不论何种砌体，凡砌筑高度超过 1.2m 者，均需计算脚手架。

(2) 砌筑脚手架的计算按墙面(单面)垂直投影面积以平方米计算。

(3) 计算脚手架工程量时，门窗洞口及穿过建筑物的车辆通道空洞面积等，均不扣除。

(4) 外墙脚手架按外墙外围长度(应计凸阳台两侧的长度，不计凹阳台两侧的长度)，乘以室外地坪至砌体中心线顶面或女儿墙顶面高度，有山墙的，加山墙面积，再乘以 1.05 系数计算其工程量。

(5) 天井四周墙砌筑，如需搭外架时：①天井短边净宽 $b \leqslant 2.5m$ 时按长边净宽乘以高度再乘以系数 1.2 计算外脚手架工程量；②天井短边净长 $2.5m < b \leqslant 3.5m$ 时，按长边净宽乘以高度再乘以系数 1.5 计算外脚手架工程量；③天井短边净宽 $b > 3.5m$ 时，按一般外脚手架计算。

(6) 独立砖柱、凸出屋面的烟囱脚手架按其外围周长加 3.6m 后乘以高度计算。

(7) 如遇下列情况者，按单排外脚手架计算：①外墙檐高在 16m 以内，并无施工组织

设计规定时；②独立砖柱与凸出屋面的烟囱；③砖砌围墙。

(8) 如遇下列情况者，按双排外脚手架计算：①外墙檐高超过 16m 者；②框架结构间砌外墙；③外墙面带有复杂艺术形式者(艺术形式部分的面积占外墙总面积的 30%以上)，或外墙勒脚以上抹灰面积(包括门窗洞口面积在内)占外墙总面积 25%以上，或门窗洞口面积占外墙总面积 40%以上者；④空斗墙(不分内外墙)；⑤片石墙(含挡土墙、片石围墙)、大孔混凝土砌块墙，墙高超过 1.2m 者；⑥施工组织设计有明确规定者。

(9) 同一栋建筑物内：有不同高度时，应分别按不同高度计算外脚手架；不同高度间的分隔墙，按相应高度的建筑物计算外脚手架；如从楼面或天面搭起的，应从楼面或天面起开始计算。

(10) 凡厚度在两砖(490mm)以上的砖墙，均按双面搭设脚手架计算，如果无施工组织设计规定时：高度在 3.6m 以内的外墙，一面按单排外脚手架计算，另一面按里脚手架计算；高度在 3.6m 以上的外墙，外面按双排外脚手架计算，内面按里脚手架计算；内墙按双面计算相应高度的里脚手架。

(11) 在旧有的建筑物上加层：加二层以内时，其外墙脚手架按第 4)条规定乘以系数 0.5 计算；加层在二层以上时，按上述办法计算，不乘以系数。

(12) 内墙按内墙净长乘以实砌高度计算里脚手架工程量。下列情况者，也按相应高度计算里脚手架工程量。

① 砖砌基础深度超过 3m 时(室外地坪以下)，或四周无土砌筑基础，高度超过 1.2m 时。

② 单层地下室外墙(高度从地下室室内地坪标高算起)。

(13) 电梯井按井底板面至顶板面高度，套用相应定额子目以座计算。

2) 现浇混凝土脚手架

(1) 现浇混凝土需用脚手架时，应与砌筑脚手架综合考虑。如果确实不能利用砌筑脚手架者，而定额子目中又无脚手架工料，则可按施工组织设计规定或按实际搭设的脚手架计算。

(2) 两层及二层以上地下室的外墙脚手架按双排外脚手架计算。

(3) 现浇混凝土基础运输道的计算如下。

① 深度大于 3m(3m 以内不得计算)的带形基础按基槽底面积计算。

② 满堂基础运输道适用于满堂式基础、箱形基础、基础底宽度大于 3m 的柱基础及宽度大于 3m 的设备基础，其工程量按基础底面积计算。

(4) 现浇混凝土框架运输道，适用于楼层为预制板的框架柱、梁，其工程量按框架部分的建筑面积计算。

(5) 现浇混凝土楼板运输道，适用于框架柱、墙、梁、板整体浇捣工程，工程量按浇捣部分的建筑面积计算；如果以预制板为主，局部浇捣的混凝土楼板(厕所、浴室)，不得计算楼板运输道费用；砖混结构工程的现浇楼板按相应定额子目乘以系数 0.5 计算。

(6) 计算现浇混凝土运输道，采用泵送混凝土时应按如下规定计算。

① 基础混凝土不予计算。

② 框架结构、框架—剪力墙结构、筒体结构的工程，定额须乘以系数 0.5。

③ 砖混结构工程，定额乘以系数 0.25。

(7) 装配式构件安装，两端搭在柱上，需搭设脚手架时，其工程量按柱周长加 3.6m 乘以柱高度计算，并按相应高度的单排外脚手架定额的 50%计算。

(8) 现浇钢筋混凝土独立柱，如果无脚手架利用时，按(柱外围周长+3.6m)×柱高度按相应外脚手架计算。

(9) 单独浇捣的梁，如果无脚手架利用时，应按(梁宽+2.4m)×梁的跨度套相应高度(梁底高度)的满堂脚手架计算。

(10) 当采用满堂脚手架时套用《装饰装修工程消耗量分册》B.7脚手架工程相应定额子目。

3) 构筑物脚手架

(1) 烟囱、水塔、独立筒仓脚手架，分不同内径，按室外地坪至顶面高度，套相应定额子目。水塔、独立筒仓脚手架按相应的烟囱脚手架，人工乘以系数1.11，其他不变。

(2) 钢筋混凝土烟囱内衬的脚手架，按烟囱内衬砌体的面积，套单排脚手架。

(3) 贮水(油)池外池壁高度在3m以内者，按单排外脚手架计算；超过3m时可按施工组织设计规定计算，如果无施工组织设计时，可按双排外脚手架计算；池底钢筋混凝土运输道参照基础运输道；池顶钢筋混凝土运输道参照楼板运输道。

(4) 贮仓及漏斗：如需搭脚手架时，按本分册相应子目计算。

(5) 预制支架不得计算脚手架。

(6) 设备基础脚手架按其外形周长乘以地坪至外形顶面边线之间高度以平方米计算。

4) 其他

(1) 外脚手架安全围护网按实挂面积以平方米计算。

(2) 围尼龙编织布按实搭面积以平方米计算。

5.3.10 A.10 垂直运输工程

1. 垂直运输工程定额说明

(1) 建筑物的垂直运输高度划分规则如下。

① 室外地坪以上高度，是指设计室外地坪至檐口滴水的高度，没有檐口的建筑物，算至屋顶板面，坡屋面算至起坡处。女儿墙不计高度，突出主体建筑物屋面的梯间、电梯机房、设备间、水箱间、塔楼、望台等，其水平投影面积小于主体顶层投影面积30%的不计其高度。

② 室外地坪以下高度，是指设计室外地坪至相应的下层底板底面的高度。带地下室的建筑物，地下层垂直运输高度由设计室外地坪标高算至地下室底板底面，套用相应高度的定额子目。地下层垂直运输高度小于3.6m时不得计算垂直运输费用。

(2) 建筑物中有不同的高度时，应按不同高度分别计算。

(3) 构筑物的高度是指设计室外地坪至结构最高顶面的距离。

(4) 垂直运输高度小于3.6m的单层建筑物和围墙，不得计算垂直运输费用。

(5)如采用泵送砼时，定额子目中的塔吊机械台班应乘以系数0.8。

(6) 仅施工主体的建筑物，而不进行装修施工的工程，则套用的垂直运输子目要乘以系数0.7。

(7) 单层工业厂房，如果主体结构构件吊装采用塔吊或卷扬机吊装机械施工的，其相应建筑物垂直运输子目要乘以系数 0.6。

(8) 本分册工作内容，包括单位工程在合理工期内完成全部工程所需的垂直运输机械台班，不包括机械的场外运输、一次安拆及路基铺垫和轨道铺拆等费用。

2. 垂直运输工程工程量计算规则及运用要点

(1) 建筑物垂直运输区分不同建筑物的结构类型和高度，按建筑物设计室外地坪以上的建筑面积以平方米计算。高度超过 120m 时按每增加 10m 内定额子目计算，高度不足 10m 时，按比例计算。

(2) 地下室按地下层的建筑面积以平方米计算。

(3) 构筑物垂直运输机械台班以座计算。超过规定高度时按每增加 1m 定额子目计算，高度不足 1m 时，按 1m 计算。

5.3.11 A.11 建筑模板工程

建筑模板工程工程量计算规则及运用要点如下。

(1) 现浇混凝土模板工程量，除另有规定外，应区分不同材质，按混凝土与模板接触面积以平方米计算。

① 杯形基础杯口高度大于外杯口大边长度的，套用高杯基础定额。

② 有肋式带形基础，肋高与肋宽之比在 4∶1 以内的按有肋式带形基础计算；肋高与肋宽之比超过 4∶1 的，其底板按板式带形基础计算，其余部分按墙计算。

③ 桩承台按独立式桩承台编制，带形桩承台按带形基础定额执行。

④ 箱式满堂基础应分别按满堂基础、柱、墙、梁、地下室顶板有关规定计算。

⑤ 柱模板的计算如下。

a. 柱高按下列规定确定：有梁板的柱高，应自柱基或楼板的上表面至上层楼板底面计算；无梁板的柱高，应自柱基或楼板的上表面至柱帽下表面计算。

b. 暗柱、暗梁及墙凸出部分的模板并入墙模板工程量内计算。附墙柱凸出墙面部分小于墙厚 1.5 倍时，并入墙计算；超过墙厚 1.5 倍时，按柱计算。

c. 计算柱模板时，不扣除梁与柱交接处的模板面积。

d. 构造柱按外露部分计算模板面积，留马牙槎的按最宽面计算模板宽度。

⑥ 梁模板的计算如下。

a. 梁与柱连接时，梁长算至柱侧面；主梁与次梁连接时，次梁长算至主梁侧面。

b. 计算梁模板时，不扣除梁与梁交接处的模板面积。

⑦ 墙、板模板的计算如下。

a. 墙高应自墙基或楼板的上表面至上层楼板底面计算。

b. 墙、板上单孔面积在 0.3m^2 以内的孔洞不扣除，洞侧模板也不增加，单孔面积在 0.3m^2 以上应扣除，洞侧模板并入墙、板模板工程量中进行计算。

c. 计算墙模板时，不扣除梁与墙交接处的模板面积。

d. 计算板模板时，不扣除柱、墙所占的面积。

⑧ 梁、板、墙模板均不扣除后浇带所占的面积。

⑨ 现浇悬挑板按外挑部分的水平投影面积计算，伸出墙外的牛腿、挑梁及板边的模

板不另计算。

⑩ 薄壳板由平层和拱层两部分组成，按平层水平投影面积计算工程量。

⑪ 板式转换层楼板模板按楼板垂直投影面积以平方米计算，侧面面积不增加，不扣除柱、墙接触面所占面积；楼层顶撑按转换层楼板模板乘以实际支撑层数计算。

⑫ 屋顶水池，分别按柱、梁、墙、板项目计算。

⑬ 楼梯包括休息平台、梁、斜梁及楼梯与楼板的连接梁，按设计图示尺寸以水平投影面积计算，不扣除宽度小于500mm的楼梯井所占面积，楼梯的踏步板、平台梁等侧面模板不另计算。

⑭ 混凝土压顶、扶手按延长米计算。

⑮ 小型池槽模板按构件外围体积计算，池槽内、外侧及底部的模板不另计算。

⑯ 台阶模板按水平投影面积计算，台阶两侧不另计算模板面积。

⑰ 现浇混凝土散水按散水坡设计图示面积以平方米计算，现浇混凝土明沟按延长米计算。

⑱ 小立柱、装饰线条及二次浇灌模板套用小型构件定额子目，按模板接触面积以平方米计算。

⑲ 梁、墙、板后浇带模板工程量按后浇部分混凝土体积以立方米计算。

(2) 构筑物混凝土模板工程量，按以下规定计算。

① 构筑物的模板工程量，除另有规定者外，区别现浇、预制和构件类别，分别按本计算规则第1条和第3条的有关规定计算。

② 大型池槽等分别按基础、墙、板、梁、柱等有关规定计算并套相应定额子目。

③ 液压滑升钢模板施工的烟囱、水塔塔身、贮仓等，均按混凝土体积，以立方米计算。

④ 倒圆锥形水塔罐壳模板按混凝土体积以立方米计算。倒圆锥形水塔罐壳组装、提升、就位，按不同容积以座计算。

(3) 预制混凝土构件模板工程量，按以下规定计算。

① 预制混凝土模板工程量，除另有规定外均按混凝土实体体积以立方米计算。

② 小型池槽按外形体积以立方米计算。

③ 预制混凝土桩尖按虚体积(不扣除桩尖虚体积部分)计算。

为便于施工企业快速报价，表5-10中列出了现浇构件模板接触面积参考表，供使用单位参考。按设计图纸计算模板接触面积或使用现浇构件模板接触面积参考表折算模板面积，两种方法仅能使用其中一种，相互不得混用。使用现浇构件模板接触面积参考表者，竣工结算时模板面积不得调整。

表5-10 现浇构件模板接触面积参考表

构件名称		每 $10m^3$ 混凝土模板接触面积/m^2
混凝土基础垫层		13.80
带型基础	无筋混凝土	36.66
	带型基础(有梁式)	21.97
	带型基础(板式)	5.94

续表

构件名称		每 $10m^3$ 混凝土模板接触面积/m^2
独立基础		21.07
杯型基础		18.36
高杯基础		45.05
满堂基础	无梁式	4.60
	有梁式	12.95
独立桩承台		19.94
设备基础	$5m^3$ 内	32.09
	$20m^3$ 内	16.03
	$20m^3$ 外	13.13
柱	矩形柱	105.26
	异形柱	93.20
	圆形柱	78.37
	构造柱	79.2
梁	基础梁	87.34
	单梁、连续梁、框架梁	96.06
	异形梁	87.71
	圈梁	65.79
	过梁	96.81
	弧形梁	87.34
	拱形梁	76.22
墙	直形墙	74.40
	弧形墙	70.42
	电梯坑、井壁	130.00
板	有梁板	69.01
	无梁板	48.54
	平板	74.40
	拱板	80.39
	薄壳板	300
	栏板	338.90
	挑檐、天沟	140.31
	悬挑板($10m^2$)	18.2
楼梯	直形楼梯($10m^2$)	21.2
其他	压顶、扶手(10m)	5

续表

构件名称			每 10m³ 混凝土模板接触面积/m²
	门框		141.41
	小型构件		304.88
	小型池槽		300
	台阶(10m²)		11.1
	混凝土地沟、电缆沟		111.11
贮水油池	池底	平底	2.02
		坡底	9.30
	池壁	矩形	100.50
		圆形	116.41
	无梁池盖		32.49
	肋形盖		11.10
	无梁盖柱		87.87
	沉淀池水槽		210.97
	沉淀池壁基梁		42.99
贮仓	圆形仓顶板		73.53
	圆形仓底板		25.91
	圆形仓立壁		91.74
	矩形仓立壁		97.18
水塔	筒式塔身		159.74
	柱式塔身		115.34
	水箱内壁		142.05
	水箱外壁		119.76
	塔顶		74.07
	塔底		56.92
	回廊及平台		92.59

5.3.12 A.12 混凝土运输及泵送工程

混凝土运输及泵送工程工程量计算规则及运用要点如下。

(1) 搅拌站混凝土的运输：搅拌站混凝土运输工程量，按混凝土浇捣相应子目的混凝土定额分析量计算，采用泵送混凝土的应加上泵送损耗。

(2) 混凝土泵送：混凝土泵送工程量，按混凝土浇捣相应子目的混凝土定额分析量计算。

5.3.13 A.13 建筑物超高增加费

建筑物超高增加费工程量计算规则及运用要点如下。

1. 基本规定

(1) 本分册适用于建筑物地上超过 6 层或设计室外标高至檐口高度超过 20m 以上的工程，构筑物除外。檐高或层数只需符合一项指标即可套用相应定额子目。

(2)建筑物超高人工、机械降效系数是指：由于建筑物地上高度超过 6 层或设计室外标高至檐口高度超过 20m，造成操作工人的工效降低；垂直运输运距加长影响的时间；以及由于人工降效引起随工人班组配置确定台班量的机械效率相应降低。

(3) 建筑物超高加压水泵台班主要考虑自来水水压不足所需增压的加压水泵台班，如果实际不发生时不得计算。

(4) 建筑物的檐高按本分册 A.10 垂直运输工程说明，室外地坪以上高度划分。

(5) 当建筑物有不同高度时，按不同高度的建筑面积计算加权平均降效高度，当加权平均降效高度大于 20m 时套相应高度的定额子目。

加权平均降效高度=(高度①×面积①+高度②×面积②+…)/总面积

2. 工程量计算规则

(1) 建筑物超高增加人工、机械降效费的计算方法如下。

① 人工降效费按建筑物±0.00 以上全部工程项目(不包括脚手架工程、垂直运输工程、各章节中的水平运输子目、各定额子目中水平运输机械)中的全部人工费乘以相应子目人工降效率以元计算。

② 机械降效费按建筑物±0.00 以上全部工程项目(不包括脚手架工程、垂直运输工程、各章节中的水平运输子目、各定额子目中的水平运输机械)中的全部机械费乘以相应子目机械降效率以元计算。

(2) 建筑物超高加压水泵台班的工程量，按±0.00 以上建筑面积以平方米计算。

5.3.14 A.14 材料二次运输

材料二次运输工程量计算规则及运用要点如下。

(1) 基本规定：适用于建筑、装饰工程中的建筑材料二次运输费的计算。市区沿街建筑因下列原因而发生的重复装卸、运输的费用，按本分册定额子目执行。

① 现场堆放材料有困难。

② 因施工环境和场地的限制，汽车不能直接将材料运到施工现场。

③ 建设单位(业主)不能按正常合理的施工组织设计提供材料、构件堆放场地和临时设施用地。

(2) 材料二次运输中，因水泥和玻璃(指门窗平板玻璃)重复装卸损耗较大，可另计算二次运输损耗费，其损耗率：水泥 0.5%；玻璃 2%。二次运输损耗费计算式：

二次运输损耗费=材料量×材料单价×损耗率

(3) 垂直运输材料，按照垂直距离折合 7 倍的水平运输距离计算。

(4) 水平运距的计算分别以取料中心为起点，以材料堆放中心为终点。不足整数者，进位取整数。

(5) 各种材料二次运输工程量计算按本分册定额表中的计量单位计算。

5.4 工程量清单模式下的工程量计算

《建设工程工程量清单计价规范》是国家为规范建设工程工程量清单计价行为，统一建设工程工程量清单的编制和计价方法而制定的规范。《计价规范》适用于建设工程招标投标的工程量清单计价活动。《计价规范》的工程量计算规则与定额模式的工程量计算规则有区别，按其计算规则计算的工程量清单项目，是工程实体项目。

5.4.1 A.1 土(石)方工程

1. 土石方工程量计算规则及其运用要点

(1) “平整场地”项目适用于建筑场地厚度在±300mm以内的挖、填、运、找平。工程量按设计图示尺寸以建筑物首层面积计算。即建筑物外墙外边线，如果有落地阳台，则合并计算；如果是悬挑阳台，则不计算。工程内容有：300mm以内的土方挖、填，场地找平，土方运输。

(2) “挖土方”项目适用于设计室外地坪标高以上的挖土；工程量按图示尺寸以体积计算。工程内容有：排地表水、土方开挖、挡土板支拆、截桩头、基底钎探、土方运输。

(3) “挖基础土方”项目适用于设计室外地坪标高以下的挖土，包括挖地槽、地坑、土方；工程量按设计图示尺寸以基础垫层底面积乘以挖土深度计算。桩间挖土方不扣除桩所占的体积。工程内容有：排地表水，土方(地沟、地坑)开挖，挡土板支拆，截桩头，基底钎探，土方运输。

(4) “冻土开挖”工程量按设计图示尺寸开挖面积乘以厚度以体积计算。工程内容有打眼、装药、爆破、开挖、清理、运输。

(5) “挖淤泥、流沙”工程量按设计图示位置、界限以体积计算。工程内容有挖淤泥、流沙，弃淤泥、流沙。

(6) “管沟土方”项目适用于埋设管道工程的土方挖、填；工程量按设计图示以管道中心线长度计算。工程内容有：排地表水，土方(沟槽)开挖，挡土板支拆，土方运输、回填。

(7) “预裂爆破工程量”按设计图示以钻孔总长度计算。工程内容有：打眼、装药、放炮，处理渗水、积水，安全防护、警卫。

(8) “石方开挖”工程量按设计图示尺寸以体积计算。工程内容有：打眼、装药、放炮，处理渗水、积水，解小，岩石开凿，摊座，清理，运输，安全防护、警卫。

(9) “管沟石方”工程量按设计图示以管道中心线长度计算。工程内容有：石方开凿、爆破，处理渗水、积水，解小，摊座，清理、运输、回填，安全防护、警卫。

(10) “土(石)方回填”项目适用于场地回填、室内回填、基坑回填和回填土的挖运。

工程量按设计图示尺寸以体积计算。场地回填：回填面积乘以平均回填厚度；室内回填：主墙间净面积乘以回填厚度；基础回填：挖方体积减去设计室外地坪以下埋没的基础体积(包括基础垫层及其他构筑物)。工程内容有：挖土方，装卸、运输，回填，分层碾压、夯实。

2. 土石方工程量计算举例

【例 5-13】 某单位传达室基础平面图及基础详图如图 5.6 所示，土壤为三类土、干土，场内运土 150m，清单模式下计算挖基础土方工程量。

【相关知识】

(1)《计价规范》中挖基础土方是指建筑物设计室外地坪标高以下的挖地槽、挖地坑、挖土方，统称为挖基础土方。

(2) 不需要分土壤类别，干土、湿土。

(3) 不考虑放工作面、放坡，工程量为垫层面积乘以挖土深度。

(4) 不考虑运土。

【解】 工程量计算

(1) 挖土深度：

$$1.90-0.30=1.60(\text{m})$$

(2) 垫层宽度：1.20m。

(3) 垫层长度：

$$外=(9.0+5.0)\times 2=28.0(\text{m})$$

$$内=(5.0-1.20)\times 2=7.60(\text{m})$$

(4) 挖基础土方体积：

$$1.60\times 1.20\times (28.0+7.60)=68.35(\text{m}^3)$$

【例 5-14】 某建筑物为三类工程，地下室(如图 5.7 所示)，地下室墙外壁做涂料防水层，施工组织设计确定用反铲挖掘机挖土，土壤为三类土，机械挖土坑内作业，土方外运 1km，回填土已堆放在距场地 150m 处，清单模式下计算其挖基础土方工程量及回填土工程量。

【相关知识】

(1) 挖土不需要分人工、机械，不考虑人工修边坡、整平。

(2) 回填土按挖基础土方体积减设计室外地坪以下的垫层，整板基础，地下室墙及地下室净空体积，“基础土方体积”是指按定额计算规则计算的土方体积。

【解】 工程量计算如下。

(1) 挖土深度：

$$3.5-0.45=3.05(\text{m})$$

(2) 垫层面积：

$$31.0\times 21.0=651.00(\text{m}^2)$$

(3) 挖基础土方体积：

$$3.05\times 651.00=1\,985.55(\text{m}^3)$$

(4) 回填土：

挖土方体积为 1 985.55m^3。

减垫层为 65.10m^3。

减底板为 256.26m^3。

减地下室为 1 568.48m^3。

回填土量为 1 985.55−65.10−256.26−1 568.48=95.71(m^3)。

5.4.2 A.2 桩与地基基础工程

1. 桩与地基基础工程量计算规则及运用要点

(1)“预制钢筋混凝土桩”项目适用于预制混凝土方桩、管桩和板桩等；计量单位为“米”时，工程量按图示桩长(包括桩尖)计算；计量单位为“根”时，工程量以根数计算。

预制钢筋混凝土桩的工程内容有：桩制作、运输、打桩(包括试桩、斜桩)、送桩，管桩填充材料，刷防护材料，场地清理，桩运输。

(2)“接桩”项目适用于预制混凝土方桩、管桩和板桩的接桩；方桩、管桩工程量按接头个数计算，板桩工程量按接头长度以米计算。

(3)“混凝土灌注桩”项目适用于钻孔灌注混凝土桩和用各种方法成孔后，在孔内灌注混凝土的桩；计量单位为“米”时，工程量按图示桩长(包括桩尖)计算，计量单位为“根”时，工程量以根数计算。

混凝土灌注桩的工作内容有：成孔固壁，混凝土制作、运输、灌注、振捣、养护，泥浆池及沟槽砌筑、拆除，泥浆制作、运输。

(4)“砂石灌注桩、灰土挤密桩、旋喷桩、喷粉桩”的工程量按设计图示尺寸以桩长(包括桩尖)计算。

(5)“地下连续墙”项目适用于构成建筑物、构筑物地下结构部分永久性的复合型地下连续墙，若作为深基础支护结构，则应列入清单措施项目内；地下连续墙的工程量按设计图示墙中心线长乘以厚度乘以槽深以体积计算。

地下连续墙的工作内容有，挖土成槽、余土运输，导墙制作、安装，锁口管吊拔，浇筑混凝土连续墙，材料运输。

(6) 振冲灌注碎石工程量按设计图示孔深乘以孔截面积以体积计算。

(7) 地基强夯工程量按设计图示尺寸以面积计算。

(8) 锚杆支护工程量按设计图示尺寸以支护面积计算。

(9) 土钉支护工程量按设计图示尺寸以支护面积计算。工作内容有：钉土钉，挂网，混凝土制作、运输、喷射、养护，砂浆制作、运输、喷射、养护。

2. 桩与地基基础工程量计算举例

【例 5-15】 某工程桩基础为现场预制混凝土方桩(如图 5.8 所示)，C30 商品混凝土，室外地坪标高−0.30m，桩顶标高−1.80m，桩计 150 根，清单模式下计算预制混凝土方桩的工程量。

【相关知识】

(1) 计量单位为“米”时，只要按图示桩长(包括桩尖)计算长度，不需要考虑送桩；桩断面尺寸不同时，按不同断面分别计算。

(2) 计量单位为“根”时，不同长度，不同断面的桩要分别计算。

【解】 工程量计算如下。

(1) 计量单位为“米”时，桩长：(8.0+0.40)×150=1260.0(m)。

(2) 计量单位为“根”时，桩根数：150根(如果桩的长度、断面尺寸一致，则以根数计算比较简单)。

【例5-16】 某工程桩基础是钻孔灌注混凝土桩(如图5.9所示)，C25混凝土现场搅拌，土孔中混凝土充盈系数为1.25，自然地面标高-0.45m。桩顶标高-3.00m，设计桩长12.30m，桩进入岩层1m，桩直径600mm，计100根，泥浆外运5km。清单模式下计算钻孔灌注混凝土桩的工程量。

【相关知识】

(1) 计算桩长时，不需要考虑增加一个桩直径长度。

(2) 不需要计算钻土孔或钻岩石孔的量。

【解】 工程量计算

桩长：12.30×100=1230.00(m)。

5.4.3 A.3 砌筑工程

1. *砌筑工程量计算规则及运用要点*

(1)“砖基础”项目适用于各种类型砖基础：砖柱基础、砖墙基础、砖烟囱基础、砖水塔基础、管道基础。工程量按设计图示尺寸以体积计算，包括附墙垛基础宽出部分体积，扣除地梁(圈梁)、构造柱所占体积，不扣除基础大放脚T形接头处的重叠部分及嵌入基础内的钢筋、铁件、管道、基础砂浆防潮层和单个面积0.3m^{2}以内的孔洞所占体积，靠墙暖气沟的挑檐不增加。基础长度：外墙按中心线，内墙按净长线计算。其具体计算方法与定额中砖基础计算规则一致，基础与墙身的划分原则，与定额规则一致。

砖基础的工作内容有：砂浆制作、运输，砌砖，防潮层铺设，材料运输。

(2)“实心砖墙”工程量 按设计图示尺寸以体积计算。扣除门窗洞口、过人洞、空圈、嵌入墙内的钢筋混凝土柱、梁、圈梁、挑梁、过梁及凹进墙内的壁龛、管槽、暖气槽、消火栓箱所占体积。不扣除梁头、板头、擦头、垫木、木楞头、沿缘木、木砖、门窗走头、砖墙内加固钢筋、木筋、铁件、钢管及单个面积0.3m^{2}以内的孔洞所占体积。凸出墙面的腰线、挑檐、压顶、窗台线、虎头砖、门窗套的体积亦不增加。凸出墙面的砖垛并入墙体体积内计算。其具体计算方法与定额中墙体计算规则基本一致，个别规则与定额不同，此如内墙高度算至楼板板顶(定额是算至楼板板底)。不论三皮砖以下或三皮砖以上的腰线、挑檐，凸出墙面部分均不计算体积(定额是三皮砖以上要计算体积)。砖砌墙体的工作内容有：砂浆制作、运输，砌砖，勾缝，砖压顶砌筑，材料运输。

(3) 空斗墙按设计图示尺寸以空斗墙外形体积计算，墙角、内外墙交接处、门窗洞日立边、窗台砖、屋檐处的实砌部分体积并入空斗墙体积内；空花墙按设计图示尺寸以空花部分外形体积计算，不扣除空洞部分体积；填充墙按设计图示尺寸以填充墙外形体积计算。实心砖柱按设计图示尺寸以体积计算。扣除混凝土及钢筋混凝土梁垫、梁头、板头所占体积；零星砌砖按设计图示尺寸以体积计算。扣除混凝土及钢筋混凝土梁垫、梁头、板头所占体积。

(4) 砖烟囱、水塔按设计图示筒壁平均中心线周长乘以厚度乘以高度以立方米计算。扣除各种孔洞、钢筋混凝土圈梁、过梁等的体积；砖烟道按图示尺寸以立方米计算。

(5) 砖窨井、检查井，砖水池、化粪池工程量按设计图示数量计算，计量单位为“座”。

(6) 空心砖墙、砌块墙按设计图示尺寸以体积计算。扣除门窗洞口、过人洞、空圈、嵌入墙内的钢筋混凝土柱、梁、圈梁、挑梁、过梁及凹进墙内的壁龛、管槽、暖气槽、消火栓箱所占体积，不扣除梁头、板头、模头、垫木、木楞头、沿缘木、木砖、门窗走头、砖墙内加固钢筋、木筋、铁件、钢管及单个面积 0.3m^2 以内的孔洞所占体积，凸出墙面的腰线、挑檐、压顶、窗台线、虎头砖、门窗套的体积不增加，凸出墙面的砖垛并入墙体体积内。

(7) 空心砖柱、砌块柱按设计图示尺寸以体积计算。扣除混凝土及钢筋混凝土梁垫、梁头、板头所占体积。

(8) 石基础按设计图示尺寸以体积计算。包括附墙垛基础宽出部分体积，不扣除基础砂浆防潮层及单个面积 0.3m^{2}以内的孔洞所占体积，靠墙暖气沟的挑檐不增加体积。基础长度：外墙按中心线，内墙按净长计算。

(9) 石勒脚按设计图示尺寸以体积计算。扣除单个面积 0.3m^2 以外的孔洞所占的体积。

(10) 石墙按设计图示尺寸以体积计算。扣除门窗洞口、过人洞、空圈、嵌入墙内的钢筋混凝土柱、梁、圈梁、挑梁、过梁及凹进墙内的壁龛、管槽、暖气槽、消火栓箱所占体积，不扣除梁头、板头、檩头、垫木、木楞头、沿缘木、木砖、门窗走头、砖墙内加固钢筋、木筋、铁件、钢管及单个面积 0.3m^2 以内的孔洞所占体积，凸出墙面的腰线、挑檐、压顶、窗台线、虎头砖、门窗套不增加体积，凸出墙面的砖垛并入墙体体积内。

(11) 石挡土墙，石柱按设计图示尺寸以体积计算。石栏杆按设计图示以长度计算。

(12) 石护坡，石台阶按设计图示尺寸以体积计算。石坡道按设计图示尺寸以水平投影面积计算。石地沟、石明沟按设计图示以中心线长度计算。

(13) 砖散水、地坪按设计图示尺寸以面积计算。砖地沟、明沟按设计图示以中心线长度计算。

2. *砌筑工程量计算举例*

【例 5－17】 某单位传达室基础平面图及基础详图如图 5.6 所示，室内地坪± 0.00m，防潮层－0.06m，防潮层以下用 M10 水泥砂浆砌标准砖基础，防潮层以上为多孔砖墙身。清单模式下计算砖基础的工程量。

【相关知识】

(1) 基础与墙身的划分，砖基础计算规则均与定额模式下规则一致。

(2) 防潮层不需计算。

【解】 工程量计算

砖基础体积：$0.24\times(1.54+0.197)\times[(9.0+5.0)\times2+4.76\times2]=15.64(m^3)$。

【例 5－18】 某单位传达室平面图、剖面图、墙身大样图如图 5.10 所示，构造柱 240mm×240mm，有马牙槎与墙嵌接，圈梁 240mm×300mm，屋面板厚 100mm，门窗上口无圈梁处设置过梁厚 120mm，过梁长度为洞口尺寸两边各加 250mm，窗台板厚 60mm，长度为窗洞口尺寸两边各加 60mm，窗两侧有 60mm 宽砖砌窗套，砌体材料为 KP1 多孔砖，女儿墙为标准砖，清单模式下计算墙体工程量。

【相关知识】

(1) 计算规则与定额规则基本一致，扣除嵌入墙身的柱、梁、门窗洞口，凸出墙面的窗套不增加。

(2) 墙的高度计算：平屋(楼)面，外墙算至板底同定额规则，内墙算至板顶(定额算至板底)。

【解】 工程量计算如下。

(1) 一砖墙。

① 墙高：

$$2.8-0.30+0.06=2.56(\text{m})$$

② 外墙：

$$0.24\times2.56\times(9.0+5.0)\times2=17.20(\text{m}^3)$$

减构造柱、窗台板、门窗洞(见【例 5-6】)：

(1.18+0.29)+(0.02+0.10)+(1.44+0.54+2.16)=5.73(m^3)；

外墙体积：11.47m^3。

③ 内墙：

$$0.24\times2.56\times4.76\times2=5.85(\text{m}^3)$$

减构造柱、过梁、门洞(见【例 5-6】)：

$$0.07+0.08+0.91=1.06(\text{m}^3)$$

内墙体积：4.79m^3。

④ 一砖墙合计：

$$11.47+4.79=16.26(\text{m}^3)$$

(2) 半砖墙。

① 墙高：

$$2.80+0.10=2.90(\text{m})$$

② 体积：

$$0.115\times2.90\times2.76=0.92(\text{m}^3)$$

减过梁、门洞(见【例 5-6】)：

$$0.02+0.22=0.24(\text{m}^3)$$

③ 半砖墙合计：0.68m^3。

(3) 女儿墙。

体积：0.24×0.24×28.0=1.61(m^3)。

【例 5-19】 某住宅小区内砖砌排水窨井，计 10 座(如图 5.15 所示)，深度为 1.3m 的 6 座，1.6m 的 4 座，窨井底板为 C10 混凝土，井壁为 M10 水泥砂浆砌 240 厚标准砖，底板 C20 细石混凝土找坡，平均厚度 30mm，壁内侧及底板粉刷 1∶2 防水砂浆 20mm，铸铁井盖，排水管直径为 200mm，土为三类土，计算窨井工程量。

【相关知识】

窨井以“座”计算，不同规格的分别列项。

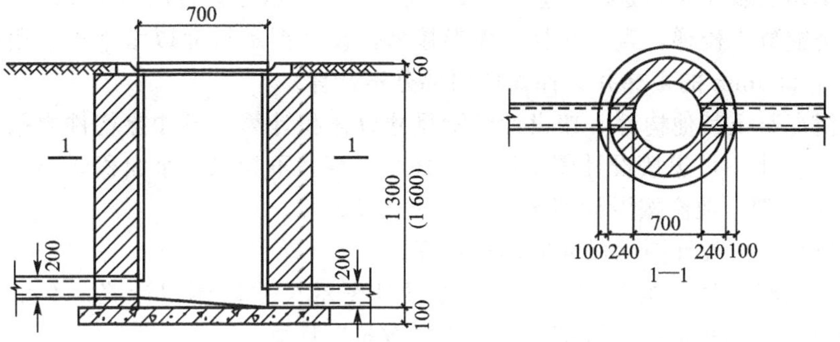

图 5.15 砖砌排水窨井

【解】

工程量计算如下。

(1) 深度 1.3m 的窨井 6 座。

(2) 深度 1.6m 的窨井 4 座。

5.4.4 A.4 混凝土及钢筋混凝土工程

1. 混凝土及钢筋混凝土工程量计算规则及运用要点

(1) 现浇混凝土基础，如带形基础、独立基础、满堂基础、设备基础、桩承台基础、垫层等，按设计图示尺寸以体积计算。不扣除构件内钢筋、预埋铁件和伸入承台基础的桩头所占体积。工作内容有混凝土制作、运输、浇筑、振捣、养护，地脚螺栓二次灌浆。

(2) 现浇混凝土柱，矩形柱、异形柱按设计图示尺寸以体积计算。不扣除构件内钢筋、预埋铁件所占体积。柱高：有梁板的柱高，应自柱基上表面(或楼板上表面)至上一层楼板上表面之间的高度计算；无梁板的柱高，应自柱基上表面(或楼板上表面)至柱帽下表面之间的高度计算；框架柱的柱高，应自柱基上表面至柱顶高度计算；构造柱按全高计算，嵌接墙体部分并入柱身体积；依附在柱上的牛腿和升板的柱帽，并入柱身体积计算。工作内容有：混凝土制作、运输、浇筑、振捣、养护。

(3) 现浇混凝土梁，基础梁、矩形梁、异形梁、圈梁、过梁、弧形梁、拱形梁均按设计图示尺寸以体积计算。不扣除构件内钢筋、预埋铁件所占体积，伸入墙内的梁头、梁垫并入梁体积内。梁长：梁与柱连接时，梁长算至柱侧面；主梁与次梁连接时，次梁长算至主梁侧面。工作内容有：混凝土制作、运输、浇筑、振捣、养护。

(4) 现浇混凝土墙，直形墙、弧形墙按设计图示尺寸以体积计算。不扣除构件内钢筋、预埋铁件所占体积，扣除门窗洞口及单个面积 0.3m^2 以外的孔洞所占体积，墙垛及凸出墙面部分并入墙体体积内计算。

(5) 现浇混凝土板，有梁板、无梁板、平板、拱板、薄壳板、栏板按设计图示尺寸以体积计算。不扣除构件内钢筋、预埋铁件及单个面积 0.3m^2 以内的孔洞所占体积。有梁板(包括主、次梁与板)按梁、板体积之和计算，无梁板按板和柱帽体积之和计算，各类板伸入墙内的板头并入板体积内计算，薄壳板的肋、基梁并入薄壳体积内计算。

天沟、挑檐板按设计图示尺寸以体积计算。雨篷、阳台板按设计图示尺寸以墙外部分体积计算。包括伸出墙外的牛腿和雨篷反挑檐的体积。其他板按设计图示尺寸以体积计算。

(6) 现浇混凝土楼梯，直形楼梯、弧形楼梯按设计图示尺寸以水平投影面积计算。不扣除宽度小于 500mm 的楼梯井，伸入墙内部分不计算。

(7) 现浇混凝土其他构件，按设计图示尺寸以体积计算。不扣除构件内钢筋、预埋铁件所占体积。散水、坡道按设计图示尺寸以面积计算。不扣除单个面积 0.3m^2 以内的孔洞所占面积。电缆沟、地沟按设计图示以中心线长度计算。

(8) 后浇带，按设计图示尺寸以体积计算。

(9) 预制混凝土柱，矩形柱、异形柱按设计图示尺寸以体积计算，不扣除构件内钢筋、预埋铁件所占体积或按设计图示尺寸以“数量”计算。

(10) 预制混凝土梁。矩形梁、异形梁、过梁、拱形梁、鱼腹式吊车梁、风道梁按设计图示尺寸以体积计算。不扣除构件内钢筋、预埋铁件所占体积。

(11) 预制混凝土屋架。折线型屋架、组合屋架、薄腹屋架、门式刚架屋架、天窗架屋架按设计图示尺寸以体积计算。不扣除构件内钢筋、预埋铁件所占体积。

(12) 预制混凝土板，平板、空心板、槽形板、网架板、折线板、带肋板、大型板均按设计图示尺寸以体积计算。不扣除构件内钢筋、预埋铁件及单个尺寸为 300mm×300mm 以内的孔洞所占体积，扣除空心板空洞体积。沟盖板、井盖板、井圈按设计图示尺寸以体积计算。不扣除构件内钢筋、预埋铁件所占体积。

(13) 预制混凝土楼梯，按设计图示尺寸以体积计算。不扣除构件内钢筋、预埋铁件所占体积，扣除空心踏步板空洞体积。

(14) 其他预制构件。烟道、垃圾道、通风道，其他构件，水磨石构件按设计图示尺寸以体积计算。不扣除构件内钢筋、预埋铁件及单个尺寸为 300mm×300mm 以内的孔洞所占体积，扣除烟道、垃圾道、通风道的孔洞所占体积。

(15) 混凝土构筑物。贮水(油)池、贮仓、水塔、烟囱按设计图示尺寸以体积计算。不扣除构件内钢筋、预埋铁件及单个面积为 0.3m^2以内的孔洞所占体积。

(16) 钢筋工程。现浇混凝土钢筋、预制构件钢筋、钢筋网片、钢筋笼按设计图示钢筋(网)长度(面积)乘以单位理论质量计算。先张法预应力钢筋按设计图示钢筋长度乘以单位理论质量计算。后张法预应力钢筋、预应力钢丝、预应力钢绞线按设计图示钢筋(丝束、绞线)长度乘以单位理论质量计算。

① 低合金钢筋两端均采用螺杆锚具时，钢筋长度按孔道长度减 0.35m 计算，螺杆另行计算。

② 低合金钢筋一端采用镦头插片、另一端采用螺杆锚具时，钢筋长度按孔道长度计算，螺杆另行计算。

③ 低合金钢筋一端采用镦头插片、另一端采用帮条锚具时，钢筋长度按增加 0.15m 计算；两端均采用帮条锚具时，钢筋长度按孔道长度增加 0.3m 计算。

④ 低合金钢筋采用后张混凝土自锚时，钢筋长度按孔道长度增加 0.35m 计算。

⑤ 低合金钢筋(钢铰线)采用 JM、XM、QM 型锚具，孔道长度在 20m 以内时，钢筋长度按增加 1m 计算；孔道长度在 20m 以外时，钢筋(钢铰线)长度按孔道长度增加 1.8m 计算。

⑥ 碳素钢丝采用锥形锚具，孔道长度在 20m 以内时，钢丝束长度按孔道长度增加 1m 计算；孔道长度在 20m 以上时，钢丝束长度按孔道长度增加 1.8m 计算。

⑦ 碳素钢丝束采用镦头锚具时，钢丝束长度按孔道长度增力 0.35m 计算。

(17) 螺栓、预埋铁件按设计图示尺寸以质量计算。

2. 混凝土及钢筋混凝土工程量计算举例

【例 5-20】 某宾馆门厅施工，圆形钢筋混凝土柱 6 根，其尺寸为直径 $D=400\text{mm}$，高度 $H=4100\text{m}$，保护层 25mm，螺旋箍筋 $\phi 10$，间距 150mm，计算该柱的螺旋箍筋长度。

【相关知识】

$$L=\sqrt{\pi(D-\delta)^2+S^2}$$
$$L_{总}=L\cdot N$$

式中 D——圆柱直径；

δ——钢筋保护层厚度；

S——箍筋螺距；

N——螺旋箍筋圈数［(柱高-保护层厚度)÷螺距］。

【解】

将已知数值代入计算式，得：

$$L=\sqrt{3.14\times(0.4-0.025)^2+0.15^2}=1.0957(\text{m})$$
$$N=(4.1-0.025\times2)/0.15=27(圈)$$
$$L_{总}=L\cdot N\cdot 6=1.0957\times27\times6=177.48(\text{m})。$$

5.4.5 A.5 厂库房大门、特种门、木结构工程

厂库房大门、特种门、木结构工程工程量计算规则及运用要点

(1) 厂库房大门、特种门。木板大门、钢木大门、全钢板大门、特种门、围墙铁丝门按设计图示数量或设计图示洞口尺寸以面积计算，计量单位为“樘”或“m^2”。

(2) 木屋架、钢木屋架按设计图示数量计算，计量单位为“榀”。

(3) 木构件。木柱、木梁按设计图示尺寸以体积计算。木楼梯按设计图示尺寸以水平投影面积计算，不扣除宽度小于 300mm 的楼梯井，伸入墙内部分不计算。其他木构件按设计图示尺寸以体积或长度计算。

5.4.6 A.6 金属结构工程

金属结构工程工程量计算规则及运用要点如下。

(1) 钢屋架、钢网架按设计图示尺寸以质量计算。不扣除孔眼、切边、切肢的质量，焊条、铆钉、螺栓等不另增加质量，不规则或多边形钢板以其外接矩形面积乘以厚度乘以单位理论质量计算。工作内容有：制作、运输 、拼装、安装、探伤、刷油漆。

(2) 钢托架、钢桁架按设计图示尺寸以质量计算。不扣除孔眼、切边、切肢的质量，焊条、铆钉、螺栓等不另增加质量，不规则或多边形钢板，以其外接矩形面积乘以厚度乘以单位理论质量计算。

(3) 钢柱。实腹柱、空腹柱按设计图示尺寸以质量计算。不扣除孔眼、切边、切肢的质量，焊条、铆钉、螺栓等不另增加质量，不规则或多边形钢板，以其外接矩形面积乘以

厚度乘以单位理论质量计算，依附在钢柱上的牛腿及悬臂梁等并入钢柱工程量内。

钢管柱按设计图示尺寸以质量计算。不扣除孔眼、切边、切肢的质量，焊条、铆钉、螺栓等不另增加质量，不规则或多边形钢板，以其外接矩形面积乘以厚度乘以单位理论质量计算，钢管柱上的节点板、加强环、内衬管、牛腿等并入钢管柱工程量内。

(4) 钢梁。钢梁、钢吊车梁按设计图示尺寸以质量计算。不扣除孔眼、切边、切肢的质量，焊条、铆钉、螺栓等不另增加质量，不规则或多边形钢板，以其外接矩形面积乘以厚度乘以单位理论质量计算，制动梁、制动板、制动桁架、车档并入钢吊车梁工程量内。

(5) 压型钢板楼板、墙板。压型钢板楼板按设计图示尺寸以铺设水平投影面积计算。不扣除柱、垛及单个面积在 $0.3m^2$ 以内的孔洞所占面积。压型钢板墙板按设计图示尺寸以铺挂面积计算。不扣除单个面积在 $0.3m^2$ 以内的孔洞所占面积，包角、包边、窗台泛水等不另增加面积。

(6) 钢构件。钢支撑、钢檩条、钢天窗架、钢挡风架、钢墙架、钢平台、钢走道、钢梯、钢栏杆均按设计图示尺寸以质量计算。不扣除孔眼、切边、切肢的质量，焊条、铆钉、螺栓等不另增加质量，不规则或多边形钢板以其外接矩形面积乘以厚度乘以单位理论质量计算。钢漏斗按设计图示尺寸以重量计算。不扣除扎眼、切边、切肢的质量，焊条、铆钉、螺栓等不另增加质量，不规则或多边形钢板以其外接矩形面积乘以厚度乘以单位理论质量计算，依附漏斗的型钢并入漏斗工程量内。钢支架、零星钢构件按设计图示尺寸以质量计算。不扣除孔眼、切边、切肢的质量，焊条、铆钉、螺栓等不另增加质量，不规则或多边形钢板以其外接矩形面积乘以厚度乘以单位理论质量计算。

(7) 金属网按设计图示尺寸以面积计算。

5.4.7 A.7 屋面及防水工程

屋面及防水工程工程量计算规则及运用要点如下。

1. 瓦、型材屋面

瓦屋面、型材屋面按设计图示尺寸以斜面积计算。不扣除房上烟囱、风帽底座、风道、小气窗、斜沟等所占面积，小气窗的出檐部分不增加面积。膜结构屋面按设计图示尺寸以需要覆盖的水平面积计算。

2. 屋面防水

(1) 屋面卷材防水、屋面涂膜防水按设计图示尺寸以面积计算。

① 斜屋顶(不包括平屋顶找坡)按斜面积计算，平屋顶按水平投影面积计算。

② 不扣除房上烟囱、风帽底座、风道、屋面小气窗和斜沟所占面积。

③ 屋面的女儿墙、伸缩缝和天窗等处的弯起部分，并入屋面工程量内。

(2) 屋面刚性防水按设计图示尺寸以面积计算。不扣除房上烟囱、风帽底座、风道等所占面积。

(3) 屋面排水管按设计图示尺寸以长度计算。如果设计未标注尺寸，以檐口至设计室外散水上表面垂直距离计算。

(4) 屋面天沟、沿沟按设计图示尺寸以面积计算。铁皮和卷材天沟按展开面积计算。

3. 墙、地面防水、防潮

(1) 卷材防水、涂膜防水、砂浆防水(潮) 按设计图示尺寸以面积计算。

① 地面防水：按主墙间净空面积计算，扣除凸出地面的构筑物、设备基础等所占面积，不扣除间壁墙及单个面积在0.3m^2以内的柱、垛、烟囱和孔洞所占面积。

② 墙基防水：外墙按中心线，内墙按净长乘以宽度计算。

(2) 变形缝按设计图示以长度计算。

5.4.8 A.8 防腐、隔热、保温工程

防腐、隔热、保温工程工程量计算规则及运用要点如下。

1. 防腐面层

(1) 防腐混凝土面层、防腐砂浆面层、防腐胶泥面层、玻璃钢防腐面层按设计图示尺寸以面积计算。

① 平面防腐：扣除凸出地面的构筑物、设备基础等所占面积。

② 立面防腐：砖垛等凸出部分按展开面积并入墙面积内。

(2) 聚氯乙烯板面层、块料防腐面层按设计图示尺寸以面积计算。

① 平面防腐：扣除凸出地面的构筑物、设备基础等所占面积。

② 立面防腐：砖垛等凸出部分按展开面积并入墙面积内。

③ 踢脚板防腐：扣除门洞所占面积并相应增加门洞侧壁面积。

2. 其他防腐

(1) 隔离层按设计图示尺寸以面积计算。

① 平面防腐：扣除凸出地面的构筑物、设备基础等所占面积。

② 立面防腐：砖垛等凸出部分按展开面积并入墙面积内。

(2) 砌筑沥青浸渍砖按设计图示尺寸以体积计算。

(3) 防腐涂料按设计图示尺寸以面积计算。

① 平面防腐：扣除凸出地面的构筑物、设备基础等所占面积。

② 立面防腐：砖垛等凸出部分按展开面积并入墙面积内。

3. 隔热、保温

(1) 保温隔热屋面、保温隔热天棚按设计图示尺寸以面积计算。不扣除柱、垛所占面积。

(2) 保温隔热墙按设计图示尺寸以面积计算。扣除门窗洞口所占面积；门窗洞口侧壁需做保温时，并入保温墙体工程量内。

(3) 保温柱按设计图示对以保温层中心线展开长度乘以保温层高度计算。

(4) 隔热楼地面按设计图示尺寸以面积计算，不扣除柱、垛所占面积。

5.5 工程量清单模式下安装工程计量

《建设工程工程量清单计价规范》中安装工程的工程计量亦包括分部分项工程项目的设置与其工程量计算规则。有关安装工程的工程量计算规则详见《计价规范》中的附录C规定。

5.5.1 安装工程的内容及工程计量依据

1. 安装工程的内容

安装工程可分为建筑安装工程、设备安装工程两大类型。

建筑安装工程主要有：室内电气照明安装工程、室内给排水安装工程、采暖安装工程、通风空调安装工程等。上述各种安装工程的共同特点是：都不形成新的生产能力或新的使用效益，而是附属于建筑工程，为建筑工程正常使用提供配套服务，故也可将其称为建筑安装工程。

设备安装工程主要有：机械设备安装工程、电气设备安装工程、送电线路安装工程、通信设备安装工程、通信线路安装工程、自动化控制装置和仪表安装工程、热力设备安装工程、化学工业设备安装工程等。上述各种设备安装工程均直接形成新的生产能力。

2. 安装工程的工程计量依据

上述各种安装工程进行分部分项工程项目设置及其工程量计算的主要依据如下。

(1) 设计资料。设计资料主要包括安装工程的施工图纸、设备明细表、工艺流程图、施工组织设计等。

(2) 实物定额。实物定额主要是指现行的相关设备安装工程的预算定额、相关设备安装工程的企业定额等。相关实物定额的分部分项工程项目划分及其综合的工作内容、工程量计量单位、计算规则等的规定，都是安装工程列项、计算工程量必需的、最重要、最基本的依据。

(3) 现行的《建设工程工程量清单计价规范》(GB 50500—2008)。现行的《建设工程工程量清单计价规范》(GB 50500—2008)中相关附录的分项项目及其包括的工程内容等的规定，是工程量清单计价方式下安装工程列项、计算工程量必需的、最重要、最基本的依据之一。

5.5.2 安装工程的分项项目设置及其工程量计算

1. 安装工程的分项项目设置

不同类别的安装工程，必须分别遵循相关的安装工程实物定额或计价规范中相关附录的要求，按照管道安装、导线安装、设备安装、器具安装等，进行分部分项的项目设置。

(1) 管道安装，一般需根据不同的安装方法、安装基层、管材、管径等因素设置具体的管道安装分项工程项目。

(2) 导线安装及导线敷设，一般需根据不同的敷设方法、敷设基层、配线方式、线材、导线截面积等因素设置具体的导线敷设分项工程项目。

(3) 设备安装，一般需根据不同的安装方法、设备种类、设备规格、技术参数、工艺特征等因素设置具体的设备安装分项工程项目。

(4) 器具安装，一般需根据不同的安装方法、器具种类、器具规格、技术参数、安装基层等因素设置具体的器具安装分项工程项目。

2. 安装工程分项项目的工程量计算

1) 管、线安装

一般以“米(m)”为工程量计量单位，按照图示长度计算分项项目的工程量。

2) 设备、器具安装

一般以“组”、“套”、“台”、“座”、“个”等为工程量计量单位，按照图示数量计算分项项目的工程量。

工程案例

某工程钢筋混凝土独立柱基础工程量计算

【背景资料】某工程现浇 C30 钢筋混凝土独立柱基础，共 5 个。基础垫层为 100mm 厚 C15 混凝土，如图 5.16 所示。

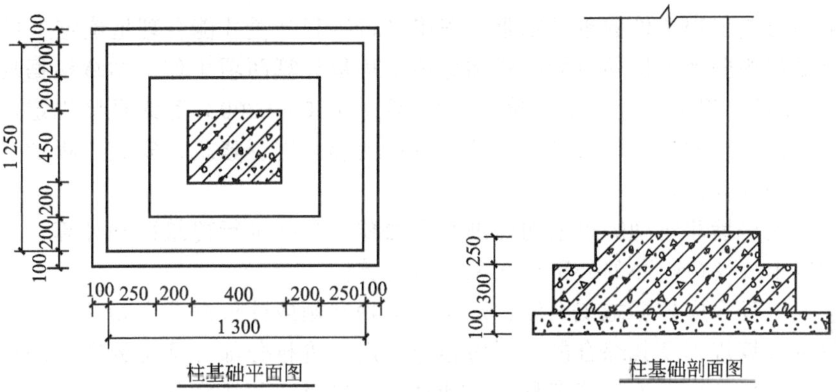

图 5.16 钢筋混凝土独立柱基础平面图、剖面图

【问题】根据图示内容和《建设工程工程量清单计价规范》的规定，完成以下问题：

(1) 确定项目名称、计量单位、项目编码。

(2) 计算清单项目工程量。

(3) 填制分布分享工程量清单表。

【要点分析】

本案例应根据《建设工程工程量清单计价规范》附录 A 的内容确定项目名称、计量单位、项目编码、计算清单工程量等。

项目编码的后 3 位数由清单编制人确定，本案例确定为 001。

本案例只计算清单项目 C30 混凝土独立柱基础工程量，C15 混凝土基础垫层的工程量由投标人在投标报价时计算。

【参考答案】

问题(1) 项目名称：现浇 C30 混凝土独立柱基础；计量单位：m^3；项目编码：010401002001。

问题(2)现浇 C30 混凝土独立柱基础工程量=(1.30×1.25×0.30+0.80×0.85×0.25)×5=(0.4875+0.170)m^3×5 个=3.29m^3。

问题(3)填制分部分项工程量清单表，见表 5-11。

表 5-11 分部分项工程量清单表

工程名称：(略)

序号	项目编码	项目名称及特征	计量单位	工程量
1	010401002001	A.4.1 现浇混凝土基础 现浇钢筋混凝土独立基础 垫层材料种类及厚度：C15 混凝土 100mm 厚 基础混凝土强度等级：C30 混凝土拌和料要求：粒径 5～40mm 砾石	m^3	3.29

本章小结

工程量是影响工程造价的重要因素。正确进行工程计量才能合理地确定工程造价。

工程计量包括分项工程项目的设置和分项工程量计算两项工作。本章根据现行的相应实物定额、《建设工程工程量清单计价规范》(GB 50500—2008)等的具体规定，重点阐述了如何按照上述现行的工程计量依据，结合设计内容，进行建筑、安装工程的分项项目设置及其工程量的计算。

建筑面积是房屋建筑勒脚以上的外围水平面积。凡要进行建筑面积计算，一般都需以建筑物勒脚以上外墙(或柱)的外边线面积进行计算。

一般建筑工程，应依据施工图纸、适用的实物定额或计价规范中相关附录的分项项目划分、工程量计算规则及其综合的工程内容等规定，进行分部分项工程项目的设置，以物理计量单位或自然计量单位计算工程量。计算工程量时，须注意如下要点。第一，正确选用计量单位。当计算对象的长、宽、高(或深)3 个度量项均为变量时，需以“m^3”为计量单位；两个度量项是变量时，需以“m^2”为计量单位；仅一个度量项为变量时，则以“m”为计量单位。第二，正确计取计算对象的长、宽、高（或深）。必须按照相应定额或计价规范的有关计算规则的规定进行分项工程或结构构件的长、宽、高(或深)的计取。第三，正确确定工程量中应增加与应扣除的内容，保证工程量计算的准确性。

各类安装工程也须依据安装工程的施工图纸、适用的实物定额或计价规范中相关附录的分项项目划分、工程量计算规则及其综合的工程内容等规定，进行分部分项工程项目的设置及其工程量的计算确定。

思考题与习题

思考题

5-1 什么是工程量？工程量计算的依据有哪些？

5-2 试述运用统筹法计算工程量的要点。

5-3 什么是建筑面积？建筑面积有何作用？

5-4 定额模式下砌筑墙体工程量是怎样计算的？

5-5 定额模式下建筑物垂直运输工程量是怎样计算的？

5-6 清单模式下平整场地工程量是怎样计算的？

5-7 清单模式下实心砖墙工程量是怎样计算的？

5-8 安装工程的分项项目如何设置？其工程量怎样计算的？

单项选择题

5-9 现浇钢筋混凝土框架梁的宽为250mm，高为400mm，梁净长为5.55m，则其模板工程量为(　　)m^2。

A. 7.24　　B. 7.22　　C. 6.03　　D. 5.83

5-10 一建筑物平面轮廓尺寸为60m×15m，其场地平整清单工程量应为(　　)m^2。

A. 900　　B. 1 045　　C. 1 216　　D. 1 350

5-11 一预应力后张法采用JM型锚具的24 m钢筋混凝土屋架下弦，其一根预应力钢筋的长度为(　　)m。

A. 24　　B. 25　　C. 25.8　　D. 23.65

多项选择题

5-12 计算钢筋工程量时，其搭接长度的计算方法是(　　)。

A. 设计未规定的不计算　　B. 设计已规定的不计算

C. 设计未规定的应计算　　D. 设计已规定的应计算

E. 不论设计是否规定均应计算

5-13 预算定额中，计量单位按延长米计算的包括(　　)。

A. 栏杆　　B. 栏板　　C. 勾缝　　D. 贴脸

E. 雨水管

案例计算题

5-14 背景资料：某砖混结构2层住宅楼工程，已知施工图纸的首层平面图、二层平面图、基础平面图、基础剖面图如图5.17所示。土质为二类土，室外地坪标高为－0.2m。钢筋混凝土屋面板顶高度为6m，每层高均为3m，内外墙厚均为240mm；屋面板顶标高＋6.00m，外墙均有女儿墙，高600mm，厚240mm；预制钢筋混凝土楼板、屋面板厚度均为120mm。已知内墙砖基础为两步等高大放脚；外墙上的过梁、圈梁体积为2.5m^3，内墙上的过梁、圈梁体积为1.5m^3；门窗洞口尺寸：C1为1 500mm×1 200mm，M1为900mm×2 000mm，M2为1 000mm×2 100mm。楼梯井宽400mm，预制楼板厚度为120mm，内墙面为混合砂浆抹面，外墙面及女儿墙均为水泥砂浆抹面，混凝土地面垫层为C15，厚度为60mm，居室内墙做水泥踢脚线。问题：

(1) 试按照消耗量定额中的工程量计算规则计算以下工程量：①建筑面积；②平整场地；③挖基础土方；④砖基础；⑤门、窗；⑥砖外墙；⑦砖内墙；⑧外墙钢筋混凝土基础的混凝土工程量、钢筋工程量(已知直径为12mm钢筋的每米质量为0.888kg，16mm钢筋为1.578kg；直径为16mm钢筋的端头保护层厚度为40mm)。

(2) 试按照工程量清单计价规范中的工程量计算规则计算以下工程量：①建筑面积；②平整场地；③挖基础土方；④砖基础；⑤门、窗；⑥砖外墙；⑦砖内墙；⑧外墙钢筋混凝土基础的混凝土工程量、钢筋工程量(已知直径为 12mm 钢筋的每米质量为 0.888kg，直径为 16mm 钢筋的每米质量为 1.578kg；直径为 16mm 钢筋的端头保护层厚度为 40mm)。

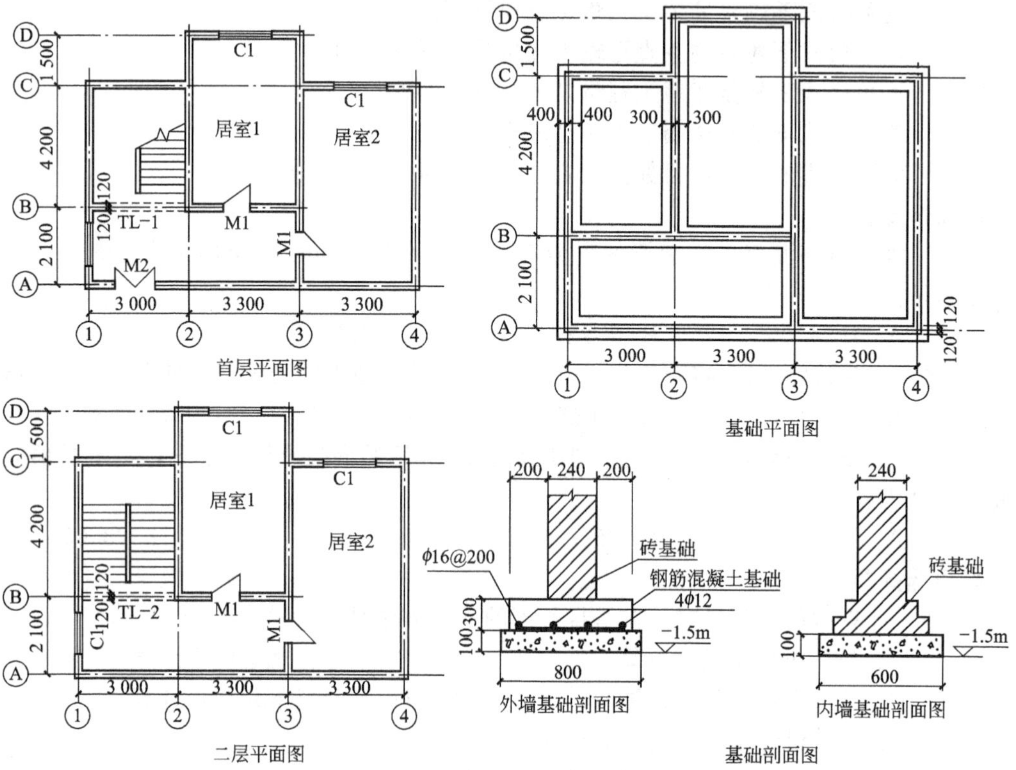

图 5.17 某住宅楼施工图

5－15 某现浇钢筋混凝土雨篷柱施工图如图 5.18 所示。

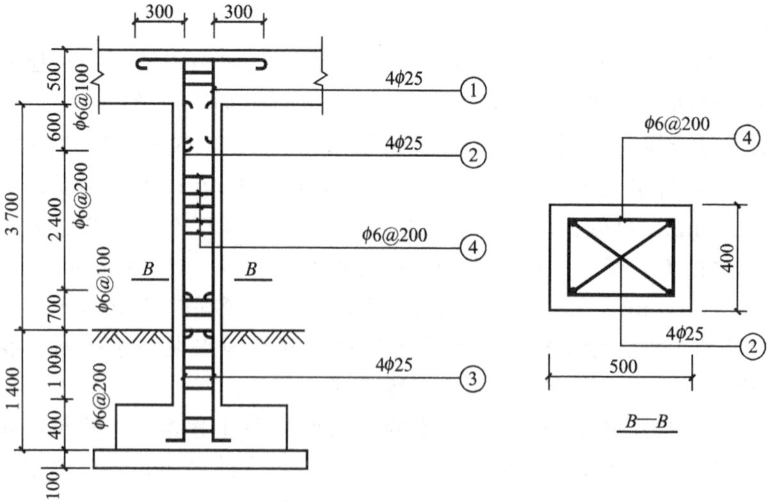

图 5.18 现浇钢筋混凝土雨篷柱施工图

问题：

计算该柱模板、钢筋及混凝土工程量。

第6章 建设项目投资决策阶段的造价管理

教学目标

(1) 熟悉建设项目投资决策阶段的工作程序及影响工程造价的因素。
(2) 熟悉可行性研究报告的内容。
(3) 掌握投资估算的内容及编制方法。

教学要求

知识要点	能力要求	相关知识
工程投资决策阶段工作程序及影响工程造价的因素	熟悉工程施工组织准备工作的内容与要求	建筑施工工艺，工程识图，工程测量，施工图预算和施工预算
可行性研究	了解建设地区自然条件、给水、供电、交通运输资料	实地勘测调查方法
投资估算的编制	掌握施工图纸会审程序和方法，能独立编制施工组织设计和施工图预算	建筑施工技术，工程识图，工程估价
投资估算的管理	熟悉建筑物的定位与放线，掌握施工现场供水、供电的计算，能编制临时施工用电施工方案	施工工程测量，给水排水、电工知识

基本概念

可行性研究，投资估算，流动资金。

引例

工程建设项目决策是选择和决定建设项目投资行动方案的过程，是对拟建项目的必要性和可行性进行技术经济论证，对不同建设方案进行技术经济比较选择及做出判断和决定的过程。建设项目投资决策是投资行动的准则，正确的建设项目投资行动来源于正确的建设项目投资决策。由此可见，建设项目投资决策正确与否，直接关系到项目建设的成败，关系到工程造价的高低及投资效果的好坏。正确进行投资决策是合理确定和控制工程造价的前提，也是这个阶段工程造价管理的目的。

建设项目决策阶段，工程造价管理的主要内容有建设项目建议书和建设项目可行性报告等的编写，投资估算、财务评价和国民经济评价等。在可行性研究报告中已包含财务评价及国民经济评价，本章将不再作介绍。

6.1 工程投资决策阶段工作程序及影响工程造价因素分析

6.1.1 工程投资决策阶段工作程序

建设项目投资决策阶段工作内容较多，具体到每个项目又有不同的工作要求，但这个阶段主要工作程序基本相同，如图 6.1 所示。

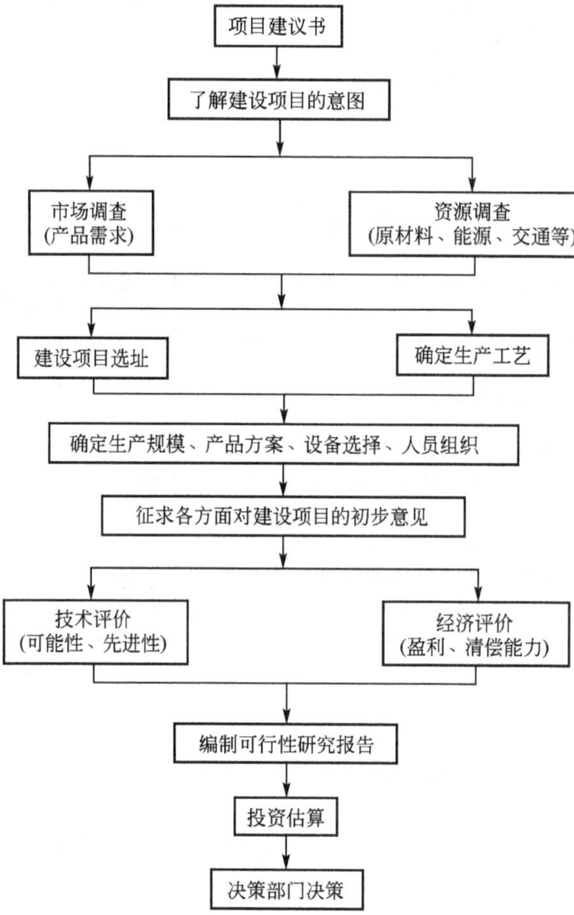

图 6.1 建设项目投资决策阶段的工作程序

6.1.2 建设项目决策与工程造价的关系

(1) 项目决策的正确性是工程造价合理性的前提。项目决策正确，意味着对项目建设做出科学的决断，优选出最佳投资行动方案，达到资源的合理配置。这样才能合理地估计和计算工程造价，并且在实施最优投资方案过程中，有效地控制工程造价。项目决策失误，主要体现在不该建设的项目进行投资建设，或者项目建设地点的选择错误，或者投资方案的确定不合理等。诸如此类的决策失误，会直接带来不必要的资金投入和人力、物力及财力的浪费，甚至造成不可弥补的损失。在这种情况下，合理地进行工程造价的计价与控制已经毫无意义了。因此，要达到工程造价的合理性，事先就要保证项目决策的正确性，避免决策失误。

(2) 项目决策的内容是决定工程造价的基础。工程造价的计价具与控制贯穿于项目建设全过程，但决策阶段各项技术经济决策，对该项目的工程造价具有重大影响，特别是建设标准的确定、建设地点的选择、工艺的评选、设备的选用等，直接关系到工程造价的高低。据有关资料统计，在项目建设各阶段中，投资决策阶段影响工程造价的程度最高，达到80％～90％。因此，决策阶段是决定工程造价的基础阶段，直接影响着决策阶段之后的各个建设阶段工程造价的计价与控制是否科学、合理。

(3) 造价高低、投资多少也影响项目决策。决策阶段的投资估算是进行投资方案选择的重要依据之一，同时也是决定项目是否可行及主管部门进行项目审批的参考依据。

(4) 项目决策的深度影响投资估算的精确度，也影响工程造价的控制效果。投资决策过程是一个由浅入深、不断深化的过程，依次分为若干工作阶段。不同阶段决策的深度不同，投资估算的精确度也不同。例如，投资机会及项目建议书阶段，是初步决策的阶段，投资估算的误差率为±30％；而详细可行性研究阶段是最终决策阶段，投资估算误差率为±10％。另外，由于在项目建设各阶段中，即决策阶段、初步设计阶段、技术设计阶段、施工图设计阶段、工程招投标及承发包阶段、施工阶段，以及竣工验收阶段，通过工程造价的确定与控制，相应形成投资估算、设计概算、修正概算、施工图预算、承包合同价、结算价及竣工决算。这些造价形式之间存在前者控制后者，后者补充前者这样的相互作用关系。按照“前者控制后者”的制约关系，意味着投资估算对其后面的各种形式的造价起着制约作用，可作为限额目标。由此可见，只有加强项目决策的深度，采用科学的估算方法和可靠的数据资料，合理地计算投资估算，保证投资估算足够，才能保证其他阶段的造价被控制在合理范围，使投资控制目标能够实现，避免“三超”现象的发生。

6.1.3 投资决策阶段影响工程造价的因素

建设项目投资决策阶段影响工程造价的因素主要有：项目建设规模、项目建设标准、项目建设地点、项目生产工艺和设备方案等4个方面。

1. 项目的建设规模

要使建设项目达到一定的规模，并实现项目的投资目的，就必须考察其合理的生产规模，并力求取得规模经济的收益。

1) 建设项目的生产规模

建设项目的生产规模指生产要素与产品在一个经济实体中的集中程度。通俗地讲也是解决“生产多少”的问题，往往以该建设项目的年生产(完成)能力来表示。生产规模的大小，必将影响建设项目在生产工艺、设备选型、建设资源等方面的决策，进而影响投资规模的大小。

生产规模过小或过大，均得不到较好的投资效益。比如冶金工业的炼铁，如果规模小，单位生产能力的能耗就高，原料利用率较低，效益差；而规模过大，使得资源供给不足，生产能力不能得到有效发挥，或是产品供给超过需求，打乱了现有的供需平衡，导致价格的下滑，对本项目的投资和原有的市场均将产生巨大的损害。

2）规模经济

规模经济是指伴随生产规模扩大引起单位成本下降而带来的经济效益。规模经济亦称规模效益。当项目单位产品的报酬为一定时，项目的经济效益与项目的生产规模成正比，也即随着生产规模的扩大会出现单位成本下降和收益递增的现象。规模经济的客观存在对项目规模的合理选择有重大影响，可以充分利用规模经济来合理确定和有效控制工程造价，提高项目的经济效益。

合理确定项目的建设规模，不仅要考虑项目内部各因素之间的数量匹配、能力协调，还要使所有生产力因素共同形成的经济实体在规模上大小适应，以合理确定和有效控制工程造价。

2. 项目建设标准

建设标准是指包括项目建设规模、占地面积、工艺装备、建筑标准、配套工程、劳动定员等方面的标准或指标。建设标准是编制、评估、审批项目可行性研究和初步设计的重要依据，是衡量工程造价是否合理及监督检查项目建设的客观尺度。

建设标准能否起到控制工程造价、指导建设的作用，关键在于标准水平定得是否合理。标准定得过高，会脱离我国实际情况和财力、物力的承受能力，增加造价；标准定得过低，将会妨碍技术进步，影响国民经济发展和人民生活水平的改善。根据我国目前的情况，大多数工业交通项目应采用中等适用。对于少数引进国外先进技术和设备的项目、有特殊要求的项目以及高新技术项目，标准可适当提高。在建筑方面应坚持适用、经济、安全、美观的原则。建设标准水平应从我国目前的经济发展水平出发，区别不同地区、不同规模、不同等级、不同功能，合理确定。

3. 项目建设地点

建设地点的选择包括建设地区和具体厂址的选择。它们之间既相互联系又相互区别，是一种递进关系。建设地区的选择是指在几个不同地区之间对拟建项目适宜建设在哪个区域范围的选择，厂址的选择是指对项目具体坐落位置的选择。

建设地区的选择对于该项目的建设工程造价和建成后的生产成本，以及国民经济均有直接的影响。建设地区的合理与否，很大程度上决定着拟建项目的命运，影响着工程造价、建设工期和建设质量，甚至影响建设项目投资目的的成功与否。因此，要根据国民经济发展的要求和市场需要以及各地社会经济、资源条件等认真选择合适的建设地区。具体要考虑符合国民经济发展战略规划；要靠近基本投入物，如原料、燃料的提供地和产品消费地；要考虑工业项目适当积聚的原则。

建设项目厂址的选择应分析的主要内容有厂址的位置、占地面积、地形地貌气象条件、工程地质及水文地质条件、征地拆迁移民安置条件、交通运输条件、水电供应条件、环境保护条件、生活设施依托条件、施工条件等。

总之，在项目建设地点选择上要从项目投资费用和项目建成后的使用费用两个方面权衡考虑，使项目全寿命费用最低。

4. 项目生产工艺和设备方案

(1) 项目生产工艺方案。生产工艺是指生产产品所采用的工艺流程和制作方法。工艺流程是指投入物(原料或半成品) 经过有次序的生产加工成为产出物(产品或加工品)的过程。选定不同的工艺流程，建设项目的工程造价将会不同，项目建成后的生产成本与经济效益也不同。一般把工艺先进适用、经济合理作为选择工艺流程的基本标准。

(2) 设备选用方案。主要设备的选用应遵循以下原则：设备的选用应立足国内，尽量使用国产设备。凡国内能够制造，并能保证质量、数量和按期供货的设备，或者引进一些关键技术就能在国内生产的设备，尽量选用国内制造；只引进关键设备就能在国内配套使用的，就不必成套引进；已引进设备并根据引进设备或资料能国产的，就不再重复引进。

引进设备时要注意配套问题：注意引进设备之间以及国内外设备之间的配套衔接问题；注意引进设备与本厂原有设备的工艺、性能是否配套问题；注意进口设备与原材料、备品备件及维修能力之间的配套问题。

选用设备时要选用满足工艺要求和性能好的设备。满足工艺要求，是选择设备的最基本原则，如不能符合工艺要求，设备再好也无用，即造成巨大的浪费。要选用低耗能又高效率的设备；要尽量选用维修方便、适用性和灵活性强的设备；尽可能选用标准化设备，以便配套和更新零部件。

6.2 建设项目可行性研究

当项目建议书审批通过后，紧接着应进行可行行研究。可行性研究在此作为一个完整的概念应该是“工程建设可行性研究”，对此概念，实践运用很多，但其含义不大相同，主要表现为广义和狭义两种理解方法。广义的工程建设可行性研究包括建设项目决策阶段的投资机会研究(分析)、初步可行性研究和可行性研究。狭义的工程建设可行性研究指项目建议书准备后对建设项目在技术上是否可行，经济上是否合理进行科学的、全面的分析和论证，作多方案比较，推荐最佳方案。

对建设项目进行合理选择，是对国家经济资源进行优化配置的最直接、最重要的手段。可行性研究是在建设项目的投资前期，对拟建项目进行全面、系统的技术经济分析和论证，从而对建设项目进行合理选择的一种重要方法。

6.2.1 可行性研究的概念与作用

1. 可行性研究的概念

建设项目的可行性研究是在投资决策前，对与拟建项目有关的社会、经济、技术等各方面进行深入细致的调查研究，对各种可能采用的技术方案和建设方案进行认真的技术经济分析和比较论证，对项目建成后的经济效益进行科学的预测和评价。在此基础上，对拟建项目的技术先进性和适用性、经济合理性和有效性，以及建设必要性和可行性进行全面分析、系统论证、多方案比较和综合评价，由此得出该项目是否应该投资和如何投资等结论性意见，为项目投资决策提供可靠的科学依据。

一项好的可行性研究，应该向投资者推荐技术经济最优的方案，使投资者明确项目具有多大的财务获利能力，投资风险有多大，是否值得投资建设；可使主管部门领导明确，从国家角度看该项目是否值得支持和批准；使银行和其他资金供给者明确，该项目能否按期或者提前偿还他们提供的资金。

2. 可行性研究的作用

在建设项目的整个寿命周期中，前期工作具有决定性意义，起着极端重要的作用。而作为建设项目投资前期工作的核心和重点的可行性研究工作，一经批准，在整个项目周期中，就会发挥极其重要的作用。具体体现在以下几方面。

(1) 作为建设项目投资决策的依据。可行性研究作为一种投资决策方法，从市场、技术、工程建设、经济及社会等多方面对建设项目进行全面综合分析和论证，依其结论进行投资决策可大大提高投资决策的科学性。

(2) 作为编制设计文件的依据。可行性研究报告一经审批通过，意味着该项目正式批准立项，可以进行初步设计。在可行性研究工作中，对项目选址、建设规模、主要生产流程、设备选型等方面都进行了比较详细的论证和研究，设计文件的编制应以可行性研究报告为依据。

(3) 作为向银行贷款的依据。在可行性研究工作中，详细预测了项目的财务效益、经济效益及贷款偿还能力。世界银行等国际金融组织，均把可行性研究报告作为申请工程项目贷款的先决条件。我国的金融机构在审批建设项目贷款时，也都以可行性研究报告为依据，对建设项目进行全面、细致的分析评估，确认项目的偿还能力及风险水平，才做出是否贷款的决策。

(4) 作为建设单位与各协作单位签订合同和有关协议的依据。在可行性研究工作中，对建设规模、主要生产流程及设备选型等都进行了充分的论证。建设单位在与有关协作单位签订原材料、燃料、动力、工程建设、设备采购等方面的协议时，应以批准的可行性研究报告为基础，保证预定建设目标的实现。

(5) 作为环保部门、地方政府和规划部门审批项目的依据。建设项目开工前，需地方政府批拨土地，规划部门审查项目建设是否符合城市规划，环保部门审查项目对环境的影响。这些审查都以可行性研究报告中总图布置、环境及生态保护方案等方面的论证为依据。因此，可行性研究报告为建设项目申请建设执照提供了依据。

(6) 作为施工组织、工程进度安排及竣工验收的依据。可行性研究报告对以上工作都有明确的要求，所以可行性研究又是检验施工进度及工程质量的依据。

(7) 作为项目后评估的依据。建设项目后评估是在项目建成运营一段时间后，评价项目实际运营效果是否达到预期目标。建设项目的预期目标是在可行性研究报告中确定的，因此，后评估应以可行性研究报告为依据，评价项目目标实现程度。

6.2.2 可行性研究的工作阶段与内容

1. 可行性研究的工作阶段

工程项目建设的全过程一般分为 3 个主要时期：投资前时期、投资时期和生产时期。可行性研究工作主要在投资前时期进行。投资前时期的可行性研究工作主要包括 4 个阶段：机会研究阶段、初步可行性研究阶段、详细可行性研究阶段、评价和决策阶段。

1）机会研究阶段

投资机会研究又称投资机会论证。这一阶段的主要任务是提出建设项目投资方向建议，即在一个确定的地区和部门内，根据自然资源、市场需求、国家产业政策和国际贸易情况，通过调查、预测和分析研究，选择建设项目，寻找投资的有利机会。机会研究要解决两个方面的问题：一是社会是否需要；二是有没有可以开展项目的基本条件。

机会研究一般从以下几个方面着手开展工作。

(1) 以开发利用本地区的某一丰富资源为基础，谋求投资机会。

(2) 以现有工业的拓展和产品深加工为基础，通过增加现有企业的生产能力与生产工序等途径创造投资机会。

(3) 以优越的地理位置、便利的交通运输条件为基础分析各种投资机会。

这一阶段的工作比较粗略，一般是根据条件和背景相类似的工程项目来估算投资额和生产成本，初步分析建设投资效果，提供一个或一个以上可能进行建设的投资项目或投资方案。这个阶段所估算的投资额和生产成本的精确程度控制在±30%范围内，大中型项目的机会研究所需时间在1～3个月，所需费用占投资总额的0.2%～1%。如果投资者对这个项目感兴趣，则可再进行下一步的可行性研究工作。

2）初步可行性研究阶段

在项目建议书被国家计划部门批准后，对于投资规模大、技术工艺又比较复杂的大中型骨干项目，需要先进行初步可行性研究。初步可行性研究也称预可行性研究，是正式的详细可行性研究前的预备性研究阶段。经过投资机会研究认为可行值得继续研究的建设项目，但又不能肯定该项目是否值得进行详细可行性研究时，就要做初步可行性研究，进一步判断这个项目是否有生命力，是否有较高的经济效益。经过初步可行性研究，认为该项目具有一定的可行性，便可转入详细可行性研究阶段。否则，就终止该项目的前期研究工作。初步可行性研究作为投资项目机会研究与详细可行性研究的中间性或过渡性研究阶段，主要作用包括以下几点。

(1) 确定是否进行详细可行性研究。

(2) 确定哪些关键问题需要进行辅助性专题研究。

初步可行性研究内容和结构与详细可行性研究基本相同，主要区别是所获资料的详尽程度不同、研究深度不同。对建设投资和生产成本的估算精度一般要求控制在±20%范围内，研究时间为4～6个月，所需费用占投资总额的0.25%～1.25%。

3）详细可行性研究阶段

详细可行性研究又称技术经济可行性研究，是可行性研究的主要阶段，是建设项目投资决策的基础。它为项目决策提供技术、经济、社会、商业方面的评价依据，为项目的具体实施提供科学依据。这一阶段的主要目标包括以下几点。

(1) 提出项目建设方案。

(2) 效益分析和最终方案选择。

(3) 确定项目投资的最终可行性和选择依据标准。

这一阶段的内容比较详尽，所花费的时间和精力都比较大。而且本阶段还为下一步工程设计提供基础资料和决策依据。因此，在此阶段，建设投资和生产成本计算精度应控制在±10%范围内；大型项目研究工作所花费的时间为8～12个月，所需费用占投资总额的

0.2%～1%；中小型项目研究工作所花费的时间为4～6个月，所需费用占投资总额的1%～3%。

4）评价和决策阶段

评价和决策是由投资决策部门组织和授权有关咨询公司或有关专家，代表项目业主和出资人对建设项目可行性研究报告进行全面的审核和再评价。其主要任务是对拟建项目的可行性研究报告提出评价意见，最终决策该项目投资是否可行，确定最佳投资方案。项目评价与决策是在可行性研究报告基础上进行的，其内容包括以下几点。

（1）全面审核可行性研究报告中反映的各项情况是否属实。

（2）分析项目可行性研究报告中各项指标计算是否正确，包括各种参数、基础数据、定额费率的选择。

（3）从企业、国家和社会等方面综合分析和判断工程项目的经济效益和社会效益。

（4）分析判断项目可行性研究的可靠性、真实性和客观性，对项目做出最终的投资决策。

（5）写出项目评估报告。由于基础资料的占有程度、研究深度与可靠程度要求不同，可行性研究的各个工作阶段的研究性质、工作目标、工作要求、工作时间与费用各不相同。一般来说各阶段的研究内容由浅入深，项目投资和成本估算的精度要求由粗到细，研究工作量由小到大，研究目标和作用逐步提高，因此，工作时间和费用也逐渐增加（见表6－1）。

表6－1　可行性研究各工作阶段的要求

工作阶段	机会研究	初步可行性研究	详细可行性研究	评价与决策阶段
研究性质	项目设想	项目初选	项目准备	项目评估
研究要求	编制项目建议书	编制初步可行性研究报告	编制可行性研究报告	提出项目评估报告
估算精度	±30%	±20%	±10%	±10%
研究费用（占总投资的比例）	0.2%～1%	0.25%～1.25%	大项目0.2%～1% 小项目1%～3%	—
需要时间/月	1～3	4～6	8～12	—

2. 可行性研究的内容

可行性研究是在对建设项目进行深入细致的技术经济论证的基础上做多方案的比较和优选，提出结论性意见和重大措施建议，为决策部门提供科学依据。因此，它的内容应能满足作为项目投资决策的基础和重要依据的要求。可行性研究的基本内容和研究深度应符合国家规定。一般工业建设项目的可行性研究应包含以下几个方面的内容。

1）总论

综述项目概况，包括项目的名称、主办单位、承担可行性研究的单位、项目提出的背景、投资的必要性和经济意义、投资环境、提出项目调查研究的主要依据、工作范围和要求、项目的历史发展概况、项目建议书及有关审批文件、可行性研究的主要结论概要和存在的问题与建议。

2）产品的市场需求和拟建规模

其主要内容包括：调查国内外市场近期需求状况，并对未来趋势进行预测，对国内现有工厂生产能力进行调查估计，进行产品销售预测、价格分析，判断产品的市场竞争能力及进入国际市场的前景，确定拟建项目的规模，对产品方案和发展方向进行技术经济论证比较。

3）资源、原材料、燃料及公用设施情况

全国资源储量委员会对正式批准的资源储量、品位、成分以及开采、利用条件的评述；所需原料、辅助材料、燃料的种类、数量、质量及其来源和供应的可能性；有毒、有害及危险品的种类、数量和储运条件；材料试验情况；所需动力(水、电、气等)公用设施的数量、供应条件、外部协作条件，以及签订协议和合同的情况。

4）建厂条件和厂址选择

指出建厂地区的地理位置，与原材料产地和产品市场的距离；根据建设项目的生产技术要求，在指定的建设地区内，对建厂的地理位置、气象、水文、地质、地形条件、地震、洪水情况和社会经济现状进行调查研究，收集基础资料，了解交通运输、通信设施及水、电、气、热的现状和发展趋势；厂址面积、占地范围，厂区总体布置方案，建设条件，地价、拆迁及其他工程费用情况；对厂址选择进行多方案的技术经济分析和比选，提出选择意见。

5）项目设计方案

在选定的建设地点内进行总图和交通运输的设计，进行多方案比较和选择；确定项目的构成范围，主要单项工程(车间)的组成，厂内外主体工程和公用辅助工程的方案比较论证；项目土建工程总量的估算，土建工程布置方案的选择，包括场地平整、主要建筑和构筑物与厂外工程的规划；采用技术和工艺方案的论证，包括技术来源、工艺路线和生产方法，主要设备选型方案和技术工艺的比较；引进技术、设备的必要性及其来源国别的选择比较；设备的国外分交或与外商合作制造的方案设想，以及必要的工艺流程图。

6）环境保护与劳动安全

对项目建设地区的环境状况进行调查，分析拟建项目“三废”(废气、废水、废渣)的种类、成分和数量，预测其对环境的影响；提出治理方案的选择和回收利用情况，对环境影响进行评价；提出劳动保护、安全生产、城市规划、防震、防洪、文物保护等要求并采取相应的措施。

7）企业组织、劳动定员和人员培训

全厂生产管理体制、机构的设置，对选择方案的论证；对工程技术和管理人员的素质和数量的要求；劳动定员的配备方案；人员的培训规划和费用估算。

8）项目施工计划和进度要求

根据勘察设计、设备制造、工程施工、安装、试生产所需时间和进度的要求，选择项目实施方案和总进度，并用横道图和网络图来表述最佳实施方案。

9）投资估算和资金筹措

投资估算包括项目总投资估算，主体工程及辅助、配套工程的估算，以及流动资金的估算；资金筹措应说明资金来源、筹措方式、各种资金来源所占的比例、资金成本及贷款的偿付方式。

10）项目的经济评价

项目的经济评价包括财务评价和国民经济评价，其通过有关指标的计算，进行项目盈利能力、偿还能力等分析，得出经济评价结论。

11）综合评价与结论、建议

运用各项数据，从技术、经济、社会、财务等各个方面综合论述项目的可行性，推荐一个或几个方案供决策参考，指出项目存在的问题并提出结论性意见和改进建议。

可以看出，建设项目可行性研究报告的内容可概括为三大部分。首先是市场研究，包括产品的市场调查和预测研究，这是项目可行性研究的前提和基础，其主要任务是要解决项目的“必要性”问题；第二是技术研究，即技术方案和建设条件研究，这是项目可行性研究的技术基础，它要解决项目在技术上的“可行性”问题；第三是效益研究，即经济效益的分析和评价，这是项目可行性研究的核心部分，主要解决项目在经济上的“合理性”问题。市场研究、技术研究和效益研究共同构成项目可行性研究的三大支柱。

6.2.3 可行性研究报告的编制

1. 编制程序

根据我国现行的工程项目建设程序和国家颁布的《关于建设项目进行可行性研究试行管理办法》，可行性研究的工作程序如下。

(1) 建设单位提出项目建议书和初步可行性研究报告。

各投资单位根据国家经济发展的长远规划、经济建设的方针任务和技术经济政策，结合资源情况、建设布局等条件，在广泛调查研究、收集资料、踏勘建设地点、初步分析投资效果的基础上，提出需要进行可行性研究的项目建议书和初步可行性研究报告。跨地区、跨行业的建设项目以及对国计民生有重大影响的大型项目，由有关部门和地区联合提出项目建议书和初步可行性研究报告。

(2) 项目业主、承办单位委托有资格的单位进行可行性研究。

当项目建议书经发改委(原国家计划部门)、贷款部门审定批准后，该项目即可立项。项目业主或承办单位就可以签订合同的方式委托有资格的工程咨询公司(或设计单位)着手编制拟建项目可行性研究报告。双方签订的合同中，应规定研究工作的依据、研究范围和内容、前提条件、研究工作质量和进度安排、费用支付办法、协作方式及合同双方的责任和关于违约处理的方法等。

(3) 设计或咨询单位进行可行性研究工作，编制完整的可行性研究报告。

设计单位与委托单位签订合同后即可开展可行性研究工作，一般按 6 个步骤开展工作。

① 了解有关部门与委托单位对建设项目的意图，并组建工作小组，制订工作计划。

② 调查研究与收集资料。可行性研究小组在摸清了委托单位对项目建设的意图和要求后，即应组织收集和查阅与项目有关的自然环境、经济与社会等基础资料和文件资料，并拟订调研提纲，组织人员赴现场进行实地踏勘与抽样调查，收集整理所得的设计基础资料。必要时还必须进行专题调查研究。调查研究主要从市场调查和资源调查两方面着手。通过分析论证，研究项目建设的必要性。

③ 方案设计和优选。根据项目建议书要求，结合市场和资源调查，在收集到一定的

基础资料和基准数据的基础上，选择建设地点，确定生产工艺，建立几种可供选择的技术方案和建设方案，结合实际条件进行方案论证和比较，从中选出最优方案，研究论证项目在技术上的可行性。在方案设计和优选中，对重大问题或有争论的问题，要会同委托单位共同讨论确定。

④ 经济分析和评价。项目经济分析人员根据调查资料和领导机关有关规定，选定与本项目有关的经济评价基础数据和定额指标参数，对选定的最佳建设总体方案进行详细的财务预测、财务效益分析、国民经济评价和社会效益评价。研究论证项目在经济上和社会上的盈利性与合理性，进一步提出资金筹集建议和制定项目实施总进度计划。

⑤ 编写可行性研究报告。项目可行性研究各专业方案经过技术经济论证和优化后，由各专业组分工编写，经项目负责人衔接协调，综合汇总，提出“可行性研究报告”初稿。

⑥ 与委托单位交换意见。

2. 编制依据

可行性研究报告的编制依据如下。

(1) 项目建议书(初步可行性研究报告)及其批复文件。

(2) 国家和地方的经济和社会发展规划，行业部门发展规划。

(3) 国家有关法律、法规和政策。

(4) 对于大中型骨干项目，必须具有国家批准的资源报告、国土开发整治规划、区域规划、江河流域规划、工业基地规划等有关文件。

(5) 有关机构发布的工程建设方面的标准、规范和定额。

(6) 合资、合作项目各方签订的协议书或意向书。

(7) 委托单位的委托合同。

(8) 经国家统一颁布的有关项目评价的基本参数和指标。

(9) 相关的基础数据。

3. 编制要求

可行性研究报告的编制要求如下。

(1) 编制单位必须具备承担可行性研究的条件。

可行性研究报告的质量取决于编制单位的资质和编写人员的素质。项目可行性研究报告的内容涉及面广，还有一定的深度要求。因此，编制单位必须具有经国家有关部门审批登记的资质等级证明，并且具有承担编制可行性研究报告的能力和经验。研究人员应具有所从事专业的中级以上专业职称，并具有相关的知识、技能和工作经历。

(2) 确保可行性研究报告的真实性和科学性。

可行性研究报告是投资者进行项目最终决策的重要依据，其质量影响重大。为保证可行性研究报告的质量，应切实做好编制前的准备工作，占有大量的、准确的、可用的信息资料，进行科学的分析比选论证。报告编制单位和人员应坚持独立、客观、公正、科学、可靠的原则，实事求是，对提供的可行性研究报告质量负完全责任。

(3) 可行性研究的深度要规范化和标准化。

不同行业和不同项目的可行性研究报告内容和深度可以各有侧重和区别，但其基本内容要完整、文件要齐全、结论要明确、数据要准确、论据要充分，能满足决策者确定方案的要求。“报告”选用主要设备的规格、参数应能满足预定货的要求；重大技术、经济方案应有两个以上方案的比选；主要的工程技术数据应能满足项目初步设计的要求。“报告”应附有评估、决策(审批)所必需的合同、协议、政府批件等。

(4) 可行性研究报告必须经签证和审批。

可行性研究报告编制完成后，应由编制单位的行政、技术、经济方面的负责人签字，并对研究报告质量负责。另外，还需上报主管部门审批。

6.2.4 可行性研究报告的审批

咨询或设计单位编制和上报的可行性研究报告及有关文件，按项目大小应在预审前提交预审主持单位。预审主持单位认为有必要时，可委托有关方面提出咨询意见，报告提出单位应向咨询单位提供必要的资料、情况和数据，并应积极配合。预审主持单位组织有关设计、科研机构、企业和有关方面的专家，广泛听取意见，对可行性研究报告提出预审意见。当发现可行性研究报告有原则性错误或报告的基础依据与社会环境条件有重大变化时，应对可行性研究报告进行修改和复审。可行性研究报告的修改和复审工作仍由原编制单位和预审主持单位按照规定进行。

经可行性研究证明不可行的项目，经审定后即将项目取消。

6.3 决策阶段的投资估算

6.3.1 投资估算及其作用

1. 投资估算的概念

投资估算是指在工程项目决策过程中，依据现有的资料和特定的方法，对建设项目的投资数额进行的预测和估计。它是项目决策前期编制项目建议书和可行性研究报告的重要组成部分，是项目决策的重要经济指标之一。

2. 投资估算的作用

投资估算既是拟建工程项目及投资决策必需的重要依据，又是该项目实施阶段投资控制的目标值。它对于建设工程的前期决策、价格控制、筹集资金等方面起着举足轻重的作用。

(1) 投资估算是建设项目前期决策的重要依据。

任何一个拟建项目，都要通过全面的技术经济论证后，才能决定其是否正式立项，在拟建项目的全面论证过程中，除考虑需要在技术上可行外，还要考虑经济上的合理性，而建设项目的投资估算在拟建项目前期各阶段工作中，作为论证拟建项目的重要经济文件，有着极其重要的作用。

项目建议书阶段的投资估算，是项目主管部门审批项目建议书的依据之一，并对项目的规划、规模起参考作用。项目可行性研究阶段的投资估算，是项目投资决策的重要依据，也是研究、分析、计算项目投资经济效果的重要条件。

(2) 投资估算是建设工程造价控制的重要依据。

项目投资估算对工程设计概算起控制作用，它为设计提供了经济依据和投资限额，设计概算不得突破批准的投资估算额，并应控制在投资估算额以内。国家计委规定如果概算突破估算的10%，则项目必须重新论证。投资估算一经确定，即成为限额设计的依据，用以对各设计专业实行投资切块分配，作为控制和指导设计的尺度。

(3) 投资估算是建设工程设计招标的重要依据。

投资估算是进行工程设计招标、优选设计单位和设计方案必需的重要依据。在进行工程设计招标时，投标单位报送的投标书中，除了设计方案之外还包括项目的投资估算和经济性分析，招标单位根据投资估算对各项设计方案的经济合理性进行分析、衡量、比较，在此基础上选择出最优的设计单位和设计方案。

(4) 投资估算是项目资金筹措及制订建设贷款计划的依据。

建设单位可根据批准的项目投资估算额，进行资金筹措和向银行申请贷款。此外，项目投资估算也是核算建设项目固定资产投资需要额和编制固定资产投资计划的重要依据。

3. 投资估算阶段的划分

我国建设项目的投资估算一般可分为以下几个阶段。

(1) 项目规划阶段的投资估算建设项目规划阶段是指有关部门根据国民经济发展规划、地区发展规划和行业发展规划的要求，编制一个建设项目的建设规划。对投资估算精度要求为允许误差大于±30%。

(2) 项目建议书阶段的投资估算项目建议书阶段是按项目建议书中的产品方案、项目建设规模、产品主要生产工艺、企业车间组成、初选建厂地点等，估算建设项目所需要的投资额。对投资估算精度的要求是将误差幅度控制在±30%以内。

(3) 初步可行性研究阶段的投资估算初步可行性研究阶段是在掌握了更详细、更深入的资料条件下，估算建设项目所需的投资额。对投资估算精度的要求是将误差幅度控制在±20%以内。

(4) 详细可行性研究阶段的投资估算详细可行性研究阶段的投资估算至关重要，由于这个阶段的投资估算经审查批准之后，便是工程设计任务书中规定的项目投资限额，并可据此列入项目年度基本建设计划。因此投资估算的精度要求较高，误差幅度控制在±10%以内。

4. 投资估算的内容及要求

根据国家规定，从满足建设项目投资计划和投资规模的角度，根据我国现行工程造价的构成，建设项目投资估算的内容包括固定资产投资估算和铺底流动资金估算。

固定资产投资估算内容包括：建筑安装工程费、设备及工器具购置费、工程建设其他费(此时不含铺底流动资金)、预备费、建设期贷款利息及固定资产投资方向调节税等。除了建设期贷款利息、价差预备费、固定资产投资方向调节税之外，其他费用估算构成了固定资产静态投资估算。

铺底流动资金估算是项目总投资估算中流动资金的一部分，它按项目投产后所需流动资金的30%计列。理论上，铺底流动资金不属于工程造价的组成部分，但为了反映建设项目总的投资规模，国家计委规定将铺底流动资金一并计入投资估算中，以便全面评价建设项目的可行性。根据国家现行规定要求，新建、扩建和技术改造项目，必须将项目建成投产后所需的铺底流动资金列入投资计划，铺底流动资金不落实的，国家不予批准立项，银行不予贷款。

6.3.2 投资估算编制的原理、依据与步骤

1. 投资估算编制的原理

投资估算编制的原理如图 6.2 所示。

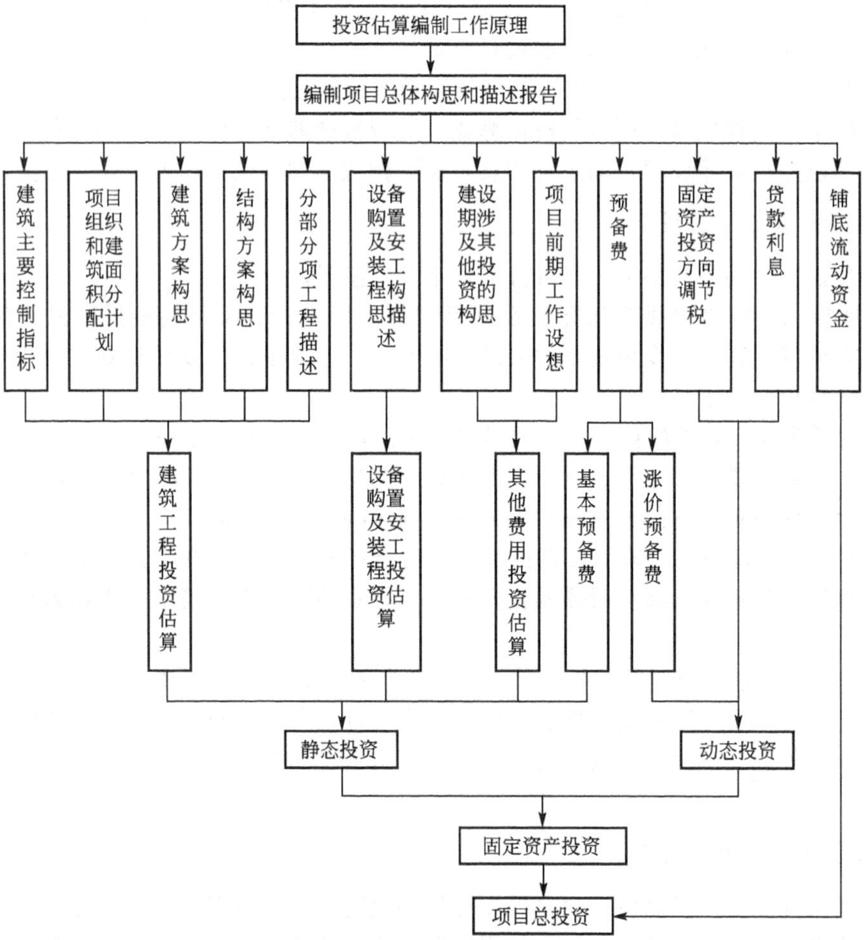

图 6.2 投资估算编制的原理

(1) 根据项目总体构思和描述报告中的建筑方案构思、机电设备构思、建筑面积分配计划和分部分项工程的描述，列出土建工程的分项工程表，并根据工程的建筑面积，套用相似工程的分项工程量平方米估算指标，计算各分项工程量，再套用与之相适应的综合单价，计算出各分项工程的投资。

(2) 根据报告中对设备购置及安装工程的构思描述，列出设备购置清单，参照、套用设备安装工程计算指标，计算设备安装费用。

(3) 根据项目建设期中涉及其他费用投资构思和前期工作设想，并按国家、地方的有关法规，编制其他费用投资。

(4) 计算项目总投资。

2. 投资估算编制的依据

建设项目投资估算应做到方法科学、依据充分。主要依据有以下几点。

(1) 拟建工程的项目特征。主要包括拟建工程的项目类型、建设规模、建设地点、建设期限、建设标准、产品方案、主要单项工程、主要设备类型和总体建筑结构等。

(2) 类似工程的价格资料。工程造价构成、估算指标、造价指数、同类工程竣工决算资料及其他相关的价格资料，为拟建项目投资估算提供了较为真实、客观的可比基础，是正确进行拟建工程项目投资估算必需的重要参考资料。

(3) 项目所在地区状况。拟建项目所在地区的气候、气象、地质、地貌、民俗、民风、基础设施、技术及经济发展水平、市场化程度、物价波动幅度等，都将对投资估算产生重大的直接影响。

(4) 有关法规、政策规定。国家的经济发展战略、货币政策、财政政策、产业政策等有关政策规定，都影响项目建设的投资额，是进行投资估算的必须依据。

3. 投资估算编制的步骤

(1) 分别估算各单项工程所需的建筑工程费用、设备及工器具购置费、安装工程费。

(2) 在汇总各单项工程费用的基础上，估算工程建设其他费用和基本预备费。

(3) 估算价差预备费(涨价预备费)和建设期贷款利息。

(4) 估算流动资金。

6.3.3 投资估算的编制方法

建设项目投资估算应按静态投资和动态投资进行估算。由于编制投资估算的方法很多，在具体编制某个项目的投资估算时，应根据项目的性质、技术资料和数据等具体情况的差异，有针对性地选用适宜的方法。

静态投资估算方法有：资金周转率法、生产规模指数法、比例估算法、系数估算法、单位面积综合指标估算法、单元指标估算法等。

动态投资估算方法有：涨价预备费估算、建设期利息估算、流动资金估算的分项详细估算法、扩大指标估算法等。

1. 静态投资估算方法

1) 工业生产项目静态投资估算方法

(1) 资金周转率法。资金周转率法是用已建项目的资金周转率来估算拟建项目所需投资额的方法。其估算公式为：

$$\text{资金周转率}=\frac{\text{年销售总额}}{\text{投资额}}=\frac{\text{产品产量}\times\text{产品单价}}{\text{投资额}} \tag{6-1}$$

$$\text{投资额}=\frac{\text{年销售总额}}{\text{资金周转率}} \tag{6-2}$$

由上述公式可以看出，投资估算的精度取决于资金周转率的稳定程度。资金周转率是根据已建项目的有关数据计算的，若资金周转率估计偏小，则投资估算偏大，反之则偏小。不同的行业资金周转率不同，国外化学工业的资金周转率近似为 1.0，生产合成甘油的化工装置资金周转率近似为 1.41。

资金周转率法比较简单直观，便于快速计算项目投资额，但精度较低，因此，只适用于投资机会研究阶段或项目建议书阶段的投资估算。

(2) 生产规模指数法。生产规模指数法是基于已建工程和拟建工程生产能力与投资额或生产装置投资额的相关性进行投资估算的一种方法，其特点是生产能力与投资额呈比较稳定的指数函数关系。其计算公式为：

$$C_2=C_1\left(\frac{Q_2}{Q_1}\right)^n\times f \tag{6-3}$$

式中：C_1——已建类似项目或装置的投资额；

C_2——拟建类似项目或装置的投资额；

Q_1——已建类似项目或装置的生产规模；

Q_2——拟建类似项目或装置的生产规模；

f——不同时期、不同地点的定额、单价、费用变更等的总和调整系数；

n——生产规模指数，$0\leqslant n\leqslant 1$。

上式表明，造价与规模(或容量)呈非线性关系，并且单位造价随工程规模(或容量)的增大而减小。在正常情况下，$0\leqslant n\leqslant 1$。若已建类似项目的生产规模与拟建项目生产规模相差不大，Q_1 与 Q_2 的比值在 0.5～2，则指数 n 的取值近似为 1；若已建类似项目的生产规模与拟建项目生产规模相差不大于 50 倍，且拟建项目生产规模的扩大仅靠增大设备规模来达到时，则 n 的取值在 0.6～0.7；若是靠增加相同规格设备的数量达到时，n 的取值在 0.8～0.9。

指数法的误差应控制在±20%以内，尽管估价误差较大，但这种估价方法不需要详细的工程设计资料，只需依据工艺流程及规模就可以做投资估算，故使用较为方便。

【例 6 - 1】 建设一座年产量 50 万吨的某生产装置，投资额为 10 亿元，现拟建一座 100 万吨的类似生产装置，用生产能力指数法估算拟建生产装置的投资额($n=0.5$，$f=1$)。

【解】 $C_2=10\times\left(\frac{100}{50}\right)^{0.5}\times 1=14.14$(亿元)

(3) 比例估算法。比例估算法是指用工程造价构成中某类已知费用及其他费用稳定的比例关系来求投资估算额的方法。比例估算法又可分为 3 种。

① 分项比例估算法。该法是将项目的固定资产投资分为设备投资、建筑物与构筑物投资、其他投资三部分，先估算出设备的投资额，然后再按一定比例估出建筑物与构筑物的投资及其他投资，最后将三部分投资加在一起。

设备投资估算。设备投资按其出厂价格加上运输费、安装费等，其估算公式为：

$$K_1=\sum_{i=1}^{n}Q_iP_i(1+L_i) \tag{6-4}$$

式中：K_1——设备的投资估算值；

Q_i——第 i 种设备所需数量；

P_i——第 i 种设备的出厂价格；

L_i——同类项目同类设备的运输、安装费系数。

建筑物与构筑物投资估算。其计算公式为：

$$K_2=K_1L_b \tag{6-5}$$

式中：K_1——设备的投资估算值；

K_2——建筑物与构筑物的投资估算值；

L_b——同类项目中建筑物与构筑物投资占设备投资的比例，露天工程取0.1～0.2，室内工程取0.6～1.0。

其他投资估算。其计算公式为：

$$K_3=K_1L_w \tag{6-6}$$

式中：K_3——设备的投资估算值；

K_1——其他投资的估算值；

L_w——同类项目中其他投资占设备投资的比例。

项目固定资产投资总额的估算值 K 则为：

$$K=(K_1+K_2+K_3)(1+S\%) \tag{6-7}$$

式中：K——项目固定资产投资总额的估算值；

$S\%$——考虑不可预见因素而设定的费用系数，一般为10%～15%。

② 费用比例估算法。

其计算步骤如下。

a. 根据拟建项目设备清单计算当时当地价格计算设备费用的总和。

b. 收集已建类似项目造价资料，并分析设备费用与建筑工程、安装工程和工程建设其他费用之间的比例关系。

c. 分析和确定由于时间因素引起的定额、物价、费用标准以及国家政策法规等变化导致的建筑工程、安装工程、工程建设其他费用的综合调整系数。

d. 计算拟建项目的建筑工程、安装工程、工程建设其他费用以及其他费用。其总和即为拟建项目投资额，计算公式为：

$$C=E(1+f_1P_1+f_2P_2+f_3P_3+\cdots)+I \tag{6-8}$$

式中：C——拟建项目投资额；

E——拟建项目设备费；

P_1，P_2，$P_3\cdots$——已建项目中建筑工程费、安装工程费及其他工程费等占设备费的比重；

f_1，f_2，$f_3\cdots$——时间因素引起的定额、价格、费用标准等变化的综合调整系数；

I——拟建项目的其他费用。

(4) 专业工程比例估算法。

其计算步骤如下。

a. 计算拟建项目主要工艺设备的投资额(包括运杂费及安装费)。

b. 根据同类型的已建项目的有关造价统计资料，计算各专业工程(如土建、暖通、给排水、管道、电气及电信、自控及其他工程费用等)与工艺设备投资的比例关系。

c. 根据上述资料分析确定各专业工程的总和调整系数。

d. 计算各专业工程(包括主要工艺设备)的费用之和。

e. 计算其他费用。

f. 累计汇总得投资估算额。其计算公式为：

$$C=E'(1+f_1P'_1+f_2P'_2+f_3P'_3+\cdots)+I \tag{6-9}$$

式中：C——拟建项目投资额；

E'——拟建项目中的最主要、投资比重较大并与生产规模直接相关的工艺设备的投资(包括运杂费及安装费)；

P'_1，P'_2，$P'_3\cdots$——已建项目中建筑工程费、安装工程费及其他工程费等占设备费的比重；

f_1，f_2，$f_3\cdots$——由于时间因素引起的定额、价格、费用标准等变化的综合调整系数；

I——拟建项目的其他费用。

(5) 系数估算法。系数估算法也称为因子估算法，这种方法简单易行，但是精度较低，一般用于项目建议书阶段。系数估算法的种类很多，下面介绍几种主要类型。

① 朗格系数法。这种方法是以设备费为基数乘以适当系数得推荐项目的建设费用，即

$$D=c\times\left(1+\sum K_i\right)\times K_c \tag{6-10}$$

式中：D——总建设费用；

c——主要设备费；

K_i——管线、仪表、建筑物等项费用的估算系数；

K_c——管理费、合同负、应急费等项费用的总估算系数。

其中，总建设费用与设备费用之比称为朗格系数 K_l，即

$$K_l=\left(1+\sum K_i\right)\times K_c$$

朗格系数法比较简单、快捷，但没有考虑设备规格、材质的差异，所以精度不高。一般常用于国际上工业项目的编号项目建议书阶段或投资机会研究阶段的估算。

② 设备与厂房系数法。对于一个生产性项目，如果设计方案已确定了生产工艺，且初步选定了工艺设备并进行了工艺布置，就有了工艺设备的重量及厂房的高度和面积，则工艺设备投资和厂房土建的投资就可分别估算出来，项目的其他费用与设备关系较大的按设备投资系数计算，与厂房土建关系较大的则以厂房土建投资系数计算，两类投资加起来就得出整个项目的投资。其计算公式为：

项目投资额＝设备及安装投资额＋厂房土建(包括设备基础)投资额＋项目其他费用 (6-11)

③ 主要车间系数法。对于生产性项目，在设计中若主要考虑了主要生产车间的产品方案和生产规模，可先采用合适的方法计算出主要车间的投资，然后利用已建类似项目的投资比例计算辅助设施占主要生产车间投资的系数，再估算出总的投资。其计算公式为：

项目投资额＝主要生产车间投资×辅助设施等占生产车间投资的系数 (6-12)

2) 民用项目静态投资估算方法

指标估算法是民用项目静态投资估算方法中常用的方法。这种方法是把建设项目划分为建筑工程、设备安装工程、设备购置费及其他基本建设费等费用项目或单位工程，再根据各种具体的投资估算指标，进行各项费用项目或单位工程投资的估算，在此基础上，计算每一单项工程的投资额。然后，再估算工程建设其他费用及预备费，汇总求得建设项目总投资。

估算指标是一种比概算指标表现形式更为广泛的单位工程指标或单项工程指标，可用元/m、元/m^2、元/m^3、元/t、元/(kV·A)等表示。

使用估算指标法应根据不同地区、年代进行调整。因为地区、年代不同，设备与材料的价格均有差异，调整方法可以以主要材料消耗量或“工程量”为计算依据；也可以按不同工程项目的“万元工料消耗定额”而定不同的系数。如果有关部门已颁布了有关定额或材料价差系数(物价指数)，也可以据其调整。使用估算指标法进行投资估算决不能生搬硬套，必须对工艺流程、定额、价格及费用标准进行分析，经过实事求是的调整与换算后，才能提高其精确度。

(1) 单位面积综合指标估算法。该方法适用于单项工程的投资估算，投资包括土建、给排水、采暖、通风、空调、电气、动力管道等所需费用。其计算公式为：

单项工程投资额＝建筑面积×单位面积造价×价格浮动指数±结构和建筑标准部分的价差 (6－13)

(2) 单元指标估算法。该法在实际工作中使用较多，计算公式为：

项目投资额＝单元指标×民用建筑功能×物价浮动指数 (6－14)

单元指标是指每个估算单位的投资额。例如，饭店单位客房间投资指标、医院每个床位投资估算指标等。

2. 动态投资估算方法

工程投资动态部分主要包括价格变动可能增加的投资额、建设期利息两部分内容，如果是涉外项目，还应该计算汇率的影响。动态部分的估算应以基准年静态投资的资金使用计划为基础来计算，而不是以编制的年静态投资为基础计算。

1) 涨价预备费的估算

涨价预备费是对建设工期较长的项目，由于在建设期内可能发生材料、设备、人工等价格上涨的情况从而引起投资增加，需要预留的费用。涨价预备费一般按照国家规定的投资综合价格指数(没有规定的由可行性研究人员预测)，依据工程分年度估算投资额，采用复利法计算。公式为：

$$PF = \sum_{t=1}^{n} I_t[(1+f)^t - 1] \tag{6-15}$$

式中：PF——涨价预备费估算额；

I_t——建设期第 t 年初的静态投资计划额；

n——建设期年份数；

f——年平均价格预计上涨率。

【例 6－2】 某建设项目静态投资额为 3 000 万元(其中 1 000 万元为银行贷款，年实际利率 4%)，建设期为 3 年，投资比例为第一年 20%，第二年 50%，第三年 30%，建设期内年平均价格上涨率为 5%，则该项目第三年投资的涨价预备费为多少万元？(2004 年全国注册造价工程师考题)

【解】 $PF=3\,000\times30\%\times[(1+5\%)^3-1]=141.86$(万元)

2) 建设期利息的估算

建设期利息是指项目借款在建设期内发生并计入建设项目总投资的利息。一般按照复利法计算，为了简化计算，通常假定借款均在每年的年中支用，计算公式为：

各年应计利息＝(年初借款本息累计＋本年借款额/2)×年利率 (6－16)

式中：年初借款本息累计＝上一年年初借款本息累计＋上年借款＋上年应计利息；

本年借款额=本年度固定资产投资-本年自有资金投入。

3）流动资金的估算

流动资金是指生产经营性项目投产后，为进行正常生产运营，用于购买原材料、燃料，支付工资及其他经营费用等所需的周转资金。流动资金估算一般采用分项详细估算法，个别情况或者小型项目可采用扩大指标法。

(1) 分项详细估算法。分项详细估算法是目前国际上常用的流动资金的估算方法。其计算公式为：

$$流动资金=流动资产-流动负债 \quad (6-17)$$

式中：流动资产=应收账款(或预付账款)+现金+存货；

流动负债=应付(或预收)账款；

流动资金本年增加额=本年流动资金-上年流动资金。

分项详细估算法估算的具体步骤如下。

首先计算各类流动资产和流动负债的年周转次数，然后再分项估算占用资金额。

① 周转次数的计算。周转次数是指流动资金的各个构成项目在一年内完成多少个生产过程，即：

$$周转次数=360/最低周转天数 \quad (6-18)$$

② 各分项资金占用额的估算。其计算公式分别为

$$应收账款=年销售收入/应收账款年周转次数 \quad (6-19)$$

$$现金=(年工资福利费+年其他费)/现金年周转次数 \quad (6-20)$$

$$存货=外购原材料、燃料动力费+在产品+产成品 \quad (6-21)$$

式中：外购原材料、燃料动力费=年外购原材料、燃料动力费/年周转次数；

在产品=(年工资福利费+年其他制造费+年外购原材料、燃料动力费+年修理费)/在产品年周转次数；

产成品=年经营成本/产成品年周转次数。

$$流动负债=应付账款=年外购原材料、燃料动力费/应付账款年周转次数 \quad (6-22)$$

根据以上流动资金各项估算的结果，编制流动资金估算表，见表6-2。

表6-2 流动资金估算表

序号	项目	最低周转天数	周转次数	投产期		达产期			
				3	4	5	6	…	*n*
1	流动资产								
1.1	应收账款								
1.2	存货								
1.2.1	原材料								
1.2.2	燃料								
1.2.3	在产品								
1.2.4	产成品								

续表

序号	项目	最低周转天数	周转次数	投产期		达产期			
				3	4	5	6	…	n
1.3	现金								
2	流动负债								
2.1	应付账款								
3	流动资金(1－2)								
4	流动资金本年增加额								

(2) 扩大指标估算法。扩大指标估算法是一种简化的流动资金估算方法，一般可参照同类企业流动资金占销售收入、经营成本的比例，或者单位产量占用流动资金的数额估算。扩大指标估算法简便易行，但准确度不高，适用于项目建议书阶段的估算。扩大指标估算法计算流动资金的公式为：

年流动资金额＝年销售收入(或年经营成本)×销售收入(或经营成本)资金率 (6－23)

年流动资金额＝年产量×单位产量占用流动资金额 (6－24)

(3) 估算流动资金应注意的问题。

① 在采用分项详细估算法时，应根据项目实际情况分别确定现金、应收账款、存货和应付账款的最低周转天数，并考虑一定的风险系数。因为最低周转天数减少，将增加周转次数，从而减少流动资金需要量，因此，必须切合实际地选用最低周转天数。对于存货中的外购原材料和燃料，要分品种和来源，考虑运输方式和运输距离，以及占用流动资金的比重大小等因素确定。

② 在不同生产负荷下的流动资金，应按不同生产负荷所需的各项费用金额，根据上述的计算公式进行分别估算，而不能直接按照100%生产负荷下的流动资金乘以生产负荷百分比求得。

③ 流动资金属于长期性(永久性)流动资产，流动资金筹措可通过长期负债和资本金(一般按流动资金的30%估算)的方式解决。流动资金一般要求在投产前一年开始筹措，为简化计算，可规定在投产的第一年开始按生产负荷安排流动资金需要量。其借款部分按全年计算利息，流动资金利息应计入生产期间财务费用，项目计算期末收回全部流动资金(不含利息)。

4) 汇率变化对涉外建设项目动态投资的影响及计算方法

(1) 外币对人民币升值。项目从国外市场购买设备材料所支付的外币金额不变，但换算成人民币的金额增加；从国外借款，本息所支付的外币金额不变，但换算成人民币的金额增加。

(2) 外币对人民币贬值。项目从国外市场购买设备材料所支付的外币金额不变，但换算成人民币的金额减少；从国外借款，本息所支付的外币金额不变，但换算成人民币的金额减少。估计汇率变化对建设项目投资的影响，是通过预测汇率在项目建设期内的变动程度，以估算年份的投资额为基数，计算求得。

6.4 工程投资估算的管理

在项目决策阶段进行投资估算的管理，就是对投资估算的编制方法、数据测算、估算指标选择运用、影响估算的因素等进行全过程的分析控制与管理。其目的是保证投资估算的科学性、可靠性，保证各种资料和数据的时效性、准确性和适用性，为项目决策提供科学依据。

6.4.1 影响投资估算相关因素的管理

建设项目投资估算是一项很复杂的工作，因为有很多因素会影响项目投资估算的准确性，其主要影响因素有以下 4 种。

1. 项目投资估算所需资料的可靠性

项目投资估算所选用的已运行项目的实际投资额、有关单元指标、物价指数、项目建设规模、建筑材料、设备价格等数据和资料的可靠性都直接影响投资估算的准确性。

2. 项目本身的具体情况

项目本身的内容和复杂程度、设计深度和详细程度、建设工期等也必然对项目投资估算的准确性产生重大影响。当项目本身包括的内容繁多、技术要求比较复杂、建设工期较长时，那么在估算项目所需投资额时，就容易发生漏项和重复，导致投资估算的失真。

3. 项目所在地的相关条件

项目所在地的相关条件主要是指项目所在地的自然条件、市场条件、基础设施条件等。项目所在地的自然条件，如建设场地条件、工程地质条件、水文地质、地震烈度等情况和有关数据的可靠性；项目所在地的市场条件，建筑材料供应情况、价格水平、物价波动幅度、施工协作条件等情况；基础设施条件，如给排水、供电、通信、燃气供应、热力供应、公共交通、消防等相关条件的具体情况，都会影响投资估算的准确性。

4. 项目投资估算人员的水平

项目投资估算人员业务水平、经验、职业道德等主观因素都会影响投资估算的准确性。

6.4.2 投资估算的审查

1. 投资估算审查的意义

(1) 投资估算审查是保障项目决策正确的前提之一。投资估算、资金筹措、建设地点、资源利用等都影响项目是否可行，由于投资估算的正确与否关系到项目财务评价和经济分析是否正确，从而影响到项目在经济上是否可行。因此，必须对投资估算编制的正确性(误差范围)进行审查。

(2) 投资估算审查为工程造价的控制奠定了基础。在项目建设各阶段中，通过工程造价的确定与控制，相应的形成了投资估算、设计概算、施工图预算、承包合同价、结算价及竣工决算。这些造价形成之间存在着前者控制后者，后者补充前者的相互作用关系，只有合理地计算投资估算，采用科学的估算方法和可靠的数据资料，保证投资估算的正确性，才能保证其他阶段的造价控制在合理的范围内，使投资控制目标能够实现。

2. 投资估算审查的内容

1）审查投资估算的编制依据

投资估算所采用的依据必须具有合法性和有效性。

(1) 合法性。首先必须对投资估算编制依据的合法性进行鉴定，即投资估算所采用的各种编制依据必须经过国家和主管部门的批准，符合国家有关编制政策规定，未经批准的不能采用。

(2) 有效性。有效性是指对编制依据的有效性进行鉴定。各种编制依据都应根据国家有关部门的现行规定进行，不能脱离现行的各种国家财务规定去做投资估算，如有新的管理规定和办法应按新的规定和办法执行。

2）审查投资估算的构成内容

根据工程造价的构成，建设项目投资估算包括固定资产投资估算和包括铺底流动资金在内的流动资金估算，具体的构成内容已在教材前面部分作了介绍。审查投资估算的构成内容，主要是审查项目投资估算内容的完整性和构成的合理性。

3）审查投资估算的估算方法和计算的正确性

根据投资项目的特点，行业类别可选用的具体方法很多。一般说来，供决策用的投资估算，不宜使用单一的投资估算方法，而是综合使用几种投资估算方法，互相补充，相互校核。对于投资额不大、一般规模的工程项目，适宜使用类似比较或系数估算法。此外，还应根据工程项目建设前期阶段的不同，选用不同的投资估算方法。因此，审查投资估算时，应对投资估算所采用方法的适用条件、范围、计算是否正确进行评价；对投资估算采用的工作量，设备、材料和价格等是否正确、合理进行评价；对投资比例是否合理，费用或费率是否存在漏项少算，是否有意压价或高估冒算、提高标准等进行评价；必须进口的国外设备的数量是否经过核实，价格是否合理(是否经过三家以上供应厂商的询价和对比)，是否考虑汇率、税金、利息、物价上涨指数等因素进行评价。

4）审查投资估算的费用划分及投资数额

(1) 审查投资估算中费用项目的划分是否正确，主要应审查费用项目与规定要求、实际情况是否相符，是否有多项、重项和漏项的情况；是否符合国家有关政策规定；是否针对具体情况作了适当增减。

(2) 投资额的估算是否考虑了物价变化、费率变动、现行标准和规范与已建项目当时标准和规范的变化等对总投资的影响，所用的调整系数是否适当。

(3) 投资估算中是否考虑了项目将采用的高新技术、材料、设备以及新结构、新工艺等导致的投资额的变化。

(4) 审查投资估算中动态投资额的估算是否恰当等。

总之，在进行项目投资估算审查时，应在项目评估的基础上，将审查内容联系起来综合考虑，既要防止漏项少算，又要防止重复计算和高估冒算，保证投资估算的精确性，使项目投资估算能真正起到正确决策、控制投资的重要作用。

工 程 案 例

某工业项目投资估算

【背景资料】某工业项目，基础数据如下。

(1) 项目的建设期为 2 年，该项目的实施计划为：第一年完成项目的全部投资的40%，第二年完成 60%，第三年项目投产并且达到 100%设计生产能力。

(2) 本项目固定资产投资中有 2 000 万元来自银行贷款，其余为自有资金，且不论借款还是自由资金均按二年等比例投入。根据借款协商贷款利率按 10% 计算，按季计息。基本预备费为工程费用与其他工程费用合计的 10%。建设期内涨价预备费平均费率为 6%。按照国家规定该项目固定资产投资方向调节税率为 5%。其他相关资料见表 6－3。

表 6－3　固定资产投资估算表　　万元

序号	工程费用名称	估算价值						占固定资产投资比例/%	备注
		建筑工程	设备购置	安装工程	其他费用	合计	其中外币		
1	工程费用								
1.1	主要生产项目	1 550	900	100					
1.2	辅助生产项目	900	400	200					
1.3	公用工程	400	300	100					
1.4	环保工程	300	200	100					
1.5	总图运输	200	100						
1.6	服务性工程	100							
1.7	生活福利工程	100							
1.8	厂外工程	50							
2	其他费用 其中：土地费用				200				
	(1+2)								
3	预备费								
3.1	基本预备费								
3.2	涨价预备费								
4	投资方向调节税								
5	建设期贷款利息								
	合计(1+2+3+4+5)								

(3) 建设项目进入运营期后，全厂职工为 200 人，工资与福利费按照每人每年 1 万元估算，每年的其他费用为 180 万元，年外购原材料、燃料和动力费用估算为 1 600 万元，年经营成本为 2 400 万元。各项流动资金达到最低周转天数分别为：应收账款 40 天，现金 25 天，应付账款 45 天。

【问题】

(1) 估算出该项目建设期贷款利息。

(2) 试将有关数据填入投资估算表。

(3) 估算流动资金。

(4) 估算项目总投资。

【参考答案】

问题(1)：贷款名义利率=10%，按季计息，$m=4$，因此贷款实际利率为：

$$i=(1+r/m)^m-1=(1+10\%/4)^4-1=10.38\%$$

建设期第一年贷款额为：$A_1=2\ 000\times40\%=800$(万元)

故建设期第一年贷款利息：$q_1=1/2A_1\times i=1/2\times800\times10.38\%=41.52$(万元)

建设期第一年末贷款及利息累计金额为：$P_1=A_1+q_1=800+41.52=841.52$(万元)

建设期第二年贷款额为：$A_2=2\ 000\times60\%=1\ 200$(万元)

故建设期第二年贷款利息：$q_2=(P_1+1/2A_2)\times i=(841.52+1/2\times1\ 200)\times10.38\%=149.63$(万元)

建设期贷款利息$=q_1+q_2=41.52+149.63=191.15$(万元)。

问题(2)：填表结果见表 6-4。

表 6-4 问题 2 表

序号	工程费用名称	估算价值						占固定资产投资比例/%	备注
		建筑工程	设备购置	安装工程	其他费用	合计	其中外币		
1	工程费用	3 600	1 900	500		6 000		80.58	
1.1	主要生产项目	1 550	900	100		2 550			
1.2	辅助生产项目	900	400	200		1 500			
1.3	公用工程	400	300	100		800			
1.4	环保工程	300	200	100		600			
1.5	总图运输	200	100			300			
1.6	服务性工程	100				100			
1.7	生活福利工程	100				100			
1.8	厂外工程	50				50			
2	其他费用 其中：土地费用				200	200		2.69	
	(1+2)	3 600	1 900	500	200	6 200			

续表

序号	工程费用名称	估算价值						占固定资产投资比例/%	备注
		建筑工程	设备购置	安装工程	其他费用	合计	其中外币		
3	预备费				1 246.08	1 246.08		16.73	
3.1	基本预备费				620	620			
3.2	涨价预备费				626.08	626.08			
4	投资方向调节税				372.30	372.30			
5	建设期贷款利息				191.15	191.15			
	合计(1+2+3+4+5)	3 600	1 900	500	2 009.53	8 009.53			

问题(3)：采用分项详细估算法。

(1) 现金=(年工资福利费+年其他费用)/周转次数=(200×1+180)/(365/25)=26.03(万元)。

(2) 应收账款=年经营成本/周转次数=2 400/(365/40)=263.01(万元)。

(3) 流动资产=现金+应收账款=26.03+263.01=289.04(万元)。

(4) 外购原材料、燃料、动力等=年外购原材料、燃料等费用/周转次数=1 600/(365/45)=197.26(万元)。

(5) 流动负债=应付账款=197.26(万元)。

(6) 流动资金=流动资产-流动负债=289.04-197.26=91.78(万元)。

问题(4)：

项目总投资=固定资产投资+流动资金=8 009.53+91.78=8 101.31(万元)。

本章小结

项目可行性研究是指对某工程项目在作出是否投资的决策之前，对项目在技术上的先进适用性、经济上的合理性和建设上的可行性进行论证，提出项目是否应该投资建设的结论性意见。项目可行性研究工作分为投资机会研究、初步可行性研究、详细可行性研究3个阶段。各个研究阶段的目的、任务、要求以及所需费用和时间各不相同，其研究的深度和可靠程度也不同。

建设工程投资的静态投资估算方法有：资金周转率法、生产规模指数法、比例估算法、系数估算法、指标估算法等。动态投资部分的估算：涨价预备费的计算公式为 $PF = \sum_{t=1}^{n} I_t[(1+f)^t - 1]$，建设期贷款利息的计算公式为各年应计利息=(年初借款本息累计+本年借款额/2)×年利率。流动资金的估算方法有分项详细估算法、扩大指标估算法。

建设工程投资估算必须审查以下内容：审查投资估算的编制依据；审查投资估算的构成内容；审查投资估算的估算方法和计算的正确性；审查投资估算的费用划分及投资数额。

思考题与习题

思考题

6-1 建设项目决策与工程造价有何关系?

6-2 项目投资决策阶段影响工程造价的因素有哪些?

6-3 可行性研究工作主要包括哪几个阶段?

6-4 可行性研究报告主要包括哪些内容?

6-5 投资估算的作用是什么?

6-6 投资估算编制的原理、依据和步骤是什么?

6-7 投资估算审查的主要内容是什么?

单项选择题

6-8 关于项目决策与工程造价的关系,下列说法中不正确的是(　　)。

A. 项目决策的深度影响投资决策估算的精度

B. 工程造价合理性是项目决策正确性的前提

C. 项目决策的深度影响工程造价的控制效果

D. 项目决策的内容是决定工程造价的基础

6-9 项目合理规模确定中需考虑的首要因素是(　　)。

A. 技术因素　　B. 环境因素　　C. 市场因素　　D. 人为因素

6-10 建设项目可行性研究报告的主要内容是(　　)。

A. 市场研究、技术研究和风险预测研究　B. 经济研究、技术研究和综合研究

C. 市场研究、技术研究和效益研究　D. 经济研究、技术研究和资源研究

6-11 项目合理规模确定中需考虑的主要环境因素不包括(　　)。

A. 政策因素　B. 燃料动力供应

C. 气候季节因素　D. 运输及通信条件

6-12 可行性研究编制完成后,应由编制单位的(　　)方面的负责人签字,并对研究报告质量负责。

A. 行政　B. 技术

C. 行政和技术　D. 行政、技术经济

多项选择题

6-13 项目决策阶段影响工程造价的主要因素有(　　)。

A. 项目合理规模确定　B. 建设标准水平的确定

C. 工程技术方案的确定　D. 项目决策时的物价水平

E. 建设地区及建设地点的选择

6-14 建设项目可行性研究报告的内容可概括为(　　)。

A. 市场研究　B. 确定拟建规模

C. 厂址选择　D. 技术研究

E. 效益研究

6-15 固定投资估算的内容按费用的性质划分,包括(　　)。

A. 建筑安装工程费　　B. 设备及工器具购置费
C. 工程建设其他费用　　D. 预备费
E. 流动资金

6-16 流动资金是指生产经营性项目投产后，用于(　　)的费用。
A. 购买原材料　　B. 购买燃料
C. 支付工资　　D. 其他经营
E. 固定资产

6-17 按照指标估算法，建筑工程费用估算一般采用(　　)。
A. 单位实物工程量投资估算法　　B. 工料单价投资估算法
C. 单位建筑工程投资估算法　　D. 概算指标投资估算法
E. 工程量估算法

案例计算题

6-18 拟建某工业建设项目，各项费用估计如下。

(1) 主要生产项目 4 410 万元(其中：建筑工程费 2 550 万元，设备购置费 1 750 万元，安装工程费 110 万元)。

(2) 辅助生产项目 3 600 万元(其中：建筑工程费 1 800 万元，设备购置费 1 500 万元，安装工程费 300 万元)。

(3) 公用工程费用 2 000 万元(其中：建筑工程费 1 200 万元，设备购置费 600 万元，安装工程费 200 万元)。

(4) 环境保护工程费用 600 万元(其中：建筑工程费 300 万元，设备购置资 200 万元，安装工程费 100 万元)。

(5) 总图运输工程费用 300 万元(其中：建筑工程费 200 万元，设备购置费 100 万元)

(6) 服务性工程费用 150 万元。

(7) 生活福利工程费用 200 万元。

(8) 厂外工程费用 100 万元。

(9) 工程建设其他费 380 万元。

(10) 基本预备费费率为 10%。

(11) 预计建设期内每年价格平均上涨率为 6%。

(12) 建设期为两年，每年建设投资相等，所有建设投资一律为贷款，贷款年利率为 11%(每半年计息一次)。

问题：

(1) 试将以上数据填入建设投资估算表中。

(2) 列式计算基本预备费、涨价预备费、实际年贷款利率和建设期贷款利息。

(3) 完成建设项目固定资产投资估算表。

注：除贷款利率取两位小数外，其余均取整数计算。

6-19 拟建年产 10 万吨炼钢厂，根据可行性研究报告提供的主厂房工艺设备清单和询价资料估算出该项目主厂房设备投资约为 3 600 万元。已建类似项目资料：与设备有关的其他各专业工程投资系数见表 6-5。与主厂房投资有关的辅助工程及附属设施投资系数见表 6-6。本项目的资金来源为自有资金和贷款，贷款总额为 8 000 万元，贷款利率 8%(按年计息)。建设期 3 年，第 1 年投入 30%，第 2 年投入 50%，第 3 年投入 20%。预计建设期物价水平平均上涨率3%，基本预备费率5%。

表6-5 与设备投资有关的各专业工程投资系数

加热炉	汽化冷却	余热锅炉	自动化仪表	起重设备	供电与传动	建安工程
0.12	0.01	0.04	0.02	0.09	0.18	0.40

表6-6 与主厂房投资有关的辅助及附属设施投资系数

动力系统	机修系统	总图运输系统	行政及生活福利设施工程	工程建设其他费
0.30	0.12	0.20	0.30	0.20

问题：

(1) 试用系数估算法估算该项目主厂房投资和项目建设的工程费用和工程建设其他费。

(2) 估算该项目的建设投资额，并编制建设投资估算表。

(3) 若建设投资资本金率为6%，试用扩大指标估算法估算项目的流动资金，确定项目的总投资额。

第7章 工程设计阶段的造价管理

教学目标

(1) 熟悉设计阶段工程造价管理的意义、程序、措施和方法。
(2) 了解限额设计的方法。
(3) 熟悉设计方案评价的内容与方法，熟悉设计优化途径。
(4) 掌握设计概算和施工图预算的概念、作用、编制依据和内容。
(5) 掌握设计概算和施工图预算的编制方法和审查方法。

教学要求

知识要点	能力要求	相关知识
设计阶段工程造价管理的内容	熟悉初步设计、技术设计、施工图设计三阶段的造价管理内容及控制措施和方法	建筑设计，建筑工程定额与预算
限额设计	了解限额设计的概念、目标及全过程	建筑设计规范，建筑工程定额与预算
设计方案的评价和优化	熟悉设计方案评价的内容和方法，能用价值工程评价工程项目设计方案优劣	经济学，工程经济，财务管理，建筑企业管理
设计概算	熟悉编制设计概算的方法，会审查设计概算	建筑施工技术，工程识图，工程估价
施工图预算	能独立编制简单工程项目的施工图预算，会审查施工图预算	建筑施工技术，工程识图，工程估价

基本概念

限额设计，价值工程，设计概算，施工图预算。

引例

某六层单元式住宅共54户，建筑面积3 949.62m^2。原设计方案为砖混结构，内、外墙为240mm砖墙，现拟定的新方案为内浇外砌结构，外墙做法不变，内墙采用C20混凝土浇筑。新方案内横墙厚为140mm，内纵墙为160mm。其他部位的做法、选材及建筑标准与原方案相同。两种方案各项指标见下表。

设计方案指标对比表

设计方案		建筑面积/m^2	使用面积/m^2	概算总值/元
1	砖混	3 949.62	2 797.20	4 163 789
2	内浇外砌	3 949.62	2 881.98	4 300 342

问题：

（1）试计算两方案如下技术经济指标。

① 两方案建筑面积、使用面积单方造价各是多少？每平方米差价多少？

② 新方案每户增加使用面积多少？多投入多少元？

（2）若作为商品房，按使用面积单方售价 5 647.96 元出售，总销售价相差多少？

（3）若作为商品房，按建筑面积单方售价 4 000 元出售，两方案折合使用面积单方售价多少元？差价多少？

（4）若按综合评分法对上述两设计方案进行技术经济评价，哪个方案为最优？评分指标、指标权重值和指标得分值见下表。

设计方案评分指标、指标权重值和指标得分值对比表

评分标准／方案	平面布局	使用功能	造价	使用面积	经济效益	结构安全	综合评分	最优方案
	0.15	0.20	0.20	0.15	0.20	0.10	总分值	
砖混	8	8	9	7	7	7		
内浇外砌	8	8	8	8	9	8		

7.1 设计阶段工程造价管理的内容

7.1.1 设计阶段工程造价管理的重要意义

在拟建项目经过投资决策阶段后，设计阶段就成为工程造价控制的关键阶段。它对建设项目的建设工期、工程造价、工程质量及建成后能否产生较好的经济效益和使用效益，起着决定性的作用。

（1）设计阶段进行工程估价的计价分析可以使造价构成更合理，有利于提高资金利用效率。设计阶段通过编制设计概算可以了解工程造价的构成，分析资金分配的合理性，并可以利用价值工程理论分析项目各个组成部分功能与成本的匹配程度，调整项目功能与成本使其更趋于合理。

（2）设计阶段控制工程造价会使控制工作更主动。由于建筑产品具有单件性、价值大的特点，采用被动控制方法，不能消除差异，也不能预防差异的发生，而且差异一旦发生，损失往往很大。如果在设计阶段控制工程造价，可以先按一定的质量标准，开列新建建筑物每一部分或分项的计划支出报表，即拟订造价计划。在制定出详细设计以后，对工程的每一分部或分项的估算造价，对照造价计划中所列的指标进行审核，预先发现差异，

主动采取一些控制方法消除差异。

(3) 设计阶段控制工程造价便于技术与经济相结合。建筑师等专业技术人员在设计过程中往往更关注工程的使用功能，力求采用比较先进的技术方法实现项目所需功能，而对经济因素考虑较少。如果在设计阶段邀请造价工程师参与全过程设计，在制订技术方案时就能充分考虑其经济后果，使方案达到技术和经济的统一。

(4) 在设计阶段控制工程造价效果显著。工程造价控制贯穿于项目建设全过程，但是进行全过程控制还必须突出重点。国内外工程实践及工程造价资料分析表明，投资决策阶段对整个项目造价的影响度为75%～95%，设计阶段的影响度为35%～75%，施工阶段的影响度为5%～35%，竣工阶段的影响度为0～5%。很显然，当项目投资决策确定以后，设计阶段就是控制工程造价的关键环节。因此在设计一开始就应将控制投资的思想根植于设计人员的头脑中，保证选择恰当的设计标准和合理的功能水平。

7.1.2 设计阶段工程造价管理的程序

随着工程设计工作的开展，各个设计阶段工程造价管理的内容又有所不同，设计阶段工程造价管理的程序如图 7.1 所示。

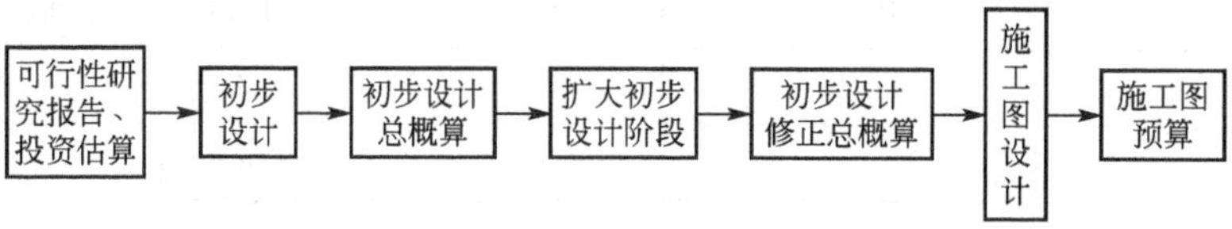

图 7.1 设计阶段工程造价管理的程序图

大中型建设项目一般采用初步设计、施工图设计两阶段设计；特大型或特殊项目可采用三阶段设计，即中间增设扩大设计阶段(技术设计阶段)。在各个设计阶段要进行相应的造价成本管理工作。

1. 方案设计阶段

方案设计的内容包括设计说明书，总平面图以及建筑设计图，设计委托或合同中规定的透视图、鸟瞰图、模型等。根据方案设计图纸和说明书，作出各专业工程造价估算书。

2. 初步设计阶段

根据初步设计图纸和说明书及概算定额(扩大预算定额或综合预算定额)编制初步设计总概算；概算一经批准，即为控制拟建项目工程造价的最高限额。总概算是确定建设项目的投资额、编制固定资产投资计划的依据，是签订建设工程总包合同、贷款总合同、实行投资包干的依据；同时也可作为控制建设工程拨款、组织主要设备订货、进行施工准备及编制技术、设计文件或施工图设计文件等的依据。

3. 扩大初步设计阶段(技术设计阶段)

根据技术设计的图纸和说明书及概算定额编制初步设计修正总概算。这一阶段往往是针对技术比较复杂、工程比较大的项目而设立的。

4. 施工图设计阶段

根据施工图纸和说明书及预算定额编制施工图预算，该预算是用以核实施工图阶段造价是否超过批准的初步设计概算。以施工图预算为基础招标投标的工程，则是以中标的施工图预算作为以经济合同形式确定承包合同价的依据，同时也作为结算工程价款的依据。

5. 设计交底和配合施工

设计单位应负责交代设计意图，进行技术交底，解释设计文件，及时解决施工中设计文件出现的问题，参加试运转和竣工验收、投产及进行全面的工程设计总结。设计过程中应及时地对项目投资进行分析对比，反馈造价情息，能动地影响设计，控制投资。

设计阶段的造价管理是一个有机联系的整体，各设计阶段的造价(估算、概算、预算)相互制约、相互补充，前者控制后者，后者补充前者，共同组成工程造价的控制系统。

7.1.3 设计阶段造价控制的措施与方法

设计阶段控制造价的方法有：对设计方案进行优选或优化设计，推广限额设计和标准化设计，加强对设计概算、施工图预算的编制管理和审查。

(1) 方案的造价估算、设计概算和施工图预算的编制与审查。

设计阶段加强对设计方案估算、初步设计概算、施工图预算编制的管理和审查是至关重要的。实际工作中经常发现有的方案估算不够完整，有的限额设计的目标值缺乏合理性，有的概算不够正确，有的施工预算或者标底不够精准，影响到设计过程中各个阶段造价控制目标的制定，最终不能达到以造价目标控制设计工作的目的。

方案估算要建立在分析测算的基础上，能比较全面、真实地反映各个方案所需的造价。在方案的投资估算过程中，要多考虑一些影响造价的因素，如施工的工艺和方法的不同、施工现场的不同情况等，因为它们都会使按照经验估算的造价发生变化，只有这样才能使估算更加完善。对于设计单位来说，当务之急是要对各类设计资料进行分析测算，以掌握大量的第一手资料数据，为方案的造价估算积累有效的数据。

设计概算不准，与施工图预算差距很大的现象时有发生，其原因主要包括初步设计图纸深度不够，概算编制人员缺乏责任心，概算与设计和施工脱节，概算编制中错误太多等。要提高概算的质量，首先，必须加强设计人员与概算编制人员的联系与沟通；其次，要提高概算编制人员的素质，加强责任心，多深入实际，丰富现场工作经验；再次，加强对初步设计概算的审查，概算审查可以避免重大错误的发生，避免不必要的经济损失，设计单位要建立健全三审制度(自审、审核、审定)，大的设计单位还应建立概算抽查制度。概算审查不仅仅局限于设计单位，建设单位和概算审批部门也应加强对初步设计概算的审查，严格概算的审批，也可以有效控制工程造价。

施工图预算是签订施工承包合同，确定承包合同价，进行工程结算的重要依据、其质量的高低直接影响到施工阶段的造价控制。提高施工图预算的质量可以通过加强对编制施工图预算的单位和人员资质的审查，以及改善对他们的管理方式来实现。

(2) 设计方案的优化和比选。

为了提高工程建设投资效果，从选择建设场地和工程总平面布置开始，直到最后结构构件的设计，都应进行多方案比选，从中选取技术先进、经济合理的最佳设计方案，或者对现有的设计方案进行优化，使其能够更加经济合理。在设计过程中，可以利用价值工程的思路和方法对设计方案进行比较，对不合理的设计提出改进意见，从而达到控制造价、节约投资的目的。

(3) 限额设计和标准化设计的推广。

限额设计是设计阶段控制工程造价的重要手段，它能有效地克服和控制“三超”现象，使设计单位加强技术与经济的对立统一管理，能克服设计概预算本身的失控对工程造价带来的负面影响。另外，推广成熟的、行之有效的标准设计不但能够提高设计质量，而且能够提高效率，节约成本；同时因为标准设计大量使用标准构配件，压缩现场工作量，所以有益于工程造价的控制。

(4) 推行设计索赔及设计监理等制度，加强设计变更管理。

设计索赔和设计监理等制度的推行，能够真正提高人们对设计工作的重视程度，从而使设计阶段的造价控制得以有效开展，同时也可以促进设计单位建立完善的管理制度，提高设计人员的质量意识和造价意识。设计索赔制度的推行和加大索赔力度是切实保证设计质量和控制造价的必要手段。另外，设计图纸变更发生得越早，造成的经济损失越小；反之则损失越大。工程设计人员应建立设计施工轮训或继续教育制度，尽可能地避免设计与施工相脱节的现象发生，由此可减少设计变更的发生。对非发生不可的变更，应尽量控制在设计阶段且要用先算账后变更、层层审批等方法，以使投资得到有效控制。

7.2 限额设计

7.2.1 限额设计的概念

所谓限额设计，就是按照批准的设计任务书及投资估算控制初步设计，按照初步设计总概算控制施工图设计，同时各专业在保证达到使用功能的前提下，按分配的投资限额控制设计，严格控制技术设计和施工图设计的不合理变更，保证总投资限额不被突破。

限额设计将上阶段设计审定的投资额和工程量先行分解到各专业，然后再分解到各单位工程和分部工程，通过层层分解，实现对投资限额的控制与管理，同时也实现了对设计规模、设计标准、工程数量与概预算指标等各个方面的控制。影响工程设计静态投资(或基础价)的项目都应作为限额设计的控制对象。

在项目建设过程中采用限额设计是我国工程建设领域控制投资支出和有效使用建设资金的有力措施。限额设计接上一阶段批准的投资(或造价)，控制下一阶段的设计，而且在设计中以控制工程量为主要内容，抓住了控制工程造价的核心，从而能有效地克服和控制“三超”现象。限额设计可促使设计单位加强技术与经济的对立统一，克服长期以来重技术、轻经济的思想，树立设计人员的责任感。限额设计可促使设计院内部设计与概预算形成有机的整体，克服相互脱节的现象。

7.2.2 限额设计的目标

(1) 限额设计目标的确定。限额设计目标是在初步设计开始前，根据批准的可行性研究报告及其投资估算确定的。限额设计目标由项目经理或总设计师提出，经主管院长审批下达，其总额度一般只下达直接工程费的90%，以便项目经理或总设计师和室主任留有一定的调节指标。专业之间或专业内部节约下来的单项费用，未经批准不能互相调用。

(2) 采用优化设计，确保限额目标的实现。所谓优化设计，是以系统工程理论为基础，应用现代数学方法，借助计算机技术，对工程设计方案、设备选型、参数匹配、效益分析、项目可行性分析等方面进行最优化的设计方法。这是控制工程造价的重要措施。在进行优化设计时，必须根据最优化问题的性质，选择不同的最优化方法。

优化设计通常是通过建立数学模型进行的。一般工作步骤是：①分析设计对象、综合数据、建立目标、构筑模型；②选择合适的最优化方法；③用计算机对问题求解；④对计算结果进行分析和比较，并侧重分析实现的可行性。以上4个步骤反复进行，直至结果满意为止。

7.2.3 限额设计全过程

限额设计贯穿于项目可行性研究、初步勘察、初步设计、详细勘察、技术设计、施工图设计的各个阶段，而在每一个阶段中贯穿于各个专业的每一道工序。在每个专业、每个设计中都应将限额设计作为工作的重点内容，明确限额设计目标，实行工序管理。各专业限额设计的实现即是限额设计目标得以实现的重要保证。

限额设计的全过程，实际上就是对工程项目投资目标管理的过程，即目标分解与计划、目标实施、目标实施检查、信息反馈的控制循环过程，如图7.2所示。

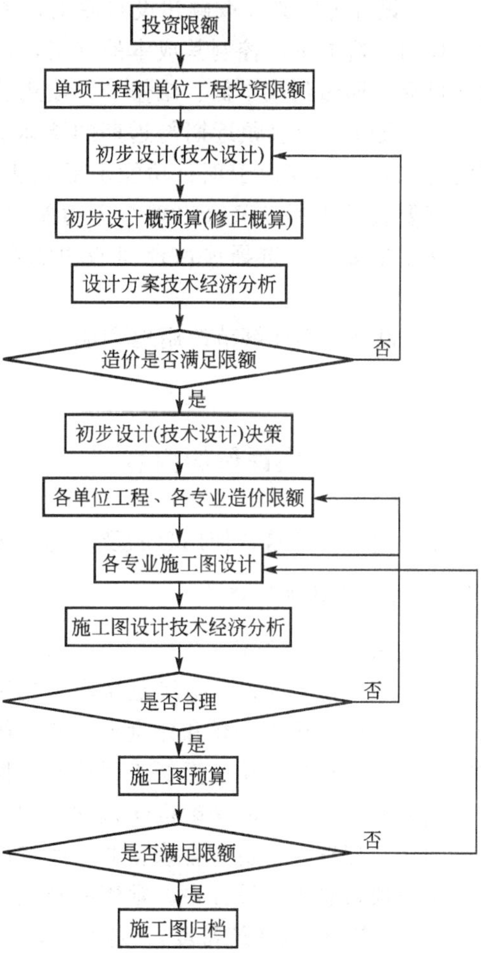

图7.2 限额设计程序流程图

7.2.4 限额设计的控制

限额设计控制工程造价可以从两个角度入手，一种是按照限额设计过程从前往后依次进行控制，称为纵向控制；另外一种是对设计单位及其内部各专业、科室及设计人员进行考核，实施奖惩，进而保证设计质量，称为横向控制。纵向控制就是初步设计阶段控制概算不能超过投资估算，施工图预算不能超过设计概算；施工图设计阶段限额设计的重点应放在工程量控制上，同时加强设计变更管理，实行限额设计动态控制。横向控制首先必须明确各设计单位以及设计单位内部各专业科室对限额设计所负的责任，将工程投资按专业进行分配，并分段考核，下段指标不能突破上段指标，责任落实越接近个人，效果就越明显，并赋予责任者履行责任的权利；其次，要建立健全奖惩制度。设计单位在保证工程安全和不降低工程功能的前提下，采用新材料、新工艺、新设备、新方案节约了投资额，应根据节约投资额的多少，对设计单位给予奖励；因设计单位设计错误、漏项或扩大规模和提高标准而导致工程静态投资超支，要视其超支比例扣减相应比例的设计费。再次，有关设计费取费方法也必须改变，只有这样，才能做到真正的限额设计控制。

7.3 设计方案的评价与优化

7.3.1 设计方案评价的原则

(1) 设计方案必须要处理好经济合理性与技术先进性之间的关系。在满足功能要求的前提下，尽可能降低工程造价。如果资金有限制，也可以在资金限制范围内，尽可能提高项目功能水平。

(2) 设计方案必须兼顾建设与使用，考虑项目全寿命费用。选择设计方案时不但要考虑工程的建造成本，控制其成本的支出，同时还要考虑使用成本，应以全寿命费用最低为设计目标。即做到成本低、维修少、使用费省。

(3) 设计必须兼顾近期与远期的要求。设计者如果按照目前的要求设计工程，在不远的将来，会出现由于项目功能水平无法满足需要而必须重新建造的情况；如果按照未来的需要设计工程，又会出现由于功能水平过高而资源闲置浪费的现象。所以设计者要兼顾两者的要求，选择项目合理的功能水平；同时也要根据远景发展需要，适当留有发展余地。

(4) 设计方案能够节约用地和能源，与国内同类建设项目及国际常规相比回收期短，收益率高。

7.3.2 设计方案评价的内容

不同类型的建筑，使用目的及功能要求不同，评价的内容也不相同。

1. 工业建筑设计评价

1) 总平面设计评价

工业项目总平面设计应满足生产工艺过程的要求，尽量节约建设用地，不占或少占农田，适应厂内外运输需要和建设地点的气候、地形、地质等自然条件，避免大开大挖，力求减少土方工程量，从而降低工程造价，加快建设速度。此外，还要考虑与城市规划和工业区规划相协调。目的是确定建筑物、构筑物、交通线路、地上地下技术管线及绿化美化设施的相互配置，创造符合该企业生产特性的统一建筑整体。

工业项目总平面设计中，常用的技术经济评价有以下各指标。

(1) 建筑系数(建筑密度)。这是指厂区内(一般指厂区围墙内)建筑物、构筑物和各种露天仓库及堆场、操作场地等的占地面积与整个厂区建设用地面积的比值。它是反映总平面图设计用地是否经济合理的指标，建筑系数大，表明布置紧凑，节约用地，又可缩短管线距离，降低工程造价。

(2) 土地利用系数。这是指厂区内建筑物、构筑物、露天仓库及堆场、操作场地、铁路、道路、广场、排水设施及地上地下管线等所占面积与整个厂区建设用地面积的比值。它综合反映出总平面布置的经济合理性和土地利用效率。

(3) 工程量指标。这是指场地平整土石方量、铁路道路及广场铺砌面积、排水工程、围墙长度及绿化面积等。

(4) 企业经营条件指标。这是指铁路、道路每吨货物的运输费用、经营费用等。

2) 工艺设计评价

工艺设计以可行性研究中的市场分析为基础，考虑技术发展的最新动态，选择先进适用的技术方案。在工艺设计中首先确定生产工艺流程，然后根据工厂生产规模和工艺过程的要求，选择设备型号和数量，并对一些标准和非标准设备进行设计。设备选型和设计应注意标准化、通用化和系列化；要考虑建设地点的实际情况和动力、运输、资源等具体条件；采用高效率的先进设备要符合技术先进、稳妥可靠、经济合理，设备的选择应立足国内情况；对于国内不能生产的关键设备，进口时要注意与工艺流程相适应，并与有关设备配套，不要重复引进。

不同的工艺技术方案会产生不同的投资效果，工艺技术方案的评价就是互斥投资项目的比选，因此评价指标有净现值、净年值、差额内部收益率等。

3) 建筑设计评价

在建筑平面布置和立面形式选择上，应该满足生产工艺要求。在建筑设计时必须采用各种切合实际的先进技术，从建筑形式、材料和结构的选择、结构布置和环境保护等方面采取措施，以满足生产工艺对建筑设计的要求。

常用的建筑设计评价指标有以下 5 个。

(1) 单位面积造价。建筑物平面形状、层数、层高、柱网布置、建筑结构及建筑材料等因素都会影响单位面积造价。

(2) 建筑物周长与建筑面积比。这主要用于评价建筑物平面形状是否合理。该指标越小，平面形状越合理。

(3) 厂房展开面积。这主要用于确定多层厂房的经济层数，展开面积越大，经济层数越可得以提高。

(4) 厂房有效面积与建筑面积比。该指标主要用于评价柱网布置是否合理，合理的柱网布置可以提高厂房有效使用面积。

(5) 工程全寿命成本。工程全寿命成本包括工程造价及工程建成后的使用成本，这是评价建筑物功能水平是否合理的一个综合性指标。一般来讲，功能水平低，工程造价低但使用成本高；功能水平高，工程造价高但使用成本低。工程全寿命成本最低时，功能水平最合理。

2. 民用建筑设计评价

民用建筑一般包括公共建筑和住宅建筑两大类。民用建筑设计要坚持“适用、经济、美观”的原则。设计中平面布置应合理，长度和宽度比例适当，合理确定户型和住户面积，合理确定层数与层高，合理选择结构方案。

常用的民用建筑设计的评价指标如下所述。

1）公共建筑

公共建筑类型繁多，具有共性的评价指标有占地面积、建筑面积、使用面积、辅助面积、有效面积、平面系数、建筑体积、单位指标（m^2/人，m^2/床，m^3/座）、建筑密度等。其中：

$$有效面积=使用面积+辅助面积$$
$$平面系数 K=使用面积÷建筑面积$$
$$建筑密度=建筑基底面积÷占地面积$$

平面系数指标反映了平面布置的紧凑合理性。

2）居住建筑

（1）平面系数。对于居住建筑的平面系数，同公共建筑的平面系数计算公式完全一样，但有以下3种具体形式，即：

$$平面系数 K_1=\frac{居住面积}{有效面积}$$

$$平面系数 K_2=\frac{辅助面积}{有效面积}$$

$$平面系数 K_3=\frac{结构面积}{有效面积}$$

（2）建筑周长指标，即墙长与建筑面积之比。居住建筑进深加大，则单元周长缩小，可节约用地，减少墙体积，降低造价。

$$单元周长指标=\frac{单元周长}{建筑面积}$$

$$建筑周长指标=\frac{建筑周长}{建筑占地面积}$$

（3）建筑体积指标。该指标是建筑体积与建筑面积之比，是衡量层高的指标。

$$建筑体积指标=\frac{建筑体积}{建筑面积}$$

（4）每户平均建筑指标的计算公式为：

$$平均每户建筑指标=\frac{建筑面积}{总户数}$$

（5）户型比。指不同居室数的户数占总户数的比例，这是评价户型结构是否合理的指标。

3. 居住小区设计评价

进行居住小区建设规划时，应根据居住小区基本功能和要求来确定各构成部分的合理层次与关系，合理安排住宅建筑、公共建筑、绿化及管网和道路等，正确确定小区的居住建筑密度、居住建筑面积密度、居住面积密度、居住人口密度等。进行小区规划设计时，必须在节约用地的前提下，既要为居民的工作和生活创造方便、舒适、优美的环境，又要能体现独特的城市风貌。

居住小区设计方案中常用的评价指标见表7－1。

表 7－1 居住小区设计方案评价格标

序号	指标名称	计算公式
1	建设用地利用率	$建设用地利用率=\frac{居住小区建筑面积}{居住小区占地总面积}\times 100\%$
2	绿化比率	$绿化比率=\frac{居住小区绿化面积}{居住小区占地总面积}\times 100\%$
3	建筑毛密度	$建筑毛密度=\frac{居住和公共建筑基底面积}{居住建筑总面积}\times 100\%$
4	居住建筑净密度	$居住建筑净密度=\frac{居住建筑基底面积}{居住建筑总面积}\times 100\%$
5	居住面积密度	$居住面积密度=\frac{居住面积}{居住建筑占地面积}\times 100\%$
6	居住建筑面积密度	$居住建筑面积密度=\frac{居住建筑面积}{居住建筑占地面积}\times 100\%$
7	人口毛密度	$人口毛密度=\frac{居住人数}{居住小区占地总面积}\times 100\%$
8	人口净密度	$人口净密度=\frac{居住人数}{居住建筑占地总面积}\times 100\%$
9	居住建筑工程造价	$居住建筑工程造价=\frac{工程原造价}{居住建筑面积}\times 100\%$

其中，居住建筑净密度是衡量用地经济性和保证居住区必要卫生条件的主要经济技术指示。其数值的大小与建筑层数、房屋间距、层高、房屋排列方式等因素有关。适当提高建筑密度，可节省用地，但应保证日照、通风、防火、交通安全的基本需要。

居住面积密度是反映建筑布置、平面设计与用地之间关系的重要指标。影响居住面积密度的主要因素是房屋的层数，增加层数其数值就增大，有利于节约土地和管线费用。

7.3.3 设计方案评价的方法

设计方案评价的方法需要采用技术与经济的比较方法，按照工程项目经济效果，针对不同的设计方案，分析其技术经济指标，从中选出经济效果最优的方法。在设计方案评价比较中一般采用计算费用法、投资回收期法和多指标评价法。

1. 计算费用法

建设工程的全寿命是指从投资决策、勘察、设计、施工、建成后使用直至报废拆除所经历的时间。全寿命费用应包括上述各阶段的合理支出。评价设计方案的优劣应考虑工程的全寿命费用。

计算费用法又叫最小费用法，它以货币表示的计算费用来反映设计方案对物化劳动和活化劳动量消耗的多少，从而评价设计方案优劣。它可以将一次性投资与经常性的经营成本统一为一种性质的费用。最小费用法是指在设计方案的功能(或产出)相同的条件下，项目在整个寿命周期内费用最低者为最优的方案，最小费用法可分为静态计算费用法和动态计算费用法。

1）静态计算费用法

静态计算费用法的数学表达式为：

$$C_{年}=K\cdot E+V$$
$$C_{总}=K+V\cdot T$$

式中：$C_{年}$——年计算费用；

$C_{总}$——项目总计算费用；

K——总投资额；

E——投资效果系数，是投资回收期的倒数；

V——年生产成本；

T——投资回收期，年。

2）动态计算费用法

对于寿命期相同的设计方案，可以采用净现值法、净年值法、差额内部收益率法等。寿命期不同的设计方案比选，可以采用净年值法。其数学表达式为：

$$PC=\sum_{t=0}^{n}CO_t(P/F,i_c,t)$$

$$AC=PC(A/P,i_c,n)=\sum_{t=0}^{n}CO_t(P/F,i_c,t)\cdot(A/P,i_c,n)$$

式中：PC——费用现值；

CO_t——第 t 年的现金流出量；

i_c——基准折现率；

AC——费用年值。

【例 7-1】 某企业为扩大生产规模，在 3 个设计方案中进行选择：方案 1 是改建现有工厂，一次性投资需 2545 万元，年经营成本 760 万元；方案 2 是建新厂，一次性投资 3340 万元，年经营成本 670 万元；方案 3 是扩建现有工厂，一次性投资 4360 万元，年经营成本 650 万元。3 个方案的寿命期相同，所在行业的标准投资效果系数为 10%，试用计算费用法选择最优方案。其中，$(P/A,8\%,10)=6.71$。

【解】

(1) 静态计算费用法。

由 $C_{年}=K\cdot E+V$ 计算可知：

$$C_{年1}=0.1\times2545+760=1014.5(万元)$$
$$C_{年2}=0.1\times3340+670=1004(万元)$$
$$C_{年2}=0.1\times4360+650=1086(万元)$$

因为 $C_{年2}$ 最小，故方案 2 最优。

(2) 动态计算费用法。

改建现有工厂方案：

$$PC_1=2545+760\times(P/A,8\%,10)=7644.68(万元)$$

建新厂方案：

$$PC_2=3340+670\times(P/A,8\%,10)=7835.77(万元)$$

扩建现有工厂方案：

$$PC_3=4360+650\times(P/A,8\%,10)=8721.57(\text{万元})$$

由于 $PC_1<PC_2<PC_3$，所以，方案1最优。

以上计算结果表明：建设期投资最少，方案不一定最优；当用静态与动态方法时，其结论并不一致。这说明在进行设计方案评价选择时，当比较项目建设的一次性投资的，最好使用动态计算费用法进行优选。

2. 投资回收期法

设计方案的比选往往是比选各方案的功能水平及成本。功能水平先进的设计方案一般需要的投资较多，方案实施过程中的效益一般也比较好。用方案实施过程中的效益回收投资，即投资回收期反映初始投资补偿速度，衡量设计方案也是非常必要的。投资回收期越短的设计方案越好。

不同设计方案的比选实际上是互斥方案的比选，首先要考虑方案可比性问题。当相互比较的各设计方案能满足相同的需要时，就只需比较它们的投资和经营成本的大小，用差额投资回收期比较。差额投资回收期是指在不考虑时间价值的情况下，用投资大的方案比投资小的方案所节约的经营成本，回收差额投资所需的时间。其计算公式为：

$$\Delta P_t=\frac{K_2-K_1}{C_1-C_2}$$

式中：ΔP_t——差额投资回收期；

K_2——方案2的投资额；

K_1——方案1的投资额，且 $K_2>K_1$；

C_2——方案2的年经营成本，且 $C_2<C_1$；

C_1——方案1的年经营成本。

当 $\Delta P_t\leqslant P_c$(基准投资回收期)时，投资大的方案优；反之，投资小的方案优。

如果两个比较方案的年业务量不同，则需将投资和经营成本转化为单位业务量的投资和成本，然后再计算差额投资回收期，进行方案比选。此时差额投资回收期的计算公式为：

$$\Delta P_t=\frac{K_2/Q_2-K_1/Q_1}{C_1/Q_1-C_2/Q_2}$$

式中：Q_1，Q_2 分别为各设计方案的年业务量，其他符号含义同前。

【例7-2】 某新建企业有两个设计方案，方案甲总投资1500万元，年经营成本400万元，年产量为1000件；方案乙总投资1000万元，年经营成本360万元，年产量为800件。基准投资回收期 P_c 为6年，试选择最优设计方案。

【解】 首先计算各方案单位产量的费用。

$$K_{甲}/Q_{甲}=1500\div1000=1.5(\text{万元/件})$$

$$K_{乙}/Q_{乙}=1000\div800=1.25(\text{万元/件})$$

$$C_{甲}/Q_{甲}=400\div100=0.4(\text{万元/件})$$

$$C_{乙}/C_{乙}=360\div800=1.25(\text{万元/件})$$

$$\Delta P_t=(1.5-1.25)/(0.45-0.4)=5(\text{年})$$

因为 ΔP_t 小于6年，所以方案甲较优。

3. 多指标评价法

通过对反映建筑产品功能和耗费特点的若干技术经济指标的计算、分析、比较，评价设计方案的经济效果。多指标评价法又可分为多指标对比法和多目标优选法。

1）多指标对比法

这是目前采用比较多的一种方法。它的基本特点是使用一组适用的指标体系，将对比方案的指标值列出，然后一一进行对比分析，根据指标值的高低分析判断方案的优劣。

利用这种方法首先需要将指标体系中的各个指标，按其在评价中的重要性，分为主要指标和辅助指标。当主要指标不足以说明方案的技术经济效果优劣时，辅助指标就成为进一步进行技术经济分析的依据。但是要注意参选方案在功能、价格、时间、风险等方面的可比性。如果方案不完全符合对比条件，要加以调整，使其满足对比条件后再进行对比，并在综合分析时予以说明。

这种方法的优点是：指标全面，分析确切，可通过各种技术经济指标定性或定量直接反映方案技术经济性能的主要方面。其缺点是：不便于考虑对某一功能的评价，不便于综合定量分析，容易出现某一方案有些指标较优，另一些指标较差；而另一方案可能是有些指标较差，另一些指标较优的情况。这样就使分析工作复杂化。有时也会因方案的可比性差而产生客观标准不统一的现象。因此，在进行综合分析时，要特别注意检查对比方案在使用功能和工程质量方面的差异，并分析这些差异对各指标的影响，避免导致错误的结论。

2）多目标优选法

在对设计方案进行评价时需要使用费用指标，而有时因获取的费用指标不准确，而严重影响方案优选的正确性。这种情况下，可以采用多目标优选法，这种方法首先对需要进行分析评价的设计方案设定若干个评价指标，并按其重要程度确定各指标的权重，然后确定评分标准，并就各设计方案对各指标的满足程度打分，最后计算各方案的加权得分，以加权得分最高者为最优设计方案。这种方法是定性分析、定量打分相结合的方法。本方法的关键是评价指标的选取和指标的权重。其计算公式为：

$$S=\sum_{i=1}^{n}(W_i \cdot S_i)$$

式中：S——设计方案总得分；

S_i——某方案在评价指标 i 上的得分；

W_i——评价指标 i 上的权重，$\sum W_i=1$；

n——评价指标的数量。

【例 7-3】 某建设方案有 3 个设计方案，根据该项目的特点拟对这 3 个设计方案的设计技术应用工程造价、建设工期、施工技术方案、三材用量等指标进行比较分析，各指标的权重及 3 个方案的得分情况见表 7-2。试对 3 个设计方案进行评价。

表 7-2　各评价指标权重表

指标	设计技术应用	工程造价	建设工期	施工技术方案	三材用量
权重	0.3	0.25	0.1	0.2	0.15

【解】 根据各方案的具体情况，组织专家进行评价，结果见表 7-3。

方案 A：$S_1=\sum_{i=1}^{3}(W_i \cdot S_i)=9\times0.3+8\times0.25+9\times0.1+9\times0.2+8\times0.15=8.6$

方案 B：$S_2=\sum_{i=1}^{3}(W_i\cdot S_i)=8\times0.3+9\times0.25+7\times0.1+8\times0.2+7\times0.15=8.0$

方案 C：$S_3=\sum_{i=1}^{3}(W_i\cdot S_i)=9\times0.3+9\times0.25+8\times0.1+9\times0.2+8\times0.15=8.75$

显然，$S_1<S_2<S_3$，所以方案 C 得分最高，故方案 C 为最优。

表 7-3 各方案的专家打分

	设计技术应用	工程造价	建设工期	施工技术方案	三材用量
方案 A	9	8	9	9	8
方案 B	8	9	7	8	7
方案 C	9	9	8	9	8

7.3.4 工程设计优化途径

1. 通过设计招标和设计方案竞选优化设计方案

建设单位发布设计任务公告，吸引设计单位参加设计招标或设计方案竞选，以获得众多的设计方案；组织 7～11 人的专家评定小组，其中技术经济专家人数应占 2/3 以上；专家评定小组采用实现确定的科学方法，综合评定各设计方案优劣，从中选择最优的设计方案，或将各方案的可取之处重新组合，提出最佳方案。专家评价法有利于多种设计方案的比较与选择，能集思广益，吸收众多设计方案的优点，使设计更完美。同时，这种方法有利于控制建设工程造价，因为选中的项目投资概算一般能控制在投资者限定的投资范围内。

2. 运用价值工程优化设计方案

1）价值工程原理

价值工程是通过各相关领域的协作，对所研究对象的功能与费用进行系统分析，不断创新，旨在提高研究对象价值的思想方法和管理技术。其目的是以研究对象的最低寿命周期成本可靠地实现使用者所需的功能，以获取最佳的综合效益。价值工程的目标是提高研究对象的价值，价值的表达式为：

$$价值=功能/成本$$

价值的提高取决于功能和费用两个因素，所以提高价值可以通过以下 5 种途径实现。

(1) 在提高功能水平的同时，降低成本。

(2) 在保持成本不变的情况下，提高功能水平。

(3) 在保持功能水平不变的情况下，降低成本。

(4) 成本稍有增加，但功能水平大幅度提高。

(5) 功能水平稍有下降，但成本大幅度下降。

价值工程是一项有组织的管理活动，涉及面广，研究过程复杂，必须按照一定的程序进行。价值工程的一般工作程序见表 7-4。

表 7-4　价值工程一般工作程序

阶　　段	步　　骤	阶　　段	步　　骤
准备阶段	1. 对象选择 2. 组成价值工程工作小组 3. 制订工作计划	创新阶段	7. 方案创新 8. 方案评价 9. 提案编写
分析阶段	4. 收集整理信息资料 5. 功能系统分析 6. 功能评价	实施阶段	10. 审批 11. 实施与检查 12. 成果鉴定

2）在设计阶段实施价值工程的意义

在研究对象寿命周期的各个阶段都可以实施价值工程，但是在设计阶段实施价值工程意义更为重大。

（1）可以使建筑产品的功能更合理。工程设计实质上就是对建筑产品的功能进行设计，而价值工程的核心就是功能分析。价值工程的实施，可以使设计人员更准确地了解用户所需和建筑产品各项功能之间的比重，同时还可以考虑各方建议，使设计更加合理。

（2）可以有效地控制工程造价。价值工程需要对研究对象的功能与成本之间的关系进行系统分析。设计人员参与价值工程，可以避免在设计过程中只重视功能而忽视成本的倾向，在明确功能的前提下，发挥设计人员的创造精神，从多种实现功能的方案中选取最合理的方案。这样既保证了用户所需功能的实现，又有效地控制了工程造价。

（3）可以节约社会资源。价值工程的目的是以研究对象的最低寿命周期成本可靠地实现使用者所需功能。实施价值工程，既可以避免一味地降低工程造价而导致研究对象功能水平偏低的现象，也可以避免一味地降低使用成本而导致功能水平偏高的现象，使工程造价、使用成本及建筑产品功能合理匹配，节约社会资源消耗。

3）价值工程在项目设计方案优选中的应用示例

【例 7-4】 现以某建筑设计院在建筑设计中用价值工程方法进行住宅设计方案优选，说明价值工程在工程设计中的应用。

【解】（1）价值工程对象选择。该院承担设计的工程种类繁多，通过对该院近几年各种建筑设计项目类别的统计分析，该院设计项目中住宅所占比重最大，因此将住宅作为价值工程的主要研究对象。

（2）资料收集。主要收集以下几方面资料。

① 工程回访，收集用户对住宅的意见。

② 对不同地质情况和基础形式的住宅进行定期沉降观测，获取地基方面的资料。

③ 了解有关住宅施工方面的情况。

④ 收集大量有关住宅建设的新工艺和新材料等数据资料。

⑤ 分地区按不同地质情况、基础形式和类型标准统计分析近年来住宅建筑的各种技术经济指标。

（3）功能分析。由设计、施工及建设单位的有关人员组成价值工程研究小组，共同讨论，对住宅的以下各种功能进行定义、整理和评价分析。

① 平面布局。

② 采光通风、保温、隔热、隔声等。
③ 层高、层数。
④ 牢固耐久。
⑤ 三防设施(防火、防震和防空)。
⑥ 建筑造型。
⑦ 室内外装饰。
⑧ 环境设计。
⑨ 技术参数。

在功能分析中，用户、设计人员、施工人员以百分形式分别对各功能进行评分，即假设住宅功能合计为100分，分别确定各项功能在总体功能中所占比例，然后将所选定的用户、设计人员、施工人员的评分意见进行综合，三者的权重分别为0.7、0.2、0.1，各功能重要性系数见表7-5。

表7-5 功能评分及重要性系数

功能		用户评分		设计人员评分		施工人员评分		功能重要性系数 φ_i
		得分 f_{i1}	$0.7f_{i1}$	得分 f_{i2}	$0.2f_{i2}$	得分 f_{i3}	$0.1f_{i3}$	
适用	平面布局	41	28.7	38	7.6	43	4.3	0.406
	采光通风等	16	11.2	17	3.4	15	1.5	0.161
	层高、层数	4	2.8	5	1.0	4	0.4	0.042
安全	牢固耐用	20	14.0	21	4.2	19	1.9	0.201
	三防设施	4	2.8	3	0.6	3	0.3	0.037
美观	建筑造型	3	2.1	5	1.0	3	0.3	0.034
	室外装修	2	1.4	3	0.6	2	0.2	0.022
	室内装饰	7	4.9	6	1.2	5	0.5	0.066
其他	环境设计	2	1.4	1	0.2	4	0.4	0.020
	技术参数	1	0.7	1	0.2	2	0.2	0.011
总计		100	70	100	20	100	10	1.000

表中：功能重要性系数 $\varphi_i=(0.7f_{i1}+0.2f_{i2}+0.1f_{i3})\div100$。

(4) 方案设计与评价。在某住宅小区设计中，根据收集的资料及上述功能重要性系数的分析结果，价值工程研究推广小组集思广益，创造设计了十余个方案。在采用优缺点列举法进行定性分析筛选后，对所保留的5个较优方案进行定量评价选优，见表7-6～表7-8。其中：

$$成本系数\ C_k=\frac{方案成本}{各方案成本综合}$$

$$方案总分\ Y_k=\sum(重要系数\ \varphi_i\times方案功能评分值\ P_{ik})$$

$$功能评价系数\ F_k=\frac{各方案总分\ Y_k}{各方案总分之和}$$

表 7-6 备选方案成本及成本系数

方案	主要特征	单位造价(万元)	成本系数
方案一	7层混合结构，层高 3m，240 内外砖墙，预制桩基础，半地下室储存间，外装修一般，内装饰好，室内设备较好	784	0.2342
方案二	7层混合结构，层高 2.9m，240 内外砖墙，120 非承重内砖墙，条形基础(基底经过真空预压处理)，外装修一般，内装饰较好	596	0.1780
方案三	7层混合结构，层高 3m，240 内外砖墙，沉管灌注桩基础，外装修一般，内装饰和设备较好	740	0.2210
方案四	5层混合结构，层高 3m，空心砖内外砖墙，满堂基础，装修及室内设备一般，屋顶无水箱	604	0.1804
方案五	层高 3m，其他特征同方案二	624	0.1864

表 7-7 方案功能评分

评价因素		方案功能评分值 P_{ik}				
功能因素	重要系数 φ_i	方案一	方案一	方案一	方案一	方案一
F_1	0.406	10	10	9	9	10
F_2	0.161	10	9	10	10	9
F_3	0.042	9	8	9	10	9
F_4	0.201	10	10	10	8	10
F_5	0.037	8	7	8	7	7
F_6	0.034	10	8	9	7	6
F_7	0.022	6	6	6	6	6
F_8	0.066	10	8	8	6	6
F_9	0.020	9	8	9	8	8
F_{10}	0.011	8	10	9	2	10
方案总分	9.574	9.316	9.193	8.499	9.361	

表 7-8 价值系数计算

方案	方案功能得分	功能评价系数	成本系数	价值系数
方案一	9.574	0.2083	0.2342	0.8894
方案二	9.316	0.2028	0.1780	1.1393
方案三	9.193	0.2001	0.2210	0.9054
方案四	8.499	0.1848	0.1804	1.0244
方案五	9.361	0.2036	0.1864	1.0923

(5) 效果评价。根据对所收集资料的分析结果表明，近年来该地区建设条件与该工程大致相同的住宅，每平方米建筑面积造价一般平均为1080元，方案二只有894元，节约186元，可节约投资17.2%。该小区18.4万平方米的住宅可节省投资3422.4万元。

由于功能评价系数分数越高说明方案越满足功能要求，据此计算的价值系数也就越大越好。方案二的价值系数最高为1.1393，故方案二最优。

3. 通过推广标准化设计优化设计方案

标准化设计又称定型设计、通用设计，是工程建设标准化的组成部分。标准设计覆盖范围较广，重复建造的建筑类型及生产能力相同的企业、单独的房屋构筑物均应采用标准设计或通用设计。在设计阶段投资控制工作中，对不同用途和要求的建筑物，应按统一的建筑模数、建筑标准、设计规范、技术规定等进行设计。若房屋或构筑物整体不便定型化，应将其中重复出现的建筑单元、房间和主要的结构节点构造，在构配件标准化的基础上定型化。建筑物和构筑物的柱网、层高及其他构件参数尺寸应力求统一化，在基本满足使用要求和修建条件的情况下，尽可能具有通用互换性。广泛推广标准化设计首先能够加快设计速度，缩短设计周期，节约设计费用；其次，可使工艺定型，易提高工人技术水平，提高劳动生产率和节约材料，有益于较大幅度降低建设投资；再次，可加快施工准备和定制预制构件等项工作，并能使施工速度大大加快；最后，可以贯彻执行国家的技术经济政策，密切结合自然条件和技术发展水平，合理利用资源和材料设备，考虑施工、生产、使用和维修的要求，便于工业化生产。

7.4 设计概算

7.4.1 设计概算的概念与作用

1. 设计概算的概念

设计概算是设计文件的重要组成部分，是在投资估算的控制下由设计单位根据初步设计(或技术设计)图纸及说明、概算定额(概算指标)、各项费用定额或取费标准(指标)、设备、材料预算价格等资料，编制和确定的建设项目从筹建至竣工交付使用所需全部建设费用的文件。按照国家规定，采用两阶段设计的建设项目，初步设计阶段必须编制设计概算；采用三阶段设计的，技术设计阶段必须编制修正概算。在施工图设计阶段，必须按照经批准的初步设计及其相应的设计概算进行施工图的设计工作。

设计概算的编制内容包括静态投资和动态投资两部分。其中，静态投资部分是以某一基准年、月建设要素的价格为依据所计算出的投资瞬时值(包含因工程量误差而引起的工程造价的增减)，包括建筑安装工程费、设备和工器具购置费、工程建设其他费用、基本预备费。动态投资部分则包括建设期贷款利息、投资方向调节税、涨价预备费等。静态投资部分作为考核工程设计和施工图预算的依据，静、动态两部分投资之和则作为筹措和控制资金使用的限额。

2. 设计概算的作用

设计概算的主要作用体现在以下几个方面。

(1) 设计概算是国家制定和控制建设投资的依据。对于国家投资项目按照规定报请有关部门或单位批准初步设计及总概算，一经上级批准，总概算就是总造价的最高限额，不得任意突破，如有突破须报原审批部门批准。

(2) 设计概算是编制建设计划的依据。建设年度计划安排的工程项目，其投资需要量的确定、建设物资供应计划和建筑安装施工计划等，都以主管部门批准的设计概算为依据，若实际投资超过了总概算，设计单位和建设单位共同提出追加投资的申请报告，经上级计划部门批准后，方能追加投资。

(3) 设计概算是进行拨款和贷款的依据。银行根据批准的设计概算和年度投资计划，进行拨款和贷款，并严格实行监督控制。

(4) 设计概算是签订总承包合同的依据。对于施工期限较长的大中型建设项目，可以根据批准的建设计划、初步设计和总概算文件确定工程项目的总承包价，采用工程总承包的方式进行建设。

(5) 设计概算是考核设计方案的经济合理性和控制施工图预算和施工图设计的依据。

(6) 设计概算是考核和评价工程建设项目成本和投资效果的依据。工程建设项目的投资转化为建设项目法人单位的新增资产，可根据建设项目的生产能力计算建设项目的成本，回收期及投资效果系数等技术经济指标。并将以概算造价为基础计算的指标与以实际发生造价为基础计算的指标进行对比，从而对工程建设项目成本及投资效果进行评价。

7.4.2 设计概算的编制依据与内容

1. 设计概算的编制依据

设计概算的编制依据包括以下几点。

(1) 国家发布的有关法律、法规、规章、规程等。

(2) 批准的可行性研究报告及投资估算、设计图纸等有关资料。

(3) 有关部门颁布的现行概算定额、概算指标、费用定额等和建设项目设计概算编制办法。

(4) 有关部门发布的人工、材料价格，有关设备原价及运杂费率、造价指数等。

(5) 建设场地自然条件和施工条件，有关合同、协议等。

(6) 其他有关资料。

2. 设计概算的内容

设计概算可分为单位工程概算、单项工程综合概算和建设项目总概算 3 级。各级概算之间的相互关系如图 7.3 所示。

(1) 单位工程概算。单位工程概算是确定各单位工程建设费用的文件，是编制单项工程综合概算的依据，是单项工程综合概算的组成部分。对一般工业与民用建筑工程而言，单位工程概算按其工程性质分为建筑工程概算和设备及安装工程概算两大类。建筑工程概算包括土建工程概算，给排水、采暖工程概算，通风、空调工程概算，电气照明工程概算，弱电工程概算，特殊构筑物工程概算等；设备及安装工程概算包括机械设备及安装工程概算，电气设备及安装工程概算，以及工器具及生产家具购置费概算等。

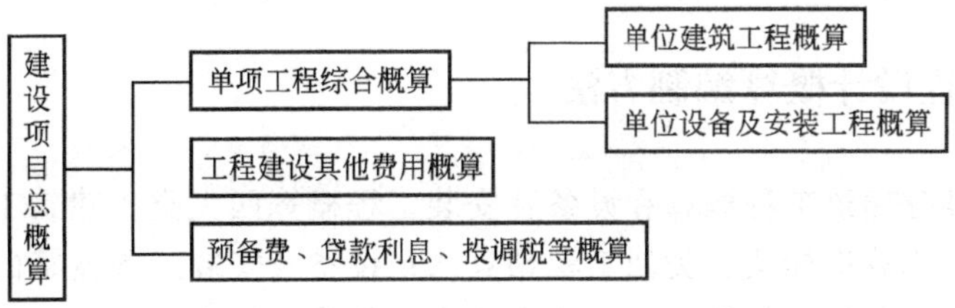

图 7.3 设计概算文件

(2) 单项工程综合概算。单项工程综合概算是确定一个单项工程所需建设费用的文件，是由单项工程中的各单位工程概算汇总编制而成的，是建设项目总概算的组成部分。对一般工业与民用建筑工程而言，单项工程综合概算的组成内容如图 7.4 所示。

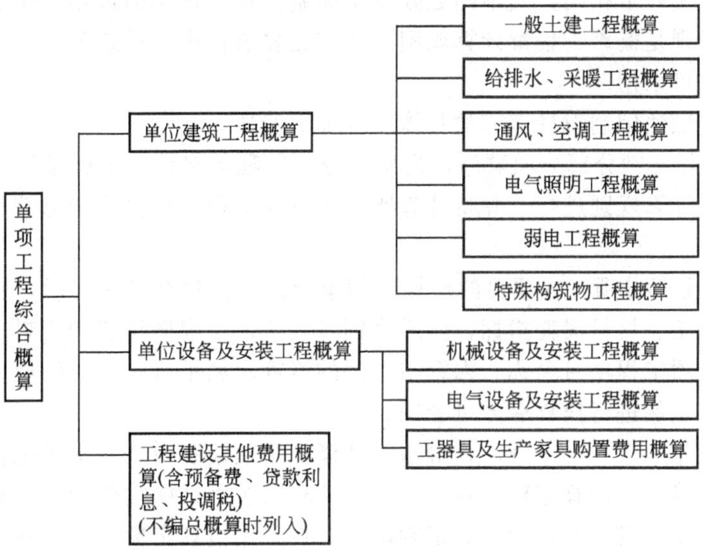

图 7.4 单项工程综合概算

(3) 建设项目总概算。建设项目总概算由各单项工程综合概算、工程建设其他费用概算、预备费、投资方向调节税和贷款利息概算等汇总编制而成，如图 7.5 所示。

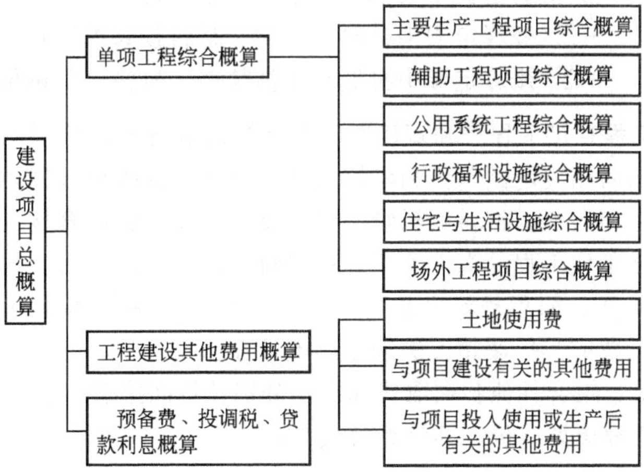

图 7.5 建设项目总概算

7.4.3 单位工程设计概算编制方法

单位工程概算分建筑工程概算和设备及安装工程概算两大类。建筑工程概算的编制方法有概算定额法、概算指标法、类似工程预算法；设备及安装工程概算的编制方法有预算单价法、扩大单价法、设备价值百分比法和综合吨位指标法等。

1. 建筑工程概算编制方法

1）概算定额法

利用概算定额编制单位建筑工程设计概算的方法，与利用预算定额编制单位建筑工程施工图预算的方法基本相同。其不同之处在于编制概算所采用的依据是概算定额，所采用的工程量计算规则是概算工程量计算规则。该方法要求初步设计达到一定深度，建筑结构比较明确时，方可采用。

利用概算定额法编制设计概算的具体步骤如下所述。

(1) 按照概算定额分部分项顺序，列出各分项工程的名称。工程量计算应按概算定额中规定的工程量计算规则进行，并将计算所得各分项工程量按概算定额编号顺序，填入工程概算表内。

(2) 确定各分部分项工程项目的概算定额单价。工程量计算完毕后，逐项套用相应概算定额单价和人工、材料消耗指标，然后分别将其填入工程概算表和工料分析表中。如果遇设计图中的分项工程项目名称、内容与采用的概算定额手册中相应的项目有某些不相符时，则按规定对定额进行换算后方可套用。

有些地区根据地区人工工资、物价水平和概算定额编制与概算定额配合使用的扩大单位估价表，该表确定了概算定额中各扩大分项工程或扩大结构构件所需的全部人工费、材料费、机械台班使用费之和，即概算定额单价。在采用概算定额法编制概算时，可以将计算出的扩大分部分项工程的工程量，乘以扩大单位估价表中的概算定额单价进行直接工程费的计算。计算概算定额单价的计算公式为：

$$
\begin{aligned}
\text{概算定额单价} &= \text{概算定额人工费} + \text{概算定额材料费} + \text{概算定额机械台班使用费} \\
&= \sum(\text{概算定额中人工消耗量} \times \text{人工单价}) \\
&\quad + \sum(\text{概算定额中材料消耗量} \times \text{材料预算单价}) \\
&\quad + \sum(\text{概算定额中机械台班消耗量} \times \text{机械台班单价})
\end{aligned}
$$

(3) 计算单位工程直接工程费和直接费。将已算出的各分部分项工程项目的工程量及在概算定额中已查出的相应定额单价和单位人工、材料消耗指标分别相乘，即可得出各分项工程的直接工程费和人工、材料消耗量。再汇总各分项工程的直接工程费及人工、材料消耗量，即可得到该单位工程的直接工程费和工料总消耗量。最后，再汇总措施费即可得到该单位工程的直接费。如果规定有地区的人工、材料价差调整指标，计算直接工程费时，按规定的调整系数或其他调整方法进行调整计算。

(4) 根据直接费，结合其他各项取费标准，分别计算间接费、利润和税金。

(5) 计算单位工程概算造价，其计算公式为：

$$\text{单位工程概算造价} = \text{直接费} + \text{间接费} + \text{利润} + \text{税金}$$

2）概算指标法

概算指标法采用直接工程费指标。将拟建厂房、住宅的建筑面积或体积乘以技术条件相同或基本相同的概算指标而得出直接工程费，然后按规定计算出措施费、间接费、利润和税金等。该方法适用于初步设计深度不够，不能准确地计算工程量，但工程设计采用技术比较成熟而又有类似工程概算指标可以利用的情况。因此，其计算精度较低，是一种对工程造价估算的方法，但由于其编制速度快，因此有一定实用价值。在资产评估中，可作为估算建(构)筑物重置成本的参考方法。

(1) 拟建工程结构特征与概算指标相同时的计算。在使用概算指标法时，如果拟建工程在建设地点、结构特征、地质及自然条件、建筑面积等方面与概算指标相同或相近，就可直接套用概算指标编制概算。在直接套用概算指标时，拟建工程应符合以下条件。

① 拟建工程的建设地点与概算指标中的工程建设地点相同。

② 拟建工程的工程特征、结构特征分别与概算指标中的工程特征、结构特征基本相同。

③ 拟建工程的建筑面积与概算指标中工程的建筑面积相差不大。

根据选用的概算指标的内容，可选用两种概算方法。

一种方法是以指标中所规定的工程每平方米或立方米的造价，乘以拟建单位工程建筑面积或体积，得出单位工程的直接工程费，再计算其他费用，即可求出单位工程的概算造价。

直接工程费计算公式为：

直接工程费＝概算指标每平方米(立方米)工程造价×拟建工程建筑面积(体积)

这种简化方法的计算结果参照的是概算指标编制时期的价值标准，未考虑拟建工程建设时期与概算指标编制时期的价差，所以在计算直接工程费后还应用物价指数另行调整。

另一种方法是以概算指标中规定的每100m(或1000m^3)建筑物面积(或体积)所耗人工工日数、主要材料数量为依据，首先计算拟建工程人工、主要材料消耗量，再计算直接工程费，并取费。在概算指标中，一般规定了100m^2(或1000m^3)建筑物面积(或体积)所耗工日数、主要材料数量，通过套用拟建地区当时的人工工日单价和主材预算单价，使可得到每100m^2(或1000m^3)建筑物面积(或体积)的人工费和主材费而无需再作价差调整。计算公式为：

100m^2 建筑物面积的人工费＝指标规定的工日数×本地区人工工日单价

100m^2 建筑物面积的主要材料费＝$\sum$(指标规定的主要材料数量×相应的地区材料预算单价)

100m^2 建筑物面积的其他材料费＝主要材料费×其他材料费占主要材料费的百分比

100m^2 建筑物面积的机械使用费＝(人工费＋主要材料费＋其他材料费)×机械使用费所占百分比

每平方米建筑面积的直接工程费＝(人工费＋主要材料费＋其他材料费＋机械使用费)÷100

根据直接工程费，结合其他各项取费方法，分别计算措施费、间接费、利润和税金，得到每平方米建筑面积的概算单价，乘以拟建单位工程的建筑面积，即可得到单位工程概算造价。

(2) 拟建工程结构特征与概算指标有局部差异时的调整。在实际工作中，经常会遇到拟建对象的结构特征与概算指标中规定的结构特征有局部不同的情况，因此必须对概算指标进行调整后方可套用。调整方法如下所述。

第一，调整概算指标中的每平方米(立方米)造价。

这种调整方法是将原概算指标中的单位造价进行调整(仍使用直接工程费指标)，扣除每平方米(立方米)原概算指标中与拟建工程结构不同部分的造价，增加每平方米(立方米)拟建工程与概算指标结构不同部分的造价，使其成为与拟建工程结构相同的工程单位直接工程费造价。计算公式为：

$$结构变化修正概算指标(元/m^2)=J+Q_1P_1-Q_2P_2$$

式中：J——原概算指标；

Q_1——概算指标中换入结构的工程量；

Q_2——概算指标中换出结构的工程量；

P_1——换入结构的直接工程费单价；

P_2——换出结构的直接工程费单价。

则拟建工程造价为：

直接工程费=修正后的概算指标×拟建工程建筑面积(或体积)

求出直接工程费后，再按照规定的取费方法计算其他费用，最终得到单位工程概算价值。

第二，调整概算指标中的工、料、机数量。

这种方法是将原概算指标中每$100m^2(1000m^3)$建筑面积(体积)中的工、料、机数量进行调整，扣除原概算指标中与拟建工程结构不同部分的工、料、机消耗量，增加拟建工程与概算指标结构不同部分的工、料、机消耗量，使其成为与拟建工程结构相同的每$100m^2(1000m^3)$建筑面积(体积)工、料、机数量。计算公式为：

结构变化修正概算指标的工、料、机数量=原概算指标的工、料、机数量+换入结构件工程量×相应定额工、料、机消耗量－换出结构件工程量×相应定额工、料、机消耗量

以上两种方法，前者是直接修正概算指标单价，后者是修正概算指标工、料、机数量。修正之后，方可按上述方法分别套用。

3) 类似工程预算法

类似工程预算法是利用技术条件与设计对象相类似的已完工程或在建工程的工程造价资料来编制拟建工程设计概算的方法。该方法适用于拟建工程初步设计与已完工程或在建工程的设计相类似且没有可用的概算指标的情况，但必须对建筑结构差异和价差进行调整。

(1) 建筑结构差异的调整。调整方法与概算指标法的调整方法相同。即先确定有差别的项目，然后分别按每一项目算出结构构件的工程量和单位价格(按编制概算工程所在地区的单价)，然后以类似预算中相应(有差别)的结构构件的工程数量和单价为基础，算出总差价。将类似预算的直接工程资总额减去(或加上)这部分差价，就得到结构差异换算后的直接工程费，再行取费得到结构差异换算后的造价。

(2) 价差调整。类似工程造价的价差调整方法通常有两种：一是类似工程造价资料有具体的人工、材料、机械台班的用量时，可按类似工程造价资料中的主要材料用量、工日数量、机械台班用量乘以拟建工程所在地的主要材料预算价格、人工工日单价、机械台班单价，计算出直接工程费，再行取费即可得出所需的造价指标；二是类似工程造价资料只有人工、材料、机械台班费用和其他费用时，可作如下调整。

$$D=A\cdot K$$

$$K=a\%K_1+b\%K_2+c\%K_3+d\%K_4+e\%K_5$$

式中：D——拟建工程单方概算造价；

A——类似工程单方预算造价；

K——综合调整系数；

$a\%$，$b\%$，$c\%$，$d\%$，$e\%$——类似工程预算的人工费、材料费、机械台班费、措施费、间接费占预算造价的比重；

K_1，K_2，K_3，K_4，K_5——拟建工程地区与类似工程地区人工费、材料费、机械台班费、措施费、间接费价差系数。

$$K_1=\frac{\text{拟建工程概算的人工费(或工资标准)}}{\text{类似工程预算人工费(或工资标准)}}$$

$$K_2=\frac{\sum(\text{类似工程主要材料数量}\times\text{编制概算地区材料预算价格})}{\sum\text{类似地区各主要材料费}}$$

类似地，可得出其他指标的表达式。

【例7-5】 拟建办公楼建筑面积为3 000m²，类似工程的建筑面积为2 800m²，预算造价为3 200 000元。各种费用占预算造价的比例为：人工费6%，材料费55%，机械使用费6%，措施费3%，其他费用30%。试用类似工程预算法编制概算。

【解】 根据前面的公式计算出各种价格差异系数为：人工费$K_1=1.02$，材料费$K_2=1.05$，机械使用费$K_3=0.99$，措施费$K_4=1.04$，其他费用$K_5=0.95$。

综合调整系数$K=6\%\times1.02+55\%\times1.05+6\%\times0.99+3\%\times1.04+30\%\times0.95=1.014$

价差修正后的类似工程预算造价＝3 200 000×1.014＝3 244 800(元)

价差修正后的类似工程预算单方造价＝3 244 800/2 800＝1 158.86(元)

由此可得，拟建办公楼概算造价＝1 158.86×3 000＝3 476 580(元)

【例7-6】 拟建砖混结构住宅工程3 420m²，结构形式与已建成的某工程相同，只有外墙保温贴面不同，其他部分均较为接近。类似工程外墙面为珍珠岩板保温、水泥砂浆抹面，每平方米建筑面积消耗量分别为0.044m³、0.842m²，珍珠岩板为153.1元/m³、水泥砂浆为8.95元/m²；拟建工程外墙为加气混凝土保温、外贴釉面砖，每平方米建筑面积消耗量分别为：0.08m³、0.82m³，加气混凝土185.48元/m³，贴釉面砖49.75元/m²。类似工程单方直接工程费为465元/m²，其中，人工费、材料费、机械费占单方直接工程费比例分别为：14%、78%、8%，综合费率为20%。拟建工程与类似工程预算造价在这些方面的差异系数分别为：2.01、1.06和1.92。问题：

(1) 应用类似工程预算法确定拟建工程的单位工程概算造价。

(2) 若类似工程预算中，每平方米建筑面积主要资源消耗为：人工消耗5.08工日，钢材23.8 kg，水泥205kg，原木0.05 m³，铝合金门窗0.24 m²，其他材料费为主材费的45%，机械费占直接工程费比例为8%，拟建工程主要资源的现行预算价格分别为人工20.31元/工日，钢材3.1元/kg，水泥0.35元/吨，原木1 400元/ m³，铝合金门窗平均350元/m²，拟建工程综合费率为20%，应用概算指标法，确定拟建工程的单位工程概算造价。

【解】

问题(1)：首先计算直接工程费差异系数，通过直接工程费部分的价差调整进而得到直接工程费单价，再做结构差异调整，最后取费得到单位造价，计算步骤如下所述。

拟建工程直接工程费差异系数＝14％×2.01＋78％×1.06＋8％×1.92＝1.261 8

拟建工程概算指标(直接工程费)＝465×1.261 8＝586.74(元/m^2)

结构修正概算指标(直接工程费)＝586.74＋(0.08×185.48＋0.82×49.75)

－(0.044×153.1＋0.842×8.95)

＝628.10(元/m^2)

拟建工程单位造价＝628.10×(1＋20％)＝753.72(元/m^2)

拟建工程概算造价＝753.72×3 420＝2 577 722(元)

问题(2)：首先，根据类似工程预算中每平方米建筑面积的主要资源消耗和现行预算价格，计算拟建工程单位建筑面积的人工费、材料费、机械费。

人工费＝每平方米建筑面积人工消耗指标×现行人工工日单价

＝5.08×20.31＝103.17(元)

材料费＝∑(每平方米建筑面积材料消耗指标×相应材料预算价格)

＝(23.8×3.1＋205×0.35＋0.05×1400＋0.24×350)×(1＋45％)

＝434.32(元)

机械费＝直接工程费×机械费占直接工程费的比率

＝直接工程费×8％

直接工程费＝人工费＋材料费＋机械费＝103.17＋434.32＋直接工程费×8％

则：直接工程费＝(103.17＋434.32)/(1－8％)＝584.23(元/m^2)

其次，进行结构差异调整，按照所给综合费率计算拟建单位工程概算指标、修正概算指标和概算造价。

结构修正概算指标(直接工程费)＝拟建工程概算指标＋换入结构指标－换出结构指标

＝584.23＋0.08×185.48＋0.82×4975－(0.044×153.1＋0.842×8.95)

＝625.59(元/m^2)

拟建工程单位造价＝结构修正概算指标×(1＋综合费率)

＝625.59×(1＋20％)＝750.71(元/m^2)

拟建工程概算造价＝拟建工程单位造价×建筑面积＝750.71×3420＝2567428(元)。

2. 设备及安装工程概算编制方法

1）设备购置费概算

设备购置费由设备原价和运杂费两项组成。

国产标准设备原价可根据设备型号、规格、性能、材质、数量及附带的配件，向制造厂家询价或向设备、材料信息部门查询或按主管部门规定的现行价格逐项计算。非主要标准设备和工器具、生产家具的原价可按主要标准设备原价的百分比计算，百分比指标按主管部门或地区有关规定执行。

设备运杂费按有关部门规定的运杂费率计算，即：

设备运杂费＝设备原价×运杂费率

2）设备安装工程概算的编制方法

(1) 预算单价法。当初步设计较深，有详细的设备清单时，可直接按安装工程预算定额单价编制设备安装工程概算，概算程序与安装工程施工图预算程序基本相同。

(2) 扩大单价法。当初步设计深度不够，设备清单不完备，只有主体设备或仅有成套设备重量时，可采用主体设备、成套设备的综合扩大安装单价来编制概算。

(3) 设备价值百分比法，又叫安装设备百分比法。当初步设计深度不够，只有设备出厂价而无详细规格、重量时，安装费可按其占设备费的百分比计算。其百分比值(即安装费率)由主管部门制定或由设计单位根据已完类似工程确定。该法常用于价格波动不大的定型产品和通用设备产品。计算公式为：

$$设备安装费=设备原价\times安装费率$$

(4) 综合吨位指标法。当初步设计提供的设备清单有规格和设备重量时，可采用综合吨位指标编制概算，其综合吨位指标由主管部门或由设计单位根据已完类似工程资料确定。该法常用于设备价格波动较大的非标准设备和引进设备的安装工程概算。计算公式为：

$$设备安装费=设备吨重\times每吨设备安装费指标$$

7.4.4 单项工程综合概算的编制方法

单项工程综合概算是以其所包含的建筑工程概算表和设备及安装工程表为基础汇总编制的。当建设工程只有一个单项工程时，单项工程综合概算(实为总概算)还应包括工程建设其他费用概算(含建设期贷款利息、预备费和固定资产投资方向调节税)。

单项工程综合概算文件一般包括编制说明(不编制总概算时列入)和综合概算表两部分。

1. 编制说明

主要包括编制依据、编制方法、主要设备和材料的数量及其他有关问题。

2. 综合概算表

综合概算表是根据单项工程所辖范围内的各单位工程概算等基础资料，按照国家规定的统一表格进行编制。对于工业建筑而言，其概算包括建筑工程和设备及安装工程；对于民用建筑工程而言，其概算包括一般土木建筑工程、给排水、采暖、通风及电气照明工程等。综合概算表式如表 7-9 所示。

表 7-9 综合概算表

建设项目__________

单项工程__________ 综合概算价值__________元

序号	工程或费用名称	概算价值						指标			占投资额/%	备注
		建筑工程费	安装工程费	设备购置费	工器具及生产家具购置费	工程建设其他费用	合计	单位	数量	指标		
1	2	3	4	5	6	7	8	9	10	11	12	13
(1)	一般土建工程											
(2)	给水排水工程											
(3)	采暖工程											

续表

序号	工程或费用名称	概算价值						指标			占投资额/%	备注
		建筑工程费	安装工程费	设备购置费	工器具及生产家具购置费	工程建设其他费用	合计	单位	数量	指标		
(4)	通风工程											
(5)	电气照明工程											
	合计											

审核＿＿＿＿＿＿编制＿＿＿＿＿＿　　日期＿＿＿年＿＿＿月＿＿＿日

7.4.5 建设项目总概算编制方法

建设项目总概算是设计文件的重要组成部分。它由各单项工程综合概算、工程建设其他费用、建设期贷款利息、预备费、固定资产投资方向调节税和经营性项目的铺底流动资金组成，并按主管部门规定的统一表格编制而成。

设计概算文件一般应包括以下六部分。

(1) 封面、签署页及目录。

(2) 编制说明。编制说明应包括下列内容。

① 工程概况。简述建设项目性质、特点、生产规模、建设周期、建设地点等主要情况。对于引进项目要说明引进内容及与国内配套工程等主要情况。

② 资金来源及投资方式。

③ 编制依据及编制原则。

④ 编制方法。说明设计概算是采用概算定额法，还是采用概算指标法等。

⑤ 投资分析。主要分析各项投资的比重、各专业投资的比重等经济指标。

⑥ 其他需要说明的问题。

(3) 总概算表。总概算表应反映静态投资和动态投资两个部分。

(4) 工程建设其他费用概算表。工程建设其他费用概算按国家、地区或部委所规定的项目和标准确定，并按统一表式编制。

(5) 单项工程综合概算表和建筑安装单位工程概算表。

(6) 工程量计算表和工、料数量汇总表。

7.4.6 设计概算的审查

1. 设计概算审查的内容

设计概算编制得准确合理，才能保证投资计划的真实性。审核概算的目的就是力求投资的准确、完整，防止扩大投资规模或出现漏项，减少投资缺口。要打足投资、不留缺口，提高建设项目的经济效益。设计概算的审查内容一般包括以下七部分内容。

1）设计概算的编制依据

审查编制依据的合法性、时效性和适用范围。采用的各种编制依据必须经过国家和授权机关的批准，符合国家的现行编制规定，并且在规定的适用范围之内使用。

2）审查概算编制深度

（1）审查编制说明。审查编制说明可以检查概算的编制方法、深度和编制依据等重大原则问题，若编制说明有差错，具体概算必有差错。

（2）审查概算编制深度。审查是否有符合规定的“三级概算”，各级概算的编制、校对、审核是否按规定签署，有无随意简化，有无把“三级概算”简化为“二级概算”，甚至“一级概算”的现象。

（3）审查概算的编制范围。审查概算的编制范围及具体内容是否与主管部门批准的建设项目范围及具体工程内容一致；审查分期建设项目的建筑范围及具体工程内容有无重复交叉，是否重复计算或混算；审查其他费用应列的项目是否符合规定，静态投资、动态投资和经营性项目铺底流动资金是否分别列出等。

3）审查建设规模、标准

审查概算的投资规模、生产能力、设计标准、建设用地、建筑面积、主要设备、配套工程、设计定员等是否符合原批准可行性研究报告或立项批文的标准，如果超过投资可能增加。如果概算总投资超过原批准投资估算10%以上，应进一步审查超估算的原因。

4）审查设备规格、数量和配置

审查所选用的设备规格、台数是否与生产规模一致，材质、自动化程度有无提高标准，引进设备是否配套、合理，备用设备台数是否适当，消防、环保设备是否合理等。此外，还要重点审查设备价格是否合理、是否符合有关规定。

5）审查工程量

建筑安装工程投资随工程量增加而增加，要认真审查。要根据初步设计图纸、概算定额及工程量计算规则、专业设备材料表、建构筑物和总图运输一览表进行审查，看有无多算、重算、漏算的现象。

6）审查计价指标

审查建筑工程采用工程所在地区的定额、价格指数和有关人工、材料、机械台班单价是否符合现行规定；审查安装工程所采用的专业或地区定额是否符合工程所在地区的市场价格水平，概算指标调整系数，以及主材价格、人工、机械台班和辅材调整系数是否按当时最新规定执行；审查引进设备安装费率或计取标准、部分行业专业设备安装费率是否按有关规定计算等。

7）审查其他费用

审查费用项目是否按国家统一规定计列，具体费率或计取标准是否按国家、行业或有关部门规定计算，有无随意列项，有无多列、交叉计列和漏项等。

2. 设计概算审查的方法

1）对比分析法

对比分析法主要是指将建设规模、标准与立项批文对比，工程数量与设计图纸对比，综合范围、内容与编制方法、规定对比，各项取费与规定标准对比，材料、人工单价与统一信息对比，引进设备、技术投资与报价要求对比，技经指标与同类工程对比等。通过以上对比分析，容易发现设计概算存在的主要问题和偏差。

2）查询核实法

查询核实法是对一些关键设备和设施、重要装置、引进工程图纸不全、难以核算的较大投资进行多方查询核对，逐项落实的方法。主要设备的市场价向设备供应部门或招标公司查询核实；重要生产装置、设施向同类企业(工程)查询了解；引进设备价格及有关费税向进出口公司调查落实，复杂的建筑安装工程向同类工程的建设、承包、施工单位征求意见；深度不够或不清楚的问题直接同原概算编制人员、设计者询问清楚。

3）联合会审法

联合会审前，可先采取多种形式分头审查，包括：设计单位自审，主管、建设、承包单位初审，工程造价咨询公司评审，邀请同行专家预审，审批部门复审等，经层层审查把关后，由有关单位和专家进行联合会审。在会审大会上，由设计单位介绍概算编制情况及有关问题，各有关单位、专家汇报初审及预审意见。然后进行认真分析、讨论，结合对各专业技术方案的审查意见所产生的投资增减，逐一核实原概算出现的问题。经过充分协商，认真听取设计单位意见后，实事求是地处理、调整。

7.5 施工图预算

7.5.1 施工图预算的概念与作用

1. 施工图预算的概念

施工图预算即施工图设计预算的简称，又称设计预算。它是由设计单位在施工图设计完成以后，按照施工图设计图、现行预算定额、费用定额以及地区设备、材料、人工、施工机械台班等预算价格编制和确定的建筑安装工程造价的文件。该施工图预算价格可以是按政府统一规定的预算单价、取费标准、计价程序计算得到的计划中的价格，也可以是根据企业自身的实力和市场供求及竞争状况计算的反映市场的价格。施工图预算可以划分为两种计价模式，即传统定额计价模式和工程量清单计价模式。

2. 施工图预算的作用

施工图预算的作用主要体现在以下几个方面。

(1) 施工图预算是进行招投标的基础。推行工程量清单计价方法以后，传统的施工图预算在投标报价中的作用将逐渐弱化，但施工图预算的原理、依据、方法和编制程序仍是投标报价的重要参考资料。

(2) 施工图预算是施工单位组织材料、机具、设备及劳动力供应的依据，是施工企业编制进度计划、进行经济核算的依据，也是施工单位拟定降低成本措施和按照工程量计算结果编制施工预算的依据。

(3) 施工图预算是甲乙双方统计完成工作量，办理工程结算和拨付工程款的依据。

(4) 施工图预算是工程造价管理部门监督、检查执行定额标准，合理确定工程造价，测算造价指数及审定招标工程标底的依据。

以下将主要介绍传统定额计价模式下的施工图预算，工程量清单计价模式的相关内容可参见第 3 章。

7.5.2 施工图预算的编制依据与内容

1. 施工图预算的编制依据

(1) 施工图纸、说明书和标准图集。经审定的施工图纸、说明书和标准图集，完整地反映了工程的具体内容、各部分的具体做法、结构尺寸、技术特征及施工方法，是编制施工图预算的重要依据。

(2) 现行预算定额及单位估价表、建筑安装工程费用定额、工程量计算规则。国家和地区颁发的现行建筑、安装工程预算定额、建筑安装工程费用定额及单位估价表和相应的工程量计算规则，是编制施工图预算、确定分项工程子目、计算工程量、选用单位估价表、计算直接工程费的主要依据。企业定额也是编制施工图预算的主要依据。

(3) 施工组织设计或施工方案、施工现场勘察及测量资料。因为施工组织设计或施工方案中包含了编制施工图预算必不可少的有关资料，如建设地点的土质、地质情况、土石方开挖的施工方法及余土外运方式与运距、施工机械使用情况、结构件预制加工方法及运距、重要的梁板柱的施工方案、重要或特殊机械设备的安装方案等。

(4) 材料、人工、机械台班预算价格、工程造价信息及动态调价规定。在市场经济条件下，材料、人工、机械台班的价格是随市场而变化。为使预算造价尽可能接近实际，各地区主管部门对此都有明确的调价规定。

(5) 预算工作手册及有关工具书。预算工作手册和工具书包括了计算各种结构件面积和体积的公式，钢材、木材等各种材料规格、型号及用量数据，各种单位换算比例，特殊断面、结构件的工程量的速算方法，金属材料重量表等。

(6) 工程承包协议或招标文件。它明确了施工单位承包的工程范围，应承担的责任、权利和义务。

2. 施工图预算的内容

施工图预算包括单位工程预算、单项工程预算和建设项目总预算。通过施工图预算统计建设工程造价中的建筑安装工程费用。单位工程预算是根据单位工程施工图设计文件，现行预算定额，费用标准及人工、材料、设备、机械台班等预算价格资料，以一定方法编制出的施工图预算；汇总所有单位工程施工图预算，就成为单项工程施工图预算；再汇总所有单项工程施工图预算，便成为建设项目的总预算。

单位工程预算包括建筑工程预算和设备安装工程预算。对一般工业与民用建筑工程而言，建筑工程预算按其工程性质分为一般土建工程预算、卫生工程预算(包括室内外给排水工程)、采暖通风工程、煤气工程、电气照明工程预算、特殊构筑物(如炉窑、烟囱、水塔等)工程预算和工业管道工程预算等。设备安装工程预算可分为机械设备安装工程预算、电气设备安装工程预算和化工设备、热力设备安装工程预算等。

7.5.3 建筑工程施工图预算的编制程序与方法

目前国内通常采用的施工图预算的编制方法有工料单价法、综合单价法、工程量清单计价法3种方法。

1. 工料单价法

工料单价法是指以分部分项工程单价为直接工程费单价，将分部分项工程量乘以对应分部分项工程单价后的合计作为单位工程直接工程费。直接工程费汇总后另加措施费、间接费、利润、税金生成工程承发包价。工料单价法又分为预算单价法和实物法。

1) 预算单价法

用预算单价法编制施工图预算，就是将地区统一单位估价表中的各项定额单价，乘以相应的各分项工程的工程量，汇总相加得到单位工程的人工费、材料费、机械使用费之和；再加上按规定程序计算出来的措施费、间接费、利润和税金，便可得出单位工程的施工图预算造价。

用预算单价法编制施工图预算的主要计算公式为：

$$单位工程施工图预算直接工程费=\sum(工程量\times预算定额单价)$$

预算单价法编制施工图预算的步骤如图7.6所示。

图7.6 预算单价法编制施工图预算的步骤

预算单价法编制施工图预算的步骤如下 。

(1) 搜集各种编制依据资料。资料包括施工图纸、施工组织设计或施工方案，现行建筑安装工程预算定额，取费标准，统一的工程量计算规则，预算工作手册和工程所在地区的材料、人工、机械台班预算价格与调价规定、工程预算软件等。

(2) 熟悉施工图纸和定额。只有对施工图和预算定额有全面详细的了解，才能全面准确地计算出工程量，进而合理地编制出施工图预算造价。

(3) 熟悉施工图纸和施工组织设计。即熟悉施工图纸和施工组织设计中的施工方案、施工技术。

(4) 计算工程量。工程量的计算在整个预算过程中是最重要、最烦琐的环节，不仅影响预算编制的及时性，更重要的是影响预算造价的准确性。因此，在工程量计算上要投入较大精力。

计算工程量一般可按下列具体步骤进行。

① 根据施工图纸的工程内容和定额项目，列出计算工程量的分部分项工程。

② 根据一定的计算顺序和计算规则，列出计算式。

③ 根据施工图示尺寸及有关数据，代入计算式进行数学计算。

④ 按照定额中的分部分项工程的计量单位对相应的订货结果的计量单位进行调整，使之相一致。

(5) 套用预算定额单价。工程量计算完毕并核对无误后，用所得到的分部分项工程量套用单位估价表中相应的定额单价，相乘后相加汇总，便可求出单位工程的直接工程费。

套用预算定额单价时需注意如下几点。

① 分项工程量的名称、规格、计量单位必须与预算定额或单位估价表所列内容一致，重套、错套、漏套预算单价都会引起直接工程费的偏差。进而导致施工图预算造价出现偏差。

② 当施工图纸的某些设计要求与定额单价的特征不完全符合时，必须根据定额使用说明对定额单价进行调整或换算。

③ 当施工图纸的某些设计要求与定额单价特征相差甚远，既不能直接套用也不能换算、调整时，必须编制补充单位估价表或补充定额。

(6) 编制工料分析表。根据各分部分项工程的实物工程量和相应定额中项目所列的用工工日及材料数量，计算出各分部分项工程所需的人工及材料数量，相加汇总便得出该单位工程所需要的各类人工和材料的数量。

(7) 计算其他各项费用和汇总造价。按照建筑安装单位工程造价构成的规定费用项目除费率及计费基础，分别计算出措施费、间接费、利润和税金，按照规定对材料、人工、机械台班预算价格进行调整，并汇总得出单位工程造价。

(8) 复核。单位工程预算编制后，有关人员对单位工程预算进行复核，以便及时发现差错，提高预算质量。复核时应对工程量计算公式和结果、套用定额单价、各项费用的取费费率及计算基础和计算结果、材料和人工预算价格及其价格调整等方面是否正确进行全面复核。

(9) 编制说明，填写封面。编制说明是编制者向审核者交代编制方面的有关情况，包括编制依据、工程性质、内容范围，设计图纸号、所用预算定额编制年份(即价格水平年份)、有关部门的调价文件号、套用单价或补充单位估价表方面的情况及其他需要说明的问题。封面填写应写明工程名称、工程编号、工程量(建筑面积)、预算总造价及单方造价、编制单位名称及负责人和编制日期、审查单位名称及负责人和审核日期等。

预算单价法是目前国内编制施工图预算的常用方法，具有计算简单、工作量较小和编制速度较快、便于工程造价管理部门集中统一管理的优点。但由于是采用事先编制好的统一的单位估价表，其价格水平只能反映定额编制年份的价格水平，在市场价格波动较大的情况下，预算单价法的计算结果会偏离实际价格水平，虽然可采用调价方法弥补，但调价系数和指数从测定到颁布存在滞后性且计算也较烦琐；另外，由于预算单价法采用的地区统一的单位估价表进行计价，承包商之间竞争的并不是自身的施工、管理水平，所以单价法并不适应市场经济环境。

2) 实物法

应用实物法编制施工图预算，首先根据施工图纸分别计算出分项工程量，然后套用相应预算人工、材料、机械台班的定额用量，再分别乘以工程所在地当时的人工、材料、机械台班的实际单价，求出单位工程的人工费、材料费和施工机械使用费，并汇总求和，进而求得直接工程费，然后再按规定计取其他各项费用，汇总后就可得出单位工程施工图预算造价。

实物法编制施工图预算中主要的计算公式为：

单位工程预算直接工程费＝Σ(工程量×人工预算定额用量×当时当地人工工日单价)
＋Σ(工程量×材料预算定额用量×当时当地材料预算单价)
＋Σ(工程量×机械台班预算定额用量×当时当地机械台班单价)

实物法编制施工图预算的步骤如图 7.7 所示。

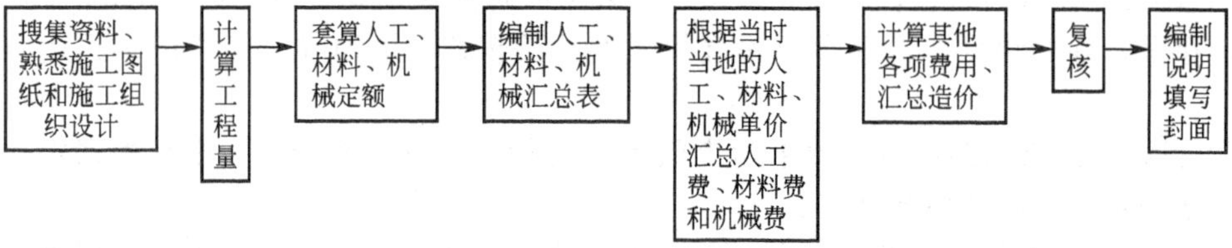

图 7.7　实物法编制施工图预算的步骤

从图 7.7 中可以看出，实物法编制施工图预算的首尾步骤与预算单价法相同，两者最大的区别在于中间的步骤，也就是计算人工费、材料费和施工机械使用费及汇总三者费用之和的方法不同。

(1) 套用相应预算人工、材料、机械台班定额用量。国家建筑部 1995 年颁发的《全国统一建筑工程基础定额》(土建部分是一部量价分离定额)和 2000 年颁布的《全国统一安装工程预算定额》、专业统一和地区统一的计价定额的实物消耗量，是完全符合国家技术规范、质量标准并反映一定时期施工工艺水平的分项工程计价所需的人工、材料、施工机械的消耗量的标准。这个消耗量标准，在建材产品、标准、设计、施工技术及其相关规范和工艺水平等没有大的突破性变化之前，是相对稳定不变的。因此，它是合理确定和有效控制造价的依据。从长远角度看，特别是从承包商角度，实物消耗量应根据企业自身消耗水平确定。这是因为完成单位工程量所消耗的人工、材料、机械台班的数量直接反映了企业的施工技术和管理水平，是施工企业之间展开竞争的一个重要方面。因此，实物消耗量将逐渐以企业自身消耗水平替代全国统一定额消耗水平。

(2) 统计各分项工程人工、材料、机械台班消耗数量并汇总单位工程所需各类人工工日、材料和机械台班的消耗量。各分项工程人工、材料、机械台班消耗数量由分项工程的工程量乘以预算人工定额用量、材料定额用量和机械台班定额用量而得出，汇总后便可得出单位工程各类人工、材料和机械台班的消耗量。

(3) 用当时当地的各类人工、材料和机械台班的实际预算单价分别乘以相应的人工、材料和机械台班的消耗量，并汇总便得出单位工程的人工费、材料费和机械使用费。人工单价、材料预算单价和机械台班的单价可在当地工程造价主管部门的专业网站查询，或由工程造价主管部门定期发布的价格、造价信息中获取，企业也可根据自己的情况自行确定。如人工单价可按各专业、各地区企业一定时期实际发放的平均工资水平合理确定，并按规定加入工资性补贴计算；材料预算价格可分解为原价(供应价)和运杂费及采购保管费两部分，原价可按各地生产资料交易市场或销售部门一定时间销售量和销售价格综合确定。

在市场经济条件下，人工、材料和机械台班单价是随市场而变化的，而它们是影响工程造价最活跃、最主要的因素。用实物法编制施工图预算，采用的是工程所在地当时人工、材料、机械台班价格，较好地反映实际价格水平，工程造价的准确性高。虽然计算过程较单价法烦琐，但利用计算机便可解决此问题。因此，实物法是与市场经济体制相适应的预算编制方法。

2. 综合单价法

综合单价法是以各分项工程综合单价乘以工程量，得到该分项工程的合价，汇总所有分项工程合价形成工程的总价的方法。其综合单价即分项工程完全单价，它是指将各种工料和价格从市场上采集后编制成直接工程费，然后以直接工程费为基准参照费用定额把各项间接费和利润、税金分解到各分部分项工程合成为综合单价，某分项工程综合单价乘以工程量即为该分项工程的合价，所有分项工程合价汇总后即为该工程的总价。

这种方法与前述两种方法相比较，主要区别在于间接费和利税是用一个费率分摊到分项工程单价中，从而组成分项工程完全单价。

这种方法是为了适应快速报价的要求而产生的，但是由于采用的价格是一种综合单价，仍然是一种计划的综合单价，而不是通过市场竞争形成的单价，所以称这种方法为“过渡时期计价模式”。

3. 工程量清单计价法

工程量清单是表现拟建工程的分部分项工程项目、措施项目、其他项目名称和相应数量的明细清单。工程量清单是招标文件的组成部分。工程量清单计价，是指投标人完成由招标人提供的工程量清单所需的全部费用，包括分部分项工程费、措施项目费、其他项目费和规费、税金等。

工程量清单计价法，是在建设工程招标中，招标人或委托具有资质的中介机构编制反应工程实体消耗和措施性消耗的工程量清单，并作为招标文件一部分提供给投标人，由投标人依据工程量清单自主报价的计价方式。在工程招标投标中采用工程量清单计价是国际上较为通行的做法。

7.5.4 给排水、采暖、燃气、电气照明安装工程施工图预算的编制

1. 收集资料、熟悉施工图纸和有关资料

工程施工图纸包括图纸目录、主要设备材料表、设计施工说明、平面布置图、系统图(轴侧图)、室外小区给排水、热网、燃气工程；根据内容还应包括管道纵断面图、污水处理构筑物详图等。

2. 确定分项工程项目

确定施工图预算分项工程项目的工作称为列项。按照《全国统一安装工程预算定额》(第1～11册)(GYD—201—2000～GYD—211—2000)第8册的规定，给排水、采暖、燃气包括7章内容，分别为管道安装、各类阀门安装、低压器具水表的组成与安装、卫生器具的安装、供暖器具安装、小型容器制作安装、燃气管道附件和器具安装。电气分册包括变压器、配电装置、电缆、防雷接地、10kV以下架空配电线路、配管配线、照明器具安装、电梯电气装置等13节内容。在编制施工图预算时，按照设计图纸列出的分项和子项的口径和计量单位，必须与预算定额中的相应分项或子项的口径和计量单位一致。

3. 按工程量计算规则计算工程量

要求使用《全国统一安装工程预算定额》时，则工程量的计算应选用《全国统一安装

工程预算工程量计算规则》。

4. 套用定额

按预算定额的规定，根据汇总的分项工程量，逐项套用安装工程预算定额。在定额中标有“( )”的材料均未计价，“( )”中的数字表示在该项工程中消耗该材料的数量；另外，在设备安装预算定额计价中不包括主材费。因此，安装工程直接工程费中的材料费等于计算计价材料费和未计价材料费之和，两者计算公式分别为：

$$未计价材料量=工程量\times定额未计价材料量$$

$$未计价材料费=\sum(未计价材料量\times地区材料预算价格)$$

5. 计算安装工程预算造价

在套定额计算分项工程直接工程费之后，将其汇总为单位安装工程直接工程费，依据以上步骤计算的人工费和规定的各项取费费率、计费方法，计算出直接费、间接费、利润，计取差价，综合当地有关部门规定的税率计算出税金，最后得出安装工程施工图预算造价。

6. 工料分析

为了使施工图预算真实反映编制预算时期和地点的市场价格，则应对人工、材料进行工料分析，从定额项目表中分别将各分项工程消耗的各项材料和人工的定额消耗量查出，再分别乘以工程量，得到分项工程工料消耗量，汇总单位工程工料消耗量，计算差价，并入到预算造价中去。

7. 编制说明，完成安装工程施工自预算

编制施工图预算所采用的施工图及编号，采用预算定额、单位估价表、费用定额，对存在的问题及处理结果等内容加以说明。

7.5.5 施工图预算的审查方法

施工图预算的审查目标是施工图预算不超过设计概算。重点审查编制依据是否合法及定额的时效性，工程量是否准确，预算单价是否正确，取费标准是否符合规定，有无重复计费，费用调整是否真实等。施工图预算的审查是合理确定工程造价的必要程序及重要组成部分。但由于施工图预算的审查对象不同，或要求的进度不同，或投资规模不同，因而审查方法并不相同。

总体而言，审查方式有单审和会审两种。单审由建设银行、建设单位和承包单位单独进行，发现问题，按国家规定充分协商、实事求是地修正预算；会审由建设主管部门或建设单位牵头，邀请银行及设计、施工承包单位组成班子进行。一般的，中小型建设项目采用单审，会审仅用于复杂的大中型建设项目。施工图预算审查涉及的单位多、工作量大，因此选定审查方法非常重要。常用的审查方法包括以下 5 种。

1. 全面审查法

指审查人重新编制施工图预算的方法。首先根据施工图全面计算工程量，然后将计算的工程量与审查对象的工程量逐一进行对比。同时，根据定额或单位估价表逐项核实审查对象的单价。

这种方法常常适用于以下情况。

(1) 初学者审查的施工图预算。

(2) 投资不多的项目，如维修工程。

(3) 工程内容比较简单(分项工程不多)的项目，如围墙、道路挡土墙、排水沟等。

(4) 建设单位审查施工单位的预算，或施工单位审查设计单位设计单价的预算。

这种方法的优点是审查后的施工图预算准确度较高，缺点是工作量大(实质是重复劳动)。

2. 重点审查法

这种方法类同于全面审查法，它与全面审查法的区别仅是审查范围的不同。该方法有侧重、有选择地根据施工图，计算部分价值较高或占投资比例较大的分项工程量；而对其他价值较低或占投资比例较小的分项目工程，往往忽略不计，重点核实与上述工程量相对应的定额单价，尤其是重点审查定额中定额项目易混淆的单价(如构件断面、单体体积)，其次是对混凝土强度等级、砌筑、抹灰砂浆的强度等级的单位进行核算。

这种方法在审查进度较紧张的情况下，适用于建设单位审查施工单位的预算或施工单位审查设计单位的预算。这种方法与全面审查法相比，工作量相对减少，但能取得相对较好的效果。

3. 分析对比审查法

该方法是在总结分析预结算资料的基础上，找出同类工程造价及工料消耗的规律性，整理出用途不同、结构形式不同、地区不同的工程造价及工料消耗指标。然后，根据这些指标对审查对象进行分析对比，从中找出不符合投资规律的分部分项工程，针对这些子目进行重点审查，分析其差异较大的原因。

常用的指标有以下几种类型。

(1) 单方造价指标(元/m、元/m^2、元/m^3)。

(2) 分部工程比例。

(3) 各种结构比例。

(4) 专业投资比例。

(5) 工料消耗指标。

4. 常见问题审查法

由于预算人员所处地位不同，立场不同，则在预算编制中不同程度地出现某些常见问题，如①工程量计算正负误差；②定额单价高套正误差；③项目重复正误差；④综合费用计算正误差；⑤预算项目遗漏负误差等。上述问题的出现具有普遍性，审查施工图预算时，可根据这些线索，剔除其不合理部分，补充完善预算内容，准确计算工程量，合理取定定额单价，以达到合理确定工程造价的目的。

5. 相关项目、相关数据审查法

利用施工图预算项目、数据之间的联系，认真分析总结，找出数据之间的规律来审查

施工图预算。对其中不符合规律的项目及数据，如漏项、重项、工程量数据错误等，进行重点审查，如①与建筑面积相关的项目和工程量数据；②与室外净面积相关的项目和工程量数据；③与墙体面积相关的项目和工程量数据；④与外墙边线相关的项目和工程量数据；⑤其他相关项目与数据。而对于一些规律性较差的工程量数据，如柱基与柱身、墙基与墙身、梁与柱等，可以采用重点审查法。

相关项目、相关数据审查法实质是工程量计算统筹法在预算审查工作中的应用。应用这种方法，可使审查工作效率大大提高。

工 程 案 例

某开发商对一幢商住楼设计方案的优化

【背景材料】

某开发商拟开发一幢商住楼，有如下 3 种可行设计方案。

方案 A：结构方案为大柱网框架轻墙体系，采用预应力大跨度叠合楼板，墙体材料采用多孔砖及移动式可折装式分室隔墙，窗户采用单框双玻璃钢塑窗，面积利用系数为 93%，单方造价为 1 437.47 元/m^2。

方案 B：结构方案同 A，墙体采用内浇外砌，窗户采用单框双瑛璃空腹钢窗，面积利用系数 87%，单方造价 1 108 元/m^2。

方案 C：结构方案采用砖混结构体系，采用多孔预应力板，墙体材料采用标准黏土砖。窗户采用玻璃空腹钢窗，面积利用系数 70.69%，单方造价 1 081.8 元/m^2。

方案功能得分及重要系数见表 7－10。

表 7－10　方案功能得分及重要系数表

方案功能	方案功能得分			方案功能重要系数
	A	B	C	
结构体系 F_1	10	10	8	0.25
模板类型 F_2	10	10	9	0.05
墙体材料 F_3	8	9	7	0.25
面积系数 F_4	9	8	7	0.35
窗户类型 F_5	9	7	8	0.10

【问题】

(1) 试应用价值工程方法选择最优设计方案。

(2) 为控制工程造价和进一步降低费用，拟针对所选的最优设计方案的土建工程部分，以工程材料费为对象开展价值工程分析。将土建工程划分为 4 个功能项目，各功能项目评分值及其目前成本见表 7－11。按限额设计要求目标成本额应控制为 12 170 万元。

表 7-11 基础资料表

序号	功能项目	功能评分	目前成本/万元
1	桩基围护工程	11	1 520
2	地下室工程	10	1 482
3	主体结构工程	35	4 705
4	装饰工程	38	5 105
合　　计		94	12 812

试分析各功能项目的目标成本及成本可能降低的幅度，并确定出功能改进顺序。

【参考答案】

问题(1)：

① 成本系数计算见表 7-12。

表 7-12 成本系数计算表

方案名称	造价/元·m^{-2}	成本系数
A	1 437.47	0.396 3
B	1 108	0.305 5
C	1 081.18	0.298 2
合计	3 626.65	1

② 功能因素评分与功能系数计算见表 7-13。

表 7-13 功能因素评分与功能系数计算表

功能因素	重要系数	方案功能得分加权值 $\varphi_i S_{ij}$		
		A	B	C
F_1	0.25	0.25×10=2.5	0.25×10=2.5	0.25×8=2.0
F_2	0.05	0.05×10=0.5	0.05×10=0.5	0.05×9=0.45
F_3	0.25	0.25×8=2.0	0.25×9=2.25	0.25×7=1.75
F_4	0.35	0.35×9=3.15	0.35×8=2.8	0.35×7=2.45
F_5	0.10	0.10×9=0.9	0.10×7=0.7	0.10×8=0.80
方案加权平均总分 $\sum \varphi_i S_{ij}$		9.05	8.75	7.45
功能系数 $\frac{\sum \varphi_i S_{ij}}{\sum_i \sum_j \varphi_i S_{ij}}$		0.358	0.347	0.295

③ 计算各方案价值系数见表 7-14。

表 7-14 各方案价值系数计算表

方案名称	功能系数	成本系数	价值系数	选优
A	0.358	0.3963	0.903	
B	0.347	0.3055	1.136	最优
C	0.295	0.2982	0.989	

④ 通过对 A、B、C 方案进行价值工程分析，B 方案价值系数最高，为最优方案。

问题(2)：

A 功能项目的评分为 11，功能系数 $F=11\div94=0.1170$；目前成本为 1 520，成本系数 $C=1\ 520\div12\ 812=0.118\ 6$；价值系数 $V=F\div C=0.117\div0.118\ 6=0.986\ 5<1$，成本比重偏高，需作重点分析，寻找降低成本途径。根据功能系数 0.117 0，目标成本只能确定为 12 170×0.117 0=1 423.89，需成本降低幅度(1520−1 423.89)万元=96.11 万元。

其他功能项目的分析同理，按功能系数计算目标成本及成本降低幅度，计算结果见表 7-15。

表 7-15 成本降低幅度表

序号	功能项目	功能评分	功能系数	目前成本	成本系数	价值系数	目标成本	成本降低幅度
1	A. 桩基围护工程	11	0.117	1 520	0.118 6	0.986 5	1 423.89	96.11
2	B. 地下室工程	10	0.106 4	1 482	0.115 7	0.919 6	1 294.89	187.11
3	C. 主体结构工程	35	0.372 3	4 705	0.367 2	1.013 9	4 530.89	174.11
4	D. 装饰工程	38	0.404 3	5 105	0.398 5	1.014 6	4 920.33	184.67
合　计		94	1	12 812	1		12 170	642

根据计算结果，功能项目的优先改进顺序为 B、D、C、A。

本章小结

设计阶段对建设项目的建设工期、工程造价、工程质量及建成后能否产生较好的经济效益和使用效益，起着决定性的作用。设计阶段控制造价的方法有：对设计方案进行优选或优化设计，推广限额设计和标准化设计，加强对设计概算、施工图预算的编制管理和审查。

限额设计就是按照批准的设计任务书及投资估算控制初步设计，按照初步设计总概算控制施工图设计，同时各专业在保证达到使用功能的前提下，按分配的投资限额控制设计，严格控制技术设计和施工图设计的不合理变更，保证总投资限额不被突破。不同类型的建筑，使用目的及功能要求不同，工程设计方案评价的内容也不相同。设计方案的评价一般采用计算费用法、投资回收期法和多目标优选法。

工程设计优化途径包括：通过设计招标和设计方案竞选优化、运用价值工程优化和推广标准化设计，优化设计方案。价值工程是通过各相关领域的协作，对所研究对象的功能与费用进行系统分析，不断创新，旨在提高研究对象的价值的思想方法和管理技术。其目的是以研究对象的最低寿命周期成本可靠地实现使用者所需的功能，以获取最佳的综合效益。

设计概算是在投资估算的控制下由设计单位根据初步设计（或技术设计）图纸及说明、概算定额（概算指标）、各项费用定额或取费标准（指标）、设备、材料预算价格等资料，编制和确定的建设项目从筹建至竣工交付使用所需全部建设费用的文件。设计概算可分为单位工程概算、单项工程综合概算和建设项目总概算三级。单位建筑工程概算编制方法有概算定额法、概算指标法和类似工程预算法，单位设备安装工程概算编制方法有预算单价法、扩大单价法、设备价值百分比法和综合吨位指标法。设计概算审查的方法有对比分析法、查询核实法和联合会审法。

施工图预算是根据施工图，按照各专业工程的预算工程量计算规则计算出工程量，并考虑施工组织设计确定的施工方案或方法，按照现行预算定额、工程建设费用定额、材料预算价格和建设主管部门规定的费用计算程序及其他取费规定等，确定的建筑安装工程造价文件。施工图预算包括单位工程预算、单项工程预算和建设项目总预算。施工图预算的编制方法有单价法和实物法。另外，综合单价法是过渡时期的一种施工图预算编制方法；工程量清单计价法是国际上较为通用的计价方法。土建施工图预算的审查方法有单审和会审两种。具体包括全面审查法、重点审查法、分析对比审查法、常见问题审查法和相关项目、相关数据审查法。

思考题与习题

思考题

7-1　简述设计阶段工程造价管理的重要意义。

7-2　画图说明设计阶段工程造价管理的程序。

7-3　设计阶段工程造价控制的措施和方法有哪些?

7-4　简述限额设计的理念。

7-5　简述设计方案评价的原则。

7-6　简述工业建筑设计评价的内容。

7-7　常用的民用建筑设计的评价指标有哪些?

7-8　常用的居住小区设计方案评价的指标有哪些?

7-9　简述设计方案评价的方法及各种方法之间的异同。

7-10　简述利用价值工程进行设计方案评价的原理。

7-11　简述设计概算的概念及其作用。

7-12　单位工程概算、单项工程综合概算和建设项目总概算分别包括哪些内容?

7-13　详述单位建筑工程概算编制的3种方法。

7-14　简述单位设备及安装工程概算的编制方法。

7-15　简述设计概算审查的内容和方法。

7-16　简述施工图预算的概念及其作用。

7-17　简述施工图预算的编制内容和编制依据。

7-18　对比分析土建工程施工图预算编制的单价法和实物法。

7-19　简述施工图预算的审查方法。

单项选择题

7-20　对于技术上复杂、在设计时有一定难度的工程一般采用(　　)。

A. 一阶段设计　　B. 两阶段设计

C. 三阶段设计　　D. 四阶段设计

7-21　若建筑面积相同则建筑物平面形状的周长最长的是(　　)。

A. 矩形　　B. 正方形　　C. 圆形　　D. L形

7-22　在设计阶段应用价值工程进行方案优化控制工程造价时，研究对象的抽取通常由(　　)确定。

A. 功能分析、评价　　B. 价值系数

C. ABC分析法　　D. 环比评分法

7-23　下列有关民用建筑设计评价的指标，不正确的是(　　)。

A. 有效面积=使用面积+辅助面积

B. $居住建筑净密度=\frac{居住建筑基底面积}{居住建筑占地面积}$

C. $建筑周长指标=\frac{建筑周长}{单元建筑面积}(m/m^2)$

D. $建筑体积指标=\frac{建筑体积}{建筑占地面积}$

7-24　在设计阶段实施价值工程进行设计方案优选的步骤一般为(　　)。

A. 功能评价→功能分析→方案创新→方案评价

B. 功能分析→功能评价→方案创新→方案评价

C. 功能分析→功能评价→方案评价→方案创新

D. 功能评价→功能分析→方案评价→方案创新

7-25　限额设计的有效途径和主要方法是(　　)。

A. 纵向控制　　B. 横向控制

C. 投资分解　　D. 减少设计变更

7-26　在下列各项中，有可能成为合同价款结算依据的是(　　)。

A. 设计概算　　B. 投资估算　　C. 施工图预算　　D. 预算定额

多项选择题

7-27　下列有关工业项目总平面设计的评价指标，说法正确的包括(　　)。

A. 建筑系数又称为建筑密度，建筑系数大，工程造价低

B. 土地利用系数和建筑系数概念不同，但计算的结果相同

C. 土地利用系数反映出总平面布置的经济合理性和土地利用效率

D. 绿化面积应该属于工程量指标的范畴

E. 经济指标是指工业项目的总运输费用、经营费用等

7-28　施工图预算是施工图设计完成后，以施工图为依据，根据(　　)进行编制的。

A. 设计概算　　B. 预算定额　　C. 取费标准　　D. 地区人工、

材料、机械台班的预算价格

E. 单项工程概算

7-29 设计概算编制方法中，照明工程概算的编制方法包括(　　)。

A. 概算定额法　　B. 设备价值百分比法

C. 概算指标法　　D. 综合吨位指标法

E. 类似工程预算法

案例计算题

7-30 现有一幢新建办公大楼，建筑面积2 000m^2，根据下列类似工程预算的有关数据计算该工程的概算造价。类似工程的建筑面积为1 800m^2；工程预算造价为260万元，各种费用占预算造价的比重为人工费8%，材料费62%，机械费9%，措施费5%，间接费16%；已计算出的各差异系数为$K_1=1.02$，$K_2=1.05$，$K_3=0.99$，$K_4=0.95$，$K_5=1.0$。根据以上类似工程预算造价资料，试计算该新建办公大楼的概算造价。

第8章 工程招标投标阶段的造价管理

教学目标

(1) 了解招标投标的概念、意义、基本程序。
(2) 熟悉招标文件、投标文件的组成内容。
(3) 掌握工程标底、投标报价的编制依据、方法。
(4) 掌握我国现行工程施工合同范本的主要内容。
(5) 了解 FIDIC 合同条件的基本内容。

教学要求

知识要点	能力要求	相关知识
招标投标程序与文件组成	(1) 了解招标投标程序 (2) 掌握招标投标文件组成	招标投标法律、法规对招投标程序与文件内容组成的规定
招标标底与投标报价编制方法	(1) 掌握标底的作用、编制依据 (2) 掌握投标报价的编制依据、方法、报价策略	(1) 招标标底概念、作用、编制依据 (2) 投标报价的编制依据、方法、报价策略选择
工程施工与材料设备采购合同内容	(1) 掌握我国现行工程施工合同范本的基本内容 (2) 了解材料设备招标基本要求 (3) 了解 FIDIC 合同条件基本内容	(1) 工程施工合同基本内容 (2) 合同价格调整条件、方法 (3) 材料设备采购合同基本内容 (4) FIDIC 合同条件特点、基本内容

基本概念

工程招标，工程投标，标底，投标报价，施工合同，FIDIC 合同条件。

引例

项目业主有一办公楼工程，想找一个理想承包商来承建该工程。而某承包商拟对某办公楼建筑工程进行投标，为了既不影响中标，又能在中标后取得较好的效益，决定采用不平衡报价法对原估价做出适当的调整，具体数字见下表。

不平衡报价表

	桩基围护工程	主体结构工程	装饰工程	总价
调整前(投标估价)	2 680	8 100	7 600	18 380
调整后(正式报价)	2 600	8 900	6 880	18 380

已确定桩基围护工程、主体结构工程、装饰工程的工期分别为5个月、12个月、8个月，贷款年利率12%，并假设各分部工程每月完成的工作量相同，且能按月度及时收到工程款(不考虑工程款结算所需要的时间)。思考：承包商所运用的不平衡报价法是否恰当？为什么？

8.1 概 述

8.1.1 工程招标投标的概念与理论基础

1. 工程招标投标概念及法律性质

工程招标是确定工程造价的决定性环节，是业主择优选择工程承包人的过程。

工程招标是指招标人在发包建设项目之前，公开发布公告或邀请特定投标人，根据招标人的意图和要求提出报价，择日当场开标，以便从中择优选定中标人的一种经济活动。

工程投标是工程招标的对称概念，指具有合法资格和能力的投标人根据招标条件，经过初步研究和估算，在指定期限内填写标书，提出报价，并等候开标，决定能否中标的经济活动。

在法律的角度，一般认为工程招标是要约邀请，投标是要约，中标通知书是承诺。

2. 工程招标投标的理论基础

我国工程招标投标制度从上世纪80年代中期引入，到90年代形成制度，2000年1月1日起施行《中华人民共和国招标投标法》，从此招标投标法制化，但招标投标的理论还是比较薄弱的。招标投标的理论主要有：

(1) 交易费用理论。

交易费用就是利用价格机制的费用，或者说是利用市场的交换手段进行交易的费用。它包括搜寻信息的费用，谈判与签订合约的费用，以及监督合约执行的费用在协作生产中，人们交易活动要有一定的成本，有时交易成本会很高。提高经济效益的一个重要手段就是降低交易费用。交易费用包括事前发生的为达成一项合同而发生的成本和事后发生的监督、贯彻该合同而发生的费用。

(2) 委托—代理理论。

建设工程招标投标是一种典型的委托—代理关系。其一般程序实际就是招标人（委托人）设定规则、投标人（代理人）接受并发出信号、招标人选择代理人（通过评标）的过程，这一过程具有事前的信息不对称即逆向选择问题和事后的信息不对称即道德风险问题，招标过程就是对这一问题的解决。

(3) 不对称信息理论。

工程招标投标实际是一个具有事前信息不对称的“逆向选择”问题，也就是说，在这一阶段，招标人不能够知道投标人的全部信息，这一过程有可能带来选择一个不是很合适的承包人的后果。如何克服这种逆向选择现象正是经济学研究的重要内容，因而这一学科也给招标投标理论及实践的研究提供了理论指导。

（4）博弈论。

博弈论又被称为对策论(Games Theory)，是研究具有斗争或竞争性质现象的理论和方法，它既是现代数学的一个新分支，也是运筹学一个重要学科。博弈论是指某个个人或是组织，面对一定的环境条件，在一定的规则约束下，依靠所掌握的信息，从各自选择的行为或是策略进行选择并加以实施，并从各自取得相应结果或收益的过程，在经济学上博弈论是个非常重要的理论概念。

工程投标实际是一种不完全信息的静态博弈，各投标人之间事实上存在着一个博弈过程，招标人和投标人之间也有博弈的因素。借鉴博弈论的研究成果，在投标策略、评标方法等方面能够得出一些有意义的结论。

（5）机制设计理论。

在工程招标投标过程中，招标人和投标人之间存在着明显的信息不对称，招标人通过怎样的评标方法选择到合适的承包人，这是机制设计理论在工程招标投标理论和实践中能够发挥作用的领域。我国现阶段法律规定了两种评标方法即综合评估法和经评审最低投标价法，但二者都有一定局限性，从造价角度看，前者可能产生“逆向选择”后果(中标报价不是最低)，后者可能产生“道德风险”后果(最低价中标人不能完成工程施工)，评标方法的改进是一个值得研究的问题，也是一种典型的“机制设计”，借鉴这一理论，能够改进评标方法，使得工程招标投标的结果更公平、资源配置与平衡的作用更好。

上述理论之间是互相交叉的，不同的名称各有侧重，但它们对工程招标投标的理论都有较大的借鉴意义。

8.1.2 我国建设工程项目招投标相关法律法规制度框架

我国招标投标工作从1999年颁布《招标投标法》开始逐步走向法制化，目前已初步形成了招标投标的法律法规体系，在其指导下招标投标工作也趋于法制化。

1991年11月21日，建设部、国家工商总局联合下发《建筑市场管理规定》明确提出加强发包管理和承包管理，其中发包管理主要是指工程报建制度与招标制度；建设部国家工商行政管理局一起制定了《施工合同示范文本》以指导施工合同管理；1992年12月30日，建设部以部令形式颁发了《工程建设施工招标投标管理办法》；1994年12月6日，建设部、国家体改委再次发出《全面深化建筑市场体制改革的意见》，强调了建筑市场管理环境的治理，文中明确提出大力推行招标投标，强化市场竞争机制；1999年，我国工程招标制度面临重大转折，首先是1999年3月15日全国人大常委会通过了《中华人民共和国合同法》，并于同年10月1日起生效实施；其次是1999年8月30日全国人大常委会通过了《中华人民共和国招标投标法》，并于2000年1月1日起施行；2001年7月5日，国家计委等七部委联合发布《评标委员会和评标办法暂行规定》，其中有3个突破：关于低于成本价的认定规定，关于中标人的确定条件，关于最低价中标，在这里第一次明确了最低价中标的原则。

2003年国家发展计划委员会等七部委又以部令形式下发了《工程建设项目施工招标投标办法》，以招标投标法为指导对工程建设施工招标投标活动做出有操作性的规范，这一文件目前是工程建设施工招标的主要指导文件。

从层次上看，规范招标投标行为的法律分为法律、法规(主要是条例、部令)、规范性文件(各部委文件、各省建设行政主管部门的文件)3个层次，我国目前第一个层次有招标投标法，第二个层次有一定数量的部令，第三个层次有数量众多的文件及示范文本，目前缺少的是条例层次的法规，2006年年初，国家发改委会同建设部、铁道部、交通部、水利部、商务部等有关部委决定起草《招标投标法实施条例》(以下称《条例》)，《条例》将统一各地方和部门的招投标相关规则，增强《招标投标法》的可操作性。条例的草案初稿内容主要集中于应调整强制招标范围、完善招标方案核准制度、完善可以不招标的条件和范围、进一步规范招标人行为、规范限制通过资格预审人数的办法、明确总承包招标问题、明确界定以他人名义投标情况、加强对评标专家的监管、严格执行中标人确定程序及相应法律责任、加大处罚力度和创新招标投标管理制度等11个方面。目前该文件还在征求意见过程中，已列入立法计划。该条例的出台将能够提供一部法律效力较高的有指导性作用的招标投标规范，加强招标投标法的可操作性。

8.2 施工招标与标底的编制

8.2.1 工程施工招标范围

根据招标投标法和七部委30号令规定，工程施工招标人是依法提出施工招标项目、进行招标的法人或者其他组织。依法必须招标的工程项目，应当具备下列条件才能进行施工招标。

(1) 招标人已经依法成立。

(2) 初步设计及概算应当履行审批手续的已经批准。

(3) 招标范围、招标方式、招标组织形式等应当履行核准手续的已经核准。

(4) 有相应资金或资金来源已经落实。

(5) 有招标所需的设计图纸及技术资料。

依法必须进行施工招标的工程建设项目，按工程建设项目审批管理规定，凡应报送项目审批部门审批的，招标人必须在报送的可行性研究报告中将招标范围、招标方式、招标组织形式等有关招标内容报项目审批部门核准。

招标投标法规定，下列工程建设项目施工必须进行招标。

(1) 大型基础设施、公用事业等关系社会公共利益、公众安全的项目。

(2) 全部或者部分使用国有资金投资或者国家融资的项目。

(3) 使用国际组织或者外国政府贷款、援助资金的项目。

国家发展计划委员会第3号令发布的《工程建设项目招标范围和规模标准规定》对上述范围的解释如下。

关系社会公共利益、公众安全的基础设施项目的范围如下。

(1) 煤炭、石油、天然气、电力、新能源等能源项目。

(2) 铁路、公路、管道、水运、航空以及其他交通运输业等交通运输项目。

(3) 邮政、电信枢纽、通信、信息网络等邮电通信项目。

(4) 防洪、灌溉、排涝、引(供)水、滩涂治理、水土保持、水利枢纽等水利项目。

(5) 道路、桥梁、地铁和轻轨交通、污水排放及处理、垃圾处理、地下管道、公共停车场等城市设施项目。

(6) 生态环境保护项目。

(7) 其他基础设施项目。

关系社会公共利益、公众安全的公用事业项目的范围如下。

(1) 供水、供电、供气、供热等市政工程项目。

(2) 科技、教育、文化等项目。

(3) 体育、旅游等项目。

(4) 卫生、社会福利等项目。

(5) 商品住宅，包括经济适用住房。

(6) 其他公用事业项目。

使用国有资金投资项目的范围如下。

(1) 使用各级财政预算资金的项目。

(2) 使用纳入财政管理的各种政府性专项建设基金的项目。

(3) 使用国有企业事业单位自有资金，并且国有资产投资者实际拥有控制权的项目。

国家融资项目的范围如下。

(1) 使用国家发行债券所筹资金的项目。

(2) 使用国家对外借款或者担保所筹资金的项目。

(3) 使用国家政策性贷款的项目。

(4) 国家授权投资主体融资的项目。

(5) 国家特许的融资项目。

使用国际组织或者外国政府资金的项目范围如下。

(1) 使用世界银行、亚洲开发银行等国际组织贷款资金的项目。

(2) 使用外国政府及其机构贷款资金的项目。

(3) 使用国际组织或者外国政府援助资金的项目。

规定范围内的各类工程建设项目施工单项合同估算价在200万元人民币以上或项目总投资额在3 000万元人民币以上的，也必须进行施工招标。

根据上述规定，绝大多数工程的施工都要通过招标选择承包单位，而且上述范围是国家的规定，各省、市建设行政主管部门规定的招标工程规模比国家规定还要小一些，这进一步扩大了招标工程的范围。

8.2.2 施工招标文件

施工招标文件是招标单位或者委托招标代理机构编制的描述招标工程概况、投标要求和评标方法的文件，是投标人进行投标的基本依据。具备编制条件的招标单位可以自行编制，不具备编制条件(指对编制人员职称、执业资格等方面的要求)的单位应该委托具备相应资质的招标代理机构编制。

1. 招标文件的内容

招标文件主要包括下列内容。

1）投标邀请书

投标邀请书应当至少载明下列内容。

（1）招标人的名称和地址。

（2）招标项目的内容、规模、资金来源。

（3）招标项目的实施地点和工期。

（4）获取招标文件或者资格预审文件的地点和时间。

（5）对招标文件或者资格预审文件收取的费用。

（6）对投标人的资质等级的要求。

2）投标须知

投标须知是招标文件的主要内容，包括前附表和投标须知，前附表是将投标须知内容列成表格，投标须知内容主要包括以下几项。

（1）总则包括以下几项。

① 工程说明。

② 招标范围及工期。

③ 资金来源及落实情况。

④ 投标费用的承担。

⑤ 投标人的资质要求，包括联合体投标的资质处理等。

（2）招标文件包括以下几项。

① 招标文件的组成，除了规定内容外，招标人在招标期间发出的答疑纪要和其他补充通知，均是招标文件的组成部分，对投标人起约束作用。

② 招标文件的澄清，包括招标文件澄清方式和时限。

③ 招标文件的修改。

投标截止日期前，招标人可能会以补充通知的方式修改招标文件，补充通知作为招标文件的组成部分，对投标人起约束作用。

招标文件的修改将以书面形式发给所有获得招标文件的投标人。投标人应尽快以书面形式通知招标人确定已收到修改文件。招标文件、招标文件澄清文件、招标文件修改补充通知内容均以书面明确的内容为准。当招标文件、修改补充通知、澄清文件内容相互矛盾时，以最后发出的通知或修改文件为准。为使投标人在编写投标文件时有充分时间对招标文件的修改部分进行研究，招标人可以酌情延长递交投标文件的截止日期，具体时间将在修改补充通知中明确。

（3）投标文件的组成。投标文件由投标书、商务标和技术标三部分文件组成。

① 投标书主要包括：法定代表人资格证明书、投标文件签署授权委托书、投标书、投标书附录、投标保证金、招标文件要求投标人提交的其他投标资料(无具体格式，需要时由招标人用文字提出)。

② 商务标主要包括下列内容。

工程量清单计价格式(投标人填写，加盖编制单位公章、所属编制人员的执业专用章，编制单位为中介机构的还应加盖单位资质章)如下。

a. 工程量清单报价表(封面)。

b. 投标总价表。

c. 工程量清单报价说明。

d. 工程项目总价表。

e. 单项工程费汇总表。

f. 单位工程费汇总表。

g. 分部分项工程量清单计价表。

h. 措施项目清单计价表。

i. 安全文明施工措施项目清单计价表。

j. 其他项目清单计价表。

k. 零星工作项目计价表。

l. 分部分项工程量清单综合单价分析表。

m. 措施项目费分析表。

n. 安全文明施工措施项目费分析表。

o. 主要材料价格费用表。

由于我国目前多数工程都实行工程量清单招标，所以商务标格式必须符合《建设工程工程量清单计价规范》的规定，工程量清单编制与报价采用统一格式，不得随意修改。

③ 技术标主要包括下列内容。

A 施工组织设计包括下列内容。

a. 主要施工方法。

b. 工程投入的施工机械设备情况、主要施工机械进场计划。

c. 劳动力安排计划。

d. 确保工程质量的技术组织措施。

e. 确保安全生产的技术组织措施。

f. 确保文明施工的技术组织措施。

g. 确保工期的技术组织措施。

h. 施工进度计划。

i. 施工总平面布置设计。

B 项目管理班子配备包括下列内容。

a. 项目管理班子配备情况表。

b. 项目经理简历表。

c. 项目技术负责人简历表。

d. 项目管理班子配备情况其他辅助说明资料。

C 拟分包项目名称和分包商情况；

D 替代方案和报价(如允许提交)。

④ 资格预审更新资料或资格审查申请书(如系资格后审)

资格审查申请书包括：投标人一般情况；年营业额数据表；近三年竣工的工程一览表；目前在建工程一览表；近三年财务状况表；联合体状况表；类似工程经验；现场条件类似的合同的施工经验；招标人要求提交的其他资料。

(4) 投标报价。投标报价应是招标文件所确定的招标范围内的全部工作内容的价格体现，其组成和形式应符合现行关于工程造价组成的规定，包括完成该工程项目的直接费、间接费、利润、税金、风险费等所有费用。

采用工程量清单报价的，投标人应按清单中列出的工程项目填报单价和合价。每一项目只允许有一个报价。任何有选择的报价将不予接受，投标人未填单价或合价的工程项目，在实施后，招标人将不予以支付，并视作该项费用已包括在其他有价款的单价或合价内；技术规范要求的费用应包括在投标报价中；除非招标文件对工程量清单编制和报价另有说明的，否则，投标人应按工程量清单中的项目和数量进行报价。

(5) 投标文件的递交。投标人应将投标文件正本和全部副本分别密封在两个包装内，并在包封上正确标明"正本"或"副本"；投标人应在投标截止时间前将投标文件送达给招标人；投标人在递交投标文件以后，在规定的投标截止时间之前，可以书面形式补充修改或撤回已提交的投标文件，并通知招标人。补充、修改的内容为投标文件的组成部分；在投标截止日期以后，不得补充修改投标文件；在投标截止日期至投标人在投标函中规定的投标有效期满之前的这段时间内，投标人不得撤回其投标文件，否则其投标保证金或投标保函将被没收。

(6) 开标。工程招标人应于投标截止时间的同一时间，按照规定的时间和地点公开举行开标会议，并邀请所有投标人代表参加开标会议。

(7) 评标。评标由评标委员会负责。评标委员会由招标人依据有关法律、法规、规章的规定组织。评标委员会中招标人的代表应当具备评标专家的相应条件。招标人可根据招标工程特点、结构类型等明确评标专家的专业要求。

(8) 合同的授予。投招标人根据评标委员会的意见和法律法规规定，确定中标人，并在规定时间内签订工程施工承包合同。

工程投标、开标、评标、定标、授予合同的具体规定将在招标程序一节详细叙述。

3) 合同主要条款

招标文件一般载明合同主要条款，目前基本采用《建设工程施工合同》(示范文本)。

4) 投标文件格式按投标须知的要求确定。

5) 工程量清单的编制

采用工程量清单方式招标的，应当提供工程量清单；工程量清单的编制应按照《建设工程工程量清单计价规范》规定的项目编码、项目名称、计量单位、计算规则设置和计算，而且编制人必须具有注册造价师执业证书。

6) 技术条款

招标文件中应列出工程材料、施工必须达到的标准、规范的明细表。

7) 设计图纸

招标文件中要提供详细的能满足施工要求的施工图。

8) 评标标准和方法

招标文件中要说明该招标工程的评标方法和标准。

9) 投标辅助材料

2. 招标文件编制的规定

(1) 招标人应当在招标文件中规定实质性要求和条件，并用醒目的方式标明。

所谓实质性要求和条件是指投标人必须遵守的、可以作为废标条件的要求，如果投标文件不满足这些要求，对该投标文件可以不予评审。

(2) 招标人可以要求投标人在提交符合招标文件规定要求的投标文件后，提交备选投标方案，但应当在招标文件中做出说明，并提出相应的评审和比较办法。

(3) 招标文件规定的各项技术标准应符合国家强制性标准。

招标文件中规定的各项技术标准均不得要求或标明某一特定的专利、商标、名称、设计、原产地或生产供应者，不得含有倾向或者排斥潜在投标人的其他内容。如果必须引用某一生产供应者的技术标准才能准确或清楚地说明拟招标项目的技术标准时，则应当在参照后面加上“或相当于”的字样。

这体现出工程招标的公开、公正要求，即在招标文件中不得含有歧视性、倾向性内容。

(4) 施工招标项目需要划分标段、确定工期的，招标人应当合理划分标段、确定工期，并在招标文件中载明。对工程技术上紧密相连、不可分割的单位工程不得分割标段。

招标人不得以不合理的标段或工期限制或者排斥潜在投标人或者投标人。

(5) 招标文件应当明确规定评标时除价格以外的所有评标因素，以及如何将这些因素量化或者据以进行评估。

在评标过程中，不得改变招标文件中规定的评标标准、方法和中标条件。

这一规定要求在招标文件中说明评标方法，使得投标人在投标时能够参照招标文件规定确定相应的投标策略，这也是公开、公平招标的基础。

(6) 招标文件应当规定一个适当的投标有效期，以保证招标人有足够的时间完成评标和与中标人签订合同。投标有效期从投标人提交投标文件截止之日起计算。

如果在原投标有效期结束前，出现特殊情况的，招标人可以通过书面形式要求所有投标人延长投标有效期。投标人同意延长的，不得要求或被允许修改其投标文件的实质性内容，但应当相应延长其投标保证金的有效期；投标人拒绝延长的，其投标失效，但投标人有权收回其投标保证金。因延长投标有效期造成投标人损失的，招标人应当给予补偿，但因不可抗力需要延长投标有效期的除外。

(7) 施工招标项目工期超过 12 个月的，招标文件中可以规定工程造价指数体系、价格调整因素和调整方法。

工程造价在施工过程中由于各种原因需要进行必要的调整，其中调整原因之一是价格的变化，当然在工程承包合同中有相应的规定，但在招标文件中招标人可以将相应的调整方法列出，供投标人在报价时参考。

(8) 招标人应当确定投标人编制投标文件所需要的合理时间。但是，依法必须进行招标项目，自招标文件开始发出之日起至投标人提交投标文件截止之日止，最短不得少于 20 日。

8.2.3 施工招标程序

工程招标投标过程包括招标、投标、评标、定标，主要有以下程序和内容。

1. 招标活动的准备工作

项目招标前，招标人应当办理有关的审批手续、确定招标方式以及划分标段等工作。

2. 发布招标公告或投标邀请书

采用公开招标方式的，招标人应当发布招标公告，邀请不特定的法人或者其他组织投标。依法必须进行施工招标项目的招标公告，应当在国家指定的报刊和信息网络上发布。

采用邀请招标方式的，招标人应当向三家以上具备承担施工招标项目能力、资信良好的特定法人或者其他组织发出投标邀请书。

招标公告或者投标邀请书的内容如前所述。

3. 出售招标文件或资格预审文件

招标人应当按招标公告或者投标邀请书规定的时间、地点出售招标文件或资格预审文件。

自招标文件或者资格预审文件出售之日起至停止出售之日止，最短不得少于5个工作日。

招标人可以通过信息网络或者其他媒介发布招标文件，通过信息网络或者其他媒介发布的招标文件与书面招标文件具有同等法律效力，但出现不一致时以书面招标文件为准。招标人应当保持书面招标文件原始正本的完好。

对招标文件或者资格预审文件的收费应当合理，不得以营利为目的。对于所附的设计文件，招标人可以向投标人酌情收取押金；对于开标后投标人退还设计文件的，招标人应当向投标人退还押金。

招标文件或资格预审文件售出后，不予退还。招标人在发布招标公告、发出投标邀请书后或者售出招标文件或资格预审文件后不得擅自终止招标。

招标人可以根据招标项目本身的特点和需要，要求潜在投标人或者投标人提供满足其资格要求的文件，对潜在投标人或者投标人进行资格审查；法律、行政法规对潜在投标人或者投标人的资格条件有规定的，应依照其规定。

4. 投标人资格审查

资格审查分为资格预审和资格后审。

资格预审是指在投标前对潜在投标人进行的资格审查。

资格后审是指在开标后对投标人进行的资格审查。

进行资格预审的，一般不再进行资格后审，但招标文件另有规定的除外。

采取资格预审的，招标人可以发布资格预审公告。采取资格预审的，招标人应当在资格预审文件中载明资格预审的条件、标准和方法；采取资格后审的，招标人应当在招标文件中载明对投标人资格要求的条件、标准和方法。

招标人不得改变载明的资格条件或者以没有载明的资格条件对潜在投标人或者投标人进行资格审查。

经资格预审后，招标人应当向资格预审合格的潜在投标人发出资格预审合格通知书，告知获取招标文件的时间、地点和方法，并同时向资格预审不合格的潜在投标人告知资格预审结果。资格预审不合格的潜在投标人不得参加投标。

经资格后审不合格的投标人的投标应作废标处理。

资格审查应主要审查潜在投标人或者投标人是否符合下列条件。

(1) 具有独立订立合同的权利。

(2) 具有履行合同的能力，包括专业、技术资格和能力，资金、设备和其他物质设施状况，管理能力、经验、信誉和相应的从业人员。

(3) 没有处于被责令停业，投标资格被取消，财产被接管、冻结、破产状态。

(4) 在最近3年内没有骗取中标和严重违约及重大工程质量问题。

(5) 法律、行政法规规定的其他资格条件。

资格审查时，招标人不得以不合理的条件限制、排斥潜在投标人或者投标人，不得对潜在投标人或者投标人实行歧视对待。任何单位和个人不得用行政手续或者其他不合理方式限制投标人的数量，不得强制其委托招标代理机构办理招标事宜。

5. 勘察现场与召开投标预备会

招标人根据招标项目的具体情况，可以组织潜在投标人踏勘项目现场，向其介绍工程地和相关环境的有关情况。潜在投标人依据招标人介绍情况做出的判断和决策，由投标人自行负责。招标人组织投标人进行勘察现场的目的在于了解工程场地和周围环境情况，以获取投标人认为有必要的信息。为便于投标人提出问题并得到解答，勘察现场一般安排在投标预备会的前1～2天。投标人在勘察现场中如有疑问，应在投标预备会前以书面形式向招标人提出，但应给招标人留有解答时间。

招标人不得单独或者分别组织任何一个投标人进行现场踏勘。

对于潜在投标人在阅读招标文件和现场踏勘时提出的疑问，招标人可以书面形式或开投标预备会的方式解答，但需同时将解答以书面方式通知所有购买招标文件的潜在投标人，该解答内容为招标文件的组成部分。

投标预备会的目的在于澄清招标文件中的疑问，解答投标人对投标文件和勘查现场时所提出的疑问。投标预备会可安排在发出招标文件7～28日内举行。投标预备会结束后，由招标人整理会议记录和解答内容，尽快以书面形式将问题及解答同时发送到所有获得招标文件的投标人。

6. 投标

投标人是响应招标、参加投标竞争的法人或者其他组织。招标人的任何不具独立法人资格的附属机构(单位)，或者为招标项目的前期准备或者监理工作提供设计、咨询服务的任何法人及其任何附属机构(单位)，都无资格参加该招标项目的投标。

投标人应当按照招标文件的要求编制投标文件。投标文件应当对招标文件提出的实质性要求和条件做出响应。

投标文件一般包括下列内容。

(1) 投标函；

(2) 投标报价；

(3) 施工组织设计；

(4) 商务和技术偏差表。

投标人根据招标文件载明的项目实际情况，拟在中标后将中标项目的部分非主体、非关键性工作进行分包的，应当在投标文件中载明。

投标人应当在招标要求提交投标文件的截止时间前，将投标文件密封送达投标地点。招标人收到投标文件后，应当向投标人出具标明签收人和签收时间的凭证，在开标前任何单位和个人不得开启投标文件。

在招标要求提交投标文件的截止时间后送达的投标文件，为无效的投标文件，招标人应当拒收。提交投标文件的投标人少于3个的，招标人应当依法重新招标。重新招标后投标人仍少于3个的，属于必须审批的工程建设项目，报经原审批部门批准后可以不再进行招标；其他工程建设项目，招标人可自行决定不再进行招标。

投标人在招标文件要求提交投标文件的截止时间前，可以补充、修改、替代或者撤回已提交的投标文件，并书面通知招标人。补充、修改的内容为投标文件的组成部分。

在提交投标文件截止时间后到招标文件规定的投标有效期终止之前，投标人不得补充、修改、替代或者撤回其投标文件。投标人补充、修改、替代投标文件的，招标人不予接受；投标人撤回投标文件的，其投标保证金将被没收。

在开标前，招标人应妥善保管好已接收的投标文件、修改或撤回通知、备选投标方案等资料。

两个以上法人或者其他组织可以组成一个联合体，以一个投标人的身份共同投标。

联合体各方签订共同投标协议后，不得再以自己名义单独投标，也不得组成新的联合体或参加其他联合体在同一项目中投标。

联合体参加资格预审并获通过的，其组成的任何变化都必须在提交投标文件截止之日前征得招标人同意。如果变化后的联合体削弱了竞争，含有事先未经过资格预审或者资格预审不合格的法人或者其他组织，或者使联合体的资质降到资格预审文件中规定的最低标准以下，则招标人有权拒绝。

联合体各方必须指定牵头人，授权其代表所有联合体成员负责投标和合同实施阶段的主办、协调工作，并应当向招标人提交由所有联合体成员法人代表人签署的授权书。

联合体投标的，应当以联合体各方或者联合体中牵头人的名义提交投标保证金。以联合体中牵头人名义提交的投标保证金，对联合体各成员都具有约束力。

投标人不得串通投标，法律规定下列行为均属投标人串通投标报价。

(1) 投标人之间相互约定抬高或压低投标报价。

(2) 投标人之间相互约定，在招标项目中分别以高、中、低价位报价。

(3) 投标人之间先进行内部竞价，内定中标人，然后再参加投标。

(4) 投标人之间其他串通投标报价的行为。

下列行为均属招标人与投标人串通投标。

(1) 招标人在开标前开启投标文件，并将投标情况告知其他投标人，或者协助投标人撤换投标文件更改报价。

(2) 招标人向投标人泄露标底。

(3) 招标人与投标人商定，投标时压低或抬高标价，中标后再给投标人或招标人额外补偿。

(4) 招标人预先内定中标人。

(5) 其他串通投标行为。

投标人不得以他人名义投标，即不得挂靠其他施工单位，或从其他单位通过转让或租借的方式获取资格或资质证书，或者由其他单位及其法定代表人在自己编制的投标文件上加盖印章和签字等行为。

7. 开标

开标应当在招标文件确定的提交投标文件截止时间的同一时间公开进行；开标地点应当为招标文件中确定的地点。

开标由招标人或者招标代理人主持，邀请所有投标人参加。投标单位法定代表人或授权代表未参加开标会议的视为自动弃权。

开标会议宣布开始后，应首先请各投标单位代表确认其投标文件的密封完整性。并签字予以确认。当众宣读评标原则、评标办法。由招标单位依据招标文件的要求，核查投标单位提交的证件和资料，并审查投标文件的完整性、文件的签署、投标担保等，但提交合格“撤回通知”和逾期送达的投标文件不予启封。

开标顺序应按各投标单位报送投标文件时间的先后顺序进行。开标过程应当记录，并存档备查。

投标文件如有下列情形之一，招标人不予受理。

(1) 逾期送达的或者未送达指定地点。

(2) 未按招标文件要求密封。

投标人如有下列情形之一，由评标委员会初审后按废标处理。

(1) 无单位盖章并无法定代表人或法定代表人授权的代理人签字或盖章。

(2) 未按规定的格式填写，内容不全或关键字迹模糊、无法辨认。

(3) 投标人递交两份或多份内容不同的投标文件，或在一份投标文件中对同一招标项目报有两个或多个报价，且未声明哪一个有效，按招标文件规定提交备选投标方案的除外。

(4) 投标人名称或组织结构与资格预审不一致。

(5) 未按招标文件要求提交投标保证金。

(6) 联合体投标未附联合体各方共同投标协议。

8. 评标

评标是对各投标人的招标文件进行评审，从中选出最合适的人选作为工程承包人的过程。评标由评标委员会进行。

1) 评标的原则以及保密性和独立性

评标是招投标过程中的核心环节。评标活动应遵循公平、公正、科学、择优的原则，保证评标在严格保密的情况下进行。并确保评标委员会在评标过程中的独立性。

2) 评标委员会的组建

评标委员会依法组建，负责评标活动，向招标人推荐中标候选人或者根据招标人的授权直接确定中标人。

评标委员会由招标人负责组建。评标委员会成员名单一般应于开标前确定。评标委员会成员名单在中标结果确定前应当保密。

评标委员会由招标人或其委托的招标代理机构熟悉相关业务的代表，以及有关技术、经济等方面的专家组成，成员人数为5人以上的单数，其中技术、经济等方面的专家不得少于成员总数的三分之二。

当评标委员会需要设负责人时，该负责人由评标委员会成员推举产生或者由招标人确定。评标委员会负责人与评标委员会的其他成员有同等的表决权。

评标委员会的专家成员应当从省级以上人民政府有关部门提供的专家名册或者招标代理机构的专家库内的相关专家名单中确定。评标专家可以采取随机抽取或者直接确定的方式。一般项目，可以采取随机抽取的方式；技术特别复杂、专业性要求特别高或者国家有特殊要求的招标项目，采取随机抽取方式确定的专家难以胜任的，可以由招标人直接确定。各省招标管理部门一般对评标委员会的产生有具体规定。

评标专家应符合下列条件。

(1) 从事相关专业领域工作满 8 年并具有高级职称或者同等专业水平。

(2) 熟悉有关招标投标的法律法规，并具有与招标项目相关的实践经验。

(3) 能够认真、公正、诚实、廉洁地履行职责。

如有下列情形之一，不得担任评标委员会成员。

(1) 投标人或者投标主要负责人的近亲属。

(2) 项目主管部门或者行政监督部门的人员。

(3) 与投标人有经济利益关系，可能影响对投标工作进行公正评审的人员。

(4) 曾因在招标、评标以及其他与招标投标有关活动中从事违法行为而受过行政处罚或刑事处罚的人员。

评标委员会成员如有上述情形之一，应当主动提出回避。

评标委员会成员应当客观、公正地履行职责，遵守职业道德，对所提出的评审意见承担个人责任。评标委员会成员不得与任何投标人或者与招标结果有利害关系的人进行私下接触，不得收受投标人、中介人、其他利害关系人的财物或者其他好处。

评标委员会成员和与评标活动有关的工作人员不得透露对投标文件的评审和比较情况、中标候选人的推荐情况以及与评标有关的其他情况。

评标委员会成员应当编制供评标使用的相应表格，认真研究招标文件，至少应了解和熟悉以下内容。

(1) 招标的目标。

(2) 招标项目的范围和性质。

(3) 招标文件中规定的主要技术要求、标准和商务条款。

(4) 招标文件规定的评标标准、评标方法和在评标过程中考虑的相关因素。

3) 评标方法

评标方法包括经评审的最低投标价法、综合评估法或者法律、行政法规允许的其他评标方法。

(1) 经评审的最低投标价法。经评审的最低投标价法一般适用于具有通用技术、性能标准或者招标人对其技术、性能没有特殊要求的招标项目。

根据经评审的最低投标价法，能够满足招标文件的实质性要求，并且经评审的最低投标价的投标，应当推荐为中标候选人。

采用经评审的最低投标价法时，评标委员会应当根据招标文件中规定的评标价格调整方法，对所有投标人的投标报价以及投标文件的商务部分作必要的价格调整。

采用经评审的最低投标价法时，中标人的投标应当符合招标文件规定的技术要求和标准，但评标委员会无需对投标文件的技术部分进行价格折算。

理论上，经评审最低价中标符合招标的目的，能够体现投标人的竞争，但我国现阶段建筑市场不够规范，建筑企业竞争过度，有时不平衡的市场迫使企业不合理地压低报价以至于影响到工程质量，所以我国目前评标采用综合评估法较多。低价中标方法的实施还需要在具体的操作方法上进行研究、设计，比如借鉴拍卖方法等。

(2) 综合评估法。不宜采用经评审的最低投标价法的招标项目，一般应当采取综合评估法进行评审。

根据综合评估法，最大限度地满足招标文件中规定的各项综合评价标准的投标，应当推荐为中标候选人。

衡量投标文件是否最大限度地满足招标文件中规定的各项评价标准，可以采取折算为货币的方法、打分的方法或者其他方法。需量化的因素及其权重应当在招标文件中明确规定。

评标委员会对各个评审因素进行量化时，应当将量化指标建立在同一基础或者同一标准上，使各投标文件具有可比性。对技术部分和商务部分进行量化后，评标委员会应当对这两部分的量化结果进行加权，计算出每一投标的综合评估价或者综合评估分。

(3) 其他评标方法。在法律、行政法规允许的范围内，招标人也可以采用其他评标方法，如评议法。评议法是一种比较特殊的评标方法，只有在特殊情况下方可采用。

4) 评标程序

评标一般分为初步评审和详细评审两个阶段。

(1) 初步评审。初步评审主要是审查投标文件是否对招标文件做出实质性响应，对于没有实质性响应招标文件的投标文件，一般作废标处理，不再进行下一步评审。

在初步评审阶段，评标委员会应当审查每一投标文件是否对招标文件提出的所有实质性要求和条件做出响应。

评标委员会可以以书面方式要求投标人对投标文件中含义不明确、对同类问题表述不一致或者有明显文字和计算错误的内容作必要的澄清、说明或补正。评标委员会不得向投标人提出带有暗示性或诱导性的问题，或向其明确投标文件中的遗漏和错误。

投标文件不响应招标文件的实质性要求和条件的，招标人应当拒绝，并不允许投标人通过修正或撤销其不符合要求的差异或保留，使之成为具有响应性的投标。

评标委员会在对实质上响应招标文件要求的投标进行报价评估时，除招标文件另有规定外，应当按下述原则进行修正。

① 用数字表示的数额与文字表示的数额不一致时，以文字数额为准。

② 单价与工程量的乘积与总价之间不一致时，以单价为准。若单价有明显的小数点错位，应以总价为准，并修改单价。

初步评审中评标委员会应当根据招标文件，审查并逐项列出投标文件的全部投标偏差。投标偏差分为重大偏差和细微偏差。重大偏差属于没有对招标文件做出实质性响应的情况，作为废标处理。

下列情况属于重大偏差。

① 没有按照招标文件要求提供投标担保或者所提供的投标担保有瑕疵。

② 投标文件没有经投标人授权代表签字和加盖公章。

③ 投标文件载明的招标项目完成期限超过招标文件规定的期限。

④ 明显不符合技术规格、技术标准的要求。

⑤ 投标文件载明的货物包装方式、检验标准和方法等不符合招标文件的要求。

⑥ 投标文件附有招标人不能接受的条件。

⑦ 不符合招标文件中规定的其他实质性要求。

招标文件对重大偏差另有规定的，按规定执行。

细微偏差是指投标文件在实质上响应招标文件要求，但在个别地方存在漏项或者提供了不完整的技术信息和数据等的情况，并且补正这些遗漏或者不完整不会对其他投标人造成不公平的结果。细微偏差不影响投标文件的有效性。

评标委员会应当书面要求存在细微偏差的投标人在评标结束前予以补正。拒不补正的，在详细评审时可以对细微偏差作不利于该投标人的量化，量化标准应当在招标文件中规定。

(2) 详细评审。经初步评审合格的投标文件，评标委员会应当根据招标文件确定的评标标准和方法，对其技术部分和商务部分作进一步评审、比较。

详细评审根据招标文件中载明的评标方法进行。

根据经评审的最低投标价法完成详细评审后，评标委员会应当拟定一份“标价比较表”，连同书面评标报告提交招标人。“标价比较表”应当载明投标人的投标报价、对商务偏差的价格调整和说明以及经评审的最终投标价。

根据综合评估法完成评标后，评标委员会应当拟定一份“综合评估比较表”，连同书面评标报告提交招标人。“综合评估比较表”应当载明投标人的投标报价、所作的任何修正、对商务偏差的调整、对技术偏差的调整、对各评审因素的评估以及对每一投标的最终评审结果。

根据招标文件的规定，允许投标人投备选标的，评标委员会可以对中标人所投的备选标进行评审，以决定是否采纳备选标。不符合中标条件的投标人的备选标不予考虑。

对于划分有多个单项合同的招标项目，招标文件允许投标人为获得整个项目合同而提出优惠的，评标委员会可以对投标人提出的优惠进行审查，以决定是否将招标项目作为一个整体合同授予中标人。将招标项目作为一个整体合同授予的，整体合同中标人的投标应当最有利于招标人。

评标和定标应当在投标有效期结束日的30个工作日前完成。不能在投标有效期结束日的30个工作日前完成评标和定标的，招标人应当通知所有投标人延长投标有效期。拒绝延长投标有效期的投标人有权收回投标保证金。同意延长投标有效期的投标人应当相应延长其投标担保的有效期，但不得修改投标文件的实质性内容。因延长投标有效期造成投标人损失的，招标人应当给予补偿，但因不可抗力需延长投标有效期的除外。

9. 定标与授予合同

评标委员会完成评标后，应当向招标人提出书面评标报告，并抄送有关行政监督部门。评标报告应当如实记载以下内容。

(1) 基本情况和数据表；

(2) 评标委员会成员名单；

(3) 开标记录；

(4) 符合要求的投标一览表；

(5) 废标情况说明；

(6) 评标标准、评标方法或者评标因素一览表；

(7) 经评审的价格或者评分比较一览表；

(8) 经评审的投标人排序；

(9) 推荐的中标候选人名单与签订合同前要处理的事宜；

(10) 澄清、说明、补正事项纪要。

评标报告应由评标委员会全体成员签字。对评标结论持有异议的评标委员会成员可以书面方式阐述其不同意见和理由。评标委员会成员拒绝在评标报告上签字且不陈述其不同意见和理由的，视为同意评标结论。评标委员会应当对此做出书面说明并记录在案。

向招标人提交书面评标报告后，评标委员会即告解散。评标过程中使用的文件、表格以及其他资料应当即时归还招标人。

评标委员会推荐的中标候选人应当限定在一至三人，并标明排列顺序。

中标人的投标应当符合下列条件之一。

(1) 能够最大限度满足招标文件中规定的各项综合评价标准，这适于综合评估评标法。

(2) 能够满足招标文件的实质性要求，并且经评审的投标价格最低；这适于经评审的最低评标价法。但是投标价格低于成本的除外。

在确定中标人之前，招标人不得与投标人就投标价格、投标方案等实质性内容进行谈判。

使用国有资金投资或者国家融资的项目，招标人应当确定排名第一的中标候选人为中标人。排名第一的中标候选人放弃中标、因不可抗力提出不能履行合同，或者招标文件规定应当提交履约保证金而在规定的期限内未能提交的，招标人可以确定排名第二的中标候选人为中标人。

排名第二的中标候选人因前款规定的同样原因不能签订合同的，招标人可以确定排名第三的中标候选人为中标人。

招标人可以授权评标委员会直接确定中标人。

国务院对中标人的确定另有规定的，应遵守相关规定。

中标人确定后，招标人应当向中标人发出中标通知书，同时通知未中标人，并与中标人在 30 个工作日之内签订合同。

中标通知书对招标人和中标人具有法律约束力。中标通知书发出后，招标人改变中标结果或者中标人放弃中标的，应当承担法律责任。

招标人应当与中标人按照招标文件和中标人的投标文件订立书面合同。招标人与中标人不得再行订立背离合同实质性内容的其他协议。

招标文件要求中标人提交履约保证金或者其他形式履约担保的，中标人应当提交，拒绝提交的，视为放弃中标项目。招标人要求中标人提供履约保证金或其他形式履约担保的。招标人应当同时向中标人提供工程款支付担保。

招标人不得擅自提高履约保证金，不得强制要求中标人垫付中标项目建设资金。

招标人与中标人签订合同后 5 个工作日内，应当向未中标的投标人退还投标保证金。

8.2.4 标底的编制与审查

标底是招标人根据设计文件、国家和省的工程造价管理规定、市场价格信息、参考有关工程预算(或消耗量)定额、费用标准计算的工程造价，是招标人对拟建工程造价的预期值。我国招标投标法律法规目前对标底的编制没有强制性规定，即招标工程可以编制也可以不编制标底。但一般情况下，招标人出于把握投资、控制造价的考虑，都要编制工程标底。

工程标底也称招标控制价，《建设工程工程量清单计价规范》(GB 50500—2008)规定，招标控制价是“招标人根据国家或省级、行业建设主管部门颁发的有关计价依据和办法，按设计施工图纸计算的，对招标工程限定的最高工程造价。”，并要求“国有资金投资的工程建设项目应实行工程量清单招标，并应编制招标控制价。招标控制价超过批准的概算时，招标人应将其报原概算部门审核。投标人的投标报价高于招标控制价的，其投标应予以拒绝。”（正文 4.2.1）“招标控制价应在招标时公布，不应上调或下浮，招标人应将招标控制价及有关资料报送工程所在地工程造价管理机构备查。”（正文 4.2.8）。从这些规定可以看出，对于国有资金投资工程，招标控制价是投标报价的最高限制，而且控制价要在招标时公布。

标底可以由招标单位的注册造价工程师编制，招标单位没有注册造价工程师的应该委托具有相应资质的造价咨询公司编制。标底的编制也应符合《建设工程工程量清单计价规范》规定的内容和格式。

1. 标底编制的原则和依据

1）标底编制的原则

（1）标底要根据招标文件要求和国家公布的统一工程项目划分、统一计量单位、统一计算规则以及施工图纸，并参照国家、行业或地方批准发布的定额和国家、行业、地方规定的技术标准规范，以及各生产要素市场的、有关费用标准编制。

（2）标底作为建设单位的期望价格，应力求与市场的实际情况相吻合，能反映出一定时期建设市场价格状况，要有利于竞争和保证工程质量。

（3）标底构成应与现行工程造价构成一致，即应由直接费、间接费、利润、税金等组成，一般应控制在批准的总概算(或修正概算)及投资包干的限额内。

（4）标底应考虑人工、材料、设备、机械台班等价格变化因素，还应包括不可预见费(特殊情况)、预算包干费、措施费(赶工措施费、施工技术措施费)、现场因素费用、保险以及采用固定价格的工程风险金等。工程要求优良的还应增加相应的费用。

（5）一个工程只能编制一个标底。

（6）标底编制完成后，直至开标时，所有接触过标底价格的人员均负有保密责任，不得泄漏。

2）标底编制的依据

标底虽然是招标人对拟建工程的预期造价，但它实际上反映的是工程造价的社会平均水平，所以其编制依据也是反映工程造价社会平均水平标准的定额体系，包括工程造价管理部门发布的预算定额、单位估价表、费用定额、材料市场价格信息、工程造价指数等，当然还要遵守国家、省市关于工程计价的有关规定，如工程造价的组成、合同原则等。

《建设工程工程量清单计价规范》规定，招标控制价应根据下列依据编制。

（1）本规范。

（2）国家或省级、行业建设主管部门颁发的计价定额和计价办法。

（3）建设工程设计文件及相关资料。

（4）招标文件中的工程量清单及有关要求。

（5）与建设项目相关的标准、规范、技术资料。

（6）工程造价管理机构发布的工程造价信息；工程造价信息没有发布的参照市场价。

（7）其他的相关资料。

标底的编制除了应遵守《计价规范》，还应符合建设部107号令《建筑工程施工发包与承包计价管理办法》的有关要求。

编制标底的招标工程，在评标时要参考标底。

2. 标底编制的程序

(1) 确定标底的编制单位。

(2) 收集编制资料。

(3) 参加交底会及现场勘察。

(4) 编制标底。

(5) 审核标底价格。

3. 标底文件的主要内容

(1) 标底的综合编制说明：包括编制依据、对图纸的理解与处理、采用的定额标准、取费标准、主要材料和其他材料价格的时间、措施费用计算依据和标准等。

(2) 标底价格审定书、标底价格计算书、带有价格的工程量清单、现场因素、各种施工措施费的测算明细以及采用固定价格工程的风险系数测算明细等。

(3) 主要人工、材料、机械设备用量表。

(4) 标底附件。

(5) 标底价格编制的有关表格。

4. 标底价格的编制方法

我国目前多数工程都采用工程量清单招标方式，所以标底编制以清单计价方法为主。考虑到工程量清单半价方法目前还在推广中，不排除部分以定额计价方式编制标底的工程。

1) 以定额计价法编制标底

以定额计价法编制标底实际就是施工图预算的编制过程，即计算工程量，按相关预算定额、单位估价表、费用定额来计算单位工程造价的方法。定额计价法采用的是分部分项工程量的直接费单价(或称为工料单价法)，只包括人工、材料、机械费用。直接费单价又可以分为单位估价法和实物量法两种。

(1) 单位估价法。单价法编制招标工程的标底大多是在工程概预算定额基础上做出的，但不完全等同于工程概预算。编制一个合理、可靠的标底还必须在此基础上综合考虑工期、质量、差价因素、自然地理条件和招标工程范围等因素。

(2) 实物量法。用实物量法编制标底，主要先用计算出的各分项工程的实物工程量，分别套取预算定额中的人工、材料、机械消耗指标，并按类相加，求出单位工程所需的各种人工、材料、施工机械台班的总消耗量，然后分别乘以当时当地的人工、材料、施工机械台班市场单价，求出人工费、材料费、施工机械使用费，再汇总求和。对于其他直接费、现场经费、间接费、计划利润和税金等费用的计算则根据当时当地建筑市场的供求情况给予具体确定。

实物量编制法与单位估价法相似，最大的区别在于两者在计算人工费、材料费、施工机械费及汇总三者费用之和时方法不同。

2) 以工程量清单计价法编制标底

工程量清单计价法应该是多数招标工程标底的计算方法。工程量清单计价的单价按所综合的内容不同，可以划分为3种形式。

(1) 工料单价。

(2) 完全费用单价。

(3) 综合单价法。

我国现行工程量清单计价规范规定的形式综合单价，包括一个分项工程的人工费、材料费、施工机械使用费、企业管理费、利润、风险费。

用综合单价编制标底价格，先根据统一的项目划分，按照统一的工程量计算规则计算工程量，形成工程量清单。接着，估算分项工程综合单价，该单价是根据具体项目分别估算的。综合单价确定以后，填入工程量清单中；再与各部分分项工程量相乘得到合价，汇总之后即可得到标底价格。

5. 标底审查

1) 标底审查的目的

标底审查的目的是检查标底价格编制是否真实、准确，标底价格如果有漏洞，应予以调整和修正。

2) 标底审查的内容

(1) 标底计价依据。

(2) 标底价格组成内容。

(3) 标底价格相关费用。

3) 标底审查的方法

标底审查的方法基本与施工图预算的审查方法相同，可以根据不同工程采用：全面审查法、重点审查法、分解对比审查法、分组计算审查法、标准预算审查法、筛选法、应用手册审查法等。

8.3 施工投标与报价

施工投标是投标人(符合招标工程资质要求的建筑安装施工企业)根据投标文件要求和工程计价规定，根据本企业技术和管理水平，市场材料设备的价格信息，参考造价管理部门发布的定额、价格、费用标准，确定投标工程报价参与竞争的活动。

施工企业的投标文件包括经济标(商务标)和技术标两部分，经济标即投标报价。施工企业的投标报价竞争不仅是确定工程造价的重要环节，也是企业经营管理水平的表现和较量。在建筑市场竞争日益激烈，利润空间不断缩小的条件下，投标报价成为决定施工企业生存与发展的重要因素。

在各投标报价中取胜的报价为中标价，也即通过市场竞争形成的工程造价，是一定时期一定地区建筑市场价格水平的反映。

8.3.1 施工投标单位应具备的基本条件

投标人是响应招标、参加投标竞争的法人或者其他组织，工程施工投标人是具有相应资质等级的建筑施工企业。招标人的任何不具独立法人资格的附属机构(单位)，或者为招标项目的前期准备或者监理工作提供设计、咨询服务的任何法人及其任何附属机构(单位)，都无资格参加该招标项目的投标。

投标人应当具备承担招标项目施工的能力。

两个以上法人或者其他组织可以组成一个联合体，以一个投标人的身份共同投标。关于投标联合体的规定见 8.2 节。

投标人资格要符合招标文件中对投标人资格审查(资格预审或资格后审)的要求，一般要符合以下要求。

(1) 具有独立订立合同的权利。

(2) 具有履行合同的能力，包括专业、技术资格和能力，资金、设备和其他物质设施状况，管理能力、经验、信誉和相应的从业人员。

(3) 没有处于被责令停业，投标资格被取消，财产被接管、冻结、破产状态。

(4) 在最近 3 年内没有骗取中标和严重违约及重大工程质量问题。

(5) 法律、行政法规规定的其他资格条件。

8.3.2 施工投标应满足的基本要求与程序

施工投标人必须对招标文件做出实质性响应，这是对投标人的最基本要求，没有实质性响应招标文件要求的投标一般作废标处理。

施工投标工作程序一般如下。

(1) 进行投标报价前期的调查研究，收集信息资料，内容包括：项目与所在地的政治和法律背景、项目自然条件、市场状况、工程项目方面的情况、业主情况、竞争对手资料等。由于工程施工投标的成本越来越高，在决定是否投标前作一些调查研究工作是必要的。

(2) 对是否参加投标做出决策。根据对工程项目的了解，决定是否参加投标。

(3) 报名参加投标，办理资格预审。

(4) 购买招标文件和资格预审文件。

(5) 研究招标文件。招标文件是施工投标的主要依据，其中关于工程项目的基本情况、评标方法是研究的重点。

(6) 提出质疑的问题，待召开招标答疑会时得到解答。

(7) 制定施工方案。施工方案是招标文件的重要组成部分，不仅是技术标审的内容，而且对于工程报价中施工措施费用的计算也是重要依据。

(8) 计算投标报价。投标报价的格式、内容要符合招标文件的要求，工程量清单招标工程还要遵守《建设工程工程量清单计价规范》的规定。投标报价是投标文件的最重要部分，既决定投标企业能否取得工程承包权，更决定了企业的经营成果是盈利还是亏损。投标报价不只是一个按规定计算的过程，在计算出造价后还有一个确定的过程，这要根据不同工程的投标策略决定。

(9) 由于投标的不确定性越来越大，投标策略的选择也变得日益重要，这也是企业经营的关键环节。投标策略是一个较为个性化的问题，在 8.3.5 节有所论述。

(10) 编制标书，即技术标、经济标，要按规定格式编写。

(11) 投送标书，标书密封、签章后必须在规定时间，送到规定地点。

8.3.3 施工投标报价的编制

投标报价是投标文件的最重要部分，是工程造价确定的决定性环节。投标报价反映了投标人对完成拟投标工程价格的预期，是企业技术实力、经营管理水平、劳动生产率情况等的综合反映，是衡量企业经营状况的标准。投标报价的编制是一项综合工作，需要有关部门的密切配合。

1. 投标报价的计算依据

投标报价是投标企业个别成本的反映，也是投标竞争的最重要因素。我国实施工程量清单计价方法为投标报价的竞争提供了统一的基础，创造了更为适宜的条件。在工程量清单计价体制下，投标人只要报出每个分项工程的综合单价，汇总后再加上施工措施费、规费、税金即可。与标底的编制依据不同，投标报价主要依据投标人的自身条件(企业技术装备、生产工人劳动生产率、经营管理水平等)和市场价格信息，但也要参考造价管理部门制定的定额等标准。《建设工程工程量清单计价规范》要求“投标报价应根据招标文件中的工程量清单和有关要求、施工现场实际情况及拟定的施工方案或施工组织设计，依据企业定额和市场价格信息，或参考建设行政主管部门发布的社会平均消耗量定额进行编制。”

价格法、合同法、招标投标法等都明确了工程造价应在政府宏观调控下，由市场竞争形成。在这一原则指导下，投标人的报价在满足招标文件的前提下实行人工、材料、机械消耗量自定，价格费用自选，全面竞争、自主报价的方式，这也正是实施工程量清单计价所要达到的目的。

投标报价编制的主要依据如下。

(1) 招标文件。招标文件是投标报价的基本依据，是所有投标人都要响应的文件。投标报价在造价组成内容、形式上必须与招标文件要求一致，否则可能成为废标。

(2) 招标单位提供的设计图纸、工程量清单及有关的技术说明书等。采用工程量清单招标的工程，招标文件中都要列出工程量清单，这是投标人计算工程直接费的依据。一般情况下投标人不需要核对工程量，除非工程量与设计图纸有较大的差异，这时要在招标答疑会上提出。

(3) 国家及地区颁发的现行建筑、安装工程预算定额及与之相配套执行的各种费用定额规定等。由于这些定额是一定时期工程造价社会平均水平的反映，施工企业在投标报价时也要参考，以之为基础衡量自身报价的高低并做出适当调整。

(4) 地方现行材料预算价格、采购地点及供应方式等，这是计算占工程造价大的材料价格的依据。

(5) 因招标文件及设计图纸等不明确经咨询后由招标单位书面答复的有关资料。

(6) 企业内部制定的有关取费、价格等的规定、标准，这是不同企业报价差异的前提。随着工程量清单计价形式的推广，市场竞争的逐步规范，企业内部定额将成为投标报价的主要依据。

(7) 其他与报价计算有关的各项政策、规定及调整系数等。

2. 投标报价的编制方法

投标报价的编制主要是投标单位对承建招标工程所要发生的各种费用的计算。投标报价的编制方法和标底的编制方法一致，也分为以定额计价、以工程量清单计价两种模式，可以用工料单价法和综合单价法计算。其中，工程量清单计价的投标报价由分部分项工程费、措施费和其他项目费用组成，均采用综合单价法计算。

计算投标报价应注意综合单价的组成，不要有遗漏，否则会被认为该项费用包括在综合单价的其他组成之中。

3. 投标报价的计算过程

投标报价的计算也即工程量清单的计价过程，但少了工程量的计算，其基本过程与计价规范的要求是一致的，一般按以下步骤进行。

(1) 复核或计算工程量。一般只需复核即可。虽然工程量的准确性由招标人负责，但投标人也要做必要的复核，如果有问题及时提出。

(2) 确定单价，计算合价。分项工程的综合单价包括人工费、材料费、施工机械使用费、企业管理费、利润、风险费。这里应注意的是如果工期不长，一般不考虑风险费。企业管理费的标准要参考本地区的费用标准，一般要低于定额标准。利润则根据企业的投标目的确定，最低可以为零。

(3) 计算施工措施费用。措施费是施工过程中发生的有助于工程施工的费用，是在分项工程综合单价以外计算的费用。措施费用分为可计量部分和不可计量部分，前者如脚手架、模板费用，后者如冬、雨季施工增加费、材料二次拖运费等。这项费用可以参考定额计算，也可以根据施工方案计算。措施费用是工程造价中不构成工程实体且竞争性较强的费用，投标人结合工程实际和本企业条件计算，力求报出的费用有竞争力。

(4) 计算规费。规费是造价组成中不可竞争的费用，这部分费用的计算要遵守当地建设行政主管部门的规定，各项费用如何计取、计取的条件和标准一定要清楚，特别要注意招标文件中对这部分的处理方式，否则可能造成投标报价的不一致，影响中标几率。

(5) 确定投标价格。在上述计算基础上，汇总得出投标报价。但这时计算出的价格不一定作为最终的投标报价，还要结合企业的投标策略，考虑到招标方的其他要求和投标对手情况，进行适当调整。这要由企业的经营部门作出决策。

8.3.4 投标报价的主要考虑因素

确定的投标报价不是随心所欲，任意选择的。首先要研究招标项目在技术、经济、商务等诸多方面的要求，其次是剖析自身的技术、经济、管理诸多方面的优势和不足，然后将自身条件同投标项目要求逐一进行对照，确定自身在投标报价中的竞争位置，制定有利的投标报价目标。这种分析和对照主要考虑以下因素。

1. 技术装备能力和工人技术操作水平

投标项目的技术条件，给投标单位提出了相应技术装备能力和工人技术操作水平的要求。如果不能适应，就需要更新或新置技术设备，对工人进行技术培训，或是转包和在外组织采购，因此投标单位有无能力或由此引起的报价成本的变化，都直接影响着投标目标的选择。反之，具有较高技术装备和操作能力的投标单位去承担技术水平较低的工程项目，效益选择同样有较大局限性。

2. 设计能力

工程设计是投标项目的组成部分，在综合性的招标项目中，设计工作要求和工作量占有更重要的地位，投标单位的设计能力能否适应招标项目的要求，直接决定着投标的方式和投标目标的选择，一个适应招标工程的设计能力，可以充分发挥投标单位的优势，立于竞争的主动地位。

3. 对招标项目的熟悉程度

所谓熟悉程度是指投标单位对此工程项目过去是否承建过，积累有怎样的经验，预测风险的能力有多大等。项目熟悉就可以增强信心，减轻风险损失，尽可能扩大投标的竞争能力。项目不熟悉，就要充分考虑不可预见的风险因素，提供保障措施和设计应变能力。这就意味着间接投入的增多，在投标目标选择上就有一定的困难。

4. 投标项目可带来的随后机会

所谓随后机会，就是投标单位在争取中标后，可能给今后连续性投标带来的中标机遇，或是今后在类似项目中对投标时中标有利。如果随后机会较多，对投标单位树立形象和扩大市场有利，那么对这一招标项目在经济利益上做某些让步达到中标目的也是有利的。如果随后机会不多，那么对投标的经济效益要着重考虑。

5. 投标项目可能带来的出口机会

扩大国际市场，争取在国际投标中具有一定地位是投标单位追求的重要目标，对能够给国际投标取胜带来较大机会的投标项目，无疑是投标单位应首先考虑的问题。它决定着对这一投标项目现实效益的低水平选择。

6. 投标项目可能带来的生产质量提高

投标项目一方面需要相适应的生产装备和劳动技能，另一方面也可能给投标单位带来技术的进步，管理水平的加强和工作质量的提高，这种质量提高的程度，无疑是投标单位感兴趣的，直接影响其投标盈利目标的决策。

7. 投标项目可能带来的成本降低机会

投标单位在争取中标后，在履约过程中，一般来说，各项管理提高的综合成果会直接反映在成本降低的机会和程度上，投标项目的完成能为以后承包经营带来成本降低较多较大的机遇，也会影响到投标单位投标盈利目标的决策。

8. 投标项目的竞争程度

所谓竞争程度是指参与投标的单位的数量和各竞争投标者投标的动机和目标。它从外部制约着投标单位效益目标选择的分寸。投标的竞争性决定了投标单位在投标时必须以内部条件为基础，以市场竞争为导向，制定正确的投标目标。

除此之外，对于不同投标单位来说，诸如承包工程交货条件、付款方式、历史经验、风险性等都是影响到投标目标选择的因素，从而对选择投标目标的决策起重要作用。影响企业投标报价编制的因素很多，主要可从几个方面考虑。

(1) 项目因素，在决定投标后，首先要对招标工程有一定的了解，除了招标文件中列出的内容，还要进一步对招标项目情况进行调查，如工程所在地的政治、经济环境、建筑市场情况等。

(2) 市场因素，包括建筑市场竞争程度、材料供应情况、市场劳力供应、机械租赁市场情况、市场走向等。

(3) 企业因素，投标目的、劳动力、经营管理水平、材料供应渠道、机械设备来源等。

(4) 竞争对手因素，虽然相关法律规定招标人不得透漏投标人的情况，但每个投标人都要通过各种渠道了解其他潜在投标人的情况，以“博弈”的思维对待投标，减少投标的盲目性。

8.3.5 投标报价的决策、策略与技巧

在日益激烈的工程承包市场竞争中，投标越来越具有“博弈”的性质，只是按招标文件要求编制投标文件、按企业自身状况和市场价格水平计算投标报价已经难以达到中标要求。如何确定投标报价已成为施工企业经营的重要策略。

1. 国际工程投标策略

在国际工程招标中，承包商的投标策略主要有：以信取胜、以快取胜、以廉取胜、靠改进设计取胜、采用以退为进的策略、采用长远发展的策略等。根据招标项目的不同特点采用不同报价。项目竞争不激烈时可报高些，反之，则低一些。具体报价技巧总结起来有以下几种。

1) 不平衡报价法

不平衡报价法是指一个工程项目总报价基本确定后，通过调整内部各个项目的报价，以期既不提高总报价、不影响中标，又能够增加资金的时间价值，在结算时得到更理想的经济效益。一般可以考虑在以下几方面采用不平衡报价。

(1) 能够早日结账收款的项目可适当提高。

(2) 预计今后工程量会增加的项目，单价适当提高；将工程量可能减少的项目单价降低。

(3) 设计图纸不明确，估计修改后工程量要增加的，可以提高单价；而工程内容解说不清楚的，则可适当降低一些单价，待澄清后可再要求提价。

(4) 暂定项目，又叫任意项目或选择项目，对这类项目要具体分析。

2) 计日工单价的报价

如果是单纯报计日工单价，而不计入总价中，可以报高些，以便在业主额外用工或使用施工机械时可多盈利。但如果计日工单价要计入总报价时，则需具体分析是否报高价，以免抬高总报价。总之，要分析业主在开工后可能使用的计日工数量，再来确定报价方针。

3) 可供选择的项目的报价

所谓“可供选择项目”并非由承包商任意选择，而是业主才有权进行选择。因此，虽然适当提高了可供选择项目的报价，并不意味着肯定可以取得较好的利润，只是提供了一种可能性，一旦业主今后选用，承包商即可得到额外加价的利益。

4）暂定工程量的报价

暂定工程量有 3 种。

第一种是业主规定了暂定工程量的分项内容和暂定总价款，并规定所有投标人都必须在总报价中加入这笔固定金额，但由于分项工程量不很准确，允许将来按投标人所报单价和实际完成的工程量付款。投标时应当对暂定工程量的单价适当提高。

第二种是业主列出了暂定工程量的项目的数量，但并没有限制这些工程量的估价总价款，要求投标人既要列出单价，也应按暂定项目的数量计算总价，当将来结算付款时可按实际完成的工程量和所报单价支付。一般来说，这类工程量可以采用正常价格。

第三种是只有暂定工程的一笔固定总金额，将来这笔金额如何使用，由业主确定。这种情况对投标竞争没有实际意义，按招标文件要求将规定的暂定款列入总报价即可。

5）多方案报价法

对于一些招标文件，如果发现工程范围不很明确，条款不清楚或很不公正，或技术规范要求过于苛刻，则要在充分估计投标风险的基础上，按多方案报价法处理。即是按原招标文件报一个价，然后再提出，如某某条款作某些变动，报价可降低多少，由此可报出一个较低的价。这样，可以降低总价，吸引业主。

6）增加建议方案

有时招标文件中规定，可以提一个建议方案，即是可以修改原设计方案，提出投标者的方案。投标者这时应抓住机会，组织一批有经验的设计和施工工程师，对原招标文件的设计和施工方案仔细研究，提出更为合理的方案以吸引业主，促成自己的方案中标。建议方案不要写得太具体，要保留方案的技术关键，防止业主将此方案交给其他承包商。同时要强调的是，建议方案一定要比较成熟，有很好的可操作性。

7）分包商报价的采用

总承包商在投标前找 2～3 家分包商分别报价，而后选择其中一家信誉较好、实力较强和报价合理的分包商签订协议，同意该分包商作为本分包工程的唯一合作者，并将分包商的姓名列到投标文件中，但要求该分包商相应地提交投标保函。如果该分包商认为这家总承包商确实有可能得标，他也许愿意接受这一条件。这种把分包商的利益同投标人捆在一起的做法，不但可以防止分包商事后反悔和涨价，还可能迫使分包时报出较合理的价格，以便共同争取得标。

8）无利润投标

缺乏竞争优势的承包商，在不得已的情况下，只好在投标报价时不考虑利润去夺标。这种办法一般在处于以下条件时采用。

（1）有可能在得标后，将大部分工程分包给索价较低的一些分包商。

（2）对于分期建设的项目，先以低价获得首期工程，而后赢得机会创造第二期工程中的竞争优势，并在以后的实施中赚得利润。

（3）较长时期内，承包商没有在建的工程项目，如果再不得标就难以维持生存。因此，虽然本工程无利可图，只要能有一定的管理费维持公司的日常运转，就可设法渡过暂时的困难，以图将来东山再起。

以上投标报价策略基本是对国际工程投标策略的总结，并不一定适用于我国现行的建筑市场，这些投标策略一方面是理论的总结，另一方面可以作为国内工程的投标参考。

2. 国内工程投标策略

从我国建筑市场现状看，投标策略的选择研究还是一个近于空白的领域。在过度竞争的市场环境下，投标竞争已经不是采取哪些策略的问题，而是如何改善招标投标环境、创造公平竞争条件、平衡建筑队伍、完善市场机制的问题。在投标报价中下面几个问题应该加以注意和研究。

(1) 研究评标方法。我国目前有两种主要评标方法即综合评估法和经评审的最低投标价法，针对不同的评标方法，投标报价的确定思路也应有所区别。如果是综合评估，就要从总体分数考虑，尽量使总分提高，对每一个评审项目和标准都要认真研究，力图提高综合分数。如果是最低价中标法，则在满足技术标的前提下，合理地降低报价。

(2) 研究投标对手情况。投标的“博弈”性越来越强，已经不仅仅是投标人根据招标文件报价，而是众投标人之间的“博弈”，博弈的胜者才能获得合同。投标人之间的博弈属于静态、不完全信息博弈，即投标人各自报价，互不了解。但各投标人之间确实又是互相影响的，只有一人能从竞争中胜出。如果投标人对竞争对手有一定程度的了解，那么中标的机会就会增加。当然这以合理合法的行为为基础。

(3) 确定一个报价的底线，这个底线一般而言，就是企业的成本。《招标投标法》规定，“投标人不得以低于成本的报价竞标”，这一规定反映了法律对不正当竞争的否定和对企业的保护，虽然在执行过程中难以界定怎样的报价“不低于成本”，但给投标人提供了一个标准，即最低报价。企业要逐步建立起内部定额体系，测算本企业不同时期、不同年度、不同类型工程的成本标准，作为投标报价的控制线。这涉及企业具体的经营管理工作。

(4) 合理组成“投标联合体”，适当减少竞争程度。《招标投标》允许投标人依法组成联合体投标，可以根据项目竞争程度、各企业投标间的经营目标、优势劣势等联合投标，优势互补，降低竞争的激烈性，增加中标机会。当然联合体投标的过程必须符合法律要求。

8.3.6 投标担保

投标担保是投标人为保证中标后与招标人签订合同而提供的担保，也是所有招标工程的要求。一般在招标文件中列出投标担保的方式、担保金额要求。不提供投标担保的投标文件一般是作废的，就是说，提供投标担保是对招标文件的“实质性响应”之一。

投标担保一般采用投标保证金的方式。招标人可以在招标文件中要求投标人提交投标保证金。投标保证金除现金外，也可以是银行出具的银行保函、保兑支票、银行汇票或现金支票。

投标保证金一般不得超过投标总价的百分之二，但最高不得超过八十万元人民币。投标保证金有效期应当超出投标有效期 30 天。

投标人应当按照招标文件要求的方式和金额，将投标保证金随投标文件提交给招标人。投标人不按招标要求提交投标保证金的，该投标文件将被拒绝，作废标处理。

联合体投标的，应当以联合体各方或者联合体中牵头人的名义提交投标保证金。以联合体中牵头人名义提交的投标保证金，对联合体各成员都具有约束力。

招标人与中标人签订合同后 5 个工作日内，应当向未中标的投标人退还投标保证金。

8.4 工程合同价的确定与施工合同的签订

工程施工合同是工程发包方与承包方明确各自权利和义务关系的协议，也是确定工程造价的法律环节。通过投标竞争，中标人与招标人确定了工程发包与承包关系，也确定了工程造价即中标价。

8.4.1 工程合同价的确定

工程造价的确定是一个中标、签订合同的过程。

招标投标法规定，“招标人和中标人应当自中标通知书发出之日起 30 日内，按照招标文件和中标人的投标文件订立书面合同。招标人和中标人不得再行订立背离合同实质性内容的其他协议。”

这就是说，经过投标竞争，中标人与招标人的工程承发包关系以合同的形式确定下来，具有了法律效力。当然由于建设工程施工的特殊性，施工过程中造价的调整是必要的，而调整的条件、方式则应在合同中明确。所以说工程施工合同中的造价除了一个数额，更重要的是“造价条件”，即造价调整(或称变更、索赔)的条件。

8.4.2 施工合同的签订

建设工程施工合同是承包人进行工程施工、发包人支付工程价款的合同。

目前规范建设工程合同签订的规定，主要有《合同法》，在实际应用中则以我国现行施工合同示范文本为主，建设部、国家工商行政管理局 1999 年 12 月 24 日发布的《建设工程施工合同(示范文本)》(GF—1999—0201)。该合同示范文本由《协议书》、《通用条款》、《专用条款》3 部分组成，并附有 3 个附件：附件一是《承包人承揽工程项目一览表》、附件二是《发包人供应材料设备一览表》、附件三是《工程质量保修书》。

《协议书》是《施工合同文本》中总纲性的文件。它具有很高的法律效力。《通用条款》对承发包双方的权利义务做出了规定，除双方协商一致对其中的某些条款作的修改、补充或取消外，双方都必须履行。它具有很强的通用性，基本适用于各类建设工程。专用条款是通用条款的具体化，规定工程双方的权利义务。一个完整的合同由这三部分组成。

由于合同文本的内容涵盖了工程承包的所有内容，所以有极大的适用性，合同双方只需对工程具体情况稍加补充。

合同示范文本是关于工程承包双方权利义务的全面规定，并且主要在通用条款中加以描述，其中与工程造价有关的内容主要包括以下几点。

1. 词语定义及合同文件

(1) 合同价款：指发包人承包人在协议书中约定，发包人用以支付承包人按照合同约定完成承包范围内全部工程并承担质量保修责任的款项。

(2) 追加合同价款：指在合同履行中发生需要增加合同价款的情况，经发包人确认后按计算合同价款的方法增加的合同价款。

(3) 费用：指不包含在合同价款之内的应当由发包人或承包人承担的经济支出。

(4) 索赔：指在合同履行过程中，对于并非自己的过错，而是应由对方承担责任的情况造成的实际损失，向对方提出经济补偿和(或)工期顺延的要求。

(5) 合同文件及解释顺序。合同文件应能相互解释，互为说明。除专用条款另有约定外，组成本合同的文件及优先解释顺序如下。

① 本合同协议书。

② 中标通知书。

③ 投标书及其附件。

④ 本合同专用条款。

⑤ 本合同通用条款。

⑥ 标准、规范及有关技术文件。

⑦ 图纸。

⑧ 工程量清单。

⑨ 工程报价单或预算书。

合同履行中，发包人承包人有关工程的洽商、变更等书面协议或文件视为合同的组成部分。

2. 合同价款形式及调整

招标工程的合同价款由发包人承包人依据中标通知书中的中标价格在协议书内约定。非招标工程的合同价款由发包人承包人依据工程预算书在协议书内约定。

合同价款在协议书内约定后，任何一方不得擅自改变。下列 3 种确定合同价款的方式，双方可在专用条款内约定采用其中一种。

(1) 固定价格合同。双方在专用条款内约定合同价款包含的风险范围和风险费用的计算方法，在约定的风险范围内合同价款不再调整。风险范围以外的合同价款调整方法，应当在专用条款内约定。

固定价格有固定单价、固定总价形式，主要根据工期长短来选择。工程量清单招标采用的是固定单价形式。

(2) 可调价格合同。合同价款可根据双方的约定而调整，双方在专用条款内约定合同价款调整方法。

(3) 成本加酬金合同。合同价款包括成本和酬金两部分，双方在专用条款内约定成本构成和酬金的计算方法。

成本加酬金价格形式有成本加固定费用、成本加固定比例费用、成本加奖金、成本加保证最大酬金、工料补偿等形式。除了由于特殊原因(如灾后重建时间紧迫)不计成本的工程，这种价格形式使用较少，因为限制了承包人控制成本的积极性。

可调价格合同中合同价款的调整因素包括以下几点。

(1) 法律、行政法规和国家有关政策变化影响合同价款。

(2) 工程造价管理部门公布的价格调整。

(3) 一周内非承包人原因停水、停电、停气造成停工累计超过 8 小时。

(4) 双方约定的其他因素。

上述因素只是一般情况下的造价调整原因，具体调整因素还要在合同中约定，例如，对于造价管理部门公布的价格调整，对于工期较短的工程，如果合同中已约定造价不做任何调整，那么也就无须调整。

承包人应当在工程造价调整情况发生后 14 天内，将调整原因、金额以书面形式通知工程师，工程师确认调整金额后作为追加合同价款，与工程款同期支付。工程师收到承包人通知后 14 天内不予确认也不提出修改意见的，视为已经同意该项调整。

3. 工程预付款

实行工程预付款的，双方应当在专用条款内约定发包人向承包人预付工程款的时间和数额，开工后按约定的时间和比例逐次扣回。预付时间应不迟于约定的开工日期前 7 天。发包人不按约定预付，承包人在约定预付时间 7 天后向发包人发出要求预付的通知，发包人收到通知后仍不能按要求预付，承包人可在发出通知后 7 天停止施工，发包人应从约定应付之日起向承包人支付应付款的贷款利息，并承担违约责任。

4. 工程变更及价款调整

1) 工程设计变更

施工中发包人如需对原工程设计进行变更，应提前 14 天以书面形式向承包人发出变更通知。变更超过原设计标准或批准的建设规模时，发包人应报规划管理部门和其他有关部门重新审查批准，并由原设计单位提供变更的相应图纸和说明。

承包人按照工程师发出的变更通知及有关要求，可以进行下列需要的变更。

(1) 更改工程有关部分的标高、基线、位置和尺寸。

(2) 增减合同中约定的工程量。

(3) 改变有关工程的施工时间和顺序。

(4) 其他有关工程变更需要的附加工作。

因变更导致合同价款的增减及造成的承包人损失，由发包人承担，延误的工期相应顺延。

施工中承包人不得对原工程设计进行变更。因承包人擅自变更设计发生的费用和由此导致发包人的直接损失，由承包人承担，延误的工期不予顺延。

承包人在施工中提出的合理化建议涉及对设计图纸或施工组织设计的更改及对材料、设备的换用时，须经工程师同意。未经同意擅自更改或换用者，承包人应承担由此发生的费用，并赔偿发包人的有关损失，延误的工期不予顺延。

工程师同意采用承包人合理化建议，所发生的费用和获得的收益，发包人承包人另行约定分担或分享。

2) 其他变更

其他变更是指设计变更以外的工程变更，由于变更要涉及工程数量和价格，所以要通过合适的程序加以记录、认定。合同履行中如发包人要求变更工程质量标准及发生其他实质性变更，应由双方协商解决。

3) 确定变更价款

承包人在工程变更确定后 14 天内，提出变更工程价款的报告，经工程师确认后调整合同价款。

变更合同价款可以按下列方法进行。

(1) 合同中已有适用于变更工程的价格，按合同已有的价格变更合同价款。

(2) 合同中只有类似于变更工程的价格，可以参照类似价格变更合同价款。

(3) 合同中没有适用或类似于变更工程的价格，由承包人提出适当的变更价格经工程师确认后执行。

承包人在双方确定变更后 14 天内不向工程师提出变更工程价款报告者，视为该项变更不涉及合同价款的变更。

工程师应在收到变更工程价款报告之日起 14 天内予以确认，工程师无正当理由不确认者，自变更工程价款报告送达之日起 14 天后视为变更工程价款报告已被确认。

工程师不同意承包人提出的变更价款，按通用条款关于争议的约定处理。

工程师确认增加的工程变更价款作为追加合同价款，与工程款同期支付。

因承包人自身原因导致的工程变更，承包人无权要求追加合同价款。

上述关于工程变更及工程价款变更的处理原则是一般规定，在合同具体签订时承发包双方可以根据工程具体情况确定相关条款。

从合同中关于造价的规定可以看出，工程施工合同中造价条款主要是关于造价变更的规定，因为工程造价在确定中标人时已经确定。工程造价也称为工程造价的索赔，是以合同为依据在施工过程中合理调整造价的行为，在下一章中再作详细论述。

8.4.3 不同计价模式对合同价与合同签订的影响

严格地说，工程定额计价模式在我国将逐渐成为历史，只要具备条件，都要实行工程量清单招标。以定额计价签订合同的做法也已经逐步消失。

工程定额计价(施工图预算)模式和工程量清单计价模式，区别在于合同的“条件”，主要是合同价格的调整条件与方式。

采用不同的计价模式会直接影响到合同价的形成方式，从而最终影响合同的签订和实施。目前国内使用的定额计价方法在以上方面存在诸多弊端，相比之下，工程量清单的计价方法能确定更为合理的合同价，并且便于合同的实施。

首先，工程量清单计价的合同价的形成方式使工程造价更接近工程实际价值。因为确定合同价的两个重要因素——投标报价和标底价都以实物法编制，采用的消耗量、价格、费率都是市场波动值，因此使合同价能更好地反映工程的性质和特点，更接近市场价值。其次，易于对工程造价进行动态控制。在定额计价模式下，无论合同采用固定价还是可调价格，无论工程量变化多大，无论施工工期多长，双方只要约定采用国家定额、国家造价管理部门调整的材料指导价和颁布的价格调整系数，便适用于合同内、外项目的结算。在新的计价模式下，工程量由招标人提供，报价人的竞争性报价是基于工程量清单上所列量值，招标人为避免由于对图纸理解不同而引起的问题，一般不要求报价人对工程量提出意见或作出判断。但是工程量变化会改变施工组织、改变施工现场情况，从而引起施工成本、利润率、管理费率变化，因此带来项目单价的变化。新的计价模式能实现真正意义上的工程造价动态控制。

在合同条款的约定上，双方的风险和责任意识会大大加强。在定额计价模式下，由于计价方法单一，承发包双方对有关风险和责任意识不强；工程量清单计价模式下，招投标双方对合同价的确定共同承担责任。招标人提供工程量，承担工程量变更或计算错误的责任，投标单位只对自己所报的成本、单价负责。工程量结算时，根据实际完成的工程量，按约定的办法调整。双方对工程情况的理解以不同的方式体现在合同价中，招标方以工程量清单表现，投标方体现在报价中。另外，一般工程项目造价已通过清单报价明确下来，在日后的施工过程中，施工企业为获取最大的利益，会利用工程变更和索赔手段追求额外的费用。因此，双方对合同管理的意识会大大加强，合同条款的约定会更加周密。

工程量清单计价模式赋予工程造价管理工作新的内容和新的侧重点。首先工程量清单成为报价的统一基础使获得竞争性投标报价得到有力保证，无标底合理低价中标评标方式使评选的中标价更为合理，合同条款更注重风险的合理分摊，更注重对造价的动态控制，更注重对价格调整及工程变更、索赔等方面的约定。

我国建设工程施工招标率几乎已达100%，即符合条件的工程都通过招标投标确定承包关系。而且符合条件的工程又都要采用工程量清单招标。工程量清单招标工程一般遵守“调量不调价”的原则，即工程量可以经过工程计量后调整，但综合单价一般不允许变化，除非工程量的变化超过规定比例。

8.5 设备与材料采购招投标及合同价的确定

8.5.1 设备与材料采购方式

1. 设备与材料采购方式

设备与材料采购是建设工程采购的重要内容，一个大的建设项目，设备与材料费用所占比例很大，其采购方式对工程造价的确定和投资控制具有重大影响。

设备与材料招标是设备与材料购买的主要方式，是工程招标的一种。

《招标投标法》规定，在中华人民共和国境内进行与工程建设有关的重要设备、材料等的采购，必须进行招标。重要设备、材料等货物的采购招标条件是单项合同估算价在100万元人民币以上。

设备与材料招标的主要方式有以下几种。

1）公开招标

公开招标包括国际竞争性招标、国内竞争性招标。

我国政府和世界银行商定，凡工业项目采购额在100万美元以上的，均需采用国际竞争性招标。通过国际竞争招标方式，一般可以使买主以有利的价格采购到需要的设备、材料，可引进国外先进的设备、技术和管理经验，并且可以保证所有合格的投标人都有参加投标的机会，保证采购工作公开而客观地进行。

国内竞争性招标适合于合同金额小，工程地点分散且施工时间拖得很长，劳动密集型生产或国内获得货物的价格低于国际市场价格，行政与财务上不适于采用国际竞争性招标等情况(国内竞争性招标亦要求具有充分的竞争性，程序公开，对所有的投标人一视同仁，并且根据事先公布的评选标准，授予最符合标准且标价最低的投标人)。

2）邀请招标

邀请招标即有限国际竞争性招标，设备、材料采购的邀请招标是由招标单位向具备设备、材料制造或供应能力的单位直接发出投标邀请书，并且受邀参加投标的单位不得少于3家。这种方式也称为有限国际竞争性招标，是一种不需公开刊登广告而直接邀请供应商进行国际竞争性投标的采购方法。它适用于合同金额不大，或所需特定货物的供应商数目有限，或需要尽早地交货等情况。

采用设备、材料采购邀招标一般要符合下以条件。

(1) 招标单位对全世界(或国内)范围内拟来购设备的制造商的分布情况比较清楚，并且制造厂家有限，又可以满足竞争态势的需要。

(2) 已经掌握拟采购设备的供应商或制造商及其他代理商的有关情况，对他们的履约能力、资信状况等已经了解。

(3) 建设项目工期较短，不允许拿出更多时间进行设备采购，因而采用邀请招标。

(4) 其他符合法律规定不宜进行公开采购的事项，如国防工程、保密工程、军事技术等。

3）其他方式

(1) 询价方式。设备、材料采购有时也通过询价方式选定设备、材料供应商。这种方式一般仅适用于现货采购或价值较小的标准规格产品。

(2) 直接订购。在设备、材料采购时，有时也采用非竞争性采购的直接订购方式。这种采购方式一般适用于如下情况：增购与现有采购合同类似货物而且使用的合同价格也较低廉；保证设备或零配件标准化，以便适应现有设备需要；所需设备设计比较简单或属于专卖性质的；要求从指定的供货商采购关键性货物以保证质量；在特殊情况下急需采购的某些材料、小型工具或设备。

2. 设备与材料采购招投标文件的编制

1）设备与材料采购招标文件的编制

设备与材料招标文件是一种具有法律效力的文件，它是设备与材料采购者对所需采购设备与材料的全部要求，也是投标和评标的主要依据，内容应当做到完整、准确，所提供条件应当公平、合理，符合有关规定。招标文件主要由下列部分组成。

(1) 招标书，包括招标单位名称、建设工程名称及简介、招标设备简要内容(设备主要参数、数量、要求交货期等)、投标截止日期和地点、开标日期和地点。

(2) 投标须知，包括对招标文件的说明及对投标者和投标文件的基本要求，评标、定标的基本原则等内容。

(3) 招标设备与材料清单和技术要求及图纸。

(4) 主要合同条款应当依据合同法的规定，包括价格及付款方式、交货条件、质量验收标准以及违约罚款等内容，条款要详细、严谨，防止事后发生纠纷。

(5) 投标书格式、投标设备与材料数量及价目表格式。

(6) 其他需要说明的事项。

2）设备与材料采购投标文件的编制

根据《建设工程设备招标投标管理试行办法》规定，投标需要编制投标文件。投标文件是评标的主要依据之一，应当符合招标文件的要求。投标文件的基本内容包括以下几点。

(1) 投标书。

(2) 投标设备与材料数量及价目表。

(3) 偏差说明书，即对招标文件某些要求有不同意见的说明。

(4) 证明投标单位资格的有关文件。

(5) 投标企业法人代表授权书。

(6) 投标保证金(根据需要确定)。

(7) 招标文件要求的其他需要说明的事项。

8.5.2 设备与材料采购评标

1. 设备与材料采购评标的原则及要求

根据有关规定，设备、材料采购评标、定标应遵循下列原则及要求。

(1) 招标单位应当组织评标委员会(或评标小组)负责评标定标工作。评标委员会应当由专家、设备需求方、招标单位以及有关部门的代表组成，与投标单位有直接经济关系(财务隶属关系或股份关系)的单位人员不得参加评标委员会。

(2) 评标前，应当制定评标程序、方法、标准以及评标纪律。评标应当依据招标文件的规定以及投标文件所提供的内容评议并确定中标单位。在评标过程中，应当平等、公正地对待所有投标者，招标单位不得任意修改招标文件的内容或提出其他附加条件作为中标条件，不得以最低报价作为中标的唯一标准。

(3) 招标设备标底应当由招标单位会同设备需求方及有关单位共同协商确定。设备标底价格应当以招标当年现行价格为基础，生产周期长的设备应考虑价格变化因素。评标时不仅要看其报价的高低，还要考虑货物运抵现场过程中可能支付的所有费用，以及设备在评审预定的寿命期内可能投入的运营、维修和管理的费用等。

(4) 设备招标的评标工作一般不超过 10 天，大型项目设备招标的评标工作最多不超过 30 天。

(5) 评标过程中，如果有必要可请投标单位对其投标内容作澄清解释。澄清时不得对投标内容作实质性修改。澄清解释的内容必要时可做书面纪要，经投标单位授权代表签字后，作为投标文件的组成部分。

(6) 评标过程中有关评标情况不得向投标人或与招标工作无关的人员透露。凡招标申请公证的，评标过程应当在公证部门的监督下进行。

(7) 评标定标以后，招标单位应当尽快向中标单位发出中标通知，同时通知其他未中标单位。

2. 设备与材料采购评标的主要方法

设备、材料采购评标中可采用综合评标价法、全寿命费用评标价法、最低投标价法或百分评定法。

1) 综合评标价法

综合评标价法是指以设备投标价为基础，将评定各要素按预定的方法换算成相应的价格，在原投标价上增加或扣减该值而形成评标价格。评标价格最低的投标书为最优。采购机组、车辆等大型设备时，较多采用这种方法。

2）全寿命费用评标价法

采购生产线、成套设备、车辆等运行期内各种后续费用(备件、油料及燃料、维修等)较高的货物时，可采用以设备全寿命费用为基础评标价法。评标时应首先确定一个统一的设备评审寿命期，然后再根据各投标书的实际情况，在投标价上加上该年限运行期内所发生的各项费用，再减去寿命末期设备的残值。计算各项费用和残值时，都应按招标文件中规定的贴现率折算成净现值。

3）最低投标价法

采购技术规格简单的初级商品、原材料、半成品以及其他技术规格简单的货物，由于其性能质量相同或容易比较其质量级别，可把价格作为唯一尺度，将合同授予报价最低的投标者。

4）百分评定法

这一方法是按照预先确定的评分标准，分别对各设备投标书的报价和各种服务进行评审打分，得分最高者中标。

8.5.3 设备与材料合同价款的确定

国内设备与材料采购招投标中的中标单位在接到中标通知后，应当在规定时间内由招标单位组织与设备需求方签订经济合同，进一步确定合同价款。一般来说，国内设备与材料采购合同价款就是评标后的中标价，但需要在合同签订中让双方确认。

设备与材料的国际采购合同中，合同价款的确定应与中标价相一致，其具体价格条款应包括单价、总价及与价格有关的运输、保险费、仓储费、装卸费、各种捐税、手续费、风险责任的转移等内容。由于设备与材料价格的构成不同，价格条件也各有不同。设备与材料国际采购合同中常用的价格条件有离岸价格(FOB)、到岸价格(CIP)、成本加运费价格(CFR)。不同的价格在“工程造价构成”的内容中已讲述。这些内容需要在合同签订过程中认真磋商，最终确定。

材料采购合同条款相对于施工合同内容较为简单，这里不详细叙述。

8.6 国际招投标惯例与 FIDIC 合同条件

国际工程是一个工程项目各个阶段的参与者来自不止一个国家因而要按照国际通用项目管理模式进行管理的工程。国际工程包括工程咨询和工程承包两大类，我国参与的国际工程主要是工程承包，招标投标和合同管理也主要指工程承包的招标和合同。

8.6.1 国际招投标惯例

1. 国际工程招投标

在国际工程承包中，通过招标投标选择承包商是最重要的发包方式。因此，为了规范国际工程招标投标，许多国际机构都制定了招标投标程序，如世界银行、亚洲开发银行、国际咨询工程师联合会(FIDIC)等。在这些程序中，世界银行的招标投标程序是最为完善和最有影响的，适用的范围也最大。

世界银行是国际复兴开发银行(International Bank for Reconstruction and Development，IBRD)的俗称，它是一个国际组织，其一开始的使命是帮助在第二次世界大战中被破坏的国家重建。今天它的任务是资助国家克服穷困，其资金来自成员国交纳的基金和世界银行债券。在1944年7月1日到7月22日的布雷顿森林会议上，参加国决定建立世界银行，1945年12月27日，在参加国签署其条约后世界银行正式成立。

世界银行的主要帮助对象是发展中国家，帮助它们建设教育、农业和工业设施。它向成员国提供优惠贷款，同时世界银行向受贷国提出一定的要求，比如减少贪污或建立民主等。世界银行集团共包括5个成员组织：国际复兴开发银行、国际开发协会、国际金融公司、解决投资争端中心和多边投资担保机构。我国是世界银行的创始成员国之一。1980年以来，我国一直与世界银行在经济调研、项目贷款、技术援助等3个领域进行着富有成效的合作。

世界银行的贷款特点如下。

(1) 贷款一般须与特定的工程项目相联系。

(2) 贷款期限较长。

(3) 贷款利率参照资本市场利率，但一般低于市场利率。

世界银行项目贷款周期包括：选定、准备、评估、谈判、执行、总结评价6个环节。

2. 国际工程招标方式

国际工程招标方式主要有国际竞争性招标(ICB)、有限国际招标(LIB)、国内竞争性招标(LCB)、国际及国内询价采购、直接采购和自营工程等方式。

1) 国际竞争性招标

国际竞争性招标(ICB)是指邀请世界银行成员国的承包商参加投标，从而确定最低评标价的投标人为中标人，并与之签订合同的整个程序和过程。在实践中，国际竞争性招标采购的金额占贷款采购总金额的80%左右，在我国的世界银行贷款项目中，国际竞争性招标采购的金额也占贷款采购总金额的70%以上。因此，国际竞争性招标是世界银行贷款项目采购程序的主要程序。

2) 有限国际招标

有限国际招标是采用不公开刊登招标广告而直接邀请供应商或承包商进行投标的一种采购方式。这种采购方式主要用于以下情况：采购金额较小；能够提供货物或服务的供应商数目有限；有其他特殊理由证明不能完全按照国际竞争性招标方式进行采购。

3) 国内竞争性招标

国内竞争性招标是指在借款国范围内进行的招标采购，招标通告只在国内主要报纸刊登，招标文件一般也只采用本国文字书写。但是，如果外国公司有兴趣投标，也应允许其参加投标。这种采购方式主要用于不可能吸引外国竞争的采购活动。

4) 国际和国内询价采购

询价采购是以对外国或国内几家(通常至少3家)供应商的报价进行比较为根据的一种采购方式。这种采购方式主要用于采购现货或价值较小的标准规格设备，或者用于小型、简单的土建工程。

5）直接采购

直接采购是指不通过招标或者货比三家等方式，而是由项目单位直接和供货单位进行谈判而签订的合同。

6）自营工程

自营工程是指土建工程项目中采用的一种采购方式，它是由借款人直接将工程发包给国内的施工企业。

3. 国际竞争性招标的一般步骤

（1）发布总采购公告；

（2）资格预审和定审；

（3）准备招标文件；

（4）发布投标邀请书；

（5）开标；

（6）评标；

（7）授予合同或拒绝所有投标；

（8）合同谈判、签订合同；

（9）有关采购不当的处理。

国际工程招标程序和国内工程招标类似，可以参照国内工程步骤。

8.6.2 FIDIC 施工合同条件简介

FIDIC 是国际咨询工程师联合会的法文缩写。该组织是英国、法国和比利时 3 个欧洲境内咨询工程师协会于 1913 年创立的。组建联合会的目的是共同促进成员协会的职业利益，向其他成员协会传播有益信息。1949 年后，美国、澳大利亚、加拿大等国相继加入，现有 60 多个成员国。下设欧共体分会、北欧成员分会、亚太地区分会和非洲成员分会。总部设在瑞士的洛桑。1996 年，中国工程咨询协会代表中国正式加入 FIDIC 组织。

1. FIDIC 合同条件主要特点

（1）国际性、通用性、权威性。

（2）公正合理，职责分明。

（3）程序严谨，易于操作。

（4）通用条件和专业条件有机结合。

1999 年最新出版的合同文本，包括以下 4 份新的合同文本。

① 施工合同条件(Conditions of Contract for Construction)。

② 永久设备和设计—建造合同条件(Conditions of Contract for plant and Design - Build)。

③ EPC/交钥匙项目合同条件(Conditions of Contract for EPC/Turnkey projects)。

④ 合同的简明格式(Short Form of Contract)。

在 FIDIC 编制的合同条件中，影响最大、应用最广的是施工合同条件。

2. FIDIC 施工合同条件的构成

FIDIC 合同条件由通用合同条件和专用合同条件两部分构成，且附有合同协议书、投标函和争端仲裁协议书。

FIDIC 通用合同条件可以大致划分为涉及权利义务的条款、涉及费用管理的条款、涉及工程进度控制的条款、涉及质量控制的条款和涉及法规性的条款等五大部分，共二十方面的问题，即一般规定，业主，工程师，承包商，指定分包商，职员和劳工，工程设备、材料和工艺，开工、误期和暂停竣工检验，业主的接收，缺陷责任，测量和估价，变更和调整，合同价格和支付，业主提出终止，承包商提出暂停和终止，风险和责任，保险，不可抗力，索赔、争端和仲裁。

3. 应用 FIDIC 施工合同条件的程序

(1) 确定工程项目，设法筹措到足够的资金。

(2) 选择工程师，签订监理委托合同。

(3) 委托勘查设计、监理单位对工程项目进行勘查设计。

(4) 通过竞争性招标，确定承包商。

(5) 签订承包合同。

(6) 承包商办理合同要求的履约担保、动员预付款、保险等事项。

(7) 业主支付动员预付款。

(8) 承包商提交施工组织设计、施工技术方案、施工进度计划和现金流量表估算。

(9) 由工程师下令开工，业主同时移交工地占有权。

(10) 承包商根据合同要求进行施工，工程师进行日常监理工作。

(11) 根据承包商的申请，工程师进行竣工验收。如果工程合格，则由工程师签发移交证书，业主归还部分保留金。

(12) 承包商提交竣工报表，工程师签发支付证书。

(13) 在缺陷责任期，承包商应完成剩余工作并进行修补。

(14) 缺陷责任期满，经工程师检验后，由工程师签发解除缺陷责任书，业主应归还履约保证金及剩余保留金。

(15) 承包商提出最终报表，工程师签发最终支付证书，业主与承包商结清余款。

4. FIDIC 施工合同条件内容

《土木工程施工合同条件》是 FIDIC 最早编制的合同文本，建设部颁发的《建设工程施工合同文本》采用了很多《FIDIC 施工合同条件》中的条款。

FIDIC《土木工程施工合同条件》共 20 条，主要内容包括三部分：通用条件；专用条件编制指南；投标书、合同协议和争端评审协议格式。

(1) 第一部分：通用条件。

通用条件包括了每个土木工程施工合同应有的条款，全面地规定了合同双方的权利和义务、风险和责任，确定了合同管理的内容及做法。这部分可以不经任何改动附入招标文件。

(2) 第二部分：专用条件编制指南。

专用条件的作用是对第一部分通用条件进行修改和补充，它的编号与其所修改或补充的通用条件的各条相对应。通用条件和专用条件是一个整体，相互补充和说明，形成描述合同双方权利和义务的合同条件。对每一个项目，都有必要准备专用条件。必须把相同编号的通用条件和专用条件一起阅读，才能全面正确地理解该条款的内容和用意。如果通用条件和专用条件有矛盾，则专用条件优先于通用条件。

(3) 第三部分：投标书、合同协议和争端评审协议格式。

FIDIC 合同条款的适用条件，主要有下列几点。

(1) 必须要由独立的工程师来进行施工监督管理。从某种意义来讲，也可以说 FIDIC 条款是专门为工程师进行施工管理而编写的。换言之，工程项目必须实行建设监理制。

(2) 业主应采用竞争性招标方式选择承包商，可以采用公开招标(无限制招标)或邀请招标(有限制招标)。

(3) 适用于单价合同。FIDIC 合同的最大特点是单价合同，它强调“量价分离”，即工程数量与单价分开，投标时承包商报的不是总价，而是单价，单价乘以工程师认可的工程数量后才汇总出工程的总标价。FIDIC 合同在《投标者须知》中都会明文规定，合同单价的地位高于一切。如果标书中单价与总价发生矛盾，应以单价为准。对于没有填报单价或价格的工程内容的情况，业主在合同实施过程中将不予支付，并认为该项工程内容的单价或价格已包含在其他工程内容的单价或价格中。因此必须注意，填上的单价就是支付的法律依据。

(4) 要求有较完整的设计文件(包括规范、图纸、工程量清单等)。

8.6.3 FIDIC 合同条件与我国《示范文本》对比

FIDIC 合同条件即为国际通用的合同条件，而且有了多年的历史，又经几次修改，已经趋于完善，有较强的适用性。我国《示范文本》制定较晚，但基本是以 FIDIC 合同条件为依据，应该说二者没有本质的区别。FIDIC 合同条件共有 20 个方面的问题，我国示范文本是 11 个方面的问题，比 FIDIC 合同条件规范的问题数量、详细程度都少。而且我国示范文本最新版本为 1999 年，当时我国还没有实行工程量清单计价方法，所以当时的规定现在看来还有需要完善之处。总的来看，两者还有一些不同。

(1) 在一些时限的规定上，我国的时间相对较短，如变更的确认、批复、索赔的申报、回复等，FIDIC 一般是 14 天的倍数，我国一般是 7 天的倍数，这没有实质的区别，但在应用时要加以注意。

(2) 关于工程规范的采用，FIDIC 合同条件规定的“工程规范”为监理工程师组织编写的对本项目的技术、质量、工艺的有关要求；其规程和规定具有很强的针对性。而《示范文本》中“工程规范”主要指有关国家规范、行业规范和地方规范的总称。所有这些规范是在对我国现行的结构计算体系、材料和施工工艺充分考虑的基础上并经过长期研究、实验后制定的，因此更适合于我国工程实际。但由于规范具有相对滞后性，对一些新产生的材料、施工工艺往往未涉及。因此可参考 FIDIC 合同条件关于“工程规范”的制定办法在具体合同中制订本工程的专门“规范”，使其具有更强的针对性。

(3) 我国《示范文本》由于是 1999 年版本，当时还没有实施工程量清单计价，一些规定与工程量清单计价的要求还有差距，关于工程造价的调整原因，还有造价部门公布的价格调整，这些规定实际上也应该由合同约定。

(4) FIDIC合同条件中有专门一章关于职员和劳工的规定，包括职员和劳工的雇用、工资标准和劳动条件、劳动法、工作时间、为职员和劳工提供的设施、健康和安全等，这体现了国际工程承包中对劳动者权益的关注，我国《示范文本》中基本没有这方面的规定。当然可以认为关于工人权益的保障已在其他相关法律中体现，但这反映了制定文本时一些价值观的差异。

(5) 关于工程师的权力，FIDIC合同中工程师的权力相对较大，处处体现工程师的地位与作用。工程师、业主和承包商之间是平等的，其中监理工程师是承包商、业主之间的中介。业主、承包商的权利和义务的实现与监理工程师紧密相关，并且始终受监理工程师监督和审核。监理工程师掌握控制投资、进度和质量的权力，其中对进度和质量的控制是以对资金的控制为基础的。即在承包商的施工过程中，已完工程部分质量未达到其规范要求时，则相应的工程不予计量，且该部分工程款不予支付。而在进度与承包商提供的施工进度计划不符时，监理工程师可根据实际情况下达赶工令或修改施工进度计划。如此造成的承包商违约(对其他承包商使用场地的影响，竣工日期影响)引起的损失应由承包商承担。FIDIC合同条件在投资、进度、质量方面赋予监理工程师的权力使得三大控制真正得以实现。

我国《示范文本》对监理工程师有关的权限及其如何实现没有明确规定。在实际中，业主由于不了解三大控制之间的紧密联系，往往不愿将控制投资的权力赋予监理工程师。这使得监理工程师因不能控制资金而使对质量、进度的控制削弱了很多。最终，使监理工程师成为“顾问”。

(6) 关于索赔，国际工程承包商在投标阶段将工程中可能引起索赔的各种原因考虑在其报价中，从而使投标价很低(相对于我国工程招标中的报价)。但在合同签订后工程实施中，利用各种非已方违约责任或业主风险向业主索赔，而双方索赔的依据便是合同文件。因此，FIDIC合同条件严格并详细地规定了索赔的条件和程序。首先，当承包商认为某事件的发生足以构成引起索赔的条件时，在第一次发生的28天内递交“索赔意向”。其次，监理工程师根据事件发生的具体情况要求承包商提供相应书面材料。若造成影响已结束，监督工程师根据所授权限或与承包商协商处理方案，或组织业主与承包商协商，若影响尚未结束，则要求承包商每隔一定天数递交事件情况的书面报告并在影响结束后递交最终详细报告，同时监督工程师保持同期纪录。监督工程师可与承包商协商处理方案；当为赶工期时，监理工程师有权决定暂定一个处理结果，最终结果可在竣工后一并处理。以上所有材料和处理结果均须报送业主批准。在施工中，监理工程师的责任是尽力减少索赔的发生，但索赔一经发生应及时按规定程序处理。

在我国，由于长期以来形成的业主与承包商事实上的不平等，使承包商在发生非已责任引起的损失时，很少采取索赔而采用其他方式解决，我国的《示范文本》虽对索赔已有了明确规定，但尚缺乏强化、细化，以使其具有更强的可操作性。如何在业主与承包商双方建立索赔意识以及索赔机制，使施工中的问题从合同中找到解决方法，是当前合同管理中亟待解决的问题。目前必须使业主、承包商和监理工程师从思想上抛弃传统守旧的观念，以正确的态度对待工程中的索赔事件，并且各自主动运用合同赋予的这项权力保护自己的利益不受或少受损失。同时，在相应合同、法律、法规中应明确而详细地规定有关索赔事宜，并且有关部门应根据我国目前工程中的实际情况进行及时修订，以达到循序渐进的目的，对工程施工具有更大的指导意义。总之，工程中索赔机制的建立有利于双方对合同的共同遵守，并且符合业主与承包商各自的利益。

工程案例

某工程项目招标投标报价策略

【背景资料】

某工程项目首期工程总工期30个月，项目建设方已委托招标代理机构初步确定了标底价。现拟就该工程项目进行公开招标，标书中规定预先支付给承包商工程预付款8%，工程量价款按季支付。

甲承包商对招标文件进行分析及仔细估算之后，认为工程价款按季支付不利于承包方资金周转，决定首先按照业主标书提出正式报价，另建议将工程预付款条件改为工程合同价款的5%支付，工程量价款按月支付，总报价降低2%，其余条件不变。

乙承包商在分析标书后，确认自身缺乏竞争优势，决定按照成本价投标，考虑先以低标获得首期工程，从而赢得机会创造第二期工程中的竞争优势，并在以后的实施中赚得利润。

丙承包商根据标书预算投标报价数据汇总见表8-1。

表8-1 预算投标报价数据汇总表

分项工程名称	桩基、围护工程	主体工程	装饰工程
各分项工程施工延续时间/月	6	18	6
各分项工程标价/万元	1 600	4 200	6 000

在正式投标时，投标单位调整了预算投标报价，桩基、围护工程报价提高了3%，主体工程报价提高了2%，装饰工程报价降低了5%。若贷款年利息7.7%，每季度计息一次，施工队每月获得的工程进度款拨付额为各分项工程总额与工期的平均数。

【问题】

(1) 简述建设方招标程序包含的内容。

(2) 简述各工程项目投标商在投标过程中各采用了哪几种投标策略。

(3) 丙承包商在采用上述投标策略的情况下，调整后该承包商的投标报价现值增值多少？

已知：$(P/A, 8\%, 2)=1.783$；$(P/A, 8\%, 6)=4.623$；$(P/F, 8\%, 2)=0.857$；$(P/A, 8\%, 8)=5.747$；$(P/F, 8\%, 8)=0.540$。

【参考答案】

问题(1)：

建设工程设计施工招标程序如下。

1. 招标活动的准备工作

1) 确定招标方式

2) 公开招标或邀请招标

3）标段的划分

2. 招标公告和投标邀请书的编制和发布

3. 资格预审

1）发布资格预审通告

2）发出资格预审文件

3）对潜在投标人资格的审查和评定

4）发出预审合格通知书

4. 编制和发售招标文件

1）编制招标文件

2）发售和修改招标文件

5. 勘察现场与召开投标预备会

6. 建设项目投标

1）投标准备

2）投标文件的编制与递交

7. 开标、评标、定标

问题(2)：

上述各工程项目中投标商在投标过程中都运用了投标策略。甲承包商采用了增加建议法投标，乙承包商采用了无利润算标方法投标，丙承包商采用了不平衡报价法投标。

问题(3)：

实际利率：$(1+7.7\%/4)^4-1=0.08=8\%$

原始报价折现值：

$1\,600(P/A,8\%,2)+4\,200(P/A,8\%,6)(P/F,8\%,2)$

$+6\,000(P/A,8\%,2)(P/F,8\%,8)$

$=1\,600\times1.783+4\,200\times4.623\times0.857+6\,000\times1.783\times0.540$

$=2\,852.8+16\,640.02+5\,776.92=25\,269.74$(万元)

当前报价折现值：

$1\,600(1+3\%)(P/A,8\%,2)+4\,200(1+2\%)(P/A,8\%,6)(P/F,8\%,2)$

$+6\,000(1-5\%)(P/A,8\%,2)(P/F,8\%,8)$

$=1\,600\times(1+3\%)\times1.783+4\,200(1+2\%)\times4.623\times0.857+6\,000$

$\times(1-5\%)\times1.783\times0.540$

$=2\,938.39+16\,972.85+5\,488.07=25\,399.31$(万元)

增值：$25\,399.31-25\,269.74=129.57$(万元)

所以丙承包商在采用上述投标策略的情况下，调整后的投标报价值增值为129.57万元。

本章小结

招标投标实质上是一种市场竞争行为，是确定工程发包人与承包商关系，形成工程造价的过程，合同签订是确定工程造价的环节。招标投标的程序、评标方法、合同的主要条款要按照现行的法律、法规、规章制度执行。建设工程招投标是以工程设计或施工，或以工程所需的物资、设备、建筑材料等为对象进行的交易活动。FIDIC 施工合同条件作为国际惯例，也应该越来越受到重视和借鉴。

思考题与习题

思考题

8－1　简述工程施工招标的程序。

8－2　详述标底的组成和标底计算应考虑的因素。

8－3　试分析两种评标方法的作用与局限。

8－4　简述确定投标报价应考虑的主要因素。

8－5　投标文件中的细微偏差和重大偏差包括哪些？

单项选择题

8－6　建设工程招标投标是一种经济活动，也是一种法律行动，我国法学界一般认为(　　)。

A. 招标是要约，投标是承诺

B. 招标是邀请，投标是响应，中标通知书是承诺

C. 招标是要约邀请，投标是要约，中标通知书是承诺

D. 招标是要约邀请，投标是承诺，中标通知书是对投标承诺的承诺

8－7　对成本加酬金合同的阐述，正确的是(　　)。

A. 这种合同业主和承包商分担了项目风险

B. 在此合同下，承包商的报酬往往较低

C. 这类合同下，业主容易对工程造价进行控制

D. 这类合同适用于项目风险很小的项目

8－8　招标文件应明确投标准备时间，该时间是指(　　)。

A. 从发布招标公告或者发出邀请开始至投标截止时间的期限

B. 从发放招标文件之日起至发出中标通知书为止的时间期限

C. 从开始发放招标文件之日起至投标截止时间的期限

D. 招标文件载明的投标有效期的时间期限

8－9　对于工程范围不很明确，条款不清楚或很不公正，或技术规范要求过于苛刻的招标文件，投标者采用的投标策略是(　　)。

A. 根据招标项目的不同特点采用不同报价

B. 可供选择项目的报价

C. 多方案报价

D. 增加建议方案

8－10　不论采用何种投标报价体系，一般投标报价的程序是(　　)：①确定风险费；②确定投标价格；③复核或计算工程量；④确定单价，计算合价；⑤确定分包工程费；⑥确定利润。

A. ③→④→⑤→⑥→①→②

B. ⑥→①→③→④→⑤→②

C. ①→⑤→⑥→③→④→②

D. ⑤→①→③→④→⑥→②

多项选择题

8－11 《招标投标法》规定，凡在我国境内进行的下列工程建设项目，必须进行招标的是(　　)。

A. 大型基础设施、公用事业等关系社会公共利益、公共安全的项目

B. 技术复杂、专业性强或其他特殊要求的项目

C. 使用国有资金投资或国家融资的项目

D. 使用国际组织或者外国政府贷款、援助资金的项目

E. 采用特定专利或专有技术的项目

8－12 评标工作中的技术性评审包括(　　)。

A. 可行性评审　　B. 投标报价校核

C. 施工方案评审　　D. 关键工序评审

E. 报价构成的合理性

8－13 根据《招标投标法》和建设部有关规定，施工招标文件编制中应遵循的规定包括(　　)。

A. 工期在12月以内的工程，必须采用固定价格合同

B. 结构复杂且工期在12月以上的工程，应采用调整价格

C. 要求的工期比工期定额缩短20%以上(含20%)的，应计算赶工措施费

D. 招标文件中应明确投标准备时间，最短不得少于30天

E. 招标文件中应明确投标保证金的数额及支付方式

8－14 下面有关标底的编制，说法正确的有(　　)。

A. 我国目前建设工程施工招标标底，主要采用定额计价来编制

B. 采用定额计价法编制出来的标底不含利润和税金

C. 编制工程量清单单位可以和编制招标标底的单位不一样

D. 编制标底时应考虑目标工期的要求

E. 编制标底时应将材料价差列入标底

8－15 《建设工程施工合同示范文本》中，有关工程保险，说法正确的有(　　)。

A. 开工前发包人应当为建设工程和施工场地内发包人人员及第三方人员生命财产办理保险，不可以委托承包人办理

B. 承包人必须为从事危险作业的职工办理意外伤害保险

C. 运至施工场地内用于工程的待安装设备，应当由承包人保管时则由承包人办理保险，并支付保险费用

D. 在订立保险合同前，保险人和投保人均应履行告知义务

E. 保险人如发现不安全因素，应及时向投保人提出建议

案例计算题

8－16 某承包商对某办公楼建筑工程进行投标，为了既不影响中标，又能在中标后取得较好的效益，决定采用不平衡报价法对原估价做出适当的调整，具体数字见表8－2。

表 8 - 2　不平衡报价表

	桩基、围护工程	主体结构工程	装饰工程	总价
调整前(投标估价)	2 680	8 100	7 600	18 380
调整后(正式报价)	2 600	8 900	6 880	18 380

已确定桩基、围护工程、主体结构工程、装饰工程的工期分别为 5 个月、12 个月、8 个月，贷款年利率 12%，并假设各分部工程每月完成的工作量相同，且能按月及时收到工程款(不考虑工程款结算所需要的时间)。

问题：

(1) 该承包商所运用的不平衡报价法是否恰当？为什么？

(2) 采用不平衡报价后，该承包商所得工程款的现值会比原估价增加多少(以开工日期为折算点)？

第9章 工程施工阶段的造价管理

教学目标

(1) 掌握工程变更种类、工程变更价款处理原则、方法。

(2) 掌握工程索赔种类、处理原则、程序、计算方法。

(3) 掌握工程款支付程序、计算方法。

(4) 了解工程担保制度。

教学要求

知识要点	能力要求	相关知识
工程变更	(1) 了解工程变更种类、处理原则 (2) 掌握工程变更价款计算方法	(1) 工程变更的种类 (2) 合同文本中关于工程变更价款计算的规定
工程索赔	(1) 掌握工程索赔的概念、种类 (2) 掌握工程索赔程序 (3) 掌握工程索赔计算方法	(1) 工程索赔的概念、种类、处理原则 (2) 工程索赔时限、索赔文件内容 (3) 工期索赔、费用索赔计算方法
工程价款结算	掌握工程价款结算方式、内容、程序	(1) 工程预付款支付时间、额度、起扣点、扣回方法 (2) 工程进度款支付方法 (3) 工程保修金额度、管理
工程担保	了解工程担保制度	工程担保的意义及形式

基本概念

工程变更，变更价款，工程索赔，工期索赔，费用索赔，工程预付款，价款结算，保修金，工程担保。

引例

某综合楼工程项目合同价为1 750万元，该工程签订的合同为可调值合同。合同报价日期为2009年3月，合同工期为12个月，每季度结算一次。工程开工日期为2009年4月1日。施工单位2009年第四季度完成产值是710万元。工程人工费、材料费构成比例以及相关季度造价指数见下表。

各项费用及造价指数

项目	人工费	材料费						不可调值费用
		钢材	水泥	集料	砖	砂	木材	
比例/%	28	18	13	7	9	4	6	15
2006年第一季度造价指数	100	100.8	102.0	93.6	100.2	95.4	93.4	
2006年第四季度造价指数	116.8	100.6	110.5	95.6	98.9	93.7	95.5	

在施工过程中，发生如下几项事件。

事件1：2009年4月，在基础开挖过程中，个别部位实际土质与给定地质资料不符造成施工费用增加2.5万元，相应工序持续时间增加4天。

事件2：2009年5月，施工单位为了保证施工质量，扩大基础底面，开挖量增加导致费用增加3万元，相应工序持续时间增加3天。

事件3：2009年7月，在主体砌筑工程中，因施工图设计有误，实际工程量增加导致费用增加3.8万元，相应工序持续时间增加2天。

事件4：2009年8月，进入雨季施工，恰逢50年一遇的大雨，造成停工损失2.5万元，工期增加4天。

以上事件中，除第4项事件外，其余工序均未发生在关键线路上，并对总工期无影响。针对上述事件，施工单位提出如下索赔要求：①增加合同工期13天；②增加费用11.8万元。

根据这些资料，施工单位对施工过程中发生的上述事件可否提出索赔？为什么？如果在工程保修期间发生了由施工单位原因引起的屋顶漏水，墙面剥落等问题，业主在多次催促施工单位修理而施工单位一再拖延的情况下，另请其他施工单位维修，所发生的维修费用该如何处理？

9.1 概　述

工程施工是建设项目实施的重要阶段，是真正将项目由设想变成实体的过程。在这一阶段，工程造价已经确定(通过工程承包合同的签订)，工程造价计价及管理工作主要是工程造价变更的审查和控制。从工程造价总体构成上看，这一阶段的作用明显要小于设计和决策阶段。但对于施工企业而言，这一阶段又是至关重要的，因为施工过程中将造价控制在合同以内并取得合理索赔是获得预期利润的条件。此外，工程款结算的申请、支付、审查也涉及工程双方的利益，应加以关注和重视。

施工阶段工程造价的管理与控制，不论发包方还是承包方，其依据都是工程施工合同，将工程费用支出控制在合同价格内是双方共同追求的目标，发包方是减少投资，承包方是控制成本以增加利润。我国目前的工程造价管理的重点也在施工阶段。

9.1.1 建设工程项目施工与工程造价的关系

施工阶段是建设项目价值和使用价值的实施过程，是承包单位按照合同约定进行项目建设、发包单位支付工程款的过程。在这一阶段，工程造价已经确定，但施工过程中还面临着较多的不确定性，自然、社会、人为的各种因素可能还会对工程造价产生一定影响，导致造价的变更或变化。同时，工程款的支付方法对工程造价也有一定影响。

《合同法》对建设工程合同的定义是“承包人进行工程建设，发包人支付价款的合同”，那么工程施工合同的实现过程就是承包人进行施工，发包人支付工程价款的过程。随着施工的进行，工程项目的使用价值逐步实现，承包商的工程款得到支付，工程造价也有一个从预期到实现的过程，施工使造价具体化、精确化。

9.1.2 建设工程项目施工阶段影响工程造价的因素

建设工程项目施工阶段影响工程造价的因素主要有以下几个方面。

1. 价格因素

工程造价是建筑工程价格的反映，它本身又是由诸多生产要素的价格组成的，即人工的价格、材料的价格、施工机械的价格，这些生产要素价格又要受到市场波动的影响并反映到工程造价上来。如果工程施工过程中发生了这些价格的变化，就要在合同的约定中对工程造价进行合理的调整。

2. 业主因素

多数工程在施工图确定后不再变动，承包人按图施工即可。但也有的工程在施工过程中功能、结构有一定改变，工程也可能有增减，这都会影响到工程造价。

3. 自然因素

自然因素包括气候变化(风、雨、雪、冻等)、地质结构的变化、自然灾害如台风、地震、洪水等，当这些情况发生时，有时会使施工中断。

4. 社会因素

一些政治、暴力事件、动乱等会给工程建设造成损失，尤其是在国内局势动荡的国家，这些因素要在合同中充分考虑并体现。

5. 施工因素

施工是项目的实施过程，是承包商按合同约定完成工程的过程，在投标时确定的施工方案不一定是最优方案，在不影响工程质量的前提下，对施工方案可以进一步优化，以合理地降低成本。

9.1.3 施工阶段工程造价管理的工作内容

应该说施工阶段工程造价管理的任务仍是比较多的，这一阶段节省费用的可能性已经较小，但浪费投资的可能性很大，所以这一阶段不论对发包人还是承包人，工程造价管理的重点在于费用的控制。对于承包人，主要是成本的控制，对于发包人，主要是工程变更的控制和索赔的审查。

工程施工阶段费用的控制首先要根据合同条款控制工程款的支付，还要对工程变更、索赔、资金使用和筹措等进行控制和优化。工程施工过程中，会由于各种原因导致工程费用的增加、工期的拖延，这可能有承包人的原因、发包人的原因，也有自然的或社会的因素，需要分清责任，按照合同中约定的风险分担方法，及时办理相关的变更申请和批复，合理处理变更。

简单地说，这一阶段的工程造价管理的主要内容就是工程承包人的成本控制、工程索赔与发包人的反索赔。

9.1.4 施工阶段工程造价管理的措施

承包人控制成本的重点应该是事前控制，即通过详细的计划、适当的措施、及时的检查来防止成本的偏差。如果偏差已经发生，则应将纠正偏差的重点放在今后的施工过程中。成本控制(纠偏)的措施包括组织措施、技术措施、经济措施、合同措施。

1. 组织措施

组织措施是从费用控制的组织管理方面采取的措施，这是容易被忽视(看起来没有科学性、没有定量关系)但实际上很重要的措施，即将成本控制落实到相关的责任人，建立健全成本管理的机构，明确各级管理人员的责任、权利、职责分工、工作任务，从人的角度保证投资计划的正常实施。而且，工程造价管理、成本控制的任何一个环节都要由组织和人员来具体实施，所以组织措施即是一种控制手段，也是其他措施得以实施的保证。

2. 技术措施

技术措施是从技术的角度进行成本的控制，一方面是采用先进的技术方法和手段组织施工，提高工作效率，降低成本，另一方面是在发生了偏差后采用一定的技术方法加以纠正。技术措施的重点在于提出多个不同的技术方案，对各方案进行技术经济分析，选择相对最优的方案。

3. 经济措施

经济措施即从经济角度分析与管理成本，如包括财务会计角度的资金检查、控制和造价管理角度的工程计量、工程款支付审核、资金使用计划的编制、检查等。经济措施是容易被接受的措施，也是成本控制的主要措施。

4. 合同措施

合同措施主要是指以合同为基础的索赔与反索赔管理。施工过程中发生引起索赔的事件是常见的，难以避免。对承包人，要注意索赔机会，尽量在不影响双方关系的条件下，合理争取索赔，增加盈利。对于发包方，则要预测、减少索赔，即尽量使索赔少发生，减少对方的索赔机会。索赔与反索赔是工程施工阶段工程造价管理的重要内容。

9.2 工程计量

工程计量在我国目前的造价管理中可以认为有两个含义：一是工程量的计算，即与“工程计价”相对应的“工程计量”，这是计算工程造价的基础和必要步骤；二是在施工过程中发包人对承包人已完工程量的确认，即在规定时间内对承包人完成施工的部分进行实际测量确认后，作为工程款支付的依据。这里所讲的工程计量就是第二种含义。

9.2.1 工程计量的重要性

工程计量是工程价款支付的基础，而工程价款支付又是工程承包合同履行的重要内容。根据合同法定义，建设工程合同是承包方进行工程建设(包括勘察、设计、施工)，发包方支付工程款的合同。从合同履行的要求看，一方建设，另一方付款才是合同的实际履行。正常情况下，工程款由三部分构成，即工程预付款、工程进度款、工程结算款，工程进度款占最大比重。法律法规都规定了工程进度款支付的程序和时限。

由于工程量清单招标时在招标文件中列出的工程量清单不一定是十分准确的，而且工程施工过程中也会有工程量的增减，所以工程量清单中所列的工程量仅是对工程的估算量，不能作为承包商完成合同规定施工义务的结算依据。在每一次工程款支付前均需通过测量来核实实际完成的工程量，以计量值作为支付的依据。

工程计量一般应遵循以下原则。

(1) 计量的项目必须是合同中约定的项目，超出合同规定的项目一般不予计量，即使计量也不予支付。

(2) 计量的项目应是已完工或正在施工项目的完工部分，即是已经完成的分部分项工程。

(3) 计量项目的质量应该达到合同规定的质量标准。

(4) 计量项目资料齐全，时间符合合同规定。

(5) 计量结果要得到双方工程师的认可。

(6) 双方计量的方法一致。

9.2.2 工程计量的程序

由于工程量是工程款支付的基础和条件，在正常履行合同的情况下，应该按建设工程施工合同示范文本中通用条款规定的时间和程序进行工程计量。

承包人应按专用条款约定的时间，向工程师提交已完工程量的报告。工程师接到报告后7天内按设计图纸核实已完工程量(以下称计量)，并在计量前24小时通知承包人，承包人为计量提供便利条件并派人参加。承包人收到通知后不参加计量，计量结果有效，作为工程价款支付的依据。

工程师收到承包人报告后7天内未进行计量，从第8天起，承包人报告中开列的工程量即视为被确认，作为工程价款支付的依据。工程师不按约定时间通知承包人，导致承包人未能参加计量，计量结果无效。

对承包人超出设计图纸范围和因承包人原因造成返工的工程量，工程师不予计量。

9.2.3 工程计量的方法

工程计量可以采取不同方式。

(1) 由监理工程师独立计量。

(2) 监理工程师提出要求，由承包商独立计量，然后由监理工程师审核。

(3) 监理工程师与承包商联合计量。

一般情况下，进行工程计量时双方都要参加，对计量结果加以确认。

计量方法一般是现场测量，也可以采用图纸计量(包括设计图纸、变更图纸)、仪表测量、按单据测量、按监理工程师批准计量等方法。不论如何测量，结果必须是双方认可，才能作为工程款支付的依据。

9.3 施工组织设计的优化

9.3.1 施工组织设计对工程造价的影响

施工组织设计是指针对拟建的工程项目，在开工前针对工程本身特点和工地具体情况，按照工程的要求，对所需的施工劳动力、施工材料、施工机具和施工临时设施，经过科学计算、精心对比及合理的安排后编制出的一套在时间和空间上进行合理施工的战略部署文件。通常由施工组织设计说明书、工程计划进度表、施工现场平面布置图组成。施工组织设计是工程施工的组织方案，是指导施工准备和组织施工的全面性技术经济文件，是现场施工的指导性文件。由于建筑产品的多样性，每项工程都必须单独编制施工组织设计，施工组织设计经审批通过后方可施工。

施工组织设计的目的是合理安排资源(包括劳动力、材料、机械设备、资金)，尽量以较小的支出达到合同对工程建设的要求，在合同价格确定的情况下，通过科学的安排和筹划，合理地降低成本，增加利润。

施工组织设计一般应当包括下列主要内容。

(1) 工程任务情况。

(2) 施工总方案、主要施工方法、工程施工进度计划、主要单位工程综合进度计划和施工力量、机具及部署。

(3) 施工组织技术措施，包括工作质量、安全防护以及环境污染防护等各种措施。

(4) 施工总平面布置图。

(5) 总包和分包的分工范围及交叉施工部署等。

施工组织设计(或称施工方案)对工程造价的影响主要表现在几个方面，一是施工方案是否合理是是否能够中标的重要条件之一，由于通过竞争形成的工程造价即中标价的最后确定受到施工方案的影响，所以在一定程度上(即在能否中标方面)施工方案决定了工程造价；二是施工方案的设计决定着工程造价中的施工措施费用，措施费用是投标报价中最具有竞争性的费用，也是不需要计量(在招标文件中只列出项目，没有数量)的费用，其支出高低取决于施工方案的具体安排，所以在这一意义上，施工方案也决定着工程造价；三是合理的施工方案能够适当缩短工期、降低费用支出，有利于企业降低成本、增加利润。当然施工组织设计经过发包人批准后一般不得改变，但可以进行优化。

既然施工组织设计的合理性、科学性决定着工程造价，对施工组织设计进行优化以降低费用、缩短工期就是一项重要工作。

9.3.2 施工组织设计的优化方法与途径

施工组织设计的优化是合理安排各项资源，在保证完成符合合同要求的工程的条件下，适当地缩短工期、降低费用的过程。建设工程项目的主要目标是工期、质量、费用，质量应按照国家的质量验收标准把握。而工期和费用则可以通过科学的方法加以优化，通过科学管理提高企业盈利的潜力。

施工组织设计的优化主要是工期和费用的优化。

1. 工期优化

工期优化主要通过网络计划的优化实现。网络计划是工程项目进度管理的重要工具，是能够综合反映施工项目的各工作时间、逻辑关系、关键线路、总工期、各项工作的时间弹性，并可以结合费用完成情况显示工程实际进度的时间管理工具。施工中的工期优化对于企业而言主要是能够合理缩短施工时间，有效利用现有资源。

工期优化是在计算工期不能满足规定工期时，通过压缩关键工作的时间来满足工期要求的过程。在优化过程中，不能改变各项工作之间的逻辑关系，不能将关键工作压缩成非关键工作。一般可按下列步骤进行。

(1) 计算并找出初始网络计划的关键线路、关键工作、总工期。

(2) 按要求工期计算应缩短的时间。

(3) 确定各关键工作可以缩短的时间。

(4) 选择关键工作，压缩其持续时间，重新计算网络计划的计算工期，反复重复这一过程，直到工期能够满足要求为止。

在选择应缩短持续时间的关键工作时应重点考虑以下工作。

(1) 缩短持续时间对工程质量和安全影响不大的工作。

(2) 有充足备用资源的工作。

(3) 缩短持续时间所需增加的费用最少的工作。

2. 费用优化

费用优化是寻求工程总成本最低时的工期安排，或按要求工期寻求总成本最低的计划。工程总成本由直接费和间接费组成，一般情况下，直接费随着工期的缩短而增加，间接费(主要指施工现场的管理费)会随着工期的缩短而减少，进行费用优化首先计算出不同工期下的直接费用，考虑相应的间接费用的影响和工期变化可带来的其他损益及效益增量和资金的时间价值等，通过直接费用和间接费用的迭加求出最低的工程总成本。

费用优化一般按下列步骤进行。

(1) 按工作正常持续时间找出关键工作及关键线路。

(2) 按下列公式计算各项工作的费用率。

在双代号网络计划中：

$$\Delta C_{i-j}=\frac{(CC_{i-j}-CN_{i-j})}{(DN_{i-j}-DC_{i-j})} \tag{9-1}$$

式中：ΔC_{i-j}为工作$i-j$的费用率；CC_{i-j}是将工作$i-j$持续时间缩短为最短持续时间后，

完成该工作所需的直接费用；CN_{i-j}是在正常条件下完成工作 $i-j$ 所需的直接费用；DN_{i-j}是工作 $i-j$ 的正常持续时间；DC_{i-j}是工作 $i-j$ 的最短持续时间。

(3) 在网络计划中找出费用率或组合费用率最低的一项或一组关键工作，作为缩短持续时间的选择对象。

(4) 缩短选择的一项或一组关键工作的持续时间，其缩短值应该符合不能压缩成非关键工作和缩短后持续时间不小于最短持续时间的原则。

(5) 计算压缩持续时间后增加的总费用 C_i。

(6) 考虑工期变化带来的间接费和其他损益，在此基础上计算总费用。

(7) 重复上一步骤，直到总费用最低为止。

费用优化的实质是对压缩时间后费用增加最少的工作时间进行合理压缩，以减少费用支出，但这里的费用以直接费、间接费之和考虑，而且将工期缩短的效益与费用增加的效益综合起来考虑。

工程项目管理的三大目标是造价(费用)、进度(工期)、质量，造价与进度是紧密联系的，二者一般难以同步优化。在实际施工中要将造价和进度联系起来进行管理，或者说以系统的观点，以项目的总目标作为造价控制的目标。这也是工程造价管理的研究方向之一。

9.4 工程变更及其价款确定

工程变更及价款的处理、计算应该遵守《建设工程施工合同(示范文本)》的规定，并且在合同的专用条款中明确。下面将有关规定加以简单介绍。

9.4.1 工程变更概述

1. 工程变更的分类

工程变更是指实际施工过程中发生了超出合同要求的变化，导致费用的增加或工期的拖延。工程变更包括工程量变更、工程项目的变更(如发包人提出增加或者删减原项目内容)、进度计划的变更、施工条件的变更等。考虑到设计变更在工程变更中的重要性，往往将工程变更分为设计变更和其他变更两大类。

1) 设计变更

设计调理是发包人提出，由设计单位出具图纸的变更，在施工过程中如果发生设计变更，将对施工进度和费用产生很大的影响。因此，应尽量减少设计变更，如果必须对设计进行变更，必须严格按照国家的规定和合同约定的程序进行。

由于发包人对原设计进行变更，以及经工程师同意的、承包人要求进行的设计变更，导致合同价款的增减及造成的承包人损失，由发包人承担，延误的工期相应顺延。承包人在施工过程中应尽量避免提出设计变更，以减少不必要的纠纷。

2) 其他变更

合同履行中发包人要求变更工程质量标准及发生其他实质性变更，由双方协商解决。

其他变更发生的原因是多方面的，有业主原因、施工原因、现场条件原因、设计不明确原因等，发生后要按照合同约定和法律法规规定的程序、时限及时办理相关手续，处理变更产生的影响。

2. 工程变更的处理要求

(1) 如果出现了必须变更的情况，应当尽快变更。

(2) 工程变更后，应当尽快落实变更。

(3) 对工程变更的影响应当作进一步分析。

(4) 在合同约定或法律法规规定的时限内提出对变更导致的工期拖延和费用增加的合理要求，及时得到变更价款的确认。

9.4.2 工程变更的确认与变更价款确定

1. 工程变更的程序

1) 设计变更的程序

(1) 发包人对原设计进行变更。施工中发包人如果需要对原工程设计进行变更，应不迟于变更前 14 天以书面形式向承包人发出变更通知。承包人对于发包人的变更通知没有拒绝的权利，这是合同赋予发包人的一项权利。变更超过原设计标准或者批准的建设规模时，须经原规划管理部门和其他有关部门审查批准，并由原设计单位提供变更的相应的图纸和说明。

(2) 承包人原因对原设计进行变更。承包人应当严格按照图纸施工，不得随意变更设计。施工中承包人提出的合理化建议涉及对设计图纸或者施工组织设计的更改及对原材料、设备的更换，须经工程师同意。工程师同意变更后，也须经原规划管理部门和其他有关部门审查批准，并由原设计单位提供变更的相应的图纸和说明。对于变更后的造价的变化的处理，应该在合同中约定。

(3) 设计变更事项。能够构成设计变更的事项包括以下变更。

① 更改有关部分的标高、基线、位置和尺寸。

② 增减合同中约定的工程量。

③ 改变有关工程的施工时间和顺序。

④ 其他有关工程变更需要的附加工作。

2) 其他变更的程序

从合同角度看，除设计变更外，其他能够导致合同内容变更的都属于其他变更。其他变更有多方面的原因，不论什么原因，一般都由发包人提出，与承包人协商后签订补充协议作为合同文件的组成部分，发生的价款变更要及时办理相关手续，作为合同款与工程进度款同期支付。

2. 变更后合同价款的确定

1) 变更后合同价款的确定程序

设计变更发生后，承包人在工程设计变更确定后 14 天内，提出变更工程价款的报告，经工程师确认后调整合同价款，承包人在确定变更后 14 天内不向工程师提出变更工程价款报告时，视为该项设计变更不涉及合同价款的变更。

工程师收到变更工程价款报告之日起 14 天内，予以确认。工程师无正当理由不确认时，自变更价款报告送达之日起 14 天后视为变更工程价款报告已被确认。

如果工程师不同意承包人提出的变更价款，应按合同约定的争议处理方法处理。

工程变更合同价款的确定

2）变更后合同价款的计算方法

变更后合同价款按照下列方法进行。

(1) 合同中已有适用于变更工程的价格，按合同已有的价格计算、变更合同价款。如果工程量变更较大，超过了合同中约定的幅度，变更工程量的价款应按照合同中约定的单价调整方法，在合同单价的基础上进行调整(降低或提高)。

(2) 合同中只有类似于变更工程的价格，可以参照此价格确定变更价格，变更合同价款。

(3) 合同中没有适用或类似于变更工程的价格，由承包人提出适当的变更价格，经工程师确认后执行。

如果双方对于变更工程单价不能达成一致意见，可以到造价管理部门申请调解或按约定的争议处理方法解决。

9.4.3 FIDIC 合同条件下的工程变更

在 FIDIC 合同条件下，业主提供的设计一般较为粗略，有的设计(施工图)是由承包商完成的，因此设计变更少于我国施工合同条件下的施工。

1. 工程变更的范围

由于各种原因，业主方的工程师可能在工程实施的过程中对合同中规定的工程进行改动。在签发接收证书前，工程师有权签发工程变更指令，或要求承包商提交变更建议书。承包商一般应按照变更指令来实施工程变更，如果承包商在收到变更指令后立即通知工程师说明无法立即执行得到变更工作需要的物品，并附有证明材料，则可以暂不执行该变更指令，直到工程师再次确认或对其修改。

工程师收到承包商的通知后，可以考虑撤销、确认或修改原来的变更指令。

以下事项为变更范围。

(1) 合同中单项工作的工程量的改变。

(2) 合同中单项工作的质量或其他特性的改变。

(3) 工程某部分标高、位置或尺寸的改变

(4) 某项工作的删减，但此类删减的工作不得由他人来做。

(5) 对原永久工程增加任何必要的工作，永久设备、材料、包括种类检验、钻孔和勘探工作。

(6) 改变原定的施工顺序或时间安排。

没有工程师的变更指令，承包商不得对永久工程做任何改动。

2. 变更程序

颁发工程接收证书前的任何时间，工程师可以通过发布变更指示或以要求承包商递交

建议书的任何一种方式提出变更。

1）指示变更

工程师在业主授权范围内根据施工现场的实际情况，在确属需要时有权发布变更指示。指示的内容应包括详细的变更内容、变更工程量、变更项目的施工技术要求和有关部门文件图纸，以及变更处理的原则。

2）要求承包商递交建议书后再确定的变更

其程序如下。

(1) 工程师在签发变更指令之前将计划变更事项通知承包商，并要求承包商提交实施变更的建议书。

(2) 承包商应尽快予以答复。如果承包商无法提交建议书，应说明原因。如果提交建议书，应包括：变更工作的实施方法和计划，工程总体进度计划因变更必须进行调整的建议，对变更内容的费用估算。

(3) 工程师收到承包商的建议书后应尽快答复，给予批准、否决或提出意见，但承包商在等待答复的过程中应正常工作。

(4) 工程师发出每一项变更指令，承包商收到后应回函说明，每项变更都应做出相应的估价。

(5) 承包商提出的变更建议书，只是作为工程师决定是否实施变更的参考。

3. 变更估价

1）变更估价的原则

承包人按照工程师的变更指示实施变更工作后，往往会涉及对变更工程的估价问题。变更工程的价格或费率，往往是双方协商时的焦点。计算变更工程应采用的费率或价格，可分为三种情况。

(1) 变更工作在工程量表中有同种工作内容的单价或价格，应以该单价计算变更工程费用。实施变更工作未引起工程施工组织和施工方法发生实质性变动，不应调整该项目的单价。

(2) 工程量表中虽然列有同类工作的单价或价格，但对具体变更工作而言已不适用，则应在原单价或价格的基础上制定合理的新单价或价格。

(3) 变更工作的内容在工程量表中没有同类工作的单价或价格，应按照与合同单价水平相一致的原则，确定新的单价或价格。任何一方不能以工程量表中没有此项价格为借口，将变更工作的单价定得过高或过低。

2）可以调整合同工作单价的原则

同时具备以下条件时，允许对某一项工作规定的单价或价格加以调整。

(1) 一项工作的数量变动超过了工程量表或其他明细表中所列工程量10％以上。

(2) 变化工程量乘以单价超过了中标合同款额的0.01％。

(3) 工程量的变更直接造成该项工作每单位工程量费用的变动超过1％。

(4) 该项工作在合同中没有被标明为“固定价格”。

3）删减原定工作后对承包商的补偿

如果由于某种原因导致工程师删减了一项工作，该工作构成了工程变更的一部分，而且双方对该项删减的工作价值在删减前没有达成一致意见，在符合下列三项条件时，承包商可以发出通知，同时附证明材料，要求对因删减该项工作造成的影响给予费用补偿。

(1) 如果不发生删减的情况，承包商的某笔费用本来可以从中标合同款额中的该部分的工程款中分摊。

(2) 由于删减的该项工作，承包商的该笔费用无法在合同中消化掉。

(3) 在对任何替代工作进行估价时，没有考虑该笔费用。

也就是说，工程师发布删减工作的变更指示后承包商不再实施部分工作，合同价款中包括的直接费部分没有受到损害，但摊销在该部分的间接费、税金和利润则实际上不能合理回收。因此承包商可以就其损失向工程师发出通知并提供具体的证明资料，工程师与合同双方协商后确定一笔补偿金额加入到合同价内。

4. 承包商申请的变更

承包商根据工程施工的具体情况，可以向工程师提出对合同内任何一个项目或工作的详细变更请求报告。未经工程师批准前承包商不得擅自变更，若工程师同意则按工程师发布变更指示的程序执行。

(1) 承包商提出变更建议。承包商认为如果采纳其建议有如下好处。

① 加速完工。

② 降低业主实施、维护或运行工程的费用。

③ 对业主而言能提高竣工工程的效率或价值。

④ 为业主带来其他利益。

(2) 承包商应自费编制此类建议书。

(3) 如果由工程师批准的承包商建议包括一项对部分永久工程的设计的改变，通用条件的条款规定如果双方没有其他协议，承包商应设计该部分工程。如果他不具备设计资质，也可以委托有资质的单位进行分包。

(4) 接受变更建议的估价。

9.5 工程索赔

9.5.1 工程索赔概述

1. 工程索赔的概念

工程索赔是在工程承包合同履行中，当事人一方由于另一方未履行合同或未能正确履行所规定的义务或者出现了应当由对方承担的风险而遭受损失时，向另一方提出赔偿要求的行为。

工程承发包双方虽然处于平等地位，但由于发包方掌握工程款支付的主动权，相对通常情况下，索赔是指承包人(施工单位)在合同实施过程中，对非自身原因造成的工程延期、费用增加而要求发包人给予补偿损失的一种权利要求。

索赔可以概括为如下 3 个方面。

(1) 一方违约使另一方蒙受损失，受损方向对方提出赔偿损失的要求。

(2) 发生应由业主承担责任的特殊风险或遇到不利自然条件等情况，使承包商蒙受较大损失而向业主提出补偿损失要求。

(3) 承包商本人应当获得的正当利益，由于没能及时得到监理工程师的确认和业主应给予的支付，而以正式函件向业主索赔。

2. 工程索赔产生的原因

1) 当事人违约

当事人违约常常表现为没有按照合同约定履行自己的义务。发包人违约常常表现为没有为承包人提供合同约定的施工条件、未按照合同约定的期限和数额付款等。工程师未能按照合同约定完成工作，比如未能及时发出图纸、指令等也视为发包人违约。承包人违约的情况则主要是没有按照合同约定的质量、期限完成施工，或者由于不当行为给发包人造成其他损害。

2) 不可抗力事件

不可抗力又可以分为自然事件和社会事件。自然事件主要是不利的自然条件和客观障碍，如在施工过程中遇到了经现场调查无法发现、业主提供的资料中也未提到的、无法预料的情况，较大的自然灾害影响施工进度增加费用等。社会事件则包括国家政策、法律、法令的变更，一些政治性突发事件如战争、罢工等。

3) 合同缺陷

合同缺陷表现为合同文件规定不严谨甚至矛盾，合同中的遗漏或错误。在这种情况下，工程师应当给予解释，如果这种解释将导致成本增加或工期延长，发包人应当给予补偿。

4) 合同变更

合同变更表现为设计变更、施工方法变更、提高工程标准、追加或者取消某些工作、合同其他规定的变更等。

5) 工程师指令

工程师指令有时也会产生索赔，比如工程师指令承包人加速施工、进行某项工作、更换某些材料、采取某些措施等。

6) 其他第三方原因

其他第三方原因常常表现为由与工程有关的第三方的问题而引起的对本工程的不利影响。

3. 工程索赔的分类

1) 按索赔的合同依据分类

(1) 合同中明示的索赔。明示的索赔是指承包人所提出的索赔要求，在该工程项目的合同文件中有文字依据，承包人可以据此提出索赔要求，并取得经济补偿。这些在合同文件中有文字规定的合同条款，称为明示条款。

(2) 合同中默示的索赔。默示的索赔，即承包人的该项索赔要求，虽然在工程项目的合同条款中没有专门的文字叙述，但可以根据该合同的某些条款的含义，推论出承包人有索赔权。这种索赔要求，同样有法律效力，有权得到相应的经济补偿。这种有经济补偿含义的条款，在合同管理工作中被称为“默示条款”或称为“隐含条款”。

2) 按索赔目的(或内容)分类

这是索赔的最重要分类，也是索赔的根本目的。

(1) 工期索赔。由于非承包人责任的原因而导致施工进程延误，要求批准顺延合同工期的索赔，称为工期索赔。工期索赔形式上是对权利的要求，因为有的合同规定了工程拖期的惩罚条款，如果由于非承包商的原因工期拖延，不提出索赔，承包商将承受费用上的损失。为避免在原定合同竣工日不能完工的情况，被发包人追究拖期违约责任，工期索赔的提出是必要的，一旦获得批准合同工期顺延后，承包人不仅免除了承担拖期违约赔偿费的严重风险，而且可能提前工期得到奖励，最终仍反映在经济收益上。

(2) 费用索赔。费用索赔的目的是要求经济补偿。当施工的客观条件改变导致承包人增加费用支出，要求对超出计划成本的附加开支给予补偿，以挽回不应由承包商承担的经济损失。这里应该注意的是，“索赔”并不是要求对方给予“赔偿”，而是主张正常应该得到的费用，“赔”的意义并不是很准确，反而容易引起异义。在没有更合适的词汇时暂时使用“索赔”这一词。

3) 按索赔事件的性质分类

这是国际工程常用的分类。

(1) 工程延误索赔，指发包方未能提供开工条件或施工过程中工程师发出停工指令或因发生了不可抗力导致工期拖延，承包方要提出工期顺延的要求。

(2) 工程变更索赔。工程变更既可能增加工程量，也可能延长工期，如果发生，承包商可以提出费用增加和工期延长的要求。

(3) 合同被迫终止的索赔。如果工程由于非承包商原因停止，承包商可以提出损失补偿要求。如果承包商违约，发包方要向承包商提出相应索赔。

(4) 工程加速索赔。工程加速会导致承包方人财物力的超计划支出，应该得到补偿。

(5) 意外风险和不可预见因素索赔。这是不能预见的自然或社会事件导致的工程损失，如地质条件变化、特殊气候变化等，一般要分清责任，承包商可就不因自己负责的部分的损失提出索赔。

(6) 其他索赔。不论哪一种索赔，其条件是相应的事件导致了工期的延长或费用的增加(常常是二者同时发生)，即事件与要求具有因果关系。对于没有因果关系的要求很难得到批准。

9.5.2 工程索赔处理原则与程序

1. 索赔处理原则

(1) 索赔必须以合同为依据。索赔是在合同执行过程中出现的，合同中基本上规定了常见的(即所谓承包商可以预见)各类事件发生导致工期拖延、费用增加的处理方法，比如施工过程中价格上涨、不可抗力等，如果发生按合同执行即可。一般的合同示范文本中的通用条款都有相应的规定，可遵照执行。

(2) 及时、合理地处理索赔。国内、国际的合同示范文本中都有关索赔时限的规定，所以索赔事件发生后，当事人损失方(一般都为承包商)要及时提出索赔要求，一方面避免超过索赔时限；另一方面也便于及时处理，以免累积过多。另一方也要及时审核、答复。同时索赔要求要合理，有合同、法律方面的依据，而且为了协调发包方和承包方的关系，也要进行协商，不要因为索赔损害了双方关系。

(3) 加强主动控制，减少工程索赔。索赔毕竟是工程合同以外的要求，不论什么原因，索赔的提出总会导致一些争议。所以要认真研究合同条款，尽量将可能发生的事项考虑周全，减少主观原因产生的索赔。

2. 索赔程序

我国建设工程施工合同示范文本规定，由于发包人未能按合同约定履行自己的各项义务或发生错误以及应由发包人承担责任的其他情况，造成工期延误和(或)承包人不能及时得到合同价款及承包人的其他经济损失，承包人可按下列程序以书面形式向发包人索赔。

(1) 索赔事件发生后28天内，向工程师发出索赔意向通知。

(2) 发出索赔意向通知后28天内，向工程师提出延长工期和(或)补偿经济损失的索赔报告及有关资料。

(3) 工程师在收到承包人送交的索赔报告和有关资料后，于28天内给予答复，或要求承包人进一步补充索赔理由和证据。

(4) 工程师在收到承包人送交的索赔报告和有关资料后28天内未予答复或未对承包人作进一步要求者，视为该项索赔已经认可。

(5) 当该索赔事件持续进行时，承包人应当阶段性地向工程师发出索赔意向，在索赔事件终了后28天内，向工程师送交索赔的有关资料和最终索赔报告。索赔答复程序与(3)、(4)规定相同。

这里既有索赔步骤和内容的规定，也有时限的规定，所以一旦发生索赔事件，损失方必须在规定时间内提出要求。

对于不可抗力事件，在不可抗力事件发生后，承包人应立即通知工程师，并在力所能及的条件下迅速采取措施，尽力减少损失，发包人应协助承包人采取措施。不可抗力事件结束后48小时内承包人向工程师通报受害情况和损失情况，及预计清理和修复的费用。不可抗事件持续发生，承包人应每隔7天向工程师报告一次受害情况。不可抗力事件结束后14天内，承包人向工程师提交清理和修复费用的正式报告及有关资料。

9.5.3 索赔证据与文件

1. 索赔证据

当一方向另一方提出索赔时，要有正当索赔理由，且有索赔事件发生时的有效证据。索赔证据要有效力，能够证明索赔要求和索赔事件之间的因果关系，提出索赔的依据有以下几个方面。

(1) 招标文件、施工合同文本及附件，其他各签约(如备忘录、修正案等)，经认可的工程实施计划，各种工程图纸、技术规范等。

(2) 双方的往来信件及各种会谈纪要。

(3) 进度计划和具体的进度以及项目现场的有关文件。

(4) 气象资料、工程检查验收报告和各种技术鉴定报告，工程中送停电、送停水、道路开通和封闭的记录和证明。

(5) 国家有关法律、法令、政策文件，官方的物价指数、工资指数，各种会计核算资料，材料的采购、订货、运输、进场、使用方面的凭据。

2. 索赔文件

索赔文件一般包括索赔通知和索赔报告。

1）索赔通知

在索赔事件发生后28天内，承包商要向发包人发出索赔意向通知，告知对方将对某事件造成的影响提出索赔。这是主张权利的表示，如果没有及时提出，可能失去索赔的权利。

2）索赔报告

一个完整的索赔报告应包括以下4个部分。

(1) 总论部分，一般包括序言，索赔事项概述，具体索赔要求，索赔报告编写及审核人员名单。

(2) 根据部分，主要是说明自己具有的索赔权利，这是索赔能否成立的关键。根据部分的内容主要来自该工程项目的合同文件，并参照有关法律规定。该部分中施工单位应引用合同的具体条款，说明自己理应获得经济补偿或工期延长。

(3) 计算部分，这是索赔具体内容的体现。索赔计算的目的，是以具体的计算方法和计算过程，说明自己应得经济补偿的款额或延长时间。如果说根据部分的任务是解决索赔能否成立，则计算部分的任务就是决定应得到多少索赔款额和工期。

(4) 证据部分，证据部分包括该索赔事件所涉及的一切证据资料，以及对这些证据的说明，证据是索赔报告的重要组成部分，没有翔实可靠的证据，索赔是不能成功的。在引用证据时，要注意该证据的效力或可信程度。为此，对重要的证据资料最好附以文字证明或确认件。

9.5.4 工程索赔计算

1. 索赔的计算原则

索赔计算一般遵循以下原则：费用索赔一般计算直接费用，而且是直接损失的费用，如工日损失，一般为合同工日单价乘以一个系数，机械费用一般计算折旧费(或台班单价乘以一个系数)，工期索赔要分析发生拖延的工作是否在关键线路，关键线路由于影响工期可以索赔，非关键线路则要看该项工作的总时差和自由时差，即使拖延时间在总时差以内，但如果大于自由时差，则超过部分也可以提出工期索赔。

2. 可索赔的费用

费用内容一般可以包括以下几个方面。

1）人工费

人工费包括增加工作内容的人工费、停工损失费和工作效率降低的损失费等的累计，但不能简单地用计日工费计算。一般增加人工费按人工单价计算，停工损失和降效费用一般可按合同约定计算，低于合同人工费。

2）设备费

可采用机械台班费、机械折旧费、设备租赁费等几种形式。增加机械费可按台班单价计算，如果是自有设备，窝工损失一般按机械费一定比例(或按合同给定价格)计算，租赁机械按租赁费计算。

3）材料费

增加材料费一般按合同价格计算，特殊材料按购买价格计算。

4）保函手续费

工程延期时，保函手续费相应增加，反之，取消部分工程且发包人与承包人达成提前竣工协议时，承包人的保函金额相应折减，且计入合同价内的保函手续费也应扣减。

5）贷款利息

6）保险费

7）管理费

此项又可分为现场管理费和公司管理费两部分，由于二者的计算方法不一样，所以在审核过程中应区别对待。

8）利润

一般新增工程可计算管理费和利润，停工损失只计算直接费用。

国内工程索赔和国际工程索赔也有区别，在合同环境、索赔意识、执法意识等方面都有所不同，在计算时要根据具体情况分析确定。索赔也是一个协商、讨价还价的过程，要注意策略和方法。

3. 费用索赔的计算

常用的费用索赔计算方法为实际费用法。该方法是按照每索赔事件所引起损失的费用项目分别分析计算索赔值，然后将各费用项目的索赔值汇总，即可得到总索赔费用值。这种方法以承包商为某项索赔工作所支付的实际开支为依据，但仅限于由于索赔事项引起的、超过原计划的费用，故也称额外成本法。

修正的总费用法。这种方法是对总费用法的改进，即在总费用计算的原则上，去掉一些不确定的可能因素，对总费用法进行相应的修改和调整，使其更加合理。

4. 工期索赔中应当注意的问题

在工期索赔中应当特别注意以下问题。

(1) 划清施工进度拖延的责任，只有业主原因或不可抗力原因造成工期拖延才能提出索赔，如果是承包商的原因，一般不能索赔。

(2) 被延误的工作应是处于施工进度计划关键线路上的施工内容，因为关键线路影响工期，可以提出索赔。对于非关键线路上的工作，要做具体分析，即看该项工作的总时差和自由时差，如果拖延时间在总时差以内，但超过了自由时差，那么超过自由时差部分也可以提出索赔，因为它影响到后续工作的开工时间。

5. 工期索赔的计算

工期索赔的计算主要有网络图分析和比例计算法两种。

(1) 网络分析法是利用进度计划的网络图，分析其关键线路。如果延误的工作为关键工作，则总延误的时间为批准顺延的工期；如果延误的工作为非关键工作，当该工作由于延误超过时差限制而成为关键工作时，可以批准延误时间与时差的差值；若该工作延误后仍为非关键工作，则不存在工期索赔问题。

(2) 比例计算法是用来计算增加工作量造成的工期增加，可按以下公式计算：

工期索赔值＝额外增加的工程量的价格/原合同总价×原合同总工期

6. 不可抗力损失的分担原则

因不可抗力事件导致的费用及延误的工期由双方按以下方法分别承担。

(1) 工程本身的损害、因工程损害导致第三方人员伤亡和财产损失以及运至施工场地用于施工的材料和待安装的设备的损害，由发包人承担。

(2) 发包人承包人人员的伤亡由其所在单位负责，并承担相应费用。

(3) 承包人机械设备损坏及停工损失，由承包人承担。

(4) 停工期间，承包人应工程师要求留在施工场地的必要的管理人员及保卫人员的费用由发包人承担。

(5) 工程所需清理、修复的费用由发包人承担。

(6) 延误的工期相应顺延。

7. 合同中止损失的分担原则

合同在实施过程中可能由于一些原因(如不可抗力、工程停建或缓建)解除，合同解除后，承包人应妥善做好已完工程和已购材料、设备的保护和移交工作，按发包人要求将自有机械设备和人员撤出施工场地。发包人应为承包人撤出提供必要条件，支付以上所发生的费用，并按合同约定支付已完工程价款。已经订货的材料、设备由订货方负责退货或解除订货合同，不能退还的货款和因退货、解除订货合同发生的费用，由发包人承担，因未及时退货造成的损失由责任方承担。除此之外，有过错的一方应当赔偿因合同解除给对方造成的损失。

8. FIDIC 合同条件中的索赔

在整个 FIDIC 合同条件中，很多条款都规定了承包商可以索赔，在具体的条款中 FIDIC 合同条件只规定了承包商索赔的程序和时限，对于业主的索赔未予规定，见表 9－1。

表 9－1　FIDIC 合同条件中承包商可以索赔的条款

序号	主要内容	可补偿内容		
		工期	费用	利润
1	延误发放图纸	√	√	√
2	延误移交施工现场	√	√	√
3	承包商依据工程师提供的错误数据导致放线错误	√	√	√
4	不可预见的外界条件	√	√	
5	施工中遇到的文物和古迹	√	√	
6	非承包商原因检验导致施工的延误	√	√	√
7	变更导致施工的延误	√		
8	异常不利的气候条件	√		
9	由于传染病或者其他政府行为导致工期的延误	√		

续表

序号	主要内容	可补偿内容		
		工期	费用	利润
10	业主或其他承包商的干扰	√		
11	公共当局引起的延误	√		
12	业主提前占用工程		√	√
13	对竣工检验的干扰	√	√	√
14	后续法规引起的调整	√	√	
15	业主办理的保险未能从保险公司获得的补偿部分		√	
16	不可抗力事件造成的损害	√	√	

承包商索赔应遵循以下程序和原则。

(1) 如果承包商认为按照合同有权索赔工期和费用，应在知道或应该知道索赔事件发生的28天以内，向工程师发出通知，说明导致索赔的事件和索赔意向。如果超过28天，承包商会失去索赔的权利。

(2) 承包商应该在现场或工程师接受的其他地点保持用来证明索赔的必要的同期记录，工程师在收到承包商通知后，可以监管承包商同期记录情况，并可指示承包商进行进一步的记录。

承包商应允许工程师查阅此类记录，并在要求时提供复制件。

(3) 承包商在得知(或应该意识到)索赔事件发生后的42天内，或承包商建议并经过工程师同意的其他时间内，向工程师提供完整的索赔报告，包括索赔依据、索赔的工期、费用。

如果索赔事件持续存在，承包商应每月提出进一步的索赔报告，给出累计索赔工期和费用，以及工程师可能要求的其他资料。最终的索赔报告在索赔事件结束后的28天内或工程师同意的其他时间内提交。

(4) 工程师应在收到每项索赔报告后的42天内或工程师提出并经承包商同意的其他时间内，给予答复，予以批准。如果不批准，则应说明原因，要求承包商提交进一步的证据，但此时也应给出原则性的答复。

(5) 每一支付证书中只包括已经被合理证明的到期应付款的款额，当承包商提供的证据不能证明全部索赔款额时，承包商仅有权获得已经证明的那一部分。

9.5.5 业主反索赔

一般将业主向承包商提出的索赔称为反索赔，但因为在工程双方关系中，业主处于相对有利的地位(掌握工程款支付权)，所以合同条件主要规定承包商索赔的内容、程序等。业主的反索赔可以认为有两种含义，一是对承包商违约或其他行为带来的损失提出索赔，二是对承包商提出的索赔进行审查、核实、批复，后者更为重要。不论哪种反索赔，业主都要按照合同的规定，提出或者答复。

9.6 工程价款结算管理

工程价款结算是指承包商在工程实施过程中，依据承包合同中关于付款条款的规定和已经完成的工程量，并按照规定的程序向建设单位(业主)收取工程价款的一项经济活动。

工程价款结算是建设工程合同履行的基本内容。我国《合同法》对建设工程合同的定义是："建设工程合同是承包人进行工程建设，发包人支付价款的合同。建设工程合同包括工程勘察、设计、施工合同。"。也就是说，建设工程合同，包括勘察、设计、施工，发包人的义务就是支付合同价款。如果没有工程价款的支付，建设工程合同将无法履行。

工程价款结算也是工程项目承包中的一项十分重要的工作，它是反映工程进度的主要指标，是加速资金周转的重要环节，是考核经济效益的重要指标。衡量施工企业经营状况的一个指标是资金流量，如果不能及时收回工程款，企业的经营要受到影响。

正常情况下，工程款由预付款、进度款、结算款三部分组成，如果每笔款项都能得到正常支付，则工程可以顺利进行，承包商也能够及时收回资金，正常经营。

9.6.1 工程价款结算依据与方式

我国关于工程价款支付基本没有相关法律法规的规定，建设工程施工合同示范文本中有关工程结算的时间要求，但由于文本本身只是惯例性的文件，在执行中不是很得力。2004年，由于农民工工资拖欠问题的激化导致了对建设工程款拖欠问题的重视，财政部、建设部联合以规范性文件形式颁发了《建设工程价款结算暂行办法》。该办法虽然不是法律，但也是我国目前为止关于工程价款支付的文件，对于工程价款支付的管理可起到规范作用。

该办法关于工程价款支付在总结已有作法、合同示范文本、参照国际惯例的基础上做了以下原则规定。

(1) 建设工程价款结算(以下简称"工程价款结算")，是指对建设工程的发承包合同价款进行约定和依据合同约定进行工程预付款、工程进度款、工程竣工价款结算的活动。

(2) 从事工程价款结算活动，应当遵循合法、平等、诚信的原则，并符合国家有关法律、法规和政策。

(3) 发包人、承包人应当在合同条款中对涉及工程价款结算的下列事项进行约定。

① 预付工程款的数额、支付时限及抵扣方式。

② 工程进度款的支付方式、数额及时限。

③ 工程施工中发生变更时，工程价款的调整方法、索赔方式、时限要求及金额支付方式。

④ 发生工程价款纠纷的解决方法。

⑤ 约定承担风险的范围及幅度以及超出约定范围和幅度的调整办法。

⑥ 工程竣工价款的结算与支付方式、数额及时限。

⑦ 工程质量保证(保修)金的数额、预付方式及时限。

⑧ 安全措施和意外伤害保险费用。

⑨ 工期及工期提前或延后的奖惩办法。

⑩ 与履行合同、支付价款相关的担保事项。

(4) 工程价款结算应按合同约定办理，合同未作约定或约定不明的，发、承包双方应依照下列规定与文件协商处理。

① 国家有关法律、法规和规章制度。

② 国务院建设行政主管部门，省、自治区、直辖市或有关部门发布的工程造价计价标准、计价办法等有关规定。

③ 建设项目的合同、补充协议、变更签证和现场签证，以及经发、承包人认可的其他有效文件。

④ 其他可依据的材料。

我国工程价款的主要结算方式可采取以下办法。

1. 按月结算

实行旬末或月中预支，月终结算，竣工后清算的方法。跨年度竣工的工程，在年终进行工程盘点，办理年度结算。我国现行建筑安装工程价款结算中，相当一部分是实行这种按月结算的制度。

2. 竣工后一次结算

建设项目或单项工程全部建筑安装工程建设期在12个月以内，或者工程承包合同价值在100万元以下的，可以实行工程价款每月月中预支，竣工后一次结算。

3. 分段结算

当年开工，当年不能竣工的单项工程或单位工程按照工程形象进度，划分不同阶段进行结算。分段结算可以按月预支工程款。分段的划分标准，由各部门、自治区、直辖市、计划单列市规定。

对于以上3种主要结算方式的收支确认，国家财政部在1999年1月1日起实行的《企业会计准则——建造合同》中规定如下。

实行旬末或月中预支，月终结算，竣工后清算办法的工程合同，应分期确认合同价款收入的实现，即：各月份终了，与发包单位进行已完工程价款结算时，确认为承包合同已完工部分的工程收入实现，本期收入额为月终结算的已完工程价款金额。

实行合同完成后一次结算工程价款办法的工程合同，应于合同完成，施工企业与发包单位进行工程合同价款结算时，确认为收入实现，实现的收入额为承发包双方结算的合同价款总额。

实行按工程形象进度划分不同阶段、分段结算工程价款办法的工程合同，应按合同规定的形象进度分次确认已完阶段工程收益实现。即应于完成合同规定的工程形象进度或工程阶段，与发包单位进行工程价款结算时，确认为工程收入的实现。

9.6.2 工程预付款结算

工程预付款是在开工前发包人支付给承包人，用于购买材料设备的款项。

1. 工程预付款额度与支付

预付备料款限额由下列主要因素决定：主要材料(包括外购构件)占工程造价的比重，材料储备期，施工工期。

对于施工企业常年应备的备料款限额，可按下式计算；

备料款限额＝年度承包工程总值×主要材料所占比重/年度施工日历天数×材料储备天数

一般建筑工程不应超过当年建筑工作量(包括水、电、暖)的30%，安装工程按年安装工作量的10%拨付；材料占比重较多的安装工程按年计划产值的15%左右拨付。

《建设工程价款结算暂行办法》规定，包工包料工程的预付款按合同约定拨付，原则上预付比例不低于合同金额的10%，不高于合同金额的30%，对重大工程项目，按年度工程计划逐年预付。计价执行《建设工程工程量清单计价规范》的工程，实体性消耗和非实体性消耗部分应在合同中分别约定预付款比例。

在具备施工条件的前提下，发包人应在双方签订合同后的1个月内或不迟于约定的开工日期的前7天内预付工程款，发包人不按约定预付，承包人应在预付时间到期后10天内向发包人发出要求预付的通知，发包人收到通知后仍不按要求预付，承包人可在发出通知14天后停止施工，发包人应从约定应付之日起向承包人支付应付款的利息(利率按同期银行贷款利率计)，并承担违约责任。

2. 工程预付款的扣回

发包单位拨付给承包单位的备料款属于预支性质，到了工程实施后，随着工程所需主要材料储备的逐步减少，应以抵充工程价款的方式陆续扣回。扣款的方法如下。

(1) 可以从未施工工程尚需的主要材料及构件的价值相当于备料款数额时起扣，从每次结算工程价款中，按材料比重扣抵工程价款，竣工前全部扣清。其基本表达公式是：

$$T=P-\frac{M}{N} \tag{9-2}$$

式中：T——起扣点，即预付备料款开始扣回时的累计完成工作量金额；M——预付备料款限额；N——主要材料所占比重；P——承包工程价款总额。

(2) 扣款的方法也可以在承包方完成金额累计达到合同总价的一定比例后，由承包方开始向发包方还款，发包方从每次应付给承包方的金额中扣回工程预付款，发包方至少在合同规定的完工期前将工程预付款的总计金额逐次扣回。

工程预付款的起扣时间和抵扣方法应该在合同中约定。

9.6.3 工程进度款结算

工程进度款是发包人对承包商完成的工程，经质检合格并进行了工程量确认后，按合同价格支付的工程价款。

1. 工程进度款结算方式

工程进度款结算可以采取以下方式。

(1) 按月结算与支付。即实行按月支付进度款，竣工后清算的办法。合同工期在两个年度以上的工程，在年终进行工程盘点，办理年度结算。

(2) 分段结算与支付。即当年开工、当年不能竣工的工程按照工程形象进度，划分不同阶段支付工程进度款。具体划分在合同中明确。

2. 工程量计算

工程计量，应按下列规定进行。

(1) 承包人应当按照合同约定的方法和时间，向发包人提交已完工程量的报告。发包人接到报告后14天内核实已完工程量，并在核实前1天通知承包人，承包人应提供条件并派人参加核实；承包人收到通知后不参加核实，以发包人核实的工程量作为工程价款支付的依据。发包人不按约定时间通知承包人，致使承包人未能参加核实，核实结果无效。

(2) 发包人收到承包人报告后14天内未核实已完工程量，从第15天起，承包人报告的工程量即视为被确认，作为工程价款支付的依据；双方合同另有约定的，按合同执行。

3. 工程进度款支付

(1) 根据确定的工程计量结果，承包人向发包人提出支付工程进度款申请14天内，发包人应按不低于工程价款的60%，不高于工程价款的90%向承包人支付工程进度款。按约定时间发包人应扣回的预付款，与工程进度款同期结算抵扣。

(2) 符合规定范围的合同价款的调整，工程变更调整的合同价款及其他条款中约定的追加合同价款，应与工程款(进度款)同期调整支付。

(3) 发包人超过约定的支付时间不支付工程进度款，承包人应及时向发包人发出要求付款的通知，如发包人收到承包人通知后仍不能按要求付款，可与承包人协商签订延期付款协议，经承包人同意后可延期支付，协议应明确延期支付的时间和从工程计量结果确认后第15天起计算应付款的利息(利率按同期银行贷款利率计)。

(4) 发包人不按合同约定支付工程进度款，双方又未达成延期付款协议，导致施工无法进行，承包人可停止施工，由发包人承担违约责任。

9.6.4 工程保修金结算

1. 工程质量保修金制度

建设工程实行质量保修制度。建设工程承包单位在向建设单位提交工程竣工验收报告时，应当向建设单位出具质量保修书。质量保修书应当明确建设工程的保修范围、保修期限和保修责任等。

在正常使用条件下，建设工程最低保修期限如下。

(1) 基础设施工程、房屋建筑的地基基础工程和主体结构工程，为设计文件规定的该工程合理使用年限。

(2) 屋面防水工程、有防水要求的卫生间、房间和外墙面的防渗漏为5年。

(3) 供热与供冷系统为2个采暖期、供冷期。

(4) 电气管道、给排水管道、设备安装和装修工程为2年。

其他项目的保修期限由发包方与承包方约定。建设工程的保修期，自竣工验收合格之日起计算。

为规范建设工程质量保证金(保修金)管理，落实工程在缺陷责任期内的维修责任，我国实行建设工程质量保证金(保修金)制度，即发包人与承包人在建设工程承包合同中约定，从应付的工程款中预留部分资金，用以保证承包人在缺陷责任期内对建设工程出现的缺陷进行维修。

发包人应当在招标文件中明确保证金预留、返还等内容，并与承包人在合同条款中对涉及保证金的下列事项进行约定。

(1) 保证金预留、返还方式。

(2) 保证金预留比例、期限。

(3) 保证金是否计付利息：如计付利息，利息的计算方式。

(4) 缺陷责任期的期限及计算方式。

(5) 保证金预留、返还及工程维修质量、费用等争议的处理程序。

(6) 缺陷责任期内出现缺陷的索赔方式。

缺陷责任期从工程通过竣(交)工验收之日起计。由于承包人原因导致工程无法按规定期限进行竣(交)工验收的，缺陷责任期从实际通过竣(交)工验收之日起计。由于发包人原因导致工程无法按规定期限进行竣(交)工验收的，在承包人提交竣(交)工验收报告 90 天后，工程自动进入缺陷责任期。

2. 保修金预留和返还

建设工程竣工结算后，发包人应按照合同约定及时向承包人支付工程结算价款并预留保证金。

全部或者部分使用政府投资的建设项目，按工程价款结算总额 5%左右的比例预留保证金。

社会投资项目采用预留保证金方式的，预留保证金的比例可参照执行。

缺陷责任期内，由承包人原因造成的缺陷，承包人应负责维修，并承担鉴定及维修费用。如承包人不维修也不承担费用，发包人可按合同约定扣除保证金，并由承包人承担违约责任。承包人维修并承担相应费用后，也不免除对工程的一般损失赔偿责任。

由他人原因造成的缺陷，发包人负责组织维修，承包人不承担费用，且发包人不得从保证金中扣除费用。

缺陷责任期内，承包人认真履行合同约定的责任，到期后，承包人向发包人申请返还保证金。

发包人在接到承包人返还保证金申请后，应于 14 日内会同承包人按照合同约定的内容进行核实。如无异议，发包人应当在核实后 14 日内将保证金返还给承包人，逾期支付的，从逾期之日起，按照同期银行贷款利率计付利息，并承担违约责任。发包人在接到承包人返还保证金申请后 14 日内不予答复，经催告后 14 日内仍不予答复的，视同认可承包人的返还保证金申请。

发包人和承包人对保证金预留、返还以及工程维修质量、费用有争议的，按承包合同约定的争议和纠纷解决程序处理。

9.6.5 工程竣工结算

1. 工程竣工结算的含义及要求

工程竣工结算是指施工企业按照合同规定的内容全部完成所承包的工程，经验收质量合格，并符合合同要求之后，向发包单位提出的最终工程价款结算。

工程完工后，双方应按照约定的合同价款及合同价款调整内容以及索赔事项，进行工程竣工结算。

工程竣工结算分为单位工程竣工结算、单项工程竣工结算和建设项目竣工总结算。

2. 工程竣工结算编审

(1) 单位工程竣工结算由承包人编制，发包人审查；实行总承包的工程，由具体承包人编制，在总承包人审查的基础上，由发包人审查。

(2) 单项工程竣工结算或建设项目竣工总结算由总(承)包人编制，发包人可直接进行审查，也可以委托具有相应资质的工程造价咨询机构进行审查。政府投资项目，由同级财政部门审查。单项工程竣工结算或建设项目竣工总结算经发、承包人签字盖章后生效。

承包人应在合同约定期限内完成项目竣工结算编制工作，未在规定期限内完成的并且提不出正当理由延期的，责任自负。

办理工程价款竣工结算的一般公式为：

竣工结算工程价款＝预算(概算)或合同价款＋施工过程中预算或合同价款调整数额
－预付及已结算工程价款－保修金

3.《建设工程施工合同(示范文本)》中对竣工结算的规定

(1) 工程竣工验收报告经发包方认可后 28 天内，承包方向发包方递交竣工结算报告及完整的结算资料，双方按照协议书约定的合同价款及专用条款约定的合同价款调整内容，进行工程竣工结算。

(2) 发包方收到承包方递交的竣工结算报告及结算资料后 28 天内进行核实，给予确认或者提出修改意见。发包方确认竣工结算报告后通知经办银行向承包方支付工程竣工结算价款。承包方收到竣工结算价款后 14 天内将竣工工程交付发包方。

(3) 发包方收到竣工结算报告及结算资料后 28 天内无正当理由不支付工程竣工结算价款的，从第 29 天起按承包方同期向银行贷款利率支付拖欠工程价款的利息，并承担违约责任。

(4) 发包方收到竣工结算报告及结算资料后 28 天内不支付工程竣工结算价款，承包方可以催告发包方支付结算价款。发包方在收到竣工结算报告及结算资料后 56 天内仍不支付的，承包方可以与发包方协议将该工程折价，也可以由承包方申请人民法院将该工程依法拍卖，承包方就该工程折价或者拍卖的价款优先受偿。

(5) 工程竣工验收报告经发包方认可后 28 天内，承包方未能向发包方递交竣工结算报告及完整的结算资料，造成工程竣工结算不能正常进行或工程竣工结算价款不能及时支付，发包方要求交付工程的，承包方应当交付；发包方不要求交付工程的，承包方承担保管责任。

(6) 发包方和承包方对工程竣工结算价款发生争议时，按争议的约定处理。

4. 工程竣工结算审查期限

单项工程竣工后，承包人应在提交竣工验收报告的同时，向发包人递交竣工结算报告及完整的结算资料，发包人应按以下规定时限进行核对(审查)并提出审查意见。

表 9-2 工程竣工结算审查期限

	工程竣工结算报告金额	审查时间
1	500 万元以下	从接到竣工结算报告和完整的竣工结算资料之日起 20 天
2	500 万元～2 000 万元	从接到竣工结算报告和完整的竣工结算资料之日起 30 天
3	2 000 万元～5 000 万元	从接到竣工结算报告和完整的竣工结算资料之日起 45 天
4	5 000 万元以上	从接到竣工结算报告和完整的竣工结算资料之日起 60 天

5. 工程竣工价款结算

(1) 发包人收到承包人递交的竣工结算报告及完整的结算资料后，应按上表规定的期限(合同约定有期限的，从其约定)进行核实，给予确认或者提出修改意见。发包人根据确认的竣工结算报告向承包人支付工程竣工结算价款，保留 5%左右的质量保证(保修)金，待工程交付使用 1 年质保期到期后清算(合同另有约定的，从其约定)，质保期内如有返修，发生费用应在质量保证(保修)金内扣除。

发包人收到竣工结算报告及完整的结算资料后，在本办法规定或合同约定期限内，对结算报告及资料没有提出意见，则视同认可。

承包人如未在规定时间内提供完整的工程竣工结算资料，经发包人催促后 14 天内仍未提供或没有明确答复，发包人有权根据已有资料进行审查，责任由承包人自负。

根据确认的竣工结算报告，承包人向发包人申请支付工程竣工结算款。发包人应在收到申请后 15 天内支付结算款，到期没有支付的应承担违约责任。承包人可以催告发包人支付结算价款，如达成延期支付协议，发包人应按同期银行贷款利率支付拖欠工程价款的利息。如未达成延期支付协议，承包人可以与发包人协商将该工程折价，或申请人民法院将该工程依法拍卖，承包人就该工程折价或者拍卖的价款优先受偿。

工程竣工结算以合同工期为准，实际施工工期比合同工期提前或延后，发、承包双方应按合同约定的奖惩办法执行。

(2) 索赔价款结算。发、承包人未能按合同约定履行自己的各项义务或发生错误，给另一方造成经济损失的，由受损方按合同约定提出索赔，索赔金额按合同约定支付。

(3) 合同以外零星项目工程价款结算。发包人要求承包人完成合同以外零星项目，承包人应在接受发包人要求的 7 天内就用工数量和单价、机械台班数量和单价、使用材料和金额等向发包人提出施工签证，发包人签证后施工。如发包人未签证，承包人施工后发生争议的，责任由承包人自负。

6. 工程竣工结算的审查

工程竣工结算审查是竣工结算阶段的一项重要工作。经审查核定的工程竣工结算是核定建设工程造价的依据，也是建设项目验收后编制竣工决算和核定新增固定资产价值的依据。因此，建设单位、监理公司以及审计部门等，都十分关注竣工结算的审核把关。一般从以下几方面入手。

(1) 核对合同条款。

(2) 检查隐蔽验收记录。

(3) 落实设计变更签证。

(4) 按图核实工程数量。

(5) 认真核实单价。

(6) 注意各项费用计取。

(7) 防止各种计算误差。

7. 工程价款结算管理

工程竣工后，发、承包双方应及时办清工程竣工结算，否则，工程不得交付使用，有关部门不予办理权属登记。

发包人与中标的承包人不按照招标文件和中标的承包人的投标文件订立合同的，或者发包人、中标的承包人背离合同实质性内容另行订立协议，造成工程价款结算纠纷的，另行订立的协议无效，由建设行政主管部门责令改正，并按《中华人民共和国招标投标法》第59条进行处罚。

接受委托承接有关工程结算咨询业务的工程造价咨询机构应具有工程造价咨询单位资质，其出具的办理拨付工程价款和工程结算的文件，应当由造价工程师签字，并应加盖执业专用章和单位公章。

9.6.6 工程价款动态结算和价差调整

工程价款动态结算是按合同中约定的办法对工程造价进行调整，一般有以下几种方法。

1. 工程造价指数调整法

这种方法是甲乙方采用当时的预算(或概算)定额单价计算出承包合同价，待竣工时，根据合理的工期及当地工程造价管理部门所公布的该月(或季度)的工程造价指工程合同价数，对原承包合同价予以调整，重点调整那些由于实际人工费、材料费、施工机械费等费用上涨及工程变更因素造成的价差，并对承包商给以调价补偿。

2. 实际价格调整法

在我国，由于建筑材料需要市场采购的范围越来越大，有些地区规定对钢材、木材、水泥等三大材的价格采取按实际价格结算的方法。工程承包商可凭发票按实报销。这种方法方便而正确。但由于是实报实销，因而承包商对降低成本不感兴趣，为了避免副作用，地方主管部门要定期发布最高限价，同时合同文件中应规定建设单位或工程师有权要求承包商选择更廉价的供应来源。

3. 调价文件计算法

这种方法是甲乙方采取按当时的预算价格承包，在合同工期内，按照造价管理部门调价文件的规定，进行抽料补差，在同一价格期内按所完成的材料用量乘以价差。也有的地方定期发布主要材料供应价格和管理价格，对这一时期的工程进行抽料补差。

4．调值公式法

建筑安装工程费用价格调值公式一般包括固定部分、材料部分和人工部分。但当建筑安装工程的规模和复杂性增大时，公式也变得更为复杂。调值公式一般为：

$$P=P_0\left(a_0+a_1\frac{A}{A_0}+a_2\frac{B}{B_0}+a_3\frac{C}{C_0}+a_4\frac{D}{D_0}+\cdots\right) \tag{9-3}$$

式中：P——调整后的合同价款或工程实际结算款；P_0——合同价款中工程预算进度款；a_0——固定要素；a_1，a_2，a_3，$a_4\cdots$——代表各有关费用，在合同总价中所占比重 $a_0+a_1+a_2+a_3+a_4\cdots=1$；$A_0$，$B_0$，$C_0$，$D_0\cdots$——基准日期的价格指数或价格；$A$，$B$，$C$，$D\cdots$——与特定付款证书有关的期间最后一天的 49 天前与 $a_1+a_2+a_3+a_4\cdots$对应的各项费用的现行价格指数或价格。

在运用这一调值公式进行工程价款价差调整时要注意如下几点。

（1）固定要素通常的取值范围为 0.15～0.35。

（2）调值公式中有关的各项费用，按一般国际惯例，只选择用量大、价格高且具有代表性的一些典型人工费和材料费，并用它们的价格指数变化综合代表材料费的价格变化，以便尽量与实际情况接近。

（3）各部分成本的比重系数，在许多招标文件中要求承包方在投标中提出，并在价格分析中予以论证。

（4）调整有关各项费用要与合同条款规定相一致。

（5）调整有关各项费用应注意地点与时间。

（6）各品种系数之和加上固定要素系数应该等于 1。

9.6.7 国际工程保证担保制度概述

保证担保在发达的市场经济国家是很常见的一种规避信用风险的金融工具，特别是在工程建设领域得到了极为普遍的应用。这是因为建筑业的生产特征具有对履约信用的高度依赖性。建设工程承发包的一般方式都是先签合同、后建房子，先有合同、后有商品，并且履约周期长、涉及合同金额巨大、风险因素复杂。正因为这样，工程保证担保成为保护担保业的主要市场。世界各国及地区的工程保证担保制度各有特点，没有统一模式。

工程保证担保发源于欧洲。在欧洲，建设工程承发包中要求承包商提供担保已形成一种惯例，公共投资项目和私人投资项目都对工程保证担保有极大的需求，在担保方式上二者也存在很大的区别。担保市场的主要的承保人为银行，约有 90％的市场占有率，然后就是保险公司，但个别国家，如丹麦则是以专业从事担保业务的保险公司为主体。欧洲一般采用低保额保函，如履约担保的保额通常为 5％～10％，因对工程进展不同阶段的不同责任进行担保而分别有：投标担保、预付款担保、履约担保、维修担保、保留金担保等。欧洲在传统上采用有条件保函，但无条件保函目前更为流行。工程界一直在推动采用有条件担保方式，但无条件保函更多的得到业主和银行的支持。同时，欧盟及一些欧洲国家的政府正在对美国的高保额有条件的保证担保进行研究，考虑在公共投资项目中加以采纳的可能性。

国外工程保证担保的形式如下。

(1) 投标保证担保(Bid Bond/Tender Guarantee)：它是指投标人在投标报价前或同时向业主提交投标保证金或投标保险等后，保证一旦申诉，即签约承包工程。投标担保额度一般为报价总额的1%～2%，小额合同按3%计算，在报价最低的投标人有可能撤回投标的情况下可达5%。

投标保证担保一般有3种做法。

一是由银行提供投标保函，一旦投标人违约，银行将按照担保合同的约定对业主进行赔偿。

二是由担保人出具担保书，一旦投标人违约，担保人将支付业主一定的赔偿金。赔偿金可取该标与次低标之间的报价差额，同时次低标成为中标人。

三是投标人直接向业主交纳投标保证金。

实行投标担保，由于投标人一旦撤回投标或中标后不与业主签约，便承担业主的经济损失，因此可促使投标人认真对待投标报价，担保人严格审查投标人的承包能力，资信状况等，从而限制了不合格的承包商参加投标活动。

(2) 履行保证担保(Performance Bond/Guarantee/Security)：它是承包商按照合同约定履行义务所做的一种经济承诺方式。

履行保证担保一般也有3种做法。

① 由银行提供履约保函，一旦承包商不能履约合同义务，银行要按照合同约定对业主进行赔偿。银行履约保函一般只担保合同价的10%～25%，美国则规定联邦政府工程的履约担保必须担保合同价的全部金额。

② 由担保人提供担保书，如果是非业主的原因承包商不能按合同完成工程项目，则担保人必须无条件保证工程按合同的约定完工。它可以给承包商以资金上的支持，避免承包商宣告破产而导致工程失败；可以提供专业和技术上的服务，使工程得以顺利进行；可以将剩余的工程转给其他的承包商去完成，并弥补费用的价差。如果上述方法都不行，则以现金赔偿业主的损失。

③ 由中标人直接向业主交纳履约保证金。当承包商履约后，业主即退还保证金；若中途毁约，业主则予以没收。通过履约保证担保，可以充分保障业主的合法权益，并迫使承包商认真对待合同的签订和执行。

(3) 付款保证担保(Payment Bond/Guarantee)：它保证承包商根据合同向分包商付清全部的工资和材料费用，以及材料设备厂家的货款。保证金额为合同价的100%。一般来说，它是履约保证担保的一部分。

(4) 业主支付担保(Employer Payment Bond/Guarantee)：其实质是业主的履约担保，须同承包商履约担保对等实行。即业主要求承包商提供履约担保的，也要同时向承包商提供支付担保。

(5) 预付款保证担保(Advance Payment Bond/Guarantee)：它保证业主预付给承包商的工程款用于建筑工程而不挪作他用。随着业主按照工程进度支付工程价款并逐步扣回预付款，预付款担保责任随之减少直至消失。一般为合同价的10%～30%。

(6) 质量保证担保(Maintenance Bond/Guarantee)：它保证承包商在工程竣工后的一

定期限内，将承担质量问题的处理责任。若承包商拒不对出现的问题进行处理，则由保证人负责维修或赔偿损失。

(7) 差额担保(Price Difference Bond/Guarantee)：如果某项工程的中标价格低于标底10%以上，业主要求承包商通过担保人对中标价格与标底之间的差额部分提供担保，以保证按此价格承包工程不致造成质量的降低。

(8) 完工担保(Completion Bond/Guarantee)：它保证承包商按计划完工，并对该工程不具有留置权。

(9) 保留金担保(Retention Money Bond/Guarantee)：它是指业主按月给承包商发放工程款时，要扣一定比例作为保留金，以便在工程不符合质量要求时用于返工。

保证担保人减少或分散风险的措施。

由于保证担保人所提供的担保金额较高，而收取的担保费不足2%，因此，保证担保人的责任风险是很大的。保证担保人往往用以下方法减少或分散所承受的风险。

(1) 反担保(Counter Bond/Guarantee)：被担保人对担保人为其向债权人支付的任何偿付，均承担返还义务。担保人为防止向债权赔偿后，不能从被担保人处获得补偿，可以要求被担保人以其自身资产、银行存款、有价证券或通过其他担保人等提出反担保，作为担保人出具担保的条件。一旦发生代为赔偿的情况，担保人可以通过反担保追偿赔付。

(2) 分包担保(Subcontract Bond/Guarantee)：当工程存在总分包关系时，总承包商要为各分包商承担连带责任。总承包商为了保证自身的权益不受损害，往往要求分包商通过担保人为其提供担保，以防止分包商负约或负债。通常这也是总承包商将工程分包给分包商的必要条件。

(3) 向保险公司购买保证担保保险，从而把一部分风险转给保险公司。

(4) 使用分保(合作担保)，以分散保证责任、扩大业务、增强担保能力。

9.7 资金使用计划的编制与投资偏差分析

9.7.1 资金使用计划的编制

施工阶段资金使用计划的编制与控制在整个工程造价管理中处于重要而独特的地位，它对工程造价的重要影响表现在以下几方面。

通过编制资金使用计划，合理确定工程造价施工阶段目标值，使工程造价的控制有所依据，并为资金的筹集与协调打下基础。

通过资金使用计划的科学编制，可以对未来工程项目的资金使用和进度控制有所预测，避免不必要的资金浪费和进度失控，也能够避免在今后工程项目中由于缺乏依据而进行轻率判断所造成的损失，减少盲目性，增加自觉性，使现有资金充分地发挥作用。

通过资金使用计划的严格执行，可以有效地控制工程造价上升，最大限度地节约投资，提高投资效益。

对脱离实际的工程造价目标值和资金使用计划，应在科学评估的前提下，允许修订和修改，使工程造价更加趋于合理水平，从而保障建设单位和承包商各自的合法利益。

施工阶段资金使用计划的编制方法，主要有以下几种。

1. 按不同子项目编制资金使用计划

按不同子项目划分资金的使用，进而做到合理分配，必须对工程项目进行合理划分，划分的粗细程度根据实际需要而定。在实际工作中，总投资目标按项目分解只能分到单项工程或单位工程。

2. 按时间进度编制的资金使用计划

按时间进度编制的资金使用计划，通常可利用项目进度网络图进一步扩充后得到。利用网络图控制投资，即要求在拟定工程项目的执行计划时，一方面确定完成某项施工活动所需的时间，另一方面也要确定完成这一工作的合适的支出预算。

按时间进度编制资金使用计划可运用横道图形式和时标网络图形式。

资金使用计划也可以采用S型曲线与香蕉图的形式，其对应数据的产生依据是施工计划网络图中时间参数(工序最早开工时间，工序最早完工时间，工序最迟开工时间，工序最迟完工时间，关键工序，关键路线，计划总工期)的计算结果与对应阶段资金使用要求。

利用确定的网络计划便可计算各项活动的最早及最迟开工时间，获得项目进度计划的甘特图。在甘特图的基础上便可编制按时间进度划分的投资支出预算，进而绘制时间—投资累计曲线(S形图线)。

9.7.2 投资偏差分析

1. 偏差计算

施工阶段投资偏差的形成是由于施工过程随机因素与风险因素的影响形成了实际投资与计划投资，实际工程进度与计划工程进度的差异，这些差异称为投资偏差与进度偏差，这些偏差是施工阶段工程造价计算与控制的对象。

在计算投资偏差时，一般要计算3个参数，即拟完工程计划投资、已完工程计划投资、已完工程实际投资。

投资偏差指投资计划值与实际值之间存在的差异，即：

投资偏差=已完工程实际投资-已完工程计划投资

进度偏差可以用时间表示，也可以用投资表示。

进度偏差=已完工程实际时间-已完工程计划时间

为了与投资偏差联系起来，进度偏差也可表示为：

进度偏差=拟完工程计划投资-已完工程计划投资

所谓拟完工程计划投资是指根据进度计划安排在某一确定时间内所应完成的工程内容的计划投资。

在投资偏差分析时，具体又分为下面两种方式。

(1) 局部偏差和累计偏差。

(2) 绝对偏差和相对偏差。

常用的偏差分析方法有横道图法、时标网络图法、表格法和曲线法。在实际应用中，时标网络图能综合反映总工期、各工作间的逻辑关系、关键线路、实际进度(结合实际进度前锋线)，一目了然，表格法则能通过计算准确地反映工程投资完成情况、资金节约或浪费情况、进度提前或拖延情况，这两种方法是较为有效的偏差分析方法。

2. 偏差形成原因的分类及纠正方法

一般来讲，引起投资偏差的原因主要有4个方面：客观原因、业主原因、设计原因和施工原因。

偏差的类型分为4种形式。

(1) 投资增加且工期拖延。

(2) 投资增加但工期提前。

(3) 工期拖延但投资节约。

(4) 工期提前且投资节约。

纠偏的主要对象是业主原因和设计原因造成的投资偏差。纠偏措施可采用组织措施、经济措施、技术措施、合同措施等。

(1) 组织措施，指从投资控制的组织管理方面采取的措施，包括：①落实投资控制的组织机构和人员；②明确各级投资控制人员的任务、职能分工、权利和责任；③改善投资控制工作流程等。

组织措施是最基本的措施，是其他纠偏措施的前提和保障，一般无需增加什么费用，如果运用得当可以收到很好的效果。

(2) 经济措施，主要指审核工程量和签发支付证书，最易为人们接受。但是，在应用中不能把经济措施简单地理解为就是审核工程量和签发支付证书，应从全局出发来考虑问题，如检查投资目标分解是否合理；资金使用计划有无保障，会不会与施工进度计划发生冲突；工程变更有无必要，是否超标等。解决这些问题往往是标本兼治，事半功倍。另外，通过偏差分析和未完工程的预测还可以发现潜在的问题，及时采取预防措施，从而取得工程造价控制的主动权。

(3) 技术措施，主要指对工程施工方案进行技术经济比较。从造价控制的要求来看，技术措施并不都是因为有了技术问题才加以考虑的，也可以因为出现了较大的投资偏差而加以运用。不同的技术措施往往会有不同的经济效果，因此运用技术措施纠偏时，要对不同的技术方案进行技术经济分析后再加以选择。

(4) 合同措施。在施工阶段的投资纠偏方面主要指索赔管理。在施工过程中，索赔事件的发生是难免的，工程师在发生索赔事件后，要认真审查有关索赔依据是否符合合同规定，索赔计算是否合理等，从主动控制的角度出发，加强日常的合同管理，落实合同规定的责任。

工 程 案 例

某工程项目施工进度款的索赔与拨付

【背景资料】

某工程项目施工合同价为560万元，合同工期为6个月，施工合同规定。

(1) 开工前业主向施工单位支付合同价 20%的预付款。

(2) 业主自第一个月起，从施工单位应得工程款中按 10%的比例扣保留金，保留金为合同价的 5%，保留金到第 3 个月底全部扣完。

(3) 预付款在最后两个月等额扣除。

(4) 工程进度款按月结算，不考虑调价。

(5) 业主供料价款在发生当月的工程款中扣除。

(6) 若施工单位每月实际完成的产值不足计划产值的 90%时，业主可按实际完成产值的 8%的比例扣除工程进度款，经业主签定的施工进度计划和实际完成产值见表 9-3。

表 9-3 施工进度计划和实际完成产值表 万元

时间/月	1	2	3	4	5	6
计划完成产值	70	90	100	110	100	80
实际完成产值	70	80	120			
业主供料价款	8	12	15			

该工程进入第 4 个月时，由于业主资金出现困难，合同被迫终止。为此，施工单位提出以下费用要求。

(1) 施工现场存有为本工程购买的特殊工程材料，计 50 万元。

(2) 设备撤回基地发生的费用 10 万元。

(3) 人员遣返费用 8 万元。

【问题】

(1) 该工程的工程预付款是多少万元？应扣留的保修金为多少万元？

(2) 第 1 个月到第 3 个月各月签发的工程款是多少？应签发的付款凭证金额是多少？

(3) 合同终止时业主已支付施工单位各类工程款多少万元？

(4) 合同终止时施工单位提出的补偿要求是否合理？业主应补偿多少万元？

(5) 合同终止后业主共应向施工单位支付多少万元的工程款？

【参考答案】

问题(1)：

工程预付款为：560×20%=112(万元)。

保留金为：560×5%=28(万元)。

问题(2)：

第 1 个月：签发的工程款为 70×(1-0.1)=63(万元)。

应签发的付款凭证金额为：63-8=55 万元。

第 2 个月：80<90×90%，即本月实际完成产值不足计划产值的 90%。

签证的工程款为：80×(1-0.1)-80×8%=65.60(万元)。

应签发的付款凭证金额为：65.60-12=53.60(万元)。

第 3 个月：本月扣保留金为 28-(70+80)×10%=13(万元)。

签证的工程款为：120-13=107(万元)。

应签发的付款凭证金额为：107-15=92(万元)。

问题(3)：

合同终止时业主已支付施工单位工程款：112＋55＋53.6＋92＝312.60(万元)。

问题(4)：

① 要求合理，给予补偿。

② 要求不合理，应补偿：(560－70－80－120)/560×10＝5.18(万元)。

③ 要求不合理。应补偿：(560－70－80－120)/560×8＝4.14(万元)。

补偿合计：50＋5.18＋4.14＝59.32(万元)。

问题(5)：

合同终止时业主共支付施工单位工程款：70＋80＋120＋59.32－8－12－15＝294.32(万元)。

本章小结

工程项目施工实施阶段工程造价管理的主要任务是索赔管理和承包商的成本管理，从工程施工承包合同履行的角度，工程款支付也是重要内容。以合同为依据，工程计量、工程款支付、索赔与反索赔是本章的重点内容。

工程量的计量与调整和工程变更价款的确定是施工阶段工程造价确定的两个关键因素。管理控制的要点在于明确由实际值产生的偏差。同时，由于具体施工过程中的施工条件与环境变化多端，设计状况与实际施工过程的差异容易导致纠纷，索赔在所难免，索赔控制也是施工过程中造价(投资)控制的一个重要方面。在明确产生偏差的基础上，有针对性地采取纠偏措施。

思考题与习题

思考题

9－1　施工组织设计对工程造价有哪些影响?

9－2　指出我国工程施工合同示范文本中关于工程计量、合同价格调整原因、方法的规定。

9－3　工程索赔计算的原则有哪些?

9－4　工程款包括哪几种?其支付有哪些要求?

9－5　工程价款动态结算有哪些方法?

单项选择题

9－6　某包工包料工程合同金额3 000万元，则预付款金额最低为(　　)。

A. 150　　B. 300　　C. 450　　D. 900

9－7　某包工包料工程合同金额3 000万元，则预付款金额最高为(　　)。

A. 150　　B. 300　　C. 450　　D. 900

9－8　承包人向发包人申请返还保证金的时间是(　　)。

A. 缺陷责任期满　　B. 缺陷通知期满

C. 竣工结算办理完毕　　D. 缺陷责任期满后14天

9-9 某工程项目总价值 1 000 万元，合同工期为 18 个月，现承包人因建设条件发生变化需增加额外工程费用 50 万元，则承包方提出工期索赔为(　　)个月。

A. 1.5　　B. 0.9　　C. 1.2　　D. 6

9-10 在偏差分析的方法中，具有适用性强、信息量大、可以反映各种偏差变量和指标且有助于用计算机辅助管理的方法是(　　)。

A. 横道图法　　B. 表格法

C. 曲线法　　D. 时标网络图法

多项选择题

9-11 下列说法错误的是(　　)。

A. 施工中发包人如果需要对原工程进行设计变更，应不迟于变更前 14 天以书面形式通知承包人

B. 承包人对于发包人的变更要求，有拒绝执行的权利

C. 承包人未经工程师同意不得擅自更改、换用图纸，否则承包人承担由此发生的费用，赔偿发包人的损失，延误的工期不予顺延

D. 增减合同中约定的工程量不属于工程变更

E. 更改有关部分的标高、基线、位置和尺寸属于工程变更

9-12 下列各项中可以构成设计变更的有(　　)。

A. 双方对工期要求的变化

B. 施工条件和环境变化导致施工机械和材料的变化

C. 更改有关部分的标高、基线、位置和尺寸

D. 增减合同中约定的工程量

E. 更改有关工程的施工时间和顺序

案例计算题

9-13 某商住办综合楼工程合同价款 1 500 万元，工程价款按季度动态结算。合同原始报价日期为 2000 年 3 月份，开工日期为 4 月 1 日，预计年末完工，各季度的人工、材料指数等资料如表 9-4、表 9-5 所示：

表 9-4　各季度的人工、材料价格指数

项　目	人工费	材料费						不可调值费
		钢材	水泥	集料	砖	砂	木材	
比例(%)	28	18	13	7	9	4	6	15
第一季度	100	100	102	95	100	95	94	
第二季度	105	102	104	98	102	106	101	
第三季度	106	102	105	99	103	104	104	
第四季度	106	103	105	101	103	106	101	

表 9-5　各季度产值

季　度	第二季度	第三季度	第四季度
产值(万元)	430	580	490

合同中规定的其他内容有：

(1) 开工前业主向承包商支付合同价款20%的工程预付款，预付款在后两个季度结算时均摊抵扣。

(2) 业主自第二季度起，每季度从承包商的工程价款中按3%的比例扣留保修金，保修期满后，保修金及保修金利息扣除已支出费用后的剩余部分退还承包商。

另外，未调值前工程实际情况记录如下：

A. 第二季度业主提供部分材料，总计32万元。

B. 4月份由于工程师在指定时间内未提供所需的工程图纸导致工程拖延，使承包商随费用损失2万元，工程拖延2天。另外在基础开挖过程中，因工程遭遇飓风袭击，导致承包商费用损失3万元，工期延误一周。

C. 5月份业主为减少由于飓风袭击导致的工期延误，令工程师发布加速施工命令，双方协商加速施工款项在本季度结算，提前完工1天，奖励2 000元，结果承包商加速施工使工程按原定计划完成了第二季度任务。

D. 8月份由于施工中采用的水泥强度未达到等级要求，工程师要求返工，使承包商费用增加6万元，工程延误3天。

E. 11月份工程师对合格工程要求拆除预以检查，导致承包商延误工期2天，损失1万元。

问题：

(1) 施工单位对施工中发生的上述事项可索赔工期几天？总费用为多少？

(2) 若各索赔事项在各季度及时得解决，请协助工程师进行第二、三、四季度的工程价款结算。

第10章 工程竣工验收及后评估阶段的造价管理

教学目标

(1) 熟悉竣工验收的范围、依据、标准和工作程序。

(2) 熟悉竣工结算、决算的内容和编制方法，掌握新增固定资产价值的确定方法。

(3) 熟悉保修费用的处理方法。

(4) 理解建设工程项目后评估方法及指标计算。

教学要求

知识要点	能力要求	相关知识
竣工验收	(1) 了解竣工验收的范围、依据、标准和工作程序 (2) 熟悉竣工决算的内容和编制方法 (3) 掌握新增资产阶值的确定方法 (4) 熟悉保修费用的处理方法	(1) 竣工验收的含义、组织、内容、验收的依据和标准、竣工决算的编制 (2) 竣工结算和决算的关系 (3) 新增资产价值的确定 (4) 保修费用的范围和期限
后评估	理解建设工程项目后评估方法及指标计算	后评估的概念、后评估指标的计算

基本概念

竣工验收，竣工决算，竣工结算，保修费用，后评估，后评估的指标。

引例

某工程公司通过投标获得某工程项目，该项目的总体目标是：工期 18 个月；费用 5 000 万；质量为100%合格品；安全要求为杜绝死亡、重伤事故的发生。通过检查，最终结果是：工期 19.5 个月；费用5 300 万；质量符合要求；安全未出现伤亡事故。该公司已按合同约定，2008 年 8 月 1 日开工，2010 年3 月 18 日完工，符合合同要求的施工图纸内容。工程完工后接下来需要做些什么？或许“业主委托我们对国家投资的××工程进行竣工决算，小周，对工程造价的竣工决算交给你们了，如何做你安排一下。”

……

工作中你是不是经常遇到这些事呢？你是否能从容应对？

10.1 竣工验收阶段的工程造价管理概述

10.1.1 建设工程项目竣工验收概述

1. 建设工程竣工验收含义

建设项目竣工验收是指由发包人、承包人和项目验收委员会，以项目批准的设计任务书和设计文件，以及国家或部门颁发的施工验收规范和质量检验标准为依据，按照一定的程序和手续，在项目建成并试生产合格后(工业生产性项目)，对工程项目的总体进行检验和认证、综合评估和鉴定活动。

按照我国建设程序的规定，竣工验收是建设工程的最后阶段，是建设项目施工阶段和保修阶段的中间过程，是全面检验建设项目是否符合设计要求和工程质量检验标准的重要环节。只有经过竣工验收，建设项目才能实现由承包人管理向发包人管理的过渡，它标志着建设投资成果投入生产或使用，对促进建设项目及时投产或交付使用、发挥投资效果、总结建设经验有着重要的作用。

工业生产项目须经试生产(投料试车)合格，形成生产能力，能正常生产出产品后，才能进行验收。非工业生产项目，应能正常使用，才能进行验收。

2. 建设工程竣工验收的组织

竣工验收的组织，按原国家计委、建设部关于《建设项目(工程)竣工验收办法》的规定，大中型和限额以上基本建设和技术改造项目(工程)，由国家计委或由国家计委委托项目主管部门、地方政府部门组织验收；小型和限额以下基本建设和技术改造项目(工程)，由项目(工程)主管部门或地方政府部门组织验收。竣工验收要根据工程规模大小、复杂程度组成验收委员会或验收组。验收委员会或验收组应由银行、物资、环保、劳动、统计、消防及其他有关部门组成。建设单位、接管单位、施工单位、勘察设计单位参加验收工作。

验收委员会或验收组，负责审查工程建设的各个环节，听取各有关单位的工作报告，审阅工程档案资料并实地察验建筑工程和设备安装情况，并对工程设计、施工和设备质量等方面作出全面的评估。不合格的工程不予验收，对遗留问题提出具体解决意见，限期落实完成。

3. 建设工程竣工验收的内容

建设项目竣工验收的内容依据建设项目的不同而不同，一般包括以下两部分。

1) 工程资料验收

工程资料验收包括工程技术资料、工程综合资料和工程财务资料验收。

(1) 工程技术资料验收内容包括以下几点。

① 工程地质、水文、气象、地形、地貌、建筑物、构筑物及重要设备安装位置、勘察报告、记录。

② 初步设计、技术设计或扩大初步设计、关键的技术试验、总体规划设计。

③ 土质试验报告、基础处理。

④ 建筑工程施工记录、单位工程质量检验记录、管线强度、密封性试验报告、设备及管线安装施工记录及质量检查、仪表安装施工记录。

⑤ 设备试车、验收运转、维修记录。

⑥ 产品的技术参数、性能、图纸、工艺说明、工艺规程、技术总结、产品检验、包装、工艺图。

⑦ 设备的图纸、说明书。

⑧ 涉外合同、谈判协议、意向书。

⑨ 各单项工程及全部管网竣工图等的资料。

(2) 工程综合资料验收内容包括以下几点。

① 项目建议书及批件，可行性研究报告及批件，项目评估报告，环境影响评估报告书，设计任务书。

② 土地征用申报及批准的文件，承包合同，招投标及合同文件，施工执照，项目竣工验收报告，验收鉴定书。

(3) 工程财务资料验收内容包括以下几点。

① 历年建设资金供应(拨、贷)情况和应用情况。

② 历年批准的年度财务决算。

③ 历年年度投资计划、财务收支计划。

④ 建设成本资料。

⑤ 支付使用的财务资料。

⑥ 设计概算、预算资料。

⑦ 竣工决算资料。

2) 工程内容验收

工程内容验收包括建筑工程验收和安装工程验收。

(1) 建筑工程验收的内容。建筑工程验收主要是指如何运用有关资料进行审查验收，主要包括以下几点。

① 建筑物的位置、标高、轴线是否符合设计要求。

② 对基础工程中的土石方工程、垫层工程、砌筑工程等资料的审查验收。

③ 对结构工程中的砖木结构、砖混结构、内浇外砌结构、钢筋混凝土结构的审查验收。

④ 对屋面工程的屋面瓦、保温层、防水层等的审查验收。

⑤ 对门窗工程的审查验收。

⑥ 对装饰工程的审查验收(抹灰、油漆等工程)。

(2) 安装工程验收的内容。安装工程验收分为建筑设备安装工程、工艺设备安装工程和动力设备安装工程验收。主要包括以下几点。

① 建筑设备安装工程(指民用建筑物中的上下水管道、暖气、天然气或煤气、通风、电气照明等安装工程)验收时应检查这些设备的规格、型号、数量、质量是否符合设计要求，检查安装时的材料、材质、材种，检查试压、闭水试验、照明。

② 工艺设备安装工程包括：生产、起重、传动、实验等设备的安装，以及附属管线

铺设和油漆、保温等。验收时应检查设备的规格、型号、数量、质量、设备安装的位置、标高、机座尺寸、质量、单机试车、无负荷联动试车、有负荷联动试车是否符合设计要求，检查管道的焊接质量、洗清、吹扫、试压、试漏、油漆、保温等及各种阀门。

③ 动力设备安装工程验收是指对有自备电厂的项目的验收，或变配电室(所)、动力配电线路的验收。

10.1.2 建设工程项目竣工验收的依据与标准

1. 建设工程项目竣工验收的依据

建设项目竣工验收的主要依据包括以下几点。

(1) 上级主管部门对该项目批准的各种文件。

(2) 可行性研究报告。

(3) 施工图设计文件及设计变更洽商记录。

(4) 国家颁布的各种标准和现行的施工验收规范。

(5) 工程承包合同文件。

(6) 技术设备说明书。

(7) 建筑安装工程统计规定及主管部门关于工程竣工的规定。

(8) 从国外引进的新技术和成套设备的项目，以及中外合资建设项目，要按照签订的合同和进口国提供的设计文件等进行验收。

(9) 利用世界银行等国际金融机构贷款的建设项目，应按世界银行规定，按时编制《项目完成报告》。

2. 建设工程项目竣工验收的标准

1) 工业建设项目竣工验收标准

根据国家规定，工业建设项目竣工验收、交付生产使用，必须满足以下要求。

(1) 生产性项目和辅助性公用设施，已按设计要求完成，能满足生产使用要求。

(2) 主要工艺设备、动力设备均已安装配套，经无负荷联动试车和有负荷联动试车合格，并已形成生产能力，能够生产出设计文件所规定的产品。

(3) 必要的生产设施，已按设计要求建成。

(4) 生产准备工作能适应投产的需要，其中包括生产指挥系统的建立，经过培训的生产人员已能上岗操作，生产所需的原材料、燃料和备品备件的储备，经验收检查能够满足连续生产要求。

(5) 环境保护设施、劳动安全卫生设施、消防设施已按设计要求与主体工程同时建成使用。

(6) 生产性投资项目如工业项目的土建工程、安装工程、人防工程、管道工程、通信工程等工程的施工和竣工验收，必须按照国家批准的《中华人民共和国国家标准××工程施工及验收规范》和主管部门批准的《中华人民共和国行业标准××工程施工及验收规范》执行。

2) 民用建设项目竣工验收标准

(1) 建设项目各单位工程和单项工程，均已符合项目竣工验收标准。

(2) 建设项目配套工程和附属工程，均已施工结束，达到设计规定的相应质量要求，并具备正常使用条件。

10.1.3 建设工程项目竣工验收的方式、程序与管理

1. 建设工程项目竣工验收的方式

建设项目竣工验收的方式可分为单位工程竣工验收、单项工程竣工验收和全部工程竣工验收3种方式。

1) 单位工程竣工验收(又称中间验收)

单位工程验收是承包人以单位工程或某专业工程为对象，独立签订建设工程施工合同，达到竣工验收条件后，承包人可单独进行交工，发包人根据竣工验收的依据和标准，按施工合同约定的工程内容组织竣工验收，这阶段工作由监理单位组织、发包人和承包人派人参加验收工作，单位工程验收资料是最终验收的依据。

2) 单项工程竣工验收

单项工程竣工验收是在一个总体建设项目中，一个单项工程已完成设计图纸规定的工程内容，能满足生产要求或具备使用条件，承包人向监理单位提交“工程竣工报告”和“工程竣工报验单”，经确认后向发包人发出“交付竣工验收通知书”，说明工程完工情况、竣工验收准备情况、设备无负荷单机试车情况，具体约定单项工程竣工验收的有关工作。这阶段工作由发包人组织，会同承包人、监理单位、设计单位和使用单位等有关部门完成。

3) 全部工程竣工验收

全部工程竣工验收是建设项目已按设计规定全部建成、达到竣工验收条件，由发包人组织设计、施工、监理等单位和档案部门进行全部工程的竣工验收工作。规模较小、施工内容简单的建设工程项目，也可以一次进行全部项目的竣工验收。

2. 建设工程项目竣工验收的程序

建设项目全部建成，经过各单项工程的验收符合设计的要求，并具备竣工图表、竣工决算、工程总结等必要的文件资料，由建设项目主管部门或发包人向负责验收的单位提出竣工验收申请报告，按程序验收。工程验收报告应经项目经理和承包人等有关负责人审核签字。竣工验收的一般程序如下。

1) 承包人申请交工验收

承包人在完成了合同工程或按合同约定可分部移交工程的，可申请交工验收，交工验收一般为单项工程，但在某些特殊情况下也可以是单位工程的施工内容，比如特殊基础处理工程、发电站单机机组完成后的移交等。承包人施工的工程达到竣工条件后，应先进行预检验，对不符合要求的部位和项目，确定修补措施和标准，修补有缺陷的工程部位；对于设备安装工程，要与发包人和监理工程师共同进行无负荷的单机和联动试车。承包人在完成了上述工作和准备好竣工资料后，即可向发包人提交“工程竣工报验单”。

2) 监理工程师现场初步验收

监理工程师收到“工程竣工报验单”后，应由监理工程师组成验收组，对竣工的工程项目的竣工资料和各专业工程的质量进行初验，在初验中发现的质量问题，要及时书面通知承包人，令其修理甚至返工。经整改合格后监理工程师签署“工程竣工报验单”，并向

发包人提出质量评估报告，至此现场初步验收工作结束。

3）单项工程验收

单项工程验收又称交工验收，即验收合格后发包人方可投入使用。由发包人组织的交工验收，由监理单位、设计单位、承包人、工程质量监督站等部门参加，主要依据国家颁布的有关技术规范和施工承包合同，对以下几方面进行检查或检验。

(1) 检查、核实竣工项目准备移交给发包人的所有技术资料的完整性、准确性。

(2) 按照设计文件和合同，检查已完工程是否有漏项。

(3) 检查工程质量、隐蔽工程验收资料，关键部位的施工记录等，考察施工质量是否达到合同要求。

(4) 检查试车记录及试车中所发现的问题是否得到改正。

(5) 在交工验收中发现需要返工、修补的工程，应明确规定完成期限。

(6) 其他涉及的有关问题。

验收合格后，发包人和承包人共同签署“交工验收证书”。然后由发包人将有关技术资料和试车记录、试车报告及交工验收报告一并上报主管部门，经批准后该部分工程即可投入使用。验收合格的单项工程，在全部工程验收时，原则上不再办理验收手续。

4）全部工程的竣工验收

全部施工过程完成后，要由国家主管部门组织竣工验收，该验收又称为动用验收。发包人参与全部工程竣工验收分为验收准备、预验收和正式验收 3 个阶段。

(1) 验收准备。发包人、承包人和其他有关单位均应进行验收准备，验收准备的主要工作内容如下。

① 收集、整理各类技术资料，分类装订成册。

② 核实建筑安装工程的完成情况，列出已交工工程和未完工工程一览表，包括单位工程名称、工程量、预算估价以及预计完成时间等内容。

③ 提交财务决算分析。

④ 检查工程质量，查明须返工或补修的工程并提出具体的时间安排，预申报工程质量等级的评定，做好相关材料的准备工作。

⑤ 整理汇总项目档案资料，绘制工程竣工图。

⑥ 登载固定资产，编制固定资产构成分析表。

⑦ 落实生产准备各项工作，提出试车检查的情况报告，总结试车考评情况。

⑧ 编写竣工结算分析报告和竣工验收报告。

(2) 预验收。建设项目竣工验收准备工作结束后，由发包人或上级主管部门会同监理单位、设计单位、承包人及有关单位或部门组成预验收组进行预验收。预验收的主要工作如下。

① 核实竣工验收准备工作内容，确认竣工项目所有档案资料的完整性和准确性。

② 检查项目建设标准、评定质量，对竣工验收准备过程中有争议的问题和存在隐患及遗留问题提出处理意见。

③ 检查财务账表是否齐全并验证数据的真实性。

④ 检查试车情况和生产准备情况。

⑤ 编写竣工预验收报告和移交生产准备情况报告，在竣工预验收报告中应说明项目的概况、对验收过程进行阐述、对工程质量做出总体评估。

(3) 正式验收。建设项目的正式竣工验收是由国家、地方政府、建设项目投资商或开发商以及有关单位领导和专家参加的最终整体验收。大中型和限额以上的建设项目的正式验收，由国家投资主管部门或其委托项目主管部门或地方政府组织验收，一般由竣工验收委员会(或验收小组)主任(或组长)主持，具体工作可由总监理工程师组织实施。国家重点工程的大型建设项目，由国家有关部委邀请有关方面参加，组成工程验收委员会进行验收。小型和限额以下的建设项目由项目主管部门组织。发包人、监理单位、承包人、设计单位和使用单位共同参加验收工作。正式验收的主要工作如下。

① 发包人、勘查设计单位分别汇报工程合同履约情况以及在工程建设各环节执行法律、法规与工程建设强制性标准的情况。

② 听取承包人汇报建设项目的施工情况、自验情况和竣工情况。

③ 听取监理单位汇报建设项目监理内容和监理情况及对项目竣工的意见。

④ 组织竣工验收小组全体人员进行现场检查，了解项目现状、查验项目质量，及时发现存在和遗留的问题。

⑤ 审查竣工项目移交生产使用的各种档案资料。

⑥ 评审项目质量，对主要工程部位的施工质量进行复验、鉴定，对工程设计的先进性、合理性和经济性进行复验和鉴定，按设计要求和建筑安装工程施工的验收规范和质量标准进行质量评定验收。在确认工程符合竣工标准和合同条款规定后，签发竣工验收合格证书。

⑦ 审查试车规程，检查投产试车情况，核定收尾工程项目，对遗留问题提出处理意见。

⑧ 签署竣工验收鉴定书，对整个项目做出总的验收鉴定。竣工验收鉴定书是表示建设项目已经竣工，并交付使用的重要文件，是全部固定资产交付使用和建设项目正式动用的依据。

整个建设项目进行竣工验收后，发包人应及时办理固定资产交付使用手续。在进行竣工验收时，已验收过的单项工程可以不再办理验收手续，但应将单项工程交工验收证书作为最终验收的附件而加以说明。发包人在竣工验收过程中，如发现工程不符合竣工条件，应责令承包人进行返修，并重新组织竣工验收，直到通过验收。

3. 建设工程项目竣工验收的管理

1) 竣工验收报告

建设工程项目竣工验收合格后，建设单位应当及时提出工程竣工验收报告。工程竣工验收报告主要包括工程概况，建设单位执行基本建设程序情况，对工程勘察、设计、施工、监理等方面的评估，工程竣工验收时间、程序、内容和组织形式，工程竣工验收意见等内容。

工程竣工验收报告还应附有下列文件。

(1) 施工许可证。

(2) 施工图设计文件审查意见。

(3) 验收组人员签署的工程竣工验收意见。

(4) 市政基础设施工程应附有质量检测和功能性试验资料。

(5) 施工单位签署的工程质量保修书。

(6) 法规、规章规定的其他有关文件。

2) 竣工验收的管理

对工程竣工验收管理工作的要求如下。

(1) 国务院建设行政主管部门负责全国工程竣工验收的监督管理工作。

(2) 县级以上地方人民政府建设行政主管部门负责本行政区域内工程竣工验收监督管理工作。

(3) 工程竣工验收工作，由建设单位负责组织实施。

(4) 县级以上地方人民政府建设行政主管部门应当委托工程质量监督机构对工程竣工验收实施监督。

(5) 负责监督该工程的工程质量监督机构应当对工程竣工验收的组织形式、验收程序、执行验收标准等情况进行现场监督，发现有违反建设工程项目质量管理规定行为的，责令改正，并将对工程竣工验收的监督情况作为工程质量监督报告的重要内容。

3) 竣工验收的备案

对竣工验收的备案管理工作要求如下。

(1) 国务院建设行政主管部门负责全国房屋建筑工程和市政基础设施工程的竣工验收备案管理工作。县级以上地方人民政府建设行政主管部门负责本行政区域内工程的竣工验收备案管理工作。

(2) 建设单位应当自工程竣工验收合格之日起 15 日内，依照《房屋建筑工程和市政基础设施工程竣工验收备案管理暂行办法》的规定，向工程所在地的县级以上地方人民政府建设行政主管部门备案。

(3) 建设单位办理工程竣工验收备案应当提交下列文件。

① 工程竣工验收备案表。

② 工程竣工验收报告。

③ 法律、行政法规规定应当由规划、公安消防、环保等部门出具的认可文件或准许使用文件。

④ 施工单位签署的工程质量保修书；商品住宅还应当提交《住宅质量保证书》和《住宅使用说明书》。

⑤ 法规、规章规定必须提供的其他文件。

(4) 备案机关收到建设单位报送的竣工验收备案文件，验证文件齐全后，应当在工程竣工验收备案表上签署文件收讫。工程竣工验收备案表一式二份，一份由建设单位保存，一份留备案机关存档。

(5) 工程质量监督机构应当在工程竣工验收之日起 5 日内，向备案机关提交工程质量监督报告。

10.2 竣工结算与竣工决算

10.2.1 竣工结算

1. 竣工结算的概念

竣工结算是指承包商完成合同内工程的施工并通过了交工验收后，所提交的竣工结算书经过业主和监理工程师审查签证，送交经办银行或工程预算审查部门审查签认，然后由经办银行办理拨付工程价款手续的过程。

财政部、建设部2004年发布的《建设工程价款结算暂行办法》中，建设工程价款结算是指对建设工程的发承包合同价款进行约定和依据合同约定进行工程预付款、工程进度款、工程竣工价款结算的活动。工程完工后，双方应按照约定的合同价款及合同价款调整内容以及索赔事项，进行工程竣工结算。

2. 竣工结算的方式、编审及审查期限

1) 竣工结算的方式

工程竣工结算分为单位工程竣工结算、单项工程竣工结算和建设项目竣工总结算。

2) 竣工结算的编审

(1) 单位工程竣工结算由承包人编制，发包人审查；实行总承包的工程，由具体承包人编制，在总包人审查的基础上，再由发包人审查。

(2) 单项工程竣工结算或建设项目竣工总结算由总(承)包人编制，发包人可直接进行审查，也可以委托具有相应资质的工程造价咨询机构进行审查。政府投资项目，由同级财政部门审查。单项工程竣工结算或建设项目竣工总结算经发、承包人签字盖章后有效。

承包人应在合同约定期限内完成项目竣工结算编制工作，未在规定期限内完成的并且提不出正当理由延期的，责任自负。

3) 竣工结算的审查期限

单项工程竣工后，承包人应在提交竣工验收报告的同时，向发包人递交竣工结算报告及完整的结算资料，发包人应按以下规定时限进行核对(审查)并提出审查意见。工程竣工结算报告金额审查时间见表10-1。

表10-1 工程竣工结算报告金额审查时间

	工程竣工结算金额	核对时间
1	500万元以下	从接到竣工结算书之日起20天
2	500万～2 000万元	从接到竣工结算书之日起30天
3	2 000万～5 000万元	从接到竣工结算书之日起45天
4	5 000万元以上	从接到竣工结算书之日起60天

建设项目竣工总结算在最后一个单项工程竣工结算审查确认后15天内汇总，送发包人后30天内审查完成。

3. 竣工结算的内容

采用工程量清单计价的工程竣工结算，根据《建筑工程工程量清单计价规范》(GB 50500—2008)的规定，竣工结算的内容与投标报价的内容基本一致，由分部分项工程费、措施项目费、其他项目费、规费和税金五部分组成。分部分项工程量费应依据双方确认的工程量、合同约定的综合单价计算，如果发生调整，以发、承包双方确认调整的综合单价计算。措施项目费应依据合同约定的项目和金额计算，如果发生调整，以发、承包双方确认调整的金额计算，其中安全文明施工费应按照国家或省级、行业建设主管部门的规定计价，不得作为竞争性费用。其他项目费用应按下列规定计算。

(1) 计日工应按发包人实际签证确认的事项计算。

(2) 暂估价中的材料单价应按发、承包双方最终确认价在综合单价中调整；专业工程暂估价应按中标价或发包人、承包人与分包人最终确认价计算。

(3) 总承包服务费应依据合同约定金额计算，如果发生调整，以发、承包双方确认调整的金额计算。

(4) 索赔费用应依据发、承包双方确认的索赔事项和金额计算。

(5) 现场签证费用应依据发、承包双方签证资料确认的金额计算。

(6) 暂列金额应按减去工程价款调整与索赔、现场签证金额计算，如果有余额归发包人。

规费和税金应按国家或省级行业建设主管部门的规定计算，不得作为竞争性费用。

采用预算定额形式的竣工结算，其内容与施工图预算的内容基本相同，由直接费、间接费、利润和税金四部分组成。竣工结算以竣工结算书形式表现，包括单位工程竣工结算书、单项工程竣工结算书及竣工结算说明书等。竣工结算书中主要应体现"量差"和"价差"的基本内容。"量差"是指原计价文件所列工程量与实际完成的工程量不符而产生的差别。"价差"是指签订合同时的计价或取费标准与实际情况不符而产生的差别。

4. 竣工结算的编制原则与依据

1) 竣工结算的编制原则

工程项目竣工结算既要正确贯彻执行国家和地方基建部门的政策和规定，又要准确反映施工企业完成的工程价值。在进行工程结算时，要遵循以下原则。

(1) 必须具备竣工结算的条件，要有工程验收报告，对于未完工程、质量不合格的工程不能结算；需要返工重做的，应返工修补合格后，才能结算。

(2) 严格执行国家和地区的各项有关规定。

(3) 实事求是，认真履行合同条款。

(4) 编制依据充分，审核和审定手续完备。

(5) 竣工结算要本着对国家、建设单位、施工单位认真负责的精神，做到既合理又合法。

2) 竣工结算的编制依据

(1) 工程竣工报告、工程竣工验收证明、图纸会审记录、设计变更通知单及竣工图。

(2) 经审批的施工图预算、购料凭证、材料代用价差、施工合同。

(3) 本地区现行预算定额、费用定额、材料预算价格及各种收费标准、双方有关工程计价协定。

(4) 各种技术资料(技术核定单、隐蔽工程记录、停复工报告等)及现场签证记录。

(5) 不可抗力、不可预见费用的记录以及其他有关文件规定。

根据《建设工程工程量清单计价规范》(GB 50500—2008)，竣工结算应以以下内容为依据。

计价规范，施工合同，工程竣工图纸及资料，双方确认的工程量，双方确认追加(减)的工程价款，双方确认的索赔、现场签证事项及价款，投标文件，招标文件，其他依据。

5. 竣工结算的编制方法

1）合同价格包干法

在考虑了工程造价动态变化的因素后，合同价格一次包死，项目的合同价就是竣工结算造价。即：

$$结算工程造价=经发包方审定后确定的施工图预算造价\times(1+包干系数) \quad (10-1)$$

2）合同价增减法

在签订合同时商定合同价格，但没有包死，结算时以合同价为基础，按实际情况进行增减结算。

3）预算签证法

按双方审定的施工图预算签订合同，凡在施工过程中经双方签字同意的凭证都作为结算的依据，结算时以预算价为基础按所签凭证内容调整。

4）竣工图计算法

结算时根据竣工图、竣工技术资料、预算定额，按照施工图预算编制方法，全部重新计算，得出结算工程造价。

5）平方米造价包干法

双方根据一定的工程资料，事先协商好每平方米造价指标，结算时以平方米造价指标乘以建筑面积确定应付的工程价款。即：

$$结算工程造价=建筑面积\times每平方米造价指标 \quad (10-2)$$

6）工程量清单计价法

以业主与承包方之间的工程量清单报价为依据，进行工程结算。办理工程价款竣工结算的一般公式为：

$$\begin{aligned}竣工结算工程价款=&预算(或概算)或合同价款+施工过程中预算或合同价款调整数额\\&-预付及已结算的工程价款-未扣的保修金 \quad (10-3)\end{aligned}$$

6. 竣工结算的编制程序和方法

1）承包方进行竣工结算的程序和方法

(1) 收集分析影响工程量差、价差和费用变化的原始凭证。

(2) 根据工程实际对施工图预算的主要内容进行检查、核对。

(3) 根据收集的资料和预算对结算进行分类汇总，计算量差、价差，进行费用调整。

(4) 根据查对结果和各种结算依据，分别归类汇总，填写竣工工程结算单，编制单位工程结算。

(5) 编写竣工结算说明书。

(6) 编制单项工程结算。目前国家没有统一规定工程竣工结算书的格式，各地可结合当地情况和需要自行设计计算表格，供结算使用。

2）业主进行竣工结算的管理程序

(1) 业主接到承包商提交的竣工结算书后，应以单位工程为基础，对承包合同内规定的施工内容，包括工程项目、工程量、单价取费和计算结果等进行检查与核对。

(2) 核查合同工程的竣工结算，竣工结算应包括以下几方面。

① 开工前准备工作的费用是否准确。

② 土石方工程与基础处理有无漏算或多算。

③ 钢筋混凝土工程中的钢筋含量是否按规定进行了调整。

④ 加工订货的项目、规格、数量、单价等与实际安装的规格、数量、单价是否相符。

⑤ 特殊工程中使用的特殊材料的单价有无变化。

⑥ 工程施工变更记录与合同价格的调整是否相符。

⑦ 实际施工中有无与施工图要求不符的项目。

⑧ 单项工程综合结算书与单位工程结算书是否相符。

(3) 对核查过程中发现的不符合合同规定的情况，比如多算、漏算或计算错误等，均应予以调整。

(4) 将批准的工程竣工结算书送交有关部门审查。

(5) 工程竣工结算书经过确认后，办理工程价款的最终结算拨款手续。

7. 工程竣工价款结算

发包人收到承包人递交的竣工结算报告及完整的结算资料后，应在规定的期限(合同约定有期限的，从其约定)内进行核实，给予确认或者提出修改意见。发包人根据确认的竣工结算报告向承包人支付工程竣工结算价款，保留5%左右的质量保证(保修)金，待工程交付使用一年质保期到期后清算(合同另有约定的，从其约定)，质保期内如果有返修，发生费用应在质量保证(保修)金内扣除。

发承包人未能按合同约定履行自己的各项义务或发生错误，给另一方造成经济损失的，由受损方按合同约定提出索赔，索赔金额按合同约定支付。

发包人要求承包人完成合同以外零星项目，承包人应在接受发包人要求的7天内就用工数量和单价、机械台班数量和单价、使用材料和金额等向发包人提出施工签证，发包人签证后施工，如果发包人未签证，承包人施工后发生争议的，责任由承包人自负。

10.2.2 竣工决算

1. 建设项目竣工决算的概念

竣工决算是以实物数量和货币指标为计量单位，综合反映竣工项目从筹建开始到项目竣工交付使用为止的全部建设费用、建设成果和财务情况的总结性文件，是竣工验收报告的重要组成部分，竣工决算是正确核定新增固定资产价值，考核分析投资效果，建立健全经济责任制的依据，是反映建设项目实际造价和投资效果的文件。

2. 建设项目竣工决算与竣工结算的关系

竣工决算与竣工结算的主要联系与区别见表10-2。

表10-2 竣工决算与竣工结算的主要联系与区别

区别项目	竣工决算	竣工结算
编制单位及部门	建设单位的财务部门	施工单位的预算部门
编制范围不同	针对建设项目，必须是整个建设项目竣工后	主要是针对单位工程

续表

区别项目	竣工决算	竣工结算
内容	建设单位从筹建到竣工投产的全部费用，它反映了建设工程的投资效益	施工单位承包工程的全部费用，最终反映了施工单位的施工产值
性质和作用	（1）业主办理交付、验收、动用新增各类资产的依据 （2）竣工验收报告的重要组成部分	（1）双方办理工程价款最终结算的依据 （2）建设单位编制竣工决算的依据

3. 竣工决算的内容

建设项目竣工决算应包括从筹集到竣工投产全过程的全部实际费用，即包括建筑工程费、安装工程费、设备工器具购置费用及预备费和投资方向调节税等。按照财政部、国家发改委和建设部的有关文件规定，竣工决算是由竣工财务决算说明书、竣工财务决算报表、工程竣工图和工程竣工造价对比分析四部分组成。前两部分又称建设项目竣工财务决算，是竣工决算的核心内容。

1）竣工决算报告情况说明书

竣工决算报告情况说明书主要反映竣工工程建设成果和经验，是对竣工决算报表进行分析和补充说明的文件，是全面考核分析工程投资与造价的书目总结，其主要内容如下。

（1）建设项目概况，对工程总的评估。一般从进度、质量、安全和造价施工方面进行分析说明。进度方面主要说明开工和竣工时间，对照合理工期和要求工期分析是提前还是延期；质量方面主要根据竣工验收委员会或同级质量监督部门的验收评定等级、合格率和优良品率；安全方面主要根据劳动工资和施工部门的记录，对有无设备和人身事故进行说明；造价方面主要对照概算造价，说明节约还是超支，用金额和百分率进行分析说明。

（2）资金来源及运用等财务分析，主要包括工程价款结算、会计账务的处理、财产物资情况及债权债务的清偿情况。

（3）基本建设收入、投资包干结余、竣工结余资金的上交分配情况。通过对基本建设投资包干情况的分析，说明投资包干数、实际支用数和节约额、投资包干节余的有机构成和包干节余的分配情况。

（4）各项经济技术指标的分析。概算执行情况分析，根据实际投资完成额与概算进行对比分析；新增生产能力的效益分析，说明支付使用财产占总投资额的比例、占支付使用财产的比例，不增加固定资产的造价占投资总额的比例，分析有机构成和成果。

（5）工程建设的经验及项目管理和财务管理工作以及竣工财务决算中有待解决的问题。

（6）需要说明的其他事项。

2）竣工财务决算报表

建设项目竣工财务决算报表根据大、中型建设项目和小型建设项目分别制定。大、中型建设项目竣工决算报表包括：建设项目竣工财务决算审批表，大、中型建设项目概况表，大、中型建设项目竣工财务决算表，大、中型建设项目交付使用资产总表。小型建设项目竣工财务决算报表包括建设项目竣工财务决算审批表、竣工财务决算总表、建设项目交付使用资产明细表。

（1）建设项目竣工财务决算审批表见表10－3。

表 10-3　建设项目竣工财务决算审批表

<table>
<tr><td>建设项目法人(建设单位)</td><td></td><td>建设性质</td><td></td></tr>
<tr><td>建设项目名称</td><td></td><td>主管部门</td><td></td></tr>
<tr><td colspan="4">开户银行意见：
（盖章）
年　月　日</td></tr>
<tr><td colspan="4">专员办审批意见：
（盖章）
年　月　日</td></tr>
<tr><td colspan="4">主管部门或地方财政部门审批意见：
（盖章）
年　月　日</td></tr>
</table>

该表在竣工决算上报有关部门审批时使用，其格式是按照中央级小型项目审批要求设计的，地方级项目可按审批要求作适当修改，大、中、小型项目均要按照下列要求填报此表。

① 表中“建设性质”按照新建、改建、扩建、迁建和恢复建设项目等分类填列。

② 表中“主管部门”是指建设单位的主管部门。

③ 所有建设项目均须经过开户银行签署意见后，按照有关要求进行报批：中央级小型项目由主管部门签署审批意见；中央级大、中型建设项目报所在地财政监察专员办事机构签署意见后，再由主管部门签署意见报财政部审批；地方级项目由同级财政部门签署审批意见。

④ 已具备竣工验收条件的项目，3 个月内应及时填报审批表，如果 3 个月内不办理竣工验收和固定资产移交手续的视同项目已正式投产，其费用不得从基本建设投资中支付，所实现的收入作为经营收入，不再作为基本建设收入管理。

(2) 大、中型建设项目概况表见表 10-4。

表 10-4　大、中型建设项目概况表

<table>
<tr><td>建设项目(单项工程)名称</td><td colspan="2"></td><td>建设地址</td><td colspan="2"></td><td>基本</td><td>项目</td><td>概算/元</td><td>实际/元</td><td>备注</td></tr>
<tr><td rowspan="2">主要设计单位</td><td colspan="2" rowspan="2"></td><td rowspan="2">主要施工企业</td><td colspan="2" rowspan="2"></td><td rowspan="8">建设支出</td><td>建筑安装工程投资</td><td></td><td></td><td></td></tr>
<tr><td>设备、工器具</td><td></td><td></td><td></td></tr>
<tr><td rowspan="2">占地面积</td><td>设计</td><td>实际</td><td rowspan="2">总投资/万元</td><td>设计</td><td>实际</td><td>待摊投资</td><td></td><td></td><td></td></tr>
<tr><td></td><td></td><td></td><td></td><td>其中：建设单位管理费</td><td></td><td></td><td></td></tr>
<tr><td rowspan="2">新增生产能力</td><td colspan="3">能力(效益)名称</td><td>设计</td><td>实际</td><td>其他投资</td><td></td><td></td><td></td></tr>
<tr><td colspan="3"></td><td></td><td></td><td>待核销基建支出</td><td></td><td></td><td></td></tr>
<tr><td rowspan="2">建设起止时间</td><td>设计</td><td colspan="4">从　年　月开工至　年　月竣工</td><td>非经营项目转出投资</td><td></td><td></td><td></td></tr>
<tr><td>实际</td><td colspan="4">从　年　月开工至　年　月竣工</td><td>合计</td><td></td><td></td><td></td></tr>
</table>

续表

<table>
<tr><td>建设项目
(单项工程)
名称</td><td></td><td>建设地址</td><td></td><td>基本</td><td>项目</td><td>概算
/元</td><td>实际
/元</td><td>备注</td></tr>
<tr><td>设计概算
批准文号</td><td colspan="8"></td></tr>
<tr><td rowspan="3">完成主要
工程量</td><td colspan="4">建设规模</td><td colspan="4">设备/台、套、吨</td></tr>
<tr><td colspan="2">设计</td><td colspan="2">实际</td><td colspan="2">设计</td><td colspan="2">实际</td></tr>
<tr><td colspan="2"></td><td colspan="2"></td><td colspan="2"></td><td colspan="2"></td></tr>
<tr><td rowspan="2">收尾工程</td><td colspan="2">工程项目、内容</td><td colspan="2">已完成投资额</td><td colspan="2">尚需投资额</td><td colspan="2">完成时间</td></tr>
<tr><td colspan="2"></td><td colspan="2"></td><td colspan="2"></td><td colspan="2"></td></tr>
</table>

该表综合反映大、中型项目的基本概况，内容包括该项目总投资、建设起止时间、新增生产能力、主要材料消耗、建设成本、完成主要工程量和主要技术经济指标，为全面考核和分析投资效果提供依据，可按下列要求填写。

①“建设项目名称”、“建设地址”、“主要设计单位”和“主要施工企业”，要按全称填列。

② 表中各项目的设计、概算、计划等指标，根据批准的设计文件和概算、计划等确定的数字填列。

③ 表中所列“新增生产能力”、“完成主要工程量”、主要材料消耗的实际数据，根据建设单位统计资料和承包人提供的有关成本核算资料填列。

④ 表中“基建支出”是指建设项目从开工起至竣工为止发生的全部基本建设支出，包括形成资产价值的交付使用资产，比如固定资产、流动资产、无形资产、其他资产支出，还包括不形成资产价值按照规定应核销的非经营项目的待核销基建支出和转出投资。上述支出，应根据财政部门历年批准的“基建投资表”中的有关数据填列。

⑤ 表中“初步设计和概算批准日期、文号”，按最后经批准的日期和文件号填列。

⑥ 表中“收尾工程”是指全部工程项目验收后还遗留的少量收尾工程，在表中应明确填写收尾工程内容、完成时间、这部分工程的实际成本，可根据实际情况进行估算并加以说明，完工后不再编制竣工决算。

(3) 大、中型建设项目竣工财务决算表见表 10－5。

表 10－5　大、中型建设项目竣工财务决算表　　元

资金来源	金额	资金占用	金额
一、基建拨款		一、基本建设支出	
1. 预算拨款		1. 交付使用资产	
2. 基建基金拨款		2. 在建工程	
其中：国债专项资金拨款		3. 待核销基建支出	
3. 专项建社基金拨款		4. 非经营性项目转出投资	

（续）

资金来源	金额	资金占用	金额
4. 进口设备转账拨款		二、应收生产单位投资借款	
5. 器材转账拨款		三、拨付所属投资借款	
6. 煤代油专用基金拨款		四、器材	
7. 自筹资金拨款		其中：待处理器材损失	
8. 其他拨款		五、货币资金	
二、项目资产		六、预付及应收款	
1. 国家资本		七、有价证券	
2. 法人资本		八、固定资产	
3. 个人资本		固定资产原价	
4. 外商资本		减：累计折旧	
三、项目资本公积		固定资产净值	
四、基建借款		固定资产清理	
其中：国债转贷		待处理固定资产损失	
五、上级拨入投资借款			
六、企业债券资金			
七、待冲基建支出			
八、应付款			
九、未交款			
1. 未交税金			
2. 其他未交款			
十、上级拨入资金			
十一、留成收入			
合计		合计	

补充资料：基建投资借款期末余额；应收生产单位投资借款期末数；基建结余资金。

大、中型建设项目竣工财务决算表可用来反映建设项目的全部资金来源和资金占用情况，是考核和分析投资效果的依据。

该表反映竣工的大、中型建设项目从开工到竣工为止全部资金来源和资金运用的情况，它是考核和分析投资效果，落实节余资金，并作为报告上级核销基本建设支出和基本建设拨款的依据。在编制该表前，应先编制出项目竣工年度财务决算，根据编制出的竣工年度财务决算和历年财务决算编制项目的竣工财务决算。此表采用平衡表形式，即资金来源合计等于资金支出合计。具体编制方法如下。

① 资金来源包括基建拨款、项目资本金、项目资本公积金、基建借款、上级拨入投资借款、企业债券资金、待冲基建支出、应付款和未交款以及上级拨入资金和企业留成收

入等。

项目资本金是指经营性项目投资者按国家有关项目资本金的规定，筹集并投入项目的非负债资金，在项目竣工后，相应转为生产经营企业的国家资本金、法人资本金、个人资本金和外商资本金。

项目资本公积金是指经营性项目对投资者实际缴付的出资额超过其资金的差额(包括发行股票的溢价净收入)、资产评估确认价值或者合同协议约定价值与原账面净值的差额、接收捐赠的财产、资本汇率折算差额，在项目建设期间作为资本公积金、项目建成交付使用并办理竣工决算后，转为生产经营企业的资本公积金。

基建收入是基建过程中形成的各项工程建设副产品变价净收入、负荷试车的试运行收入以及其他收入，在表中基建收入按实际销售收入扣除销售过程中所发生的费用和税后的实际纯收入填写。

② 表中“交付使用资产”、“预算拨款”、“自筹资金拨款”、“其他拨款”、“项目资本”、“基建投资借款”、“其他借款”等项目，是指自开工建设至竣工的累计数，上述有关指标应根据历年批复的年度基本建设财务决算和竣工年度的基本建设财务决算中资金平衡表相应项目的数字进行汇总填写。

③ 表中其余项目费用办理竣工验收时的结余数，根据竣工年度财务决算中资金平衡表的有关项目期末数填写。

④ 资金支出反映建设项目从开工准备到竣工全过程资金支出的情况，内容包括基建支出、应收生产单位投资借款、库存器材、货币资金、有价证券和预付及应收款以及拨付所属投资借款和库存固定资产等，资金支出总额应等于资金来源总额计算。

⑤ 基建结余资金可以按下列公式计算。

基建结余资金＝基建拨款＋项目资本＋项目资本公积金＋基建投资借款＋企业债券基金＋待冲基建支出－基本建设支出－应收生产单位投资借款　　(10－4)

(4) 大、中型建设项目交付使用资产总表见表10－6。

表10－6　大、中型建设项目交付使用资产总表　　元

序号	单项工程项目名称	总计	固定资产				流动资产	无形资产	其他资产
			合计	建安工程	设备	其他			

交付单位：　　负责人：　　接受单位：　　负责人：

盖　章　　年　月　日　　盖　章　　年　月　日

该表反映建设项目建成后新增固定资产、流动资产、无形资产和其他资产价值的情况和价值，作为财产交接、检查投资计划完成情况和分析投资效果的依据。小型项目不编制“交付使用资产总表”。直接编制“交付使用资产明细表”，大、中型项目在编制“交付使用资产总表”的同时，还需编制“交付使用资产明细表”。大、中型建设项目交付使用资产总表具体编制方法如下。

① 表中各栏目数据根据“交付使用明细表”的固定资产、流动资产、无形资产、其他资产的各相应项目的汇总数分别填写，表中总计栏的总计数应与竣工财务决算表中的交付使用资产的金额一致。

② 表中第 3 栏、第 4 栏、第 8、9、10 栏的合计数，应分别与竣工财务决算表交付使用的固定资产、流动资产、无形资产、其他资产的数据相符。

(5) 建设项目交付使用资产明细表见表 10－7。

表 10－7　建设项目交付使用资产明细表

单项工程名称	建筑工程			设备、工具、器具、家具						流动资产		无形资产		其他资产	
	结构	面积/m^2	价值/元	名称	规格型号	单位	数量	价值/元	设备安装费/元	名称	价值/元	名称	价值/元	名称	价值/元

支付单位盖章　　　　　　　　年　月　日　　　　　　　　接受单位盖章　　　　　　　　年　月　日

该表反映交付使用的固定资产、流动资产、无形资产和递延资产及其价值的明细情况，是办理资产交接的依据和接受单位登记资产账目的依据，是使用单位建立资产明细账和登记新增资产价值的依据。大、中型和小型建设项目均需编制此表。编制时要做到齐全完整，数字准确，各栏目价值应与会计账目中相应科目的数据保持一致。建设项目交付使用资产明细表具体编制方法如下。

① 表中“建筑工程”项目应按单项工程名称填列其结构、面积和价值。其中“结构”是指项目按钢结构、钢筋混凝土结构、混合结构等结构形式填写；面积则按各项目实际完成面积填写；价值按交付使用资产的实际价值填写。

② 表中固定资产部分要在逐项盘点后，根据盘点实际情况填写，工具、器具和家具

等低值易耗品可分类填写。

③ 表中“流动资产”、“无形资产”、“其他资产”项目应根据建设单位实际交付的名称和价值分别填列。

(6) 小型工程项目竣工财务决算总表见表 10－8。

表 10－8 小型工程项目竣工财务决算总表

<table>
<tr><td>建设项目名称</td><td colspan="2"></td><td colspan="3">建设地址</td><td colspan="2"></td><td colspan="2">资金来源</td><td colspan="2">资金运用</td></tr>
<tr><td rowspan="2">初步设计概算批准文号</td><td colspan="7" rowspan="2"></td><td>项目</td><td>金额/元</td><td>项目</td><td>金额/元</td></tr>
<tr><td rowspan="2">一、基建拨款 其中：预算拨款</td><td rowspan="2"></td><td>一、交付使用资产</td><td></td></tr>
<tr><td rowspan="3">占地面积</td><td>计划</td><td>实际</td><td rowspan="3">总投资/万元</td><td colspan="2">计划</td><td colspan="2">实际</td><td>二、待核销基建支出</td><td></td></tr>
<tr><td rowspan="2"></td><td rowspan="2"></td><td>固定资产</td><td>流动资产</td><td>固定资产</td><td>流动资产</td><td>二、项目资本</td><td></td><td rowspan="2">三、非经营项目转出投资</td><td rowspan="2"></td></tr>
<tr><td></td><td></td><td></td><td></td><td>三、项目资本公积金</td><td></td></tr>
<tr><td rowspan="2">新增生产能力</td><td colspan="2">能力(效益)名称</td><td>设计</td><td colspan="4">实际</td><td>四、基建借款</td><td></td><td rowspan="2">四、应收生产单位投资借款</td><td rowspan="2"></td></tr>
<tr><td colspan="2"></td><td></td><td colspan="4"></td><td>五、上级拨入借款</td><td></td></tr>
<tr><td rowspan="2">建设起止时间</td><td colspan="2">计划</td><td colspan="5">从 年 月开工
从 年 月竣工</td><td>六、企业债券资金</td><td></td><td>五、拨付所属投资借款</td><td></td></tr>
<tr><td colspan="2">实际</td><td colspan="5">从 年 月开工
从 年 月竣工</td><td>七、待冲基建支出</td><td></td><td>六、器材</td><td></td></tr>
<tr><td rowspan="4">基建支出</td><td colspan="4">项目</td><td>概算/元</td><td colspan="2">实际/元</td><td>八、应付款</td><td></td><td>七、货币资金</td><td></td></tr>
<tr><td colspan="4">建筑安装工程</td><td></td><td colspan="2"></td><td rowspan="3">九、未付款 其中：未交基建收入未交包干收入</td><td></td><td>八、预付及应收款</td><td></td></tr>
<tr><td colspan="4">设备、工具、器具</td><td></td><td colspan="2"></td><td></td><td>九、有价证券</td><td></td></tr>
<tr><td colspan="4">待摊投资
其中：建设单位管理费</td><td></td><td colspan="2"></td><td></td><td>十、原有固定资产</td><td></td></tr>
</table>

续表

建设项目名称		建设地址			资金来源		资金运用	
基建支出					十、上级拨入资金			
	其他投资				十一、留成收入			
	待核销基建支出							
	非经营项目转出投资							
	合　　计				合　　计		合　　计	

由于小型建设项目内容比较简单，因此可将工程概况与财务情况合并编制一张“竣工财务决算总表”，该表主要反映小型建设项目的全部工程和财务情况。具体编制时可参照大、中型建设项目竣工工程概况指标和大、中型建设项目竣工财务决算指标口径填写。

3）建设工程竣工图

建设工程竣工图是真实地记录各种地上、地下建筑物、构筑物等情况的技术文件，是工程进行交工验收、维护改建和扩建的依据，是国家的重要技术档案。国家规定，各项新建、扩建、改建的基本建设工程，特别是基础、地下建筑、管线、结构、井巷、桥梁、隧道、港口、水坝以及设备安装等隐蔽部位，都要编制竣工图。为确保竣工图质量，必须在施工过程中(不能在竣工后)及时做好隐蔽工程检查记录，整理好设计变更文件。其具体要求如下。

(1) 凡按图竣工没有变动的，由承包人(包括总包和分包承包人，下同)在原施工图上加盖“竣工图”标志后，即作为竣工图。

(2) 凡在施工过程中，虽有一般性设计变更，但能将原施工图加以修改补充作为竣工图的，可不重新绘制，由承包人负责在原施工图(必须是新蓝图)上注明修改的部分，并附以设计变更通知单和施工说明，加盖“竣工图”标志后，作为竣工图。

(3) 凡结构形式改变、施工工艺改变、平面布置改变、项目改变以及有其他重大改变，不宜再在原施工图上修改、补充时，应重新绘制改变后的竣工图。由原设计原因造成的，由设计单位负责重新绘制；由施工原因造成的，由承包人负责重新绘图；由其他原因造成的，由建设单位自行绘制或委托设计单位绘制。承包人负责在新图上加盖“竣工图”标志，并附以有关记录和说明，作为竣工图。

(4) 为了满足竣工验收和竣工决算需要，还应绘制反映竣工工程全部内容的工程设计平面示意图。

4）工程造价比较分析

对控制工程造价所采取的措施、效果及其动态的变化需要进行认真的比较对比，总结经验教训。批准的概算是考核建设工程造价的依据。在分析时，可先对比整个项目的总概算，然后将建筑安装工程费、设备工器具费和其他工程费用逐一与竣工决算表中所提供的实际数据和相关资料及批准的概算、预算指标、实际的工程造价进行对比分析，以确定竣工项目总造价是节约还是超支，并在对比的基础上，总结先进经验，找出节约和超支的内容和原因，提出改进措施。在实际工作中，应主要分析以下内容。

(1) 主要实物工程量。对于实物工程量出入比较大的情况，必须查明原因。

(2) 主要材料消耗量，考核主要材料消耗量，要按照竣工决算表中所列明的三大材料实际超概算的消耗量，查明是在工程的哪个环节超出量最大，再进一步查明超耗的原因。

(3) 考核建设单位管理费、措施费和间接费的取费标准。建设单位管理费、措施费和间接费的取费标准要按照国家和各地的有关规定，根据竣工决算报表中所列的建设单位管理费与概预算所列的建设单位管理费数额进行比较，依据规定查明是否有多列或少列的费用项目，确定其节约超支的数额，并查明原因。

4. 竣工决算的编制

1) 竣工决算的编制依据

2006年12月1日实施的《建设工程项目管理规范》第18.5.1条的规定：组织进行项目竣工决算编制的主要依据如下。

(1) 项目计划任务书和有关文件。

(2) 项目总概算和单项工程综合概算书。

(3) 项目设计图纸及说明书。

(4) 设计交底、图纸会审资料。

(5) 合同文件。

(6) 项目竣工结算书。

(7) 各种设计变更、经济签证。

(8) 设备、材料调价文件及记录。

(9) 竣工档案资料。

(10) 相关的项目资料、财务决算及批复文件。

2) 竣工决算的编制要求

为了严格执行建设项目竣工验收制度，正确核定新增固定资产价值，考核分析投资效果，建立健全经济责任制，所有新建、扩建和改建的建设项目竣工后，都应及时、完整、正确地编制好竣工决算。建设单位要做好以下工作。

(1) 按照规定组织竣工验收，保证竣工决算的及时性。对建设工程进行全面考核，所有建设项目(或单项工程)按照批准的设计文件所规定的内容建成后，具备了投产和使用条件的，都要及时组织验收。对于竣工验收中发现的问题，应及时查明原因，采取措施加以解决，以保证建设项目按时交付使用并及时编制竣工决算。

(2) 积累、整理竣工项目资料，保证竣工决算的完整性。积累、整理竣工项目资料是编制竣工决算的基础工作，它关系到竣工决算的完整性和质量的好坏。因此，在建设过程中，建设单位必须随时收集项目建设的各种资料，并在竣工验收前，对各种资料进行系统整理，分类立卷，为编制竣工决算提供完整的数据资料，为投产后加强固定资产管理提供依据。在工程竣工时，建设单位应将各种基础资料与竣工决算一起移交给生产单位或使用单位。

(3) 清理、核对各项账目，保证竣工决算的正确性。工程竣工后，建设单位要认真核实各项交付使用资产的建设成本；做好各项账务、物资以及债权的清理结余工作，应偿还的及时偿还，该收回的应及时收回，对各种结余的材料、设备、施工机械工具等，要逐项清点核实，妥善保管，按照国家有关规定进行处理，不得任意侵占；对竣工后的结余资金，要按规定上交财政部门或上级主管部门。做完上述工作，在核实各项数字的基础上，正确编制从年初起到竣工月份为止的竣工年度财务决算，以便根据历年的财务决算和竣工年度财务决算进行整理汇总，编制建设项目决算。

按照规定竣工决算应在竣工项目办理验收交付手续后一个月内编好，并上报主管部门，有关财务成本部分，还应送经办行审查签证。主管部门和财政部门对报送的竣工决算审批后，建设单位即可办理决算调整并结束有关工作。

3) 竣工决算的编制步骤(图 10.1)

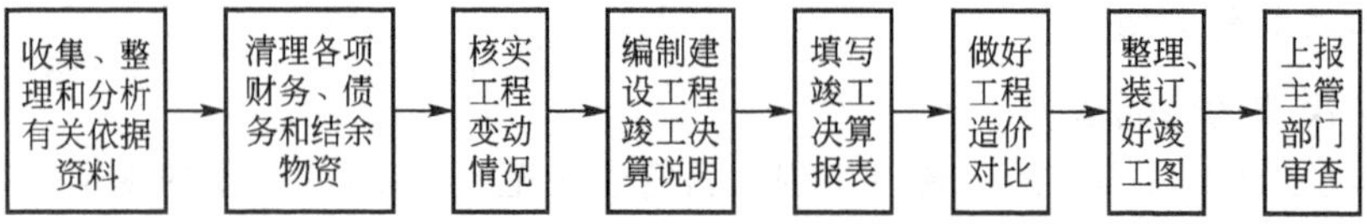

图 10.1　竣工决算的编制步骤

(1) 收集、整理和分析有关依据资料。

在编制竣工决算文件之前，应系统地整理所有的技术资料、工料结算的经济文件、施工图纸和各种变更与签证资料，并分析它们的准确性。完整、齐全的资料，是准确而迅速编制竣工决算的必要条件。

(2) 清理各项财务、债务和结余物资。

在收集、整理和分析有关资料中，要特别注意建设工程从筹建到竣工投产或使用的全部费用的各项账务、债权和债务的清理，做到工程完毕账目清晰，既要核对账目，又要查点库有实物的数量，做到账与物相等，账与账相符，对结余的各种材料、工器具和设备，要逐项清点核实，妥善管理，并按规定及时处理，收回资金。对各种往来款项要及时进行全面清理，为编制竣工决算提供准确的数据和结果。

(3) 核实工程变动情况。

重新核实各单位工程、单项工程造价，将竣工资料与原设计图纸进行查对、核实，确认实际变更情况。根据经审定的承包人竣工结算等原始资料，按照有关规定对原预算进行增减调整，重新核定建设项目实际造价。

(4) 编制建设工程竣工决算说明。

按照建设工程竣工决算说明的内容要求，根据编制依据材料填写在报表中的结果，编写文字说明。

(5) 填写竣工决算报表。

按照建设工程决算表格中的内容，根据编制依据中的有关资料进行统计或计算各个项目和数量，并将其结果填到相应表格的栏目内，完成所有报表的填写。

(6) 做好工程造价对比分析。

主要分析出入较大的实物工程量、主要材料消耗量以及建设单位管理费、措施费和间接费的取费标准等内容。

(7) 整理、装订好竣工图。

对于在原施工图上加盖“竣工图”标志的竣工图，在原施工图上注明修改部分并附变更通知单后加盖“竣工图”标志的竣工图以及需重新绘制的新竣工图等图纸内容进行整理和装订。

(8) 上报主管部门审查。

将上述编写的文字说明和填写的表格经核对无误后，装订成册，即为建设工程竣工决算文件。将其上报主管部门审查，并把其中财务成本部分送交开户银行签证。竣工决算在上报主管部门的同时，抄送有关设计单位。大、中型建设项目的竣工决算还应抄送财政部、建设银行总行和省、市、自治区的财政局和建设银行分行各一份。建设工程竣工决算的文件，由建设单位负责组织人员编写，在竣工建设项目办理验收使用一个月之内完成。

4) 竣工决算的编制实例

【例 10-1】 某一大、中型建设项目 2005 年开工建设，2007 年底有关财务核算资料如下。

(1) 已经完成部分单项工程，经验收合格后，已经交付使用的资产如下。

① 固定资产价值 105 000 万元。

② 为生产准备的使用期限在一年以内的备品备件、工具、器具等流动资产价值 32 000 万元，期限在一年以上，单位价值在 1 500 元以上的工具 100 万元。

③ 建造期间购置的专利权、非专利技术等无形资产 3 700 万元，摊销期 6 年。

(2) 基本建设支出的未完成项目如下。

① 建筑安装工程支出 30 000 万元。

② 设备工器具投资 54 000 万元。

③ 建设单位管理费、勘察设计费等待摊投资 3 800 万元。

④ 通过出让方式购置的土地使用权形成的其他投资 200 万元。

(3) 非经营项目发生待核销基建支出 60 万元。

(4) 应收生产单位投资借款 3 170 万元。

(5) 购置需要安装的器材 80 万元，其中待处理器材 20 万元。

(6) 货币资金 650 万元。

(7) 预付工程款及应收有偿调出器材款 50 万元。

(8) 建设单位自用的固定资产原值 10 000 万元，累计折旧 20 050 万元。

反映在“资金平衡表”上的各类资金来源的期末余额如下。

(1) 预算拨款 50 000 万元。

(2) 自筹资金拨款 60 000 万元。

(3) 其他拨款 500 万元。

(4) 建设单位向商业银行借入的借款 200 000 万元。

(5) 建设单位当年完成交付生产单位使用的资产价值中，210 万元属于利用投资借款形成的待冲基建支出。

(6) 应付器材销售商 50 万元贷款和尚未支付的应付工程款 1 950 万元。

(7) 未交税金 50 万元。

根据上述有关资料编制该项目竣工财务决算表见表 10 - 9。

表 10 - 9　大、中型建设项目竣工财务决算表

建设项目名称：某建设项目　　　　　　　　　　　　　　　　　　单位：万元

资 金 来 源	金额	资 金 占 用	金额
一、基建拨款	110 500	一、基本建设支出	228 860
1. 预算拨款	50 000	1. 交付使用资产	140 800
2. 基建基金拨款		2. 在建工程	88 000
其中：国债专项资金拨款		3. 待核销基建支出	60
3. 专项建社基金拨款		4. 非经营性项目转出投资	
4. 进口设备转账拨款		二、应收生产单位投资借款	3 170
5. 器材转账拨款		三、拨付所属投资借款	
6. 煤代油专用基金拨款		四、器材	80
7. 自筹资金拨款	60 000	其中：待处理器材损失	20
8. 其他拨款	500	五、货币资金	650
二、项目资产		六、预付及应收款	50
1. 国家资本		七、有价证券	
2. 法人资本		八、固定资产	79 950
3. 个人资本		固定资产原价	100 000
4. 外商资本		减：累计折旧	20 050
三、项目资本公积		固定资产净值	79 950
四、基建借款	200 000	固定资产清理	
其中：国债转贷		待处理固定资产损失	
五、上级拨入投资借款			
六、企业债券资金			
七、待冲基建支出	210		
八、应付款	2 000		
九、未交款	50		
1. 未交税金	50		
2. 其他未交款			
十、上级拨入资金			
十一、留成收入			
合　　计	312 760	合　　计	312 760

补充资料：基建投资借款期末余额；应收生产单位投资借款期末数；基建结余资金。

10.2.3 新增资产价值的确定

1. 新增资产价值的分类

建设项目竣工投入运营后，所花费的总投资形成相应的资产。按照新的财务制度和企业会计准则，新增资产按资产性质可分为固定资产、流动资产、无形资产、递延资产和其他资产等五大类。

1）固定资产

固定资产是指使用期限超过一年，单位价值在规定标准以上(如 1 000 元、1 500 元或 2 000 元)，并且在使用过程中保持原有实物形态的资产，如房屋、建筑物、机械、运输工具等。不同时具备以上两个条件的资产为低值易耗品，应列入流动资产范围内，如企业自身使用的工具、器具、家具等。

固定资产主要包括以下内容。

(1) 已交付使用的建安工程造价。

(2) 达到固定资产标准的设备、工器具购置费。

(3) 其他费用(如建设单位管理费、征地费、勘察设计费等)。

2）流动资产

流动资产是指可以在一年或超过一年的营业周期内变现或者耗用的资产。它是企业资产的重要组成部分。流动资产按资产的占用形态可以分为现金、存款(指企业的库存材料、在产品、产成品、商品等)、银行存款、短期投资、应收账款及预付账款。

3）无形资产

无形资产是指特定主体所控制的，不具有实物形态，对生产经营长期发挥作用且能带来经济利益的资源。如专利权、非专利技术、商标权、商誉等。

4）递延资产

递延资产是指不能全部计入当年损益，应当在以后年度分期摊销的各种费用，如开办费、租入固定资产改良支出等。

5）其他资产

其他资产是指具有专门用途，但不参加生产经营的经国家批准的特种物质，银行冻结存款和冻结物质、涉及诉讼的财产等。

2. 新增资产价值的确定方法

1）新增固定资产价值的确定

新增固定资产价值是建设项目竣工投产后所增加的固定资产的价值，它是以价值形态表示的固定资产投资最终成果的综合性指标，新增固定资产价值的计算是以独立发挥生产能力的单项工程为对象的。单项工程建成经有关部门验收鉴定合格，正式移交生产或使用，即应计算新增固定资产价值。一次交付生产或使用的工程应一次计算新增固定资产价值，分期分批交付生产或使用的应分期分批计算新增固定资产价值。在计算时应注意以下几种情况。

(1) 对于为了提高产品质量、改善劳动条件、节约材料消耗、保护环境而建设的附属辅助工程，只要全部建成，正式验收交付使用后就要计入新增固定资产价值中。

（2）对于单项工程中不构成生产系统，但能独立发挥效益的非生产性项目，如住宅、食堂、医务所、托儿所、生活服务网点等，在建成并交付使用后，也要计算新增固定资产价值。

（3）凡购置达到固定资产标准不需安装的设备、工器具，应在交付使用后计入新增固定资产价值。

（4）属于新增固定资产价值的其他投资，应随同受益工程交付使用的同时一并计入。

（5）交付使用财产的成本，应按下列内容计算。

① 房屋、建筑物、管道、线路等固定资产的成本包括：建筑工程成果和应分摊的待摊投资。

② 动力设备和生产设备等固定资产的成本包括：需要安装设备的采购成本，安装工程成本，设备基础支柱等建筑工程成本或砌筑锅炉及各种特殊炉的建筑工程成本，应分摊的待摊投资。

③ 运输设备及其他不需要安装的设备、工具、器具、家具等固定资产一般仅计算采购成本，不计分摊的“待摊投资”。

（6）共同费用的分摊方法。新增固定资产的其他费用，如果是属于整个建设项目或两个以上单项工程的，在计算新增固定资产价值时，应在各单项工程中按比例分摊。一般情况下，建设单位管理费按建筑工程、安装工程、需安装设备价值总额作比例分摊，而土地征用费、勘察设计费等费用则按建筑工程造价分摊。

【例 10－2】 某建设项目及其生产车间的建筑工程费、安装工程费，需安装设备费以及应摊入费用见表 10－10，计算生产车间新增固定资产价值。

表 10－10 分摊费用计算表

竣工决算	建筑工程	安装工程	需安装设备	建设单位管理费	土地征用费	勘察设计费
建设项目	3 000	500	1 500	35	120	60
生产车间	500	200	500			

解：计算如下：

$$\text{应分摊的建设单位管理费}=\frac{500+200+500}{3\,000+500+1\,500}\times 35=8.4(\text{万元})$$

$$\text{应分摊的土地征用费}=\frac{500}{3\,000}\times 120=20(\text{万元})$$

$$\text{应分摊的勘察设计费}=\frac{500}{3\,000}\times 60=10(\text{万元})$$

总装车间新增固定资产价值＝(500＋200＋500)＋(8.4＋20＋10)＝1 238.4(万元)

2）新增流动资产价值的确定

（1）货币性资金。货币性资金是指现金、各种银行存款及其他货币资金，其中现金是指企业的库存现金，包括企业内部各部门用于周转使用的备用金；各种存款是指企业的各种不同类型的银行存款；其他货币资金是指除现金和银行存款以外的其他货币资金，根据实际入账价值核定。

（2）应收及预付款项。应收款项是指企业因销售商品、提供劳务等应向购货单位或受益单位收取的款项；预付款项是指企业按照购货合同预付给供货单位的购货定金或部分货款。应收及预付款项包括应收票据、应收款项、其他应收款、预付货款和待摊费用。一般情况下，应收及预付款项按企业销售商品、产品或提供劳务时的实际成交金额入账核算。

(3) 短期投资包括股票、债券、基金。股票和债券根据是否可以上市流通分别采用市场法和收益法确定其价值。

(4) 存货。存货是指企业的库存材料、在产品、产成品等。各种存货应当按照取得时的实际成本计价。存货的形成，主要有外购和自制两个途径。外购的存货，按照买价加运输费、装卸费、保险费、途中合理损耗、入库前加工、整理及挑选费用以及缴纳的税金等计价；自制的存货，按照制造过程中的各项实际支出计价。

3) 新增无形资产价值的确定

根据我国2001年颁布的《资产评估准则——无形资产》规定，我国作为评估对象的无形资产通常包括专利权、非专利技术、生产许可证、特许经营权、租赁权、土地使用权、矿产资源勘探权和采矿权、商标权、版权、计算机软件及商誉等。

(1) 无形资产的计价原则如下。

① 投资者以无形资产作为资本金或者合作条件投入时，按评估确认或合同协议约定的金额计价。

② 购入的无形资产，按照实际支付的价款计价。

③ 企业自创并依法申请取得的，按开发过程中的实际支出计价。

④ 企业接受捐赠的无形资产，按照发票账单所载金额或者同类无形资产市场价作价。

⑤ 无形资产计价入账后，应在其有效使用期内分期摊销，即企业为无形资产支出的费用应在无形资产的有效期内得到及时补偿。

(2) 无形资产的计价方法如下。

① 专利权的计价。专利权分为自创和外购两类。自创专利权的价值为开发过程中的实际支出，主要包括专利的研制成本和交易成本。研制成本包括直接成本和间接成本，直接成本是指研制过程中直接投入发生的费用(主要包括材料费用、工资费用、专用设备费、资料费、咨询鉴定费、协作费、培训费和差旅费等)；间接成本是指与研制开发有关的费用(主要包括管理费、非专用设备折旧费、应分摊的公共费用及能源费用)。交易成本是指在交易过程中的费用支出(主要包括技术服务费、交易过程中的差旅费及管理费、手续费、税金)。由于专利权是具有独占性并能带来超额利润的生产要素，因此，专利权转让价格不按成本估价，而是按照其所能带来的超额收益计价。

② 非专利技术的计价。非专利技术具有使用价值和价值，使用价值是非专利技术本身应具有的，非专利技术的价值在于非专利技术的使用所能产生的超额获利能力，应在研究分析其直接和间接的获利能力的基础上，准确计算出其价值。如果非专利技术是自创的，一般不作为无形资产入账，自创过程中发生的费用，按当期费用处理。对于外购非专利技术，应由法定评估机构确认后再进行估价，其方法往往通过能产生的收益采用收益法进行估价。

③ 商标权的计价。如果商标权是自创的，一般不作为无形资产入账，而将商标设计、制作、注册、广告宣传等发生的费用直接作为销售费用计入当期损益。只有当企业购入或转让商标时，才需要对商标权计价。商标权的计价一般根据被许可方新增的收益确定。

④ 土地使用权的计价。根据取得土地使用权的方式不同，土地使用权可有以下几种计价方式：当建设单位向土地管理部门申请土地使用权并为之支付一笔出让金时，土地使

用权作为无形资产核算；如果建设单位获得土地使用权是通过行政划拨的，这时土地使用权就不能作为无形资产核算；在将土地使用权有偿转让、出租、抵押、作价入股和投资，按规定补交土地出让价款时，才作为无形资产核算。

10.3 保修费用

10.3.1 保修与保修费用

1. 保修的含义

2000年1月10日发布的中华人民共和国国务院令第279号《建设工程质量管理条例》中第三十九条规定，建设工程实行保修制度。建设工程承包人在向发包人提交工程竣工验收报告时，应当向发包人出具质量保修书。质量保修书应当明确建设工程的保修范围、保修期限和责任等。建设项目在保险期内和保修范围内发生的质量问题，承包人应履行保修义务，并对造成的损失承担赔偿转让责任。《中华人民共和国建筑法》第六十二条规定："建筑工程实行质量保修制度。"《中华人民共和国合同法》规定："建设工程的施工合同内容包括对工程质量保修的范围和保证期。"

建设工程质量保修制度是国家确定的重要法律制度，它是指建设工程在办理交工验收手续后，在规定的保修期限内(按合同有关保修期的规定)，因勘察设计、施工、材料等原因造成的质量缺陷，应由责任单位负责维修。项目保修是项目竣工验收交付使用后，在一定期限内由承包人对发包人或用户进行回访，对于工程发生的确实是由于承包人施工责任造成的建筑物使用功能不良或无法使用的问题，由承包人负责修理，直到达到正常使用的标准。保修回访制度属于建筑工程竣工后的管理范畴。

2. 保修的范围和保修期限

《中华人民共和国建筑法》第六十二条规定，建筑工程的保修范围应当包括地基基础工程、主体结构工程、屋面防水工程和其他土建工程，以及电气管线、上下水管线的安装工程，供热、供冷系统工程等项目；保修的期限应当按照保证建筑物合理寿命年限内正常使用，维护使用者合法权益的原则确定。具体的保修范围和最低保修期限由国务院规定。

国务院《建设工程质量管理条例》第四十条规定如下。

(1) 基础设施工程、房屋建筑的地基基础工程和主体结构工程，为设计文件规定的该工程的合理使用年限。

(2) 屋面防水工程、有防水要求的卫生间、房间和外墙面的防渗漏为5年。

(3) 供热与供冷系统为2个采暖期和供热期。

(4) 电气管线、给排水管道、设备安装和装修工程为2年。

(5) 其他项目的保修期限由承发包双方在合同中规定。

建设工程的保修期，自竣工验收合格之日算起。

3. 保修费用的含义

保修费用是指对保修期间和保修范围内所发生的维修、返工等各项费用的支出。保修费用应按合同和有关规定合理确定和控制。保修费用一般可参照建筑安装工程造价的确定程序和方法计算，也可以按照建筑安装工程造价或承包工程合同价的一定比例计算(目前取5%)。

10.3.2 保修费用的处理

根据《中华人民共和国建筑法》的规定，在保修费用的处理问题上，必须根据修理项目的性质、内容以及检查修理等多种因素的实际情况，区别保修责任的承担问题，对于保修的经济责任的确定，应当由有关责任方承担，由发包人和承包人共同商定经济处理办法。

承包单位未按国家有关规范、标准和设计要求施工，所造成的质量缺陷，由承包单位负责返修并承担经济责任。

由于设计方面的原因造成的质量缺陷，由设计单位承担经济责任，可由施工单位负责维修，其费用按有关规定通过建设单位向设计单位索赔，不足部分由建设单位负责协同有关方面解决。

因建筑材料、建筑构配件和设备质量不合格引起的质量缺陷，属于承包单位采购的或经其验收同意的，由承包单位承担经济责任，属于建设单位采购的，由建设单位承担经济责任。

因使用单位使用不当造成的损坏问题，由使用单位自行负责。

因地震、洪水、台风等不可抗拒原因造成的损坏问题，施工单位、设计单位不承担经济责任，由建设单位负责处理。

涉外工程的保修问题，除参照有关经济责任的划分进行处理外，还应依照原合同条款的有关规定执行。

10.4 建设工程项目后评估阶段工程造价管理

10.4.1 项目后评估的概念

项目后评估一般是指项目投资完成之后所进行的评估。它通过对项目实施过程、结果及其影响进行调查研究和全面系统回顾，与项目决策时确定的目标以及技术、经济、环境、社会指标进行对比，找出差别和变化，分析原因，总结经验，汲取教训，得到启示，提出对策建议，通过信息反馈，改善投资管理和决策，达到提高投资效益的目的。

项目后评估是投资项目周期的一个重要阶段，是项目管理的重要内容。项目后评估主要服务于投资决策，是出资人对投资活动进行监管的重要手段。项目后评估也可以为改善企业经营管理提供帮助。

10.4.2 项目后评估的内容

项目后评估的基本内容包括以下五方面。

1. 项目目标后评估

项目目标后评估的目的是评定项目立项时原定目的和目标的实现程度。项目目标后评估要对照原定目标主要指标，检查项目实际完成指标的情况和变化，分析实际指标发生改变的原因，以判断目标的实现程度。项目目标后评估的另一项任务是要对项目原定决策目标的正确性、合理性和实践性进行分析评估，对项目实施过程中可能会发生的重大变化（如政策性变化或市场变化等），重新进行分析和评估。

2. 项目实施过程后评估

项目实施过程后评估应对照比较和分析项目、立项评估或可行性研究时所预计的情况和实际执行的过程，找出差别，分析原因。项目实施过程后评估一般要分析以下几个方面：项目的立项、准备和评估；项目的内容和建设规模；项目的进度和实施情况；项目的配套设施和服务条件；项目干系人范围及其反映；项目的管理和运行机制；项目的财务执行情况。

3. 项目效益后评估

项目效益后评估以项目投产后实际取得的效益为基础，重新测算项目的各项经济数据，并与项目前期评估时预测的相关指标进行对比，以评估和分析其偏差及其原因。项目效益后评估的主要内容与项目前评估无大的差别，主要分析指标还是内部收益率、净现值和贷款偿还期等项目盈利能力和清偿能力的指标，只不过项目效益后评估对已发生的财务现金流量和经济流量采用实际值，并按统计学原理加以处理，而且对后评估时点以后的现金流量需要作出新的预测。

4. 项目影响后评估

项目影响后评估内容包括经济影响、环境影响和社会影响的后评估。

经济影响后评估主要分析评估项目对所在国家、地区和所属行业所产生的经济方面的影响，它区别于项目效益评估中的经济分析，评估的内容主要包括分配、就业、国内资源成本、技术进步等。环境影响后评估包括项目的污染控制、地区环境质量、自然资源利用和保护、区域生态平衡和环境管理等几个方面。社会影响后评估是对项目在经济、社会和环境方面产生的有形和无形的效益和结果所进行的一种分析，通过评估持续性、机构发展、参与、妇女、平等和贫困等 6 个要素，分析项目对国家（或地方）社会发展目标的贡献和影响，包括项目本身和对项目周围地区社会的影响。

5. 项目持续性后评估

项目持续性是指在项目的建设资金投入完成之后，项目的既定目标是否还能继续，项目是否还可以持续地发展下去，接受投资的项目业主是否愿意并可能依靠自己的力量继续去实现既定目标，项目是否具有可重复性，即是否可在未来以同样的方式建设同类项目。持续性后评估一般可作为项目影响评估的一部分，但是亚洲开发银行等组织把项目的可持续性视为其援助项目成败的关键之一，因此要求援助项目在评估中进行单独的持续性分析和评估。

10.4.3 项目后评估的种类

从不同的角度出发，项目后评估可分为不同的种类。

1. 根据评估的时点划分

(1) 项目跟踪评估，是指项目开工以后到项目竣工验收之前任何一个时点所进行的评估，它又称为项目中间评估。其目的是检查项目前评估和设计的质量，或是评估项目在建设过程中的重大变更(如项目产出品市场发生变化、概算调整、重大方案变化、主要政策变化等)及其对项目效益的作用和影响；或是诊断项目发生的重大困难和问题，寻求对策和出路等。

这类评估往往侧重于项目层次上的问题，比如建设必要性评估、勘测设计评估和施工评估等。

(2) 项目实施效果评估，是指项目竣工一段时间之后所进行的评估，就是通常所称的项目后评估，世界银行和亚洲开发银行称之为PPAR(Project Performance Audit Report)，是指在项目竣工以后1～2年，基础设施行业在竣工以后5年左右，社会基础设施行业可能更长一些)所进行的评估。其主要目的是检查确定投资项目或活动达到理想效果的程度，总结经验教训，为完善已建项目、调整在建项目和指导待建项目服务。一般意义上的项目后评估即为此类评估。这类评估要对项目层次和决策管理层次的问题加以分析和总结。

(3) 项目影响评估，又称为项目效益评估，是指项目后评估报告完成一定时间之后所进行的评估，在项目实施效果评估完成一段时间以后，在项目实施效果评估的基础上，通过调查项目的经营状况，分析项目发展趋势及其对社会、经济和环境的影响，总结决策等宏观方面的经验教训。

2. 根据评估的内容划分

(1) 目标评估。一方面有些项目原定的目标不明确，或不符合实际情况，项目实施过程中可能会发生重大变化，如政策性变化或市场变化等，所以项目后评估要对项目立项时原定决策目标的正确性、合理性和实践性进行重新分析和评估；另一方面，项目后评估要对照原定目标完成的主要指标，检查项目实际实现的情况和变化，并分析变化原因，以判断目的和目标的实现程度，也是项目后评估所需要完成的主要任务之一。判别项目目标的指标应在项目立项时就确定。

(2) 项目前期工作和实施阶段评估。主要通过评估项目前期工作和实施过程中的工作成绩，分析和总结项目前期工作的经验教训，为今后加强项目前期工作和实施管理积累经验。

(3) 项目运营评估。通过项目投产后的有关实际数据资料或重新预测的数据，研究建设工程项目实际投资效益与预测情况或其他同类项目投资效益的偏离程度及其原因，系统地总结项目投资的经验教训，并为进一步提高项目投资效益提出切实可行的建议。

(4) 项目影响评估。分析评估项目对所在地区、所属行业和国家在经济、环境、社会等方面产生的影响。

(5) 项目持续性评估。项目持续性评估是指对项目的既定目标是否能按期实现，项目是否可以持续保持较好的效益，接受投资的项目业主是否愿意并可以依靠自己的能力继续实现既定的目标，项目是否具有可重复性等方面做出评估。

3. 根据项目投资渠道和管理体制划分

(1) 国家重点建设项目后评估。由国家计委制定评估规定，编制评估计划，委托独立的咨询机构来完成。目前国家计委主要委托中国国际工程咨询公司实施国家重点建设项目的项目后评估。

(2) 国际金融组织贷款项目后评估。世行和亚行在华的贷款项目，分别按其国际金融组织的规定开展项目后评估。

(3) 国家银行贷款项目后评估。国家政府性投资项目 1987 年起由建设银行、1994 年起转由国家开发银行实施后评估工作。

(4) 国家审计项目后评估。20 世纪 80 年代末国家审计署开始对国家投资和利用外资的大中型项目的完工、实施和竣工开展财务审计工作，目前正在积极开拓绩效审计等与项目后评估相关的业务。

(5) 行业部门和地方项目后评估。由行业部门和地方政府安排投资的建设项目一般由行业部门和地方政府安排项目后评估。行业部门和地方政府也参与了在本地区或本部门的国家一级和世行、亚行项目的项目后评估工作。

4. 根据评估的主体划分

(1) 项目自评估。由项目业主会同执行管理机构，按照国家有关部门的要求，编写项目的自我评估报告，报行业主管部门、其他管理部门或银行。

(2) 行业或地方项目后评估。由行业或省级主管部门对项目自评估报告进行审查分析，并提出意见，撰写报告。

(3) 独立后评估。由相对独立的后评估机构组织专家对项目进行后评估，通过资料收集、现场调查和分析讨论，提出项目后评估报告。通常情况下，项目后评估均属于这类评估。

10.4.4 项目后评估的程序

项目后评估主要是为决策服务的，决策需求有时是宏观的，涉及国家、地区、行业发展的战略；有时是微观的，仅为某个项目组织、管理机构积累经验，因此，项目后评估也就分为宏观决策型后评估和微观决策型后评估。

1. 面向宏观决策的后评估程序

1) 制订后评估计划

国家的后评估和银行、金融组织的后评估，更注重投资活动的整体效果、作用和影响，应从较长远的角度和更高的层次上来考虑后评估计划的工作制定。后评估计划制订得越早越好，应把它作为项目生命周期的一个必不可少的阶段，以法律或规章的形式确定下来。项目后评估计划内容包括项目的选定、后评估人员的配备、组织机构、时间进度、内容、范围、评估方法、预算安排等。

2) 后评估项目的选定

为在更高层次上总结出带有方向性的经验教训，不少国家和国际组织采用了“打捆”的方式，即将一个行业或一个地区的几个相关的项目一起列入后评估计划，同时进行评估。一般来讲，选择后评估项目有以下几条标准：项目实施出现重大问题的，非常规的，发生重大变化的，急迫需要了解项目作用和影响的，可为即将实施的国家预算、宏观战略和规划原则提供信息的，为投资规划确定未来发展方向有代表性的，对开展行业部门或地区后评估研究有重要意义的项目。

3）后评估范围的确定

项目后评估范围和深度根据需要应有所侧重和选择。通常是在委托合同中确定评估任务的目的、内容、深度、时间和费用，一般有以下内容：①项目后评估的目的和范围，包括对合同执行者明确的调查范围；②提出评估过程中所采用的方法；③提出所评项目的主要对比指标；④确定完成评估的经费和进度。

4）项目评估咨询专家的选择

项目后评估通常分为自我评估阶段和独立评估阶段。在独立评估阶段，需委托一个独立的评估咨询机构或由银行内部相对独立的后评估专门机构来实施，由此机构任命后评估负责人，该负责人聘请和组织项目评估专家组去实施后评估。评估专家可以是评估咨询机构内部的人员，他们较熟悉评估方法和程序，费用较低；也可以是熟悉评估项目专业的行家，他们客观公正，同时弥补了评估机构内部的人手不足。

5）项目后评估的执行

项目后评估的执行包括以下几方面工作。

(1) 资料信息的收集。资料信息包括项目资料(如项目自我评估、完工、竣工验收、决算审计、概算调整、开工、初步设计、评估和可行性研究等报告及批复文件等)，项目所在地区的资料(如国家和地区的统计资料、物价信息等)，评估方法的有关规定和准则(如联合国开发署、亚洲开发银行、国家计委、国家开发银行等机构已颁布的手册和规范等)。

(2) 后评估现场调查。现场调查可了解项目的基本情况，其目标实现程度，产生的直接和间接影响等。现场调查应事先做好充分准备，明确调查任务，制定调查提纲。

(3) 分析和结论。在收集资料和现场调查后进行全面认真的分析，就可得出一些结论性答案，如项目成功度、投入产出比、成败原因、经验教训、项目可持续性等。

6）项目后评估的报告

项目后评估报告是评估结果的汇总，应真实反映情况，客观分析问题，认真总结经验。后评估报告应包括：摘要、项目概况、评估内容、主要变化和问题、原因分析、经验教训、结论和建议、评估方法说明等。这些内容既可以形成一份报告，又可以单独成文上报。报告的发现和结论要与问题和分析相对应，经验教训和建议要把评估的结果与将来规划和政策的制订修改联系起来。后评估报告要有相对固定的内容格式，便于分解，便于计算机录入。

7）后评估的反馈

反馈过程有两个要素，一是评估信息的报告和扩散，其中包含了评估者的工作责任。后评估的成果和问题应该反馈到决策、规划、立项管理、评估、监督和项目实施等机构和部门中。二是应用后评估成果及经验教训，以改进和调整政策的分析和制定，这是反馈最主要的管理功能。在反馈程序里，必须在评估者及其评估成果与应用者之间建立明确的机制，以保持紧密的联系。

2. 面向微观决策的后评估程序

此类后评估往往注重某个项目和项目团队，涉及的环境较少，评估的程序比较简化，内容简单，形式多样。一般而言，可以包含如下几个步骤。

1）自我评估

自我评估由项目组织内部进行，通常以项目总结会的形式开展，通过对项目的整体总结、归纳、统计、分析，找出项目实施过程、结果等方面与计划的偏差，并给予分析。自我评估的结果是形成项目总结报告。自我评估注重项目和项目成果本身，侧重找出项目在实施过程中的变化，以及变化对项目各方面的影响，分析变化原因，以总结项目团队在工作中的经验教训。

2）成立项目后评估小组

这种专门的评估小组一般由项目组之外的人员组成，他们可以来自项目所属的业务部门、上级管理部门、独立的评估咨询机构或是外聘专家。评估小组要站在管理的角度来进一步地评估项目的管理业绩和产生的效益。

3）信息的收集

项目后评估小组依据项目总结报告审查项目管理部、财务部、业务部等部门记载和递交的项目记录和报告，查阅有关项目各时段的文档资料，访问项目干系人，尤其是向客户或用户了解项目产品的质量、问题和影响，对这些信息进行综合分析。

4）实施评估

微观决策服务的后评估内容可能会比较具体，如涉及项目的各方面管理行为的评估、项目进度管理评估、项目成本管理评估、项目人力资源管理评估、客户管理评估、项目的质量管理评估、项目责任人业绩评估、项目的效益和前景评估等。每一方面的评估可以细分为一些问题和条件，定制成几种便于操作的评分表，以便进行量化评估。

5）形成评估报告

后评估小组根据评分标准及其评估模型对项目进行整体评估，给出结论，形成报告。该报告通过规定的渠道汇报给各个方面，以起到应有的评估现实项目、支持后续项目的评估目的。

10.4.5　项目后评估的方法

项目后评估方法的基础理论是现代系统工程与反馈控制的管理理论。项目后评估方法的基本原理是比较法，是将项目投产后的实际情况、实际效果等与决策时期的目标相比较，从中找出差距、分析原因、提出改进措施和建议，进而总结经验教训、项目后评估的分析方法一般有如下 4 种。

1. 对比法

项目后评估的主要分析评估方法是对比法，即根据后评估调查得到的项目实际情况，对照项目立项时所确定的直接目标和宏观目标，以及其他指标，找出偏差和变化，分析原因，得出结论和经验教训。项目后评估的对比法包括前后对比、有无对比和横向对比。

(1) 前后对比法是项目实施前后相关指标的对比，用以直接估量项目实施的相对成效。

(2) 有无对比法是指在项目周期内将“有项目”(实施项目)相关指标的实际值与“无项目”(不实施项目)相关指标的预测值进行对比，用以度量项目真实的效益、作用及影响。

(3) 横向对比是同一行业内类似项目相关指标的对比，用以评估企业(项目)的绩效或竞争力。

2. 效益评估法

效益评估法又称为指标计算法，是指通过计算反映项目准备、决策、实施和运营各阶段实际效益的指标，以此来衡量和分析项目投产后实际所取得的效益。效益评估法是把项目实际产生的效益或效果，与项目实际发生的费用或投入加以比较，进行盈利能力分析。在项目后评估阶段，效益指标的计算完全是以统计的实际值为依据来进行统计分析的，并相应地使用前评估中曾使用过的相同的经济评估参数来进行效益计算，以便在有可比性和计算口径一致的情况下判断项目的决策是否正确。

3. 过程评估法

过程评估法是指项目从立项决策、设计、采购直到建设实施各程序环节的实际进程与事先制订好的计划、目标相比较。通过全过程的分析评估，找出主观愿望与客观实际之间的差异，从而发现导致项目成败的主要环节和原因，提出有关的建议措施，使以后同类项目的实施计划和目标制定更切合实际和更可行。过程评估一般有工作量大、涉及面广的特点。

4. 系统评估法

系统评估法是指在后评估工作中将上述3种评估方法有机地结合起来，进行系统的分析和评估的一种方法。在上述3种方法中，效益评估法是从成本—效益的角度来判断决策目标是否正确；对比法则是评估项目产生的各种影响因素，其中最大的影响因素便是项目效益；过程评估法是从项目建设过程来分析造成项目的产出和投入与预期目标产生差异的原因，是效益评估和影响评估的基础。另外，项目的效益又与设计、施工质量、工程进度、投资估算等密切相关，因此，需要将3种评估方法结合起来，以便得出最佳的评估结论。

总之，项目后评估的各种方法之间存在着密切的联系，只有全面理解和综合应用，才能符合项目后评估的客观、公正和科学的要求。

10.4.6 项目后评估指标的计算

一般来说，项目后评估主要是通过一些指标的计算和对比，来分析项目实施中的偏差，衡量项目实际建设效果，并寻求解决问题的方案。后评估的主要评估指标如下。

1. 项目前期和实施阶段的后评估及其主要评估指标

1) 实际项目决策(设计)周期变化率

实际项目决策(设计)周期变化率表示实际项目决策(设计)周期与预计项目决策(设计)周期相比的变化程度，计算公式为：

$$\text{项目决策(设计)周期变化率}=\frac{\text{实际项目决策(设计)周期(月数)}-\text{预计项目决策(设计)周期(月数)}}{\text{预计项目决策(设计)周期(月数)}}\times 100\% \quad (10-5)$$

2）竣工项目定额工期率

竣工项目定额工期率反映项目实际建设工期与国家统一制定的定额工期或确定的、计划安排的计划工期的偏离程度，计算公式为：

$$竣工项目定额工期率=\frac{竣工项目实际工期}{竣工项目定额(计划)工期}\times 100\% \tag{10-6}$$

3）实际建设成本变化率

实际建设成本变化率反映项目建设成本与批准的(概)预算所规定的建设成本的偏离程度，计算公式为：

$$实际建设成本变化率=\frac{实际建设成本-预计建设成本}{预计建设成本}\times 100\% \tag{10-7}$$

4）实际工程合格(优良)品率

实际工程合格(优良)品率反映建设工程项目的工程质量，计算公式为：

$$实际工程合格(优良)品率=\frac{实际单位工程合格(优良)品数量}{验收签定的单位工程总数}\times 100\% \tag{10-8}$$

5）实际投资总额变化率

实际投资总额变化率反映实际投资总额与项目前评估中预计的投资总额偏差的大小，包括静态投资总额变化率和动态投资总额变化率，计算公式为：

$$静态(动态)投资总额变化率=\frac{静态(动态)实际投资总额-预计静态(动态)投资总额}{预计静态(动态)投资总额}\times 100\% \tag{10-9}$$

2．项目营运阶段后评估指标

1）实际单位生产能力投资

实际单位生产能力投资反映竣工项目的实际投资效果，计算公式为：

$$实际单位生产能力投资=\frac{竣工验收项目(或单项工程)实际投资总额}{竣工验收项目(或单项工程)实际形成的生产能力} \tag{10-10}$$

2）实际达产年限变化率

实际达产年限变化率反映实际达产年限与设计达产年限的偏离程度，计算公式为：

$$实际达产年限变化率=\frac{实际达产年限-设计达产年限}{设计达产年限}\times 100\% \tag{10-11}$$

3）主要产品价格(成本)变化率

主要产品价格(成本)变化率衡量前评估中产品价格(成本)的预测水平，可以部分地解释实际投资效益与预期效益偏差的原因，也是重新预测项目生命周期内产品价格(成本)变化情况的依据。指标计算可分以下三步进行。

(1) 计算主要产品价格(成本)年变化率的公式如下：

$$主要产品价格(成本)变化率=\frac{实际产品价格(成本)-预测产品价格(成本)}{预测产品价格(成本)}\times 100\% \tag{10-12}$$

(2) 运用加权法计算各年主要产品平均价格(成本)变化率的公式如下：

$$\begin{aligned}实际建设成本变化率=&\sum 产品价格(成本)年变化率\\&\times 该产品产值(成本)占总产值(总成本)的比例\times 100\%\end{aligned} \tag{10-13}$$

(3) 计算考核期实际产品价格(成本)变化率的公式如下：

$$实际产品价格(成本)变化率=\frac{各年产品价格(成本)年平均变化率之和}{考核期年限}\times 100\% \qquad (10-14)$$

4) 实际销售利润变化率

实际销售利润变化率反映项目实际投资效益，衡量项目实际投资效益与预期投资效益的偏差，可分为以下两步计算。

(1) 计算考核期内各年实际销售利润变化率的公式如下：

$$各年实际销售变化率=\frac{该年实际销售利润-预计年销售利润}{预计年销售利润}\times 100\% \qquad (10-15)$$

(2) 计算实际销售利润变化率的公式如下：

$$实际销售利润变化率=\frac{各年实际销售利润变化率}{预考核年限} \qquad (10-16)$$

5) 实际投资利润(利税)率

实际投资利润(利税)率指项目达到实际生产后的年实际利润(利税)总额与项目实际投资的比率，也是反映建设工程项目投资效果的一个重要指标。

$$实际投资利润(利税)率=\frac{年实际利润(利税)或年平均实际利润(利税)额}{实际投资额}\times 100\% \qquad (10-17)$$

6) 实际投资利润(利税)变化率

实际投资利润(利税)变化率反映项目实际投资利润(利税)率与预测投资利润(利税)率或国内外其他同类项目实际投资利润(利税)率的偏差。

$$实际投资利润(利税)变化率=\frac{实际投资利润(利税)率-预测(其他项目)投资利润(利税)率}{预测(其他项目)投资利润(利税)率}\times 100\% \qquad (10-18)$$

7) 实际净现值

实际净现值是反映项目生命周期内获利能力的动态评估指标，它的计算是依据项目投产后的年实际净现金流量或根据情况重新预测的项目生命期内各年的净现金流量，并按重新选定的折现率，将各年现金流量折现到建设期的现值之和。

$$RNPV=\sum_{t=1}^{n}\frac{RCI-RCO}{(1+i_k)^t} \qquad (10-19)$$

式中：$RNPV$——实际净现值；RCI——项目实际的或根据实际情况重新预测的年现金流入量；RCO——项目实际的或根据实际情况重新预测的年现金流出量；i_k——根据实际情况重新选定的一个折现率；n——项目生命期；t——考核期的某一具体年份，$t=1$，2，…，n。

8) 实际内部收益率

实际内部收益率($RIRR$)，是根据实际发生的年净现金流量和重新预测的项目生命周期计算的各年净现金流量现值为零的折现率。

$$\sum_{t=1}^{n}\frac{RCI-RCO}{(1+i_{RIRR})^t}=0 \qquad (10-20)$$

式中：i_{RIRR}——以实际内部收益率为折现率。

9）实际投资回收期

实际投资回收期是以项目实际产生的净收益或根据实际情况重新预测的项目净收益，抵偿实际投资的总回收期。它分为实际静态投资回收期和实际动态投资回收期。

（1）实际静态投资回收期的计算公式如下：

$$\sum_{t=1}^{P_{Rt}}(RCI-RCO)_t=0 \tag{10-21}$$

（2）实际动态投资回收期的计算公式如下：

$$\sum_{t=1}^{P'_{Rt}}\frac{(RCI-RCO)_t}{(1+i_k)^t}=0 \tag{10-22}$$

10）实际借款偿还期

实际借款偿还期是衡量项目实际清偿能力的一个指标，它是根据项目投产后实际的或重新预测的可作还款的利润、折旧和其他收益额偿还固定资产实际借款本息所需要的时间。

$$I_{Rd}=\sum_{t=1}^{P_{Rd}}(R_{RP}+D'_R+R_{RO}-R_{Rt}) \tag{10-23}$$

式中：I_{Rd}——固定资产投资借款实际本息之和；P_{Rd}——实际借款偿还期；R_{RP}——实际或重新预测的年利润的总额；D_R——实际可用于还款的折旧；R_{Ro}——年实际可用于还款的其他收益；R_{Rt}——还款期的年实际企业留利。

在计算实际净现值、实际内部收益率、实际投资回收期、实际借款偿还期后，还可以计算其变化率以分析它们与预计指标的偏差，具体计算方法与其他指标相同。关于国民经济后评估中的实际经济净现值及实际经济内部收益率等指标的计算方法与实际净现值及实际内部收益率的计算方法相同。

在实际的项目后评估中，还可以视具体项目和后评估要求的需要，设置其他一些评估指标。通过这些指标的计算和对比，可以找出项目实际运行情况与预计情况的偏差和偏离程度。在对这些偏差分析基础上，可以对产生偏差的各种因素采用具有针对性的解决方案，保证项目的正常运营。

工程案例①

为贯彻落实国家西部大开发的伟大战略，某建设项目单位决定在西部某地建设一项大型特色经济基地项目。该项目从2000年开始实施，到2001年底财务核算资料如下：

1．已经完成部分单项工程，经验收合格后，交付的资产有：

（1）固定资产74 739万元。

（2）为生产准备的使用期限在一年以内的随机备件、工具、器具29 361万元。期限在1年以上，单件价值2 000元以上的工具61万元。

① *本案例来自于全国造价工程师执业资格考试培训教材《工程造价案例分析》（2009年版）204～208页。

(3) 建造期内购置的专利权、非专利技术 1 700 万元。摊销期为 5 年。

(4) 筹建期间发生的开办费 79 万元。

2. 基建支出的项目有:

(1) 建筑工程和安装工程支出 15 800 万元。

(2) 设备工器具投资 43 800 万元。

(3) 建设单位管理费，勘察设计费等待摊投资 2 392 万元。

(4) 通过出让方式购置的土地使用权形式的其他投资 108 万元。

3. 非经营项目发生待核销基建支出 40 万元。

4. 应收生产单位投资借款 1 500 万元。

5. 购置需要安装的器材 49 万元，其中待处理器材损失 15 万元。

6. 货币资金 480 万元。

7. 工程预付款及应收有偿调出器材款 20 万元。

8. 建设单位自用的固定资产原价 60 220 万元。累计折旧 10 066 万元。

反映在《资金平衡表》上的各类资金来源的期末余额是:

1. 预算拨款 48 000 万元。

2. 自筹资金拨款 60 508 万元。

3. 其他拨款 300 万元。

4. 建设单位向商业银行借入的借款 109 287 万元。

5. 建设单位当年完成交付生产单位使用的资产价值中，有 160 万元属利用投资借款形成的待冲基建支出。

6. 应付器材销售商 37 万元货款和应付工程款 1 963 万元尚未支付。

7. 未交税金 28 万元。

【问题】

1. 计算交付使用资产与在建工程有关数据，并将其填入表 10-11 中。

2. 编制大、中型基本建设项目竣工财务决算表。

3. 计算基建结余资金。

【参考答案】

1. 有关数据的填写见表 10-11。

表 10-11 交付使用资产与在建工程数据表 单位：万元

奖金项目	金额	资金项目	金额
(一)交付使用资产	105 940	(二)在建工程	62 100
1. 固定资产	74 800	1. 建筑安装工程投资	15 800
2. 流动资产	29 361	2. 设备投资	43 800
3. 无形资产	1 700	3. 待摊投资	2 392
4. 递延资产	79	4. 其他投资	108

2. 编制大、中型基本建设项目竣工财务决算表，见表 10-12。

表 10-12　大、中型基本建设项目竣工财务决算表　　单位：元

资金来源	金额	资金占用	金额
一、基建工程	1 088 080 000	一、基本建设支出	1 680 800 000
1. 预算拨款	480 000 000	1. 交付使用资产	1 059 400 000
2. 基建基金拨款		2. 在建工程	621 000 000
3. 进口设备转账拨款		3. 待核销基建支出	400 000
4. 器材转账拨款		4. 非经营项目转出投资	
5. 煤代油专用基金拨款		二、应收生产单位投资借款	15 000 000
6. 自筹资金拨款	605 080 000	三、拨付所属投资借款	
7. 其他拨款	3 000 000	四、器材	490 000
二、项目资本		其中：待处理器材损失	150 000
1. 国家资本		五、货币资金	4 800 000
2. 法人资本		六、预付及应收款	200 000
3. 个人资本		七、有价证券	
三、项目资本公积		八、固定资产	501 540 000
四、基建借款	1 092 870 000	固定资产原价	602 200 000
五、上级拨入投资借款		减：累计折旧	100 660 000
六、企业债券资金		固定资产净值	501 540 000
七、待冲基建支出	1 600 000	固定资产清理	
八、应付款	20 000 000	待处理固定资产损失	
九、未交款	280 000		
1. 未交税金	280 000		
2. 未交基建收入			
3. 未交基建包干结余			
4. 其他未交款			
十、上级拨入资金			
十一、留成收入			
合　　计	2 202 830 000	合　　计	2 202 830 000

表中部分数据计算：

(1) 固定资产＝固定资产原价－累计折旧＋固定资产清理＋待处理固定资产损失
　　＝60 220－10 066＝50 154(万元)

(2) 应付款＝37＋1 963＝2 000(万元)

(3) 资金来源＝资金占用

3. 计算基建结余资金。

基建结余资金＝基建拨款＋项目资本＋项目资本公积金＋基建借款＋企业债券资金＋待冲基建支出－基本建设支出－应收生产单位投资借款

＝10 808＋109 287＋160－168 080－1 500＝48 675(万元)

本章小结

竣工验收、后评估阶段工程造价管理的内容包括：竣工验收的内容、依据及管理、竣工结算及竣工决算的编制，保修费用的处理，建设项目后评估等。

竣工结算和竣工决算的编制要按一定的原则、依据、内容、方法和步骤进行，保修费用应按合同和有关规定合理确定和控制。

建设项目后评估是指建设项目在竣工投产、生产运营一段时间后，对项目的立项决策、设计施工、竣工投产、生产运营等全过程进行系统评估的一种技术经济活动，后评估的种类包括项目目标评估、项目实施过程评估、项目效益评估、项目影响评估和项目持续性评估。后评估的方法包括统计预测法、对比法和因素分析法，后评估的指标有项目前期和实施阶段后评估指标等。

思考题与习题

思考题

10－1　简述竣工验收及竣工验收的程序。

10－2　简述竣工决算编制的步骤。

10－3　简述建设工程项目竣工验收、后评估阶段与工程造价的关系。

10－4　竣工结算的编制方法有几种？

10－5　简述竣工决算与竣工结算的区别。

10－6　保修费用的处理方式一般有几种？

10－7　简述项目后评估的4种分类方式。

10－8　项目后评估对象的选择应优先考虑哪些项目？

10－9　项目后评估的方法有几种？

10－10　项目前期和实施阶段的后评估指标有哪些？

10－11　项目营运阶段的后评估指标有哪些？

单项选择题

10－12　工程竣工后，由于洪水等不可抗力造成的损坏，承担保修费用的单位是(　　)。

A. 施工单位　　B. 设计单位

C. 建设单位　　D. 监理单位

10－13　通常说的建设项目竣工验收是指(　　)。

A. 工程整体验收　　B. 单项工程验收

C. 单位工程验收　　D. 分部工程验收

10－14　某项目的建筑工程费、需安装的设备费、安装工程费分别为1 200万元、800

万元和 300 万元，建设单位管理费是 40 万元。某车间的建筑工程费、需安装的设备费以及安装工程费分别为 800 万元、600 万元和 100 万元，则该车间应分摊的建设单位管理费是(　　)万元。

A. 26.1　　B. 30.2　　C. 15.9　　D. 19.8

10－15　下列说法中错误的是(　　)。

A. 建设项目竣工财务决算报表根据大、中型建设项目和小型项目分别制定

B. 竣工决算报告情况说明书主要反映竣工工程建设成果和经验，是全面考核分析工程投资与造价的书面总结

C. 按照财政部的《基本建设财务管理若干规定》的通知，非经营性项目转出投资支出是指非经营项目为项目配套的专用设施投资

D. 为确保施工图质量，必须在施工后及时做好隐蔽工程检查记录，整理好设计变更文件

10－16　某工程由于设计不当，竣工后建筑物出现不均匀沉降，保修应由(　　)负责。

A. 施工单位　　B. 建设单位

C. 设计单位　　D. 设备供应单位

10－17　建设项目竣工决算包括的范围是(　　)。

A. 从施工到竣工投产全过程的全部实际支出费用

B. 从筹建到竣工投产全过程的全部实际支出费用

C. 建安工程费用和设备工器具购置费用

D. 建安工程费用和其他费用

10－18　由建设单位、施工单位和项目验收委员会，以项目批准的设计任务书和设计文件，以及国家或部门颁发的施工验收规范和质量检验标准为依据，按照一定的程序和手续，在项目建成并试生产合格后，对工程项目的总体进行的检验和认证、综合评估和鉴定的活动是(　　)。

A. 竣工结算　　B. 竣工验收　　C. 竣工决算　　D. 竣工保修

10－19　(　　)主要反映竣工工程建设成果和经验，是对竣工决算报表进行分析和补充说明的文件。

A. 竣工决算报告情况说明书　　B. 竣工财务决算报表

C. 建设工程竣工图　　D. 工程造价比较分析

10－20　按照财务制度和企业会计准则，新增固定资产价值的计算对象为(　　)。

A. 分部工程　　B. 单位工程　　C. 单项工程　　D. 建设项目

10－21　某建设项目，基建拨款为 2 800 万元，项目资金为 800 万元，项目资本公积金为 100 万元，基建投资借款为 1 000 万元，企业债券为 400 万元，待冲基建支出为 300 万元，应收生产单位投资借款 1 500 万元，基本建设支出为 1 200 万元，则基建结余资金为(　　)万元。

A. 1 300　　B. 2 700　　C. 3 000　　D. 5 100

10－22　本身具有使用价值，且其价值在于它的使用能产生超额获利能力，一般不作为无形资产入账，自创过程中发生的费用按当期费用处理，按此确定价值的资产属于(　　)。

A. 固定资产　　B. 流动资产　　C. 无形资产　　D. 递延资产

10-23 某医院建设项目由甲、乙、丙3个单项工程组成，其中：勘察设计费60万元，建设项目建筑工程费2 000万元、设备费3 000万元、安装工程费1 000万元，丙工程建筑工程费600万元、设备费1 000万元、安装工程费200万元，则丙单项工程应分摊的勘察设计费为(　　)万元。

A. 18.00　　B. 19.20　　C. 16.00　　D. 18.40

10-24 一般基层单位竣工预验的3个层次不包括(　　)。

A. 基层施工单位自验　　B. 项目经理自验

C. 监理工程师预验　　D. 公司级预验

10-25 单项工程验收的组织方是(　　)。

A. 业主及施工单位　　B. 设计单位

C. 监理工程师　　D. 质检部门

10-26 (　　)指在项目开工以后到项目竣工验收之前任何一个时点所进行的评估。

A. 项目自评估　　B. 项目影响评估

C. 项目实施阶段评估　　D. 项目跟踪评估

10-27 采用同一行业内类似项目相关指标的对比，用以评估企业(项目)的绩效或竞争力的方法是(　　)。

A. 横向对比法　　B. 纵向对比法

C. 前后对比法　　D. 有无对比法

多项选择题

10-28 竣工决算的内容主要包括(　　)。

A. 竣工决算报告情况说明书　　B. 竣工财务决算报表

C. 建设工程竣工图　　D. 工程造价比较分析

E. 竣工决算财务报告

10-29 下列内容中属于递延资产的是(　　)。

A. 开办费　　B. 建设单位管理费

C. 商誉　　D. 土地使用权

E. 经营租赁方式租入的固定资产的改良工程支出

10-30 在保修期内由于承包商的原因，工程出现质量问题，原承包商又不能及时地检查修理，影响了使用，造成一定的损失，则(　　)。

A. 业主可就造成的损失向原承包商提出索赔，但不能另行委托其他施工单位修理

B. 业主可以另行委托其他施工单位修理，并就造成的损失向原承包商索赔

C. 质量问题处理后，如预留的原承包商保修费有剩余，业主在保修期满后应将所剩余的保修费用支付给原承包商

D. 因原承包商在保修期内容严重违约，保修关系应解除，剩余的费用不再支付给原承包商

E. 由业主采购材料，承包商负责安装的，保修期内出现质量问题均由承包商承担经济责任

10-31 新增固定资产价值包括(　　)。

A. 项目可行性研究费

B. 已投入生产或交付使用的建安工程造价

C. 土地使用权出让金

D. 报废工程损失

E. 土地征用及迁移补偿费

10-32 因变更需要重新绘制竣工图，下面关于重新绘制竣工图的说法中，正确的是(　　)。

A. 由原设计原因造成的，由设计单位负责重新绘制

B. 由施工原因造成的，由施工单位负责重新绘制

C. 由其他原因造成的，由设计单位负责重新绘制

D. 由其他原因造成的，由建设单位或建设单位委托设计单位负责重新绘制

E. 由其他原因造成的，由施工单位负责重新绘制

10-33 工程造价比较分析的内容有(　　)。

A. 主要实物工程量

B. 主要材料消耗量

C. 考核间接费的取费标准

D. 建筑和安装工程其他直接费取费标准

E. 考核建设单位企业管理费取费标准

10-34 根据评估的时点划分，项目后评估可分为(　　)。

A. 项目跟踪评估　　B. 项目持续性评估

C. 项目实施效果评估　　D. 项目效益监督评估

E. 目标评估

10-35 项目后评估常用的方法有(　　)。

A. 统计预测法　　B. 对比法

C. 因素分析法　　D. 调查法

E. 头脑风暴法

10-36 项目营运阶段的后评估指标包括(　　)。

A. 实际投资总额变化率　　B. 实际净现值

C. 实际内部收益率　　D. 实际建设成本变化率

E. 实际销售利润变化率

案例计算题

10-37 某工业建设项目由甲、乙、丙3个单项工程组成，其中：建设单位管理费160万元，勘察设计费240万元，建设项目建筑工程费6 800万元、安装工程费800万元、设备费8 800万元，甲工程建筑工程费2 500万元、安装工程费500万元、设备费4 000万元，则甲单项工程新增固定资产价值是多少？

第11章 工程造价管理信息技术的应用

教学目标

（1）了解工程造价管理信息技术应用的发展及现状。
（2）了解工程造价管理软件介绍。
（3）熟悉广联达清单计价等工程造价数字化信息资源的应用。
（4）了解信息技术在工程造价管理中的应用前景。

教学要求

知识要点	能力要求	相关知识
工程造价信息管理技术	（1）了解工程造价管理信息系统的组成和发展应用 （2）了解造价管理软件应用	（1）工程造价管理系统五部分的组成 （2）广联达图形算量、钢筋抽样、计价软件
数字化信息资源	（1）了解数字化资源的应用 （2）了解造价管理信息化平台的建设和信息技术的应用	（1）工程估价的机构和组织 （2）信息技术的网络化、集成化、全生命周期全过程造价管理

基本概念

工程造价管理信息系统，工程造价管理软件，数字化信息资源。

引例

工程造价信息管理的发展带来了工程造价管理的重大变革，工程造价管理软件的发展提高了算量效率，带来了全生命周期和全过程的造价管理的发展。

某工程为一栋6层的住宅楼，如果利用手工计算工程量，编制一份工程预算至少需要7～10天，而利用软件只用1～2天就能解决了，现代投标中标书编制多已采用软件。

“小周，公司要做一个标书，这是全套施工图纸，3天后计算好工程量，编制好工程量清单哦”；“小雨，你熟悉应用计算机吗？我们公司要投标，请你计算这个工程的造价。”

工作中你是不是经常遇到这些事呢？你是否能以最快的方法计算工程量及编制好标书，到底用什么办法解决最快呢？

……

工作中你是不是经常遇到这些事呢？你是否能从容应对？

11.1 工程造价管理信息技术应用概述

11.1.1 工程造价管理信息系统

工程造价信息系统(Construction Cost Information System，CCIS)是管理信息系统(Management Information System，MIS)在工程造价管理方面的具体应用。它是由人和计算机组成的，能对工程造价管理的有关信息进行较全面的收集、传输、加工、维护和使用的系统。它通过积累和分析工程造价管理资料，能有效利用过去的数据来预测未来造价变化和发展的趋势，以期达到对工程造价实现合理确定与有效控制的目的。

随着工程造价信息与计算机网络的发展，建筑业各利益相关者应着重考虑建立下列几个信息系统为工程造价管理服务。

1. 要素市场价格信息系统

工程造价信息中，影响工程造价的要素包括人工、工程材料以及工程机械等，要素市场价格是影响建设工程投资的关键因素，要素市场价格是由市场形成的。

2. 工程技术专家信息系统

工程造价人员应收集典型工程技术专家信息，该信息采用最先进的专家技术反映某工程项目的资源最低消耗，得出最有竞争的最低成本价。

3. 政府法规性文件信息系统

工程造价有“量”有“价”，这种“量”应符合法律法规且具有一定质量、安全等要求。因此工程造价与建设工程要求的质量、安全、环保、福利等有关，受国家政府关于质量、安全、环保、福利等法律法规规范的影响。目前，我国计价采用定额计价模式和清单计价模式，包括影响工程造价的费用组成、当地取费文件、税费规定、建设工程规范及价款结算等文件。

4. 建设行业造价资料信息系统

投标人应关注政府、行业、协会发布的社会行业平均指数，收集典型工程的造价资料与本企业的工程造价资料进行对比分析，找出不足，不但可以有所提高，才会在再投标中处于有利的地位。

5. 企业成本控制信息系统

建筑企业对于历史工程的收集、整理，对于那些投标未中的报价也要注意整理。不断提高市场竞争力。

11.1.2 工程造价管理信息技术应用的发展及现状

在国内，对工程造价管理信息系统的研究工作，始于 20 世纪 80 年代后期，各地工程造价管理机构都进行了大量的资料收集工作，并对数据库的建立进行了分析，但对工程造价信息的存储体系和分析体系的研究没有实质性的进展。2003 年 10 月，为提高建筑业细化技术的应用水平，建设部制定了《2004—2010 年全国建筑业信息化发展规划纲要》，强调应建立中国建筑业数据库，如建立建筑材料与设备信息库，工程造价信息库，施工工法信息库，建筑新技术、新工艺、新产品信息库等信息资源数据库，建立相应网站，开展网上信息服务与工程招投标业务等。

随着信息技术的快速发展和建筑行业的推广发展，我国信息技术在工程造价管理方面的应用，主要表现为人们在制定定额、编制标底、投标报价、造价控制等方面已经摆脱了手工劳动，实现了电子化、信息化管理，各类工程造价管理相关软件的广泛应用就是最好的说明。进入 21 世纪，互联网技术不断发展，我国出现了大批为工程造价及相关管理活动提供信息和服务的网站。这些网站不同程度地提供了政策法规、理论文章，有些涉及项目信息、造价指标和材料价格信息等，它们对进一步建设全国规模的工程造价管理专项系统进行了有益的尝试，并取得了一些经验。但从另一个方面来讲，这些网站没有统一的规划，有些提供的信息不够严谨，内容更新不及时，从专业角度来讲，还属于比较浅层的信息服务，难以满足深层次造价管理工作的需要。

我国造价管理体制是在计划经济模式下、以定额管理为基础建立起来的，而且信息技术起步较晚，工程造价管理领域完全进入市场经济运行体制较迟，这样在一定程度上影响了信息技术在工程造价管理中的应用。现在主要存在以下五方面的问题：第一，信息采集没有统一标准、缺乏时效性，信息得不到充分有效的应用；第二，软件开发重复、功能单一且智能化程度低，各软件之间相互独立，无法共享；第三，互联网技术运用不熟练，没有统一的工程造价管理系统；第四，多种计价方式并存；第五，管理模式不统一，不能实现工程造价全过程管理。上述问题制约了我国工程造价管理的发展步伐，然而信息技术的进步为解决这些问题带来了历史性的机遇。

11.1.3 工程量清单计价模式下的工程造价管理信息系统和网络应用

工程造价管理改革的取向是通过市场机制进行资源配置和生产力布局的，而价格机制是市场机制的核心，价格形成机制的改革又是价格改革的中心，由于工程量清单计价提供的是计价规则、计价办法以及定额消耗量，摆脱了定额标准价格的概念，真正实现了量价分离、企业自主报价、通过市场有序竞争来形成工程价格。工程量清单报价按相同的工程量和统一的计量规则，由企业根据自身情况报出综合单价，价格高低完全由企业自己确定，充分体现了企业的实力，同时也真正体现出公开、公平、公正的特点。工程量清单投标报价，可以充分发挥企业的能动性，企业利用自身的特点，使企业在投标中处于优势的位置。同时工程量清单报价体现了企业技术管理水平等综合实力，也促进企业在施工中加强管理、鼓励创新、从技术中要效率、从管理中要利润，在激烈的市场竞争中不断发展和壮大，企业的经营管理水平高，可以降低管理费，自有的机械设备齐全，可减少报价中的机械租赁费用，对未来要素价格发展趋势预测准确，就可以减少承包风险，增强竞争力，其结果促进了优质企业做大做强，使无资金、无技术、无管理的小企业、包工头退出市场，实现了优胜劣汰，从而形成管理规范、竞争有序的建设市场秩序。

加强信息管理，建立建筑产品价格形成机制。综合单价的确定需要进行详细、大量的市场人工、材料、机械市场行情调查，施工企业应迅速建立起自己的价格数据库，了解国家宏观调控的政策、国家发展计划，重视历史经验数据的积累和分析，收集、整理建筑工程信息，从而预测各种资源价格变化趋势，对预期价格做出正确判断；政府相关部门以及行业协会也应自觉为企业提供服务，建立工程造价信息服务体系，及时测算、发布建设工程造价信息、材料市场价格和物价指数，引导市场的计价与定价，从而为最终实现“四化”即工程量计算规则统一化、工程量计算方法标准化、工程造价的确定市场化、资源管理信息化打下良好基础。

从我国国情出发，要以满足工程造价管理的实际需要为基础，以网络为载体，逐步建立起纵向贯穿每个过程和层面、横向连接各个平台的工程造价管理信息系统。从适应于网络评标的角度来看，工程造价信息系统的建设包括 3 个层次，即工程造价管理行业信息库、工程项目管理资源库和施工企业内部信息库。建立工程造价管理信息库系统是开展网络评标的基础条件，网络评标系统主要通过两方面实现评标流程和信息库系统的整合，一方面是计算机对已导入数据的综合处理，另一方面是网络信息资源的有效应用。工程量清单条件下，网络招投标和评标流程中，由开始至结束，每项工作均需以网络信息库资源为支撑，其中资格预审、企业编制投标书和计算机辅助评标等三项工作，不借助网络信息库资源就无法正常进行。

11.2 工程造价管理软件介绍

随着《建设工程工程量清单计价规范》的颁布实施，市场上出现了许多版本的应用软件，应用这些软件可以将繁琐的工作简单化，大大节省工程计价的编制时间。下面以广联达软件技术公司推出的“广联达建设工程招投标整体解决方案”软件为例，介绍一下计算机编制工程量清单及其报价的过程。它以《建设工程工程量清单计价规范》和《中华人民共和国招标投标法》为依据，是围绕项目招投标，实现“计量、询价、计价、招/投标文件编制、自动评标和招投标信息发布、数据积累和企业定额编制”等功能的一体化智能解决方案。具体过程如图 11.1 所示。另外，简单介绍了两类招投标和合同管理软件。

对于招标人：招标人在招投标阶段进行工程项目招标需要满足国标清单计价规范和清标、评标的要求，提供统一格式的电子标书和电子标底实现造价管理、工程电子招投标和信息数据积累分析，从而快速、便捷地完成招标一系列工作，并提高企业的工作效率。为招标方用户提供从计量到计价、招标到评(清)标、信息积累到信息分析的系列软件产品，包括工程量计算软件、计价软件、评标软件、工程造价指标分析系统，帮助招标方完成计量、计价、评标、指标数据分析全过程的造价业务管理，并通过无缝数据联接的方式保证业务数据在各个业务环节都能正常流动，达到业务、信息、软件产品各个方面的共享应用。

对投标人：投标人在招投标阶段进行工程项目投标需要同时完成工程项目的统一报价和材料统一调价，生成满足招标方要求的统一格式的电子投标书，快速响应招标文件以获取中标资格。为投标方提供专业的投标管理软件产品，帮助投标方用户安全投标和高效投标，使得投标方在接受电子招标文件之后，快速利用软件产品完成工程量计算、工程计价、投标报价的系列工作。

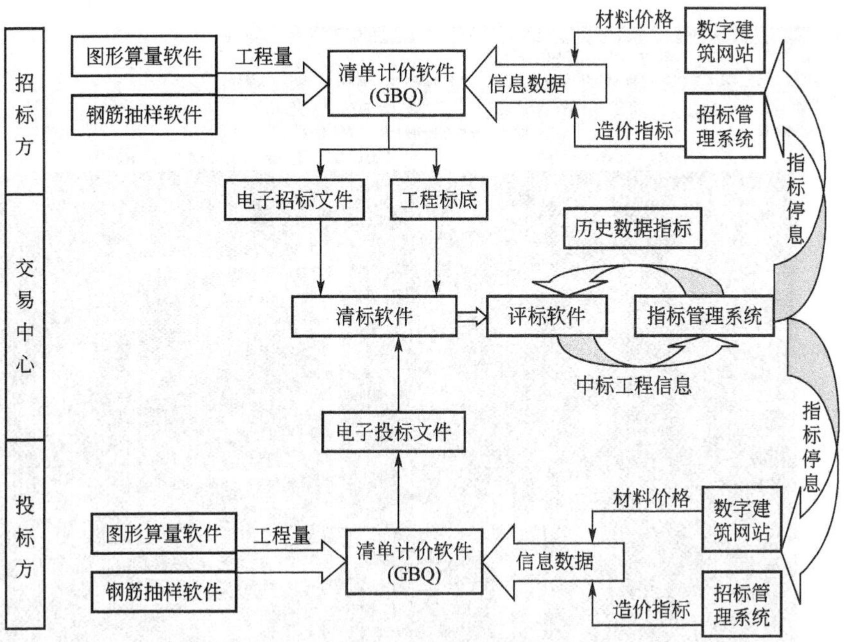

图 11.1 广联达招投标整体解决方案流程

1. 图形算量软件(GCL2008)

广联达图形算量软件基于各地计算规则与全统清单计算规则，采用建模方式，整体考虑各类构件之间的相互关系，以直接输入为补充，软件主要解决工程造价人员在招投标过程中的算量、过程提量、结算阶段构件工程量计算的业务问题，不仅将使用者从繁杂的手工算量工作中解放出来，还能在很大程度上提高算量工作效率和精度。如图 11.2 所示，只需画出梁的平面布置图，软件即可很快算出梁的混凝土、模板、脚手架等工程量。

图形算量软件的优点如下。

(1) 工程量表专业、简单。软件设置了工程量表，回归算量的业务本质，帮助工程量计算人员理清算量思路，完整算量。选择或定义各类构件的工程量表-自动套用做法-计算汇总出量，三步完成算量过程。软件提供了完善的工程量表和做法库，并可按照需要进行灵活编辑，不同工程之间可以直接调用，一次积累，多次使用。

(2) 精确算量。软件内置各地计算规则，可按照规则自动计算工程量；也可以按照工程需要自由调整计算规则按需计算；GCL2008 采用广联达自主研发的三维精确计算方法，当规则要求按实计算工程量时，可以三维精确扣减按实计算，各类构件就能得到精确的计算结果。

(3) 简化界面，流程规范。界面图标可自由选择纯图标模式或图标结合汉字模式，同时功能操作的每一步都有相应的文字提示，并且从定义构件属性到构件绘制，流程一致。既保障了操作流程规范清晰又降低了学习记忆成本。

(4) 三维处理，直观实用。GCL2008 采用自主研发的三维编辑技术建模处理构件，不仅可以在三维模式下绘制构件、查看构件，还可以在三维中随时进行构件编辑：包括构件图元属性信息，还有图元的平面布局和标高位置，真正实现了所得即所见，所见即能改。

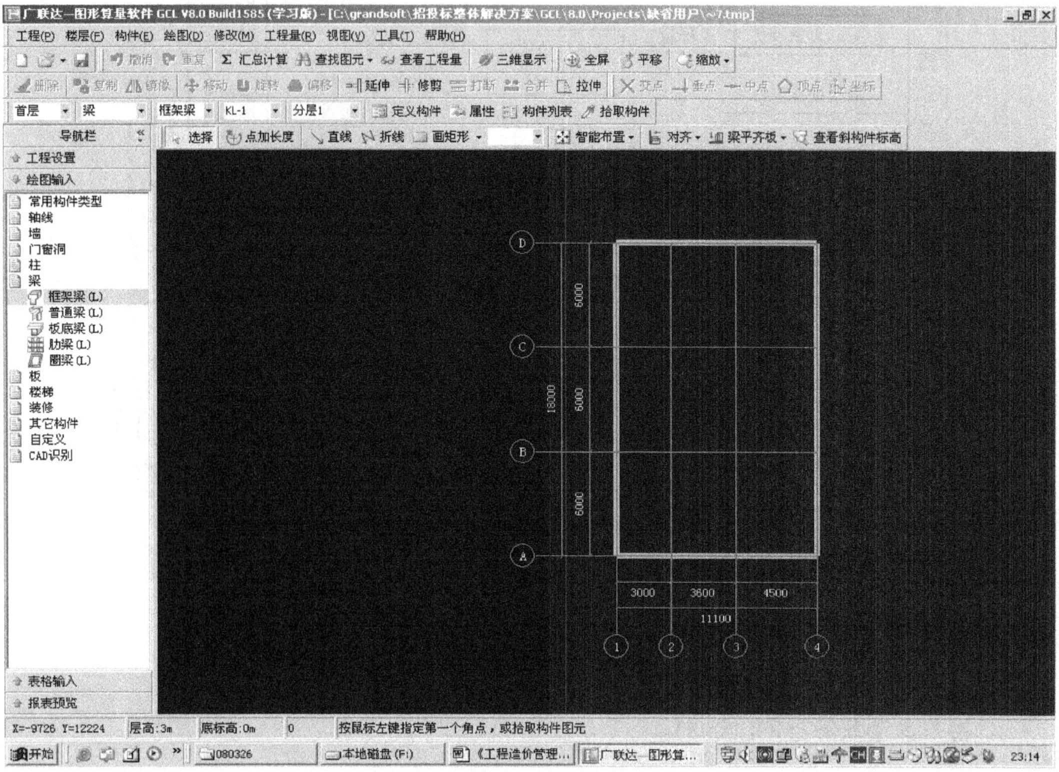

图 11.2　图示梁的工程量计算

(5) 报表清晰，内容丰富。GCL2008 中配置了三类报表，每类报表按汇总层次进行逐级细分来统计工程量；其中指标汇总分析系列报表将当前工程的结果进行了汇总分析，从单方混凝土指标表，再到工程综合指标表，工作人员可以看到本工程的主要指标，并可根据经验迅速分析当前工程的各项主要指标是否合理，从而判断工程量计算结果是否准确。

2. 钢筋抽样软件(GGL10.0)

广联达钢筋抽样软件 GGJ10.0 基于国家规范和平法标准图集，采用建模方式，整体考虑构件之间的扣减关系，辅助以表格输入，钢筋软件内置规则极大地方便了用户，建模的方式自动考虑了构件之间的关联关系，使用者只需要完成绘图即可，软件多样化的统计方式和丰富的报表，可以满足使用者在不同阶段的需求。钢筋抽样软件还可以帮助人们学习和应用平法，降低了钢筋算量的难度，大大提高钢筋算量的工作效率。

(1) 规则内置，专业全面。软件内置了结构设计规范、施工验收规范、平法系列图集，降低了钢筋算量的专业门槛，降低了学习的难度，使钢筋量的计算变得轻松，高效。如图 11.3 所示，通过节点选择计算钢筋。

(2) 规则开放，调整灵活。针对平法设计与传统设计模式并存的行业现状，软件开放了计算规则，可以灵活调整各类构件对钢筋的算法的不同要求，从而计算出能够全面处理结构的钢筋工程量。

	名称	节点图
1	顶层边角柱	顶层边柱B-1
2	顶层中柱	顶层中柱节点1
3	基础插筋	基础插筋节点1
4	梁上柱	梁上柱节点1
5	楼层变截面锚固	楼层变截面节点1

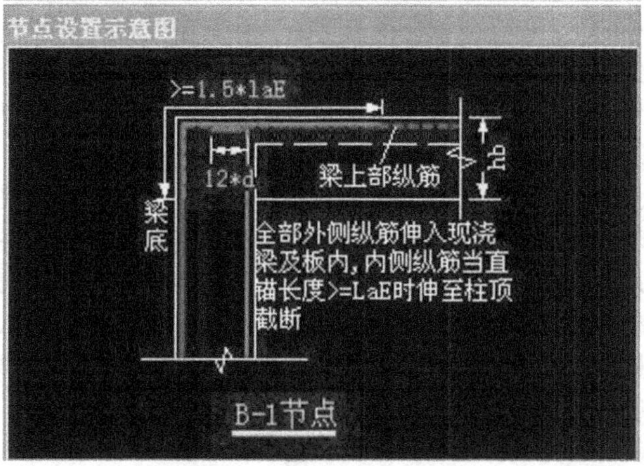

图 11.3 选择节点计算钢筋

(3) 画图算量，一次翻图。通过画图算钢筋，可以分构件采用“地毯式”算量的方法，一次性把每一张图纸要计算的量全部录入，构件之间的关系和层之间的关系由软件根据位置自动处理，简单、省时、省事。

(4) 结果明了，依据清晰。软件提供了每根钢筋的计算公式及计算式的描述，清楚每一根钢筋的计算过程。各类构件的算法可以追溯到图集的每一页，并详细地讲述了节点中钢筋长度的算法，从而，保证了在对量的过程中有据可依，占据优势，如图 11.4 所示。

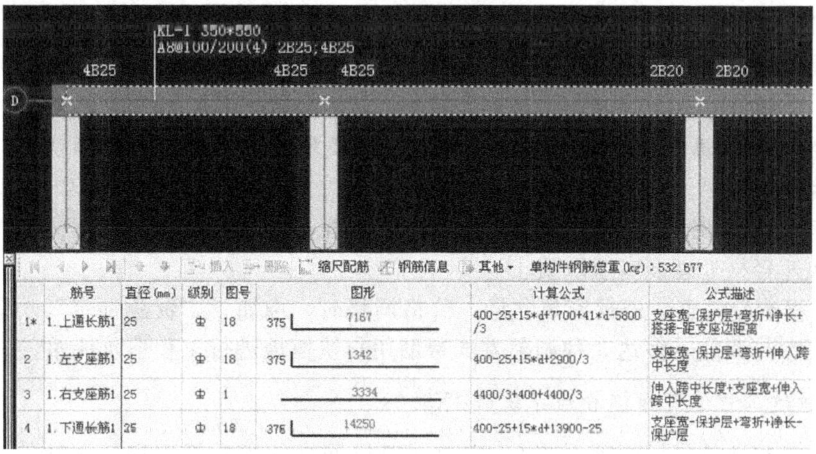

插入 删除 缩尺配筋 钢筋信息 其他 单构件钢筋总重(kg)：532.677

	筋号	直径(mm)	级别	图号	图形	计算公式	公式描述
1*	1.上通长筋1	25	中	18	375 7167	400-25+15*d+7700+41*d-5800/3	支座宽-保护层+弯折+净长+搭接-距支座边距离
2	1.左支座筋1	25	中	18	375 1342	400-25+15*d+2900/3	支座宽-保护层+弯折+伸入跨中长度
3	1.右支座筋1	25	中	1	3334	4400/3+400+4400/3	伸入跨中长度+支座宽+伸入跨中长度
4	1.下通长筋1	25	中	18	375 14250	400-25+15*d+13900-25	支座宽-保护层+弯折+净长-保护层

图 11.4 钢筋计算图

(5) CAD 识别。钢筋软件不仅可以识别 CAD 电子文件中的结构构件，而且可以识别梁、柱的平法标注信息，可以识别板的钢筋信息，大大地降低了信息录入的工作量，灵活、高效、方便。

（6）图形算量、钢筋算量一体化。实现了图形算量和钢筋抽样的互导，只需要画一次图，就可以满足建筑实体量和钢筋算量的要求，达到了少画图多算量的目的，工作效率得以数倍提高。

3．清单计价软件(GBQ4.0)

GBQ4.0是融招标管理、投标管理、计价于一体的全新计价软件，作为工程造价管理的核心产品，GBQ4.0以工程量清单计价为基础，并全面支持电子招投标应用，帮助工程造价单位和个人提高工作效率，实现招投标业务的一体化解决，使计价更高效、招标更快捷、投标更安全。并成功应用于奥运鸟巢、水立方、国家大剧院等典型工程。

（1）招标管理。可进行项目的三级管理，可全面处理一个工程项目的所有专业工程数据，可自由地导入、导出专业工程方便多人工程数据合并，使工程数据的管理更加方便和安全。项目报表打印；可一次性全部打印工程项目的所有数据报表，并可方便地设置所有专业工程的报表格式。清单变更管理：可对项目进行版本管理，自动记录对比不同版本之间的变更情况，自动输出变更结果。项目统一调价：同一项目自动汇总合并所有专业工程的人材机价格和数量，修改价格后，自动重新计算工程总造价，调价方便、直观、快捷。招标清单检查：通过检查招标清单可能存在的漏项、错项、不完整项，帮助用户检查清单编制的完整性和错误，避免招标清单因疏漏而重新修改。

（2）投标管理。招标方提供的清单完整载入(包括项目三级结构)，并可载入招标方提供的报表模式，免去投标报表设计的烦恼。清单符合检查：可自动将当前的投标清单数据与招标清单数据进行对比，自动检查是否与招标清单一致，并可自动更正为和招标清单一致。极大提高了投标的有效性。投标版本管理：可对项目进行版本管理，自动记录对比不同版本之间的变化情况，自动输出项目因变更或调价而发生的变化结果。自动生成标书：可一键生成投标项目的电子标书数据和文本标书，大大提高投标书组织与编辑的效率。投标文件自检：可自动检查投标文件数据计算的有效性，检查是否存在应该报价而没有报价的项目，减少投标文件的错误。

（3）工程快速计价。

① 定额计价、清单计价同一平台。清单工程直接转换成定额计价，快速进行投标报价对比。

② 多种专业换算。系统提供多达6种的定额换算方式，可单个定额换算，也可多个定额同时换算，满足不同专业换算应用的要求。

③ 自动识别取费。自动按照各个地区定额专业要求和清单项项目识别其取费专业，帮助用户快速轻松处理多专业取费。

（4）工程造价调整。进行资源含量、价格调整时，增加了“资源锁定”功能，使得特定的资源不参与调整，多达3种调整方式帮助用户快捷地进行工程造价调整。

4．广联达工程造价指标管理系统(GIX3.0)

广联达工程造价指标管理系统GIX3.0是基于网络的指标管理和应用软件。它通过提供专业的指标分析模板、工程的集中式管理以及与广联达系列软件的无缝数据接口，为造价行业用户解决历史数据的指标积累和共享应用的问题。它为企业的成本分析和决策提供网络化的信息平台，最大限度地发挥知识管理的强大作用。它为个人提供了造价全过程各个阶段所需的指标信息及应用工具，提高了工作效率。广联达工程造价指标管理系统与广联达造价系列软件的关联使用，形成全过程指标应用的整体解决方案，为全过程的指标应用提供更广阔的空间。在全国十多个地区的上百家大甲方、大中介和施工企业集团中应用，分析和积累了上千个工程数据，如图11.5所示。

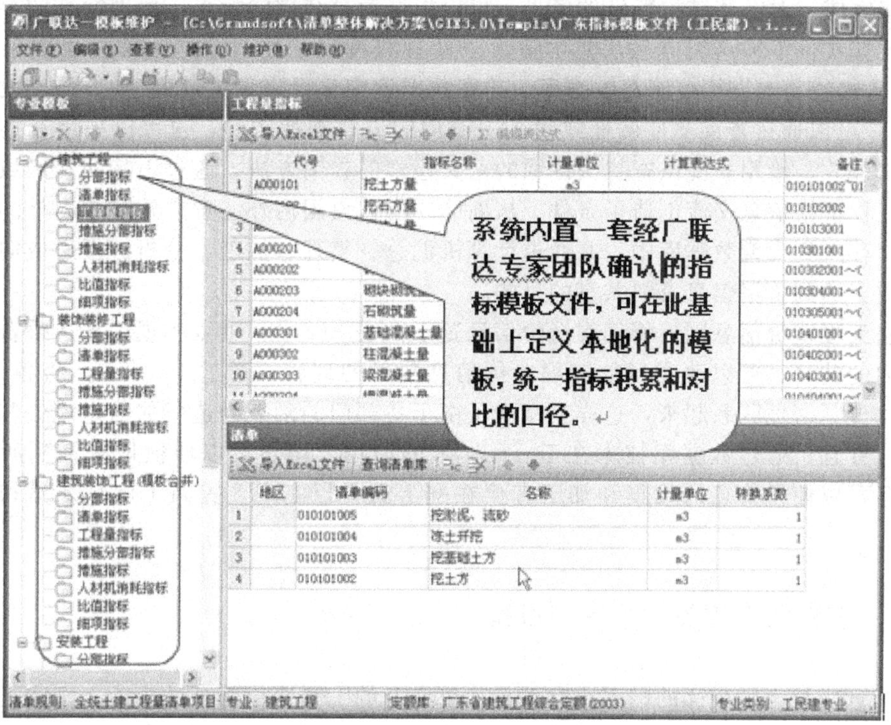

图 11.5　工程造价指标分析

以广联达指标体系为基础，提供分部指标、实物量指标、措施指标、综合单价指标、人材机消耗指标、比值指标等指标分析功能，通过严格界定指标项属性和关联条件，快速定义个性化指标项。支持广联达计价软件和电子评标软件格式的导入，以及Excel文件导入，更大限度整合企业历史工程资源。通过数据导入和模板定义，软件自动匹配指标项，配合10%的手工检查，完成100%的指标项生成，工程数据指标化，自动、快捷、准确。指标台账库集中管理和分析，在局域网条件下，能够共享和使用数据服务器上的指标台账库。提供强大的工程查询功能，方便查询同类工程，进行横向对比，确定合理值范围和关键指标项的审核。广联达可以提供全国各地的经过广联达专家团队审核的指标台账库，扩充企业和个人的指标信息资源，方便企业了解异地信息，拓展外地市场。

11.3 工程造价数字化信息资源

11.3.1　工程造价数字化信息资源的应用

在工程造价信息中，有些信息是相对静态的，如一些最新发布的指导性文件、造价刊物和公告新闻等，对这些信息可以采用网页的形式直接发布。有些工程造价信息的特点是数据量大、结构复杂，如定额信息、预算员管理。针对这类信息，用户的需求主要是查询相关资料。为了用户能快速便捷地查询到需要的资料，需要采用数据库和web服务器结合的方式来完成。对一些结构特殊的信息，可以根据信息结构的特点，使用特殊的存储访问方式。比如文件汇编这类信息，文本量大，又具有特定的格式，这类信息可以采用将其HTML格式的文本直接存储在数据库，并在数据库中记录文件的属性(如文号、发文时间等)，用户可以通过查询文件属性或输入关键词的方式查找文件，也可以采用直接做成网页的形式存放，给用户提供查找关键词的全文检索的查询方法。通过因特网和局域网的建立，为工程价格信息交流创造了条件，从而能广泛搜集国内外、省内外和市内外的最新价格信息，存入到大型数据库中，并通过计算机汇总、整理、加工、分析、报送或向社会和公众开放，达到价格信息资料共享的目的。

建立工程造价信息网，将工程造价信息置于Internet中，可以实现工程造价资源在全球范围内的共享，可以改变目前工程造价信息缺乏的现状，通过Internet，将各个部门、地区、单位紧密地联系起来，这样就减少了由于各部门的割裂而造成的信息流失和重复工作现象。并且，通过数据库技术在Internet上的应用，用户可以便捷地查询到所要的信息，而且可以使得信息的收集和加工直接在网上就可以实现，提高了信息采集和处理的效率。

11.3.2 工程估价相关的组织与机构

在信息应用水平较高的国家，有大量从事专业的工程造价管理的企业，工程造价管理可视实际情况实现不同软件之间的共享，充分利用互联网技术的便利条件，实现行业相关信息的发布、获取、收集、分析的网络化，可为行业用户提供深入的核心应用，以及全方位、全过程管理，而且行业用户对工程造价管理的信息技术应用已经上升到解决方案的高度。

在已完工程数据利用方面，英国的BICS(Building Cost Information Service，建筑成本信息服务部)是英国建筑业最权威的信息中心。它专门收集已完工程的资料，存入数据库，并随时向其成员单位提供。当成员单位要对某些新工程进行估算时，可选择最类似的已完工程数据估算工程成本。BICS要求其成员单位定期向自己报告各种工程造价信息，也向成员单位提供他们所需要的各种信息。

价格管理方面，RSA(Property Service Agency，物业服务社)是英国的一家官方建筑业物价管理部门，在许多价格管理领域都成功地应用了计算机，比如在建筑投标价格管理等方面，该组织收集投标文件，对各项目造价进行加权平均，求得平均造价和各种投标价格指数，并定期发布，供招标者和投标者参考。

由于国际间工程造价彼此关系密切，欧洲建筑经济委员会(CEEC)在1980年6月成立造价分委会(Cost Commission)，专门从事各成员国之间的工程造价信息交换服务工作。造价估计方面，英、美等国也都有自己的软件，但他们一般针对计划阶段、草图阶段、初步设计阶段、详细设计阶段和开标阶段，分别开发有不同功能的软件。其中预算阶段的软件开发存在一些困难，例如，工程量的计算和价格数据的获得等，尤其是在工程量计算方面，国外在与图形的结合问题上。

与造价管理相关的国际组织如下。

1. 国际咨询工程师联合会(FIDIC)

FIDIC是由欧洲3个国家的咨询工程师协会于1913年成立的。一个国家只能由一个“全国性的协会”申请加入，不接受个人会员申请。目前有会员60余个。

2. 工程成本促进协会(AACE)

工程成本促进协会成立于1956年。它是由成本估算师、成本工程师、进度项目经理和项目控制专家组成的。目前有会员5 500多人。

3. 英国皇家特许建造师学会(CIOB)

CIOB是一个主要由从事建筑管理的专业人员组织起来的社会团体，是一个涉及建设全过程管理的非盈利性的专业学会。

4. 英国皇家特许测量师学会(RICS)

RICS是世界最大的房地产、建筑、测量和环境领域的综合性专业团体，是为全球广泛认可的拥有“物业专才”之称的世界顶级专业性学会。

5. 英国土木工程师协会(ICE)

英国土木工程师协会成立于1818年。它是由致力于土木工程领域的专家和学生组成的。目前有会员80 000多人。

6. 美国土木工程师协会(ASCE)

美国土木工程师协会成立于1852年。它是美国历史最悠久，也是当今世界规模最大、最具影响力的土木工程组织。

11.4 信息技术在工程造价管理应用中的展望

11.4.1 建立工程造价管理信息平台

建立一个完善的工程造价管理信息平台，开展扎实有效的信息管理工作，及时、准确、系统而完整地掌握工程造价信息，是工程造价管理者对项目进行有效地投资控制和合同管理必不可少的基础。

1. 建立工程造价管理信息平台的技术支持

从逻辑功能的角度考虑信息平台的构成系统资源是构成该信息平台的基础。资源包括硬件和软件两大部分。硬件包括计算机及其外部设备，计算机网络及通讯设备等。软件包括操作系统、数据库系统、程序设计语言网络软件等，其中工程软件是保证信息平台加速开发和维护的条件。目前市场上开发使用的软件有工程概预算软件/招投标软件和合同管理软件。

2. 建立工程造价管理信息平台的系统支持

1）建设各阶段系统

工程造价管理工作主要是随工程建设的进程而逐步深入的，因此又可以进一步初步划分工程造价子系统为4个更小的子系统：投资决策系统、设计控制系统、招投标系统、实施控制系统。这4个子系统就是具体处理各阶段工程造价的确定与控制业务的。

（1）投资决策系统。投资决策阶段主要工作在于编制项目建议书、进行可行性研究。尤其是可行性研究，它的工作内容为“市场研究”、“技术研究”和“效益研究”，并最终形成可行性研究报告。

（2）设计控制系统。设计控制系统是指在设计阶段造价的确定与控制，既要进行概算和预算造价的确定，更要充分体现利用估算主动控制初步设计。对拟建项目的估算造价和概算造价作分析与规划，将其分解到各组成工程中，以此分解造价来分别限制初步设计和施工图设计，达到限额设计的目的。

（3）招投标系统。招投标系统由招标管理与投标管理两个子系统组成，主要应反映出甲方的招标管理、乙方的投标管理、甲方的评标与甲、乙方施工合同的签订等信息的处理。

（4）实施控制系统。工程项目的实施均需甲、乙双方的合作，共同完成，而且甲、乙方各自的目的、任务也不同，因此有必要进行“实施控制”，区分“甲方系统”与“乙方系统”。

2）应用软件系统

工程造价应用软件应通过分析工程造价工作的需求，以人为本进行设计，要充分考虑系统使用的群众性，在保持其全面、强大功能的同时，尽量友好简化界面，方便用户操作。通过所见即所得的界面及操作，最大程度地实现接近手工编制工程造价的习惯，使计算机操作水平相对较低的专业人员也易于学习和掌握通过自动关联计算实现功能无序化操作，通过一处功能多种实现(即完成同一功能可能有多种方式)，顺应应用人员的思维方式及操作习惯。

工程造价应用软件要进一步升级到对价格进行自动分析、判断和比较上。如果通过计算机可以收集到各种竣工工程的各类价格信息，比如工程特征、造价成本、造价指数分析等方面的数据，作为经验数据组成智能化专家系统，在实际的工作中，便可以借助它们对某一新建工程的价格数据进行分析比较，从而判断其是否失常，为各级领导提供决策信息。这样不仅有效地改进了工程审核工作方法，提高审核工作效率，而且还能根据实际情况进行动态调整，使审核的结果更加准确，更具权威性。

3）信息处理集成化系统

工程造价工作应该将信息处理的范围扩展到相关系统，如企业定额编制系统、投标报价系统、施工管理系统、材机数据收集系统、工程造价数据收集系统、造价指标系统、工程设计的其他设计过程。例如，可以和CAD系统融为一体，凡是使用CAD系统绘图的工程，可以直接利用CAD软件计算出工程量，然后，借助局域网传输到工程造价应用软件上，再根据结构部位及尺寸等方面的要求，自动在价格信息资源库中提取数据进行计算。企业定额直接传给投标报价系统，企业管理系统中的数据又可进入造价信息收集系统，指标系统又可对整个报价工作进行检验和指导。这样不仅确保了设计数据一致性、准确性，而且还大大地提高了招标投标工作的自动化水平，从而实现计算机技术应用的集成化与系统性。

11.4.2 利用信息技术的网络化管理

工程造价信息的有效收集、分析、发布、获取全部用网络来管理。工程造价信息具体指的是与工程造价相关的法律、法规、价格调动文件、造价报表、指标等影响工程造价的信息。网络化信息供应商将在整个工程造价行业中扮演至关重要的角色，例如，通过网络搜集全国以至全球的建筑市场各类信息，予以整理和发布，为行业用户提供最准确、及时的商机。还有，网站可以分析各地的造价指标，为建筑市场的行情提供走势预测，为所有的行业用户提供工程造价的参考。搜集各地的材料价格行情，为用户提供参考。建立起统一的工程造价信息网，不但有利于使用者查询、分析和决策，更有利于国家主管部门实行统一的管理和协调，使得工程造价管理统一化、规模化、有序化。

(1) 建筑市场文化的网络化。随着网络的快速发展，网络的相关应用将无所不在。而且例如身份认证、网上支付等技术都已经成熟。不久的将来，电子商务将得到全面的应用。网络化的电子招投标环境将有利于工程造价行业形成公平的竞争舞台。而且行业用户的交易成本将大幅降低。建筑材料的采购和交易也将全部通过电子商务平台实现。届时，所有企业都将体会到电子商务的高效。

(2) 资源有效利用的网络化。工程造价的每个过程中，用户都可以充分地发掘和利用网络资源。网络的特点就是不受地区限制，可以让用户在全球的范围选择最低的成本和最佳的合作伙伴。例如面向全球的建筑设计方案招标，就可以充分利用网络资源进行全球范围选择，提供最优的设计方案。在工程造价的计算过程中，可以利用网络寻找合适专业人士，进行远程的服务和协同工作，创造出更好的结果。

(3) 信息网与造价软件的结合。当前市场上的造价软件中所需的材料价格大多采用人工录入价格的形式。有的是整体的引入，有的则是一个个输入，大大影响了快速报价的进程，同时也不能及时与市场接轨，无形中削弱了企业的竞争力。信息网和造价软件的整合将消除这一矛盾，在造价软件中直接点击相应引入按钮，输入要引入信息所在地点的详细资料，即可随时得到相应材料的价格。若所引入的材料价格有所变动，软件中的预警系统将自动提醒操作者更新价格。这不但缩短了录入材料价格的时间，还达到了随时更新的目的。

信息网与进度控制软件。工程控制的一个重要目标是成本控制，而成本控制在无形中又影响着进度和质量的控制，同时市场的变动将直接影响着投入的成本和资源的分配，而这必将导致工程进度的变动。所以，工程项目现场的进度控制也应通过成本控制时刻反映市场的变动。信息网与进度控制的整合也将成为必然。软件与信息网的整合比起信息网的建立有更大的难度，但这确是建筑业发展的必然趋势，同时也必将带来广阔的市场前景。

11.4.3 利用信息技术的全生命周期的集成管理

建设项目的生命期就是一个集成的过程，应当用集成的思想来理解，用集成的方法来管理。在建设项目的集成场中，项目的目标状态形成集成场的基核。通过基核吸引和聚集各种场元，从而形成集成场。围绕项目对象，项目各参与方运用组织、经济、管理和技术等手段，促使项目从初始状态，经历一系列连续的状态演变，最终达到目标状态，即实现建设项目的目标。集成场的结构和功能最终取决于基核与场元之间的交互作用关系，也即基核与场元、场线之间的相互作用协调的程度或称耦合度。项目目标状态是建设项目集成场的基核，围绕这一基核，建设项目经历前期决策，设计与施工及生产运营，不断增值的过程；同时，建设项目有多个参与方，各个参与方都在实施自己的项目管理，他们之间应该形成有机的协同匹配，从而实现集成体的优势聚变，即最优化地实现建设项目的目标。因此，建设项目的集成管理体现在纵向上过程的集成和横向上各参与方及政府主管部门的管理集成。

工程项目集成管理的研究应包含两方面的内容，即建设过程的集成与管理的集成，其中管理的集成又分为项目参与方项目管理的集成和业主方项目管理的集成。建设过程的集成致力于寻找建设期与运营期的平衡，项目全生命期管理不仅仅从建设项目实施阶段的角度，还应从项目建成后的运营角度，综合地考虑、分析，建立项目全生命期的目标。并在满足法律法规的前提下，寻求各个参与者均能满意的实施方案。

信息是从事与建设项目相关活动的依据，是项目参与各方进行决策的基础，是建设项目组织要素之间沟通的主要内容，是项目实施过程中各种活动之间逻辑关系的桥梁。为了实现项目全生命期内建设项目管理过程的有效集成，信息在全过程有效、正确地传输过程中是必不可少的，项目全生命期内信息的共享是必要的。因此，通过建设项目管理信息集成系统可以建立信息共享机制，实现项目组织间的信息共享、项目管理不同领域的信息共享和建设项目全生命期内的信息共享。

建设项目的管理过程，同样是知识的汇集过程。项目管理中的知识集成主要包括两点，一是项目组外集成项目管理所需的知识和信息，帮项目组进行有效的管理；二是在项目组内集成项目管理所需的和新产生的知识和信息。充分利用信息技术和知识集成技术，建立以知识和信息为基础的知识型组织和知识集成平台，促进知识和信息交流共享，培养项目组成员间的知识共享能力，创造知识和信息共享环境，提高项目组成员知识创新的能力。将项目中积累的知识资源进行整理和规范化，用于以后的类似项目中，使项目管理知识得以继承和重用。

11.4.4 利用信息技术的全过程与全方位的造价管理

建设工程全过程是指建设工程前期决策、设计、招投标、施工、竣工验收等各个阶段，工程造价管理覆盖建设工程前期决策及实施的各个阶段，包括前期决策阶段的项目策划、投资估算、项目经济评估、项目融资方案分析；设计阶段的限额设计、方案比选、概预算的编制；招投标阶段的标段划分、承发包模式及合同形式的选择、标底编制；施工阶段的工程计量与结算、工程变更控制、索赔管理；竣工验收阶段的竣工结算与决算等。

随着竞争的日益激烈，工程造价行业内部的相关企业和投资者都必须提升自己的竞争能力。其中，如何提高一个企业的成本控制能力或投资者的造价控制能力是关键因素。信息技术的发展则给全过程动态造价管理的实现带来了可能。

建设工程造价管理不仅仅是业主或承包单位的任务，而应该是政府建设行政主管部门、行业协会、业主方、设计方、承包方以及有关咨询机构的共同任务。尽管各方的地位、利益、角度等有所不同，但必须建立完善的协同工作机制，才能实现建设工程造价的有效控制。

随着网络化和全过程的信息技术在工程造价行业的深入应用，整个工程造价行业都将在以互联网为基础的信息平台上工作。

本章小结

本章通过对工程造价信息管理技术应用的概述，简要介绍了工程造价管理信息系统的建立以及工程造价信息管理技术应用的发展及现状。对于信息技术在造价管理中的实际应用，重点介绍了目前在国内应用较多的广联达清单整体解决方案(图形算量、钢筋抽样、清单计价等)。并对于工程造价管理中数字化信息资源的应用推荐了一些网络资源，并介绍了工程造价数字化信息资源应用的前景，包括工程造价管理信息平台的建立、信息技术的网络化管理、利用信息技术动态的全过程造价管理和利用信息技术的全方位管理等。

思考题与习题

思考题

11-1 工程造价管理信息系统的概念。

11-2 信息技术在工程造价管理中存在的问题有哪些?

11-3 信息技术在工程造价管理中的应用前景如何?

11-4 如何更好地应用网络资源为工程造价管理服务?

11-5 如何建立工程造价管理的信息平台?

11-6 如何有效地利用信息技术进行全过程全方位的造价管理?

参 考 文 献

[1] 宁素莹. 工程造价管理 [M]. 北京：科学出版社，2007.

[2] 崔武文，孙维丰. 土木工程造价管理 [M]. 北京：中国建材工业出版社，2006.

[3] 程鸿群，姬晓辉，陆菊春. 工程造价管理 [M]. 武汉：武汉大学出版社，2004.

[4] 郭婧娟. 工程造价管理 [M]. 北京：清华大学出版社，2008.

[5] 魏文彪. 造价员 [M]. 北京：化学工业出版社，2008.

[6] 王丽红，斯庆. 工程造价控制 [M]. 北京：清华大学出版社，2009.

[7] 马楠，韩景玮. 建设工程造价管理 [M]. 北京：清华大学出版社，2006.

[8] 柯洪，杨红雄. 工程造价计价与控制 [M]. 北京：中国计划出版社，2006.

[9] 杨博. 工程造价咨询 [M]. 合肥：安徽科学技术出版社，2004.

[10] 刘钟莹，茅剑，魏宪，卜宏马. 建筑工程工程量清单计价 [M]. 南京：东南大学出版社，2004.

[11] 王俊安，彭邓民. 工程造价典型案例分析 [M]. 北京：中国建材工业出版社，2006.

[12] 天津理工大学造价工程师培训中心. 2007 全国造价工程师执业资格考试复习指导(实践部分) [M]. 天津：天津大学出版社，2007.

[13] 马楠，张国兴，韩英爱. 工程造价管理 [M]. 北京：机械工业出版社，2009.

[14] 王翠琴，李春燕. 土木工程计量与计价 [M]. 北京：北京大学出版社，2010.